CFD基础与Fluent工程应用分析

江帆　谢宝山　张冥聪　黄春曼　编著

人民邮电出版社
北京

图书在版编目（CIP）数据

CFD基础与Fluent工程应用分析 / 江帆等编著. --
北京 : 人民邮电出版社, 2022.11
ISBN 978-7-115-59286-6

Ⅰ. ①C… Ⅱ. ①江… Ⅲ. ①工程力学－流体力学－
有限元分析－应用软件 Ⅳ. ①TB126-39

中国版本图书馆CIP数据核字(2022)第082747号

内容提要

本书是 CFD（计算流体力学）基础，Fluent 工程应用分析及 Mesh 模块网格划分实践的指导性教材或参考书。全书共 12 章：第 1 章为计算流体力学基础，第 2 章为 Fluent 简介，第 3 章为网格划分，第 4 章为稳态与瞬态流动分析，第 5 章为离散相流动分析，第 6 章为传热流动分析，第 7 章为多孔介质流动分析，第 8 章为多相流动分析，第 9 章为动网格流动分析，第 10 章为滑移网格流动分析，第 11 章为流固耦合分析，第 12 章为化学反应、燃烧与微流动分析。书中以详解实例的方式来说明 Fluent 软件在各个工程应用领域的详细操作及一些值得注意的问题，设有大量练习题，具有较强的实用性。

本书可作为机械、材料、暖通、水利、动力、能源、航空、冶金、环境、建筑等相关专业的本科生和研究生的教材，也可供上述领域的技术人员，特别是进行 CFD 应用研究的人员参考。

◆ 编　　著　江　帆　谢宝山　张冥聪　黄春曼
责任编辑　李　瑾
责任印制　王　郁　焦志炜

◆ 人民邮电出版社出版发行　　北京市丰台区成寿寺路 11 号
邮编　100164　　电子邮件　315@ptpress.com.cn
网址　https://www.ptpress.com.cn
北京博海升彩色印刷有限公司印刷

◆ 开本：787×1092　1/16
印张：18.5　　　　2022 年 11 月第 1 版
字数：471 千字　　　　2022 年 11 月北京第 1 次印刷

定价：109.80 元

读者服务热线：(010)81055410　印装质量热线：(010)81055316
反盗版热线：(010)81055315
广告经营许可证：京东市监广登字 20170147 号

前言

CFD（计算流体力学）是融合流体力学、数值数学和计算机科学的一门新兴交叉学科，它从计算方法出发，利用计算机快速的计算能力得到流体控制方程的近似解。CFD兴起于20世纪60年代，随着20世纪90年代后期计算机的迅猛发展，CFD得到了飞速发展，成为很多领域的一个重要分析手段。CFD软件有很多，其中Fluent是比较流行的商用CFD软件包，适用于流动、传热和化学反应等相关领域。它包含基于压力的分离求解器、基于密度的隐式求解器与显式求解器、多求解器等技术，可以用来模拟从不可压缩到高度可压缩范围内的各种复杂流场。它具有强大的前后处理功能，在汽车外形设计、机翼气流、炉内燃烧、石油运输、血液流动、注塑、机加工冷却、暖通空调、建筑、环境保护等方面有着广泛的应用。

为了让读者掌握CFD基础知识与Fluent各方面的应用操作，编者根据ANSYS Fluent 2021编写了本书。本书的内容包含计算流体力学、多相流、动网格、滑移网格、流固耦合等基础知识，以及Fluent软件在各个工程领域的实例分析、Mesh模块的网格划分方法及实例。这些实例涵盖稳态与瞬态流动分析，离散相流动分析，传热流动分析，多孔介质流动分析，多相流动分析，动网格流动分析，滑移网格流动分析，流固耦合分析，化学反应、燃烧与微流动分析等方面。部分实例还给出了实验结果对比，便于读者进一步研究。

全书分12章，第1章为计算流体力学基础，第2章为Fluent简介，第3章为网格划分，第4章为稳态与瞬态流动分析，第5章为离散相流动分析，第6章为传热流动分析，第7章为多孔介质流动分析，第8章为多相流动分析，第9章为动网格流动分析，第10章为滑移网格流动分析，第11章为流固耦合分析，第12章为化学反应、燃烧与微流动分析。书中讲解大量工程实例及Fluent使用过程中值得注意的一些问题，具有较强的实用性。书中还设有大量练习题（配套资源有相关的模型、网格与CAS文件）供读者强化练习，熟悉Fluent相关操作。

本书由江帆、谢宝山、张冥聪、黄春曼编著，江帆构思全书框架并筛选实例，江帆、黄春曼编写第1章，谢宝山编写第2 ~ 8章及第12章，张冥聪编写第9 ~ 11章，全书由江帆、谢宝山校对与统稿。

本书多数实例来源于编者的科研项目和与企业合作的项目，部分材料来源于网络资源，感谢相关人员所做的工作。

本书的编写得到了广州市科技计划项目“稠油运输柔性管内油水环状流稳定性研究”（No.202102010386）和广州大学机械与电气工程学院老师们的支持，还得到了编者家人的理解与大力支持，在此一并致以深深的谢意！

本书既可作为使用Fluent软件进行工程应用分析的技术人员的参考书，又可作为高等院校相关专业本科生和研究生的CFD分析教学、复杂流动问题研究的参考书，书中实例的SAT、STEP、MSH、CAS、DAT等文件及相关的源程序、操作视频已上传人民邮电出版社异步社区，扫描书中二维码即可获得相关资料。

限于编者的水平，书中难免有不当之处，还请广大读者给予指正，来信请致jiangfan2008@126.com或xiebaoshan2022@163.com，不胜感激。

江帆

2022年1月于广州

资源与支持

本书由异步社区出品，社区（https://www.epubit.com）为您提供相关资源和后续服务。

配套资源

本书提供如下资源：书中实例的SAT、STEP、MSH、CAS、DAT等文件，以及相关的源程序和操作视频。

要获得以上配套资源，请在异步社区本书页面中单击 配套资源 ，跳转到下载界面，按提示进行操作即可。注意：为保证购书读者的权益，该操作会给出相关提示，要求输入提取码进行验证。

提交错误信息

作者和编辑尽最大努力来确保书中内容的准确性，但难免会存在疏漏。欢迎您将发现的问题反馈给我们，帮助我们提升图书的质量。

当您发现错误时，请登录异步社区，按书名搜索，进入本书页面，单击“提交勘误”，输入错误信息，单击“提交”按钮即可。本书的作者和编辑会对您提交的错误信息进行审核，确认并接受后，您将获赠异步社区的100积分。积分可用于在异步社区兑换优惠券、样书或奖品。

详细信息 写书评 提交勘误

页码： 页内位置（行数）： 勘误印次：

字数统计

提交

扫码关注本书

扫描下方二维码，您将会在异步社区微信服务号中看到本书信息及相关的服务提示。

与我们联系

我们的联系邮箱是contact@epubit.com.cn。

如果您对本书有任何疑问或建议，请您发邮件给我们，并请在邮件标题中注明本书书名，以便我们更高效地做出反馈。

如果您有兴趣出版图书、录制教学视频，或者参与图书翻译、技术审校等工作，可以发邮件给我们；有意出版图书的作者也可以到异步社区在线投稿（直接访问www.epubit.com/contribute即可）。

如果您所在的学校、培训机构或企业，想批量购买本书或异步社区出版的其他图书，也可以发邮件给我们。

如果您在网上发现有针对异步社区出品图书的各种形式的盗版行为，包括对图书全部或部分内容的非授权传播，请您将怀疑有侵权行为的链接发邮件给我们。您的这一举动是对作者权益的保护，也是我们持续为您提供有价值的内容的动力之源。

关于异步社区和异步图书

"异步社区"是人民邮电出版社旗下IT专业图书社区，致力于出版精品IT专业图书和相关学习产品，为作译者提供优质出版服务。异步社区创办于2015年8月，提供大量精品IT专业图书和电子书，以及高品质技术文章和视频课程。更多详情请访问异步社区官网https://www.epubit.com。

"异步图书"是由异步社区编辑团队策划出版的精品IT专业图书的品牌，依托于人民邮电出版社数十年的计算机图书出版积累和专业编辑团队，相关图书在封面上印有异步图书的LOGO。异步图书的出版领域包括软件开发、大数据、人工智能、测试、前端、网络技术等。

异步社区

微信服务号

目录

第9章 动网格流动分析 199

第10章 滑移网格流动分析 220

第11章 流固耦合分析 236

第12章 化学反应、燃烧与微流动分析 258

参考资料 284

第1章 计算流体力学基础

计算流体力学（Computational Fluid Dynamics，CFD）将流体力学控制方程中的积分、微分项近似地表示为离散的代数形式，使其成为代数方程组，然后通过计算机求解这些离散的代数方程组，获得离散的时间点与空间点上的数值解。CFD是融合流体力学、数值数学和计算机科学的交叉学科，已广泛应用于热能动力、土木水利、汽车、铁道、船舶工业、航空航天、石油化工、流体机械、环境工程等领域。工欲善其事，必先利其器。下面先简单介绍CFD基础知识。

1.1 流体力学的基本概念

1.1.1 流体的连续介质模型

流体质点：几何尺寸同流动空间相比是极小量，又含有大量分子的微元体。

连续介质：质点连续地充满所占空间的流体或固体。

连续介质模型：把流体视为没有间隙地充满它所占据的整个空间的一种连续介质，且其所有的物理量都是空间坐标和时间的连续函数的一种假设模型，即$u=u(t,x,y,z)$。

1.1.2 流体的性质

惯性：流体不受外力作用时，保持其原有运动状态的属性。惯性与质量有关，质量越大，惯性就越大。单位体积流体的质量称为密度（Density），用ρ表示，单位为kg/m^3。对于均质流体，设其体积为V，质量m，则密度为

$$\rho=\frac{m}{V} \tag{1-1}$$

对于非均质流体，密度因点而异。若取包含某点在内的体积与质量，则该点密度用极限方式表示，即

$$\rho=\lim_{\Delta V\to 0}\frac{\Delta m}{\Delta V} \tag{1-2}$$

压缩性：作用在流体上的压力变化可引起流体的体积变化或密度变化。压缩性可用体积压缩率k来量度，即

$$k=-\frac{\mathrm{d}V/V}{\mathrm{d}p}=\frac{\mathrm{d}\rho/\rho}{\mathrm{d}p} \tag{1-3}$$

式中，p为外部压强。

在研究流体流动的过程中，若考虑流体的压缩性，则为可压缩流动，相应的流体称为可压缩流体，例如高速流动的气体；若不考虑流体的压缩性，则为不可压缩流动，相应的流体称为不可压缩流体，如水、油等。

黏性：在运动的状态下，流体所产生的抵抗剪切变形的性质。黏性大小由黏度来量度。流体的黏度是由流动流体的内聚力和分子的动量交换所引起的。黏度有动力黏度μ和运动黏度υ之分。动力黏度由牛顿内摩擦定律导出

$$\tau = \mu \frac{\mathrm{d}u}{\mathrm{d}y} \tag{1-4}$$

式中，τ为切应力，单位为Pa；μ为动力黏度，单位为Pa·s；$\mathrm{d}u/\mathrm{d}y$为流体的剪切变形速率。

运动黏度与动力黏度的关系为

$$\upsilon = \frac{\mu}{\rho} \tag{1-5}$$

式中，υ为运动黏度，单位为$\mathrm{m^2/s}$。

在研究流体流动的过程中，若考虑流体的黏性，则为黏性流动，相应的流体称为黏性流体；若不考虑流体的黏性，则为理想流体的流动，相应的流体称为理想流体。

根据流体是否满足牛顿内摩擦定律，可以将流体分为牛顿流体和非牛顿流体。牛顿流体严格满足牛顿内摩擦定律且μ保持为常数。非牛顿流体的切应力与速度梯度不成正比，非牛顿流体一般又分为塑性流体、假塑性流体、胀塑性流体3种。

塑性流体，如牙膏等，有一个保持不产生剪切变形的初始应力τ_0，只有克服了这个初始应力，其切应力才与速度梯度成正比，即

$$\tau = \tau_0 + \mu \frac{\mathrm{d}u}{\mathrm{d}y} \tag{1-6}$$

假塑性流体，如泥浆等，其切应力与速度梯度的关系是

$$\tau = \mu \left(\frac{\mathrm{d}u}{\mathrm{d}y}\right)^n, \quad (n<1) \tag{1-7}$$

胀塑性流体，如乳化液等，其切应力与速度梯度的关系是

$$\tau = \mu \left(\frac{\mathrm{d}u}{\mathrm{d}y}\right)^n, \quad (n>1) \tag{1-8}$$

1.1.3 流体力学中的力与压强

质量力：与流体微团质量大小有关并且集中在微团质量中心的力。在重力场中有重力；直线运动中，有惯性力。单位质量力是一个矢量，一般用单位质量所具有的质量力来表示，其形式如下

$$\boldsymbol{f} = f_x\boldsymbol{i} + f_y\boldsymbol{j} + f_z\boldsymbol{k} \tag{1-9}$$

式中，$\boldsymbol{i}$、$\boldsymbol{j}$、$\boldsymbol{k}$为单位质量力在坐标轴上的投影。

表面力：大小与表面面积有关而且作用在流体表面上的力。表面力按其作用方向可以分为两种：一种是沿表面内法线方向的压力，称为正压力；另一种是沿表面切向的摩擦力，称为切向力。

对于理想流体的流动，流体质点所受到的作用力只有正压力，没有切向力。对于黏性流体的流动，流体质点所受到的作用力既有正压力，又有切向力。

作用在静止流体上的表面力只有沿表面内法线方向的正压力。单位面积内所受到的表面力称为这点的静压强。静压强具有两个特征：①静压强的方向垂直指向作用面；②流场内某点静压强的大小与方向无关。

液体的表面张力：作用于液体表面的液体间的相互作用力。液体表面有自动收缩的趋势，收缩的液面存在与该处液面相切的拉力。正是这种力的存在，才会出现弯曲液面内外出现压强差及常见的毛细现象等。

实验表明，液体表面张力的大小T与液面的截线长度L成正比，即

$$T = \sigma L \tag{1-10}$$

式中，σ称为表面张力系数，它表示液面上单位长度截线上的表面张力，其大小由液体性质与接触相温度、压力等决定，其单位为N/m。

标准大气压的压强是101325 Pa（760 mmHg），记作atm。若压强大于标准大气压，则以此压强为计算基准得到的压强称为相对压强，也称表压强，通常用p_r表示。若压强小于标准大气压，则压强低于标准大气压的值就称为真空度，通常用p_v表示。以压强0 Pa为计算的基准，得到的压强称为绝对压强，通常用p_s表示。这几者的关系如下

$$p_r = p_s - p_{atm} \tag{1-11}$$

$$p_v = p_{atm} - p_s \tag{1-12}$$

在流体力学中，压强都用符号p表示，但对于液体，用相对压强；对于气体，特别是马赫数大于0.1的流动，应视为可压缩流体，用绝对压强。

压强的单位较多，一般用Pa，也可用单位bar，还可以用汞柱、水柱，换算关系如下

$$1\ \text{Pa}=1\ \text{N/m}^2$$

$$1\ \text{bar}=100\ \text{kPa}$$

$$1\ \text{atm}=760\ \text{mmHg}=10.33\ \text{mH}_2\text{O}=101325\ \text{Pa}$$

对于静止状态的流体，只有静压强。对于流动状态的流体，有静压强、动压强、测压管压强和总压强之分，可从伯努利方程中分析它们的意义。

伯努利方程阐述一条流线上流体质点的机械能守恒。对于理想流体的不可压缩流动，其表达式如下

$$\frac{p}{\rho g} + \frac{v^2}{2g} + z = H \tag{1-13}$$

式中，$p/\rho g$为压强水头，也是压能项，为静压强；$v^2/2g$为速度水头，也是动能项；z为位置水头，也是重力势能项。这3项之和就是流体质点的总机械能。H为总的水头高。

将式（1-13）的等号两边同时乘以ρg，则有

$$p + \frac{1}{2}\rho v^2 + \rho g z = \rho g H \tag{1-14}$$

式中，p为静压强，简称静压；$\frac{1}{2}\rho v^2$为动压强，简称动压；$\rho g H$为总压强，简称总压。对于不考虑重力的流动，总压就是静压和动压之和。

1.1.4 流体运动的描述

1. 描述流体运动的方法

描述流体物理量有两种方法：一种是拉格朗日描述；另一种是欧拉描述。

拉格朗日描述也称随体描述，它着眼于流体质点，并认为流体质点的物理量是随流体质点及时间变化的，即把流体质点的物理量表示为拉格朗日坐标及时间的函数。设拉格朗日坐标为(a, b, c)，以此坐标表示的流体质点的物理量，如矢径、速度、压强等，在任一时刻t的值，都可以用a、b、c及t表示出来。

若以f表示流体质点的某一物理量，其拉格朗日描述的数学表达是

$$f = f(a,b,c,t) \tag{1-15}$$

例如，设时刻t流体质点的矢径（即t时刻流体质点的位置）为r，则其拉格朗日描述为

$$\boldsymbol{r} = \boldsymbol{r}(a,b,c,t) \tag{1-16}$$

同样，流体质点的速度的拉格朗日描述是

$$\boldsymbol{v} = \boldsymbol{v}(a,b,c,t) \tag{1-17}$$

欧拉描述也称空间描述，它着眼于空间点，认为流体的物理量随空间点及时间变化，即把流体物理量表示为欧拉坐标及时间的函数。设欧拉坐标为(q_1, q_2, q_3)［欧拉坐标可以用直角坐标(x, y, z)、柱坐标(r, θ, z)或球坐标(r, θ, ϕ)来表示］，用欧拉坐标表示的各空间点上的流体物理量，如速度、压强等，在任一时刻t的值，都可以用q_1、q_2、q_3及t表示出来。由数学分析可知，当某时刻一个物理量在空间的分布一旦确定，该物理量便会在此空间形成一个场。因此，欧拉描述实际上描述了一个个物理量的场。

若以f表示流体质点的某一物理量，其欧拉描述的数学表达是（设空间坐标用直角坐标）

$$f = F(x,y,z,t) = F(r,t) \tag{1-18}$$

同样，流体质点的速度的欧拉描述是

$$\boldsymbol{v} = \boldsymbol{v}(x,y,z,t) \tag{1-19}$$

2. 拉格朗日描述与欧拉描述之间的关系

拉格朗日描述着眼于流体质点，将物理量视为随体坐标与时间变化的函数；欧拉描述着眼于空间点，将物理量视为随空间坐标与时间变化的函数。它们可以描述同一物理量，必定互相相关。设表达式$f = f(a,b,c,t)$表示流体质点(a, b, c)在t时刻的物理量；表达式$f = F(x,y,z,t)$表示空间点(x, y, z)于t时刻的同一物理量。如果流体质点(a, b, c)在t时刻恰好运动到空间点(x, y, z)上，则应有

$$\begin{cases} x = x(a,b,c,t) \\ y = y(a,b,c,t) \\ z = z(a,b,c,t) \end{cases} \tag{1-20}$$

$$F(x,y,z,t) = f(a,b,c,t) \tag{1-21}$$

将式（1-20）代入式（1-21）左边，即有

$$\begin{aligned} F(x,y,z,t) &= F[x(a,b,c,t), y(a,b,c,t), z(a,b,c,t), t] \\ &= f(a,b,c,t) \end{aligned} \tag{1-22}$$

或者反解式（1-20），得到

$$\begin{cases} a = a(x,y,z,t) \\ b = b(x,y,z,t) \\ c = c(x,y,z,t) \end{cases} \tag{1-23}$$

将式（1-23）代入式（1-21）的右边，也应有

$$\begin{aligned} f(a,b,c,t) &= f[a(x,y,z,t),b(x,y,z,t),c(x,y,z,t),t] \\ &= F(x,y,z,t) \end{aligned} \tag{1-24}$$

由此，可以通过拉格朗日描述推出欧拉描述，同样，也可以通过欧拉描述推出拉格朗日描述。

3. 随体导数

流体质点物理量随时间的变化率称为随体导数，又称物质导数、质点导数。

按拉格朗日描述，物理量f表示为$f = f(a,b,c,t)$，f的随体导数就是跟随质点(a, b, c)的物理量f对时间t的导数$\partial f / \partial t$。例如速度$\boldsymbol{v}(a,b,c,t)$是矢径$\boldsymbol{r}(a,b,c,t)$对时间的偏导数

$$\boldsymbol{v}(a,b,c,t) = \frac{\partial \boldsymbol{r}(a,b,c,t)}{\partial t} \tag{1-25}$$

即随体导数就是偏导数。

按欧拉描述，物理量f表示为$f = F(x,y,z,t)$，但$\partial F / \partial t$并不表示随体导数，它只表示物理量在空间点(x,y,z)上的时间变化率。随体导数必须跟随t时刻位于(x,y,z)空间点上的流体质点。由于该流体质点是运动的，即x、y、z是变化的。若用a、b、c表示该流体质点的拉格朗日坐标，则x、y、z将根据式（1-16）变化，从而f=$F(x, y, z, t)$的变化满足链式法则。因此，物理量f=$F(x, y, z, t)$的随体导数是

$$\begin{aligned} \frac{\mathrm{d}F(x,y,z,t)}{\mathrm{d}t} &= \frac{\mathrm{d}}{\mathrm{d}t} F[x(a,b,c,t),y(a,b,c,t),z(a,b,c,t),t] \\ &= \frac{\partial F}{\partial x}\frac{\partial x}{\partial t} + \frac{\partial F}{\partial y}\frac{\partial y}{\partial t} + \frac{\partial F}{\partial z}\frac{\partial z}{\partial t} + \frac{\partial F}{\partial t} \\ &= \frac{\partial F}{\partial x}u + \frac{\partial F}{\partial y}v + \frac{\partial F}{\partial z}w + \frac{\partial F}{\partial t} \\ &= (\boldsymbol{v} \cdot \nabla)F + \frac{\partial F}{\partial t} \end{aligned} \tag{1-26}$$

其中，$\mathrm{d} / \mathrm{d}t$表示随体导数。

从中可以看出，对于流体质点物理量的随体导数，其欧拉描述与拉格朗日描述大不相同。前者是两者之和，而后者是偏导数。

4. 定常流动与非定常流动

根据流动过程中流体的物理参数是否与时间相关，可将流动分为定常流动与非定常流动。

定常流动：流体流动过程中各物理量均与时间无关。

非定常流动：流体流动过程中某个或某些物理量与时间有关。

5. 迹线与流线

常用迹线和流线来描述流体的流动。

迹线：随着时间的变化，空间某一处的流体质点在流动过程中所留下的痕迹。t=0时，位于空间坐标(a, b, c)处的流体质点的迹线方程为

$$\begin{cases}\dfrac{\mathrm{d}x}{\mathrm{d}t}=u(a,b,c,t)\\ \dfrac{\mathrm{d}y}{\mathrm{d}t}=v(a,b,c,t)\\ \dfrac{\mathrm{d}z}{\mathrm{d}t}=w(a,b,c,t)\end{cases} \tag{1-27}$$

式中，u、v、w分别为流体质点速度的3个分量，x、y、z为t时刻此流体质点的空间位置。

流线：在同一个时刻，由无数个流体质点组成的一条曲线，曲线上每一点的切线与该质点处流体质点的运动方向平行。流场在t时刻的流线方程为

$$\frac{\mathrm{d}x}{u(x,y,z,t)}=\frac{\mathrm{d}y}{v(x,y,z,t)}=\frac{\mathrm{d}z}{w(x,y,z,t)} \tag{1-28}$$

对于定常流动，流线的形状不随时间变化，而且流体质点的迹线与流线重合。在实际流场中，除驻点或奇点外，流线不能相交，不能突然转折。

6. 流量与净通量

流量：单位时间内流过某一控制面的流体体积，用Q表示，单位为$\mathrm{m^3/s}$。若单位时间内流过的流体是以质量衡量的，则称为质量流量Q_m，不加说明时“流量”一词概指体积流量。在曲面控制面上，有

$$Q=\iint_A v\cdot n\mathrm{d}A \tag{1-29}$$

在流场中取整个封闭曲面作为控制面A，封闭曲面内的空间称为控制体。流体经一部分控制面流入控制体，同时也有流体经另一部分控制面从控制体中流出。此时用流出的流体减去流入的流体，所得出的流量称为流过全部封闭控制面A的净通量（或净流量），用符号q表示，可通过下式计算

$$q=\oiint_A v\cdot n\mathrm{d}A \tag{1-30}$$

对不可压缩流体来说，流过任意封闭控制面的净通量等于0。

7. 无旋流动与有旋流动

由速度分解定理可知，流体质点的运动可以分解为：

1）随同其他质点的平动；

2）自身的旋转运动；

3）自身的变形运动（拉伸变形和剪切变形）。

在流动过程中，若流体质点自身做无旋运动，则称流动是无旋流动，也就是有势流动，否则就称流动是有旋流动。流体质点的旋度是一个矢量，通常用$\boldsymbol{\omega}$表示，其大小为：

$$\boldsymbol{\omega}=\frac{1}{2}\begin{vmatrix}\boldsymbol{i} & \boldsymbol{j} & \boldsymbol{k}\\ \dfrac{\partial}{\partial x} & \dfrac{\partial}{\partial y} & \dfrac{\partial}{\partial z}\\ u & v & w\end{vmatrix} \tag{1-31}$$

若$\boldsymbol{\omega}=0$，则称流动为无旋流动，否则就是有旋流动。

$\boldsymbol{\omega}$与流体的流线或迹线形状无关；黏性流动一般为有旋流动；对于无旋流动，伯努利方程适用于流场中的任意两点之间。对于无旋流动，存在一个势函数$\varphi(x,y,z,t)$，满足

$$V=\mathrm{grad}\varphi \tag{1-32}$$

即

$$u=\frac{\partial\varphi}{\partial x},v=\frac{\partial\varphi}{\partial y},w=\frac{\partial\varphi}{\partial z} \tag{1-33}$$

8. 层流与湍流

流体的流动分为层流流动和湍流流动。从实验的角度来看，层流流动就是流体层与层之间相互没有任何干扰，层与层之间既没有质量的传递也没有动量的传递；而湍流流动层与层之间相互有干扰，而且干扰的力度还会随着流速的增大而加大，层与层之间既有质量的传递又有动量的传递。

判断流动是层流还是湍流，看其雷诺数是否超过临界雷诺数即可。雷诺数的定义如下

$$Re=\frac{VL}{v} \tag{1-34}$$

式中，V为截面的平均流速，L为特征长度，v为流体的运动黏度。

对于圆形管内的流体流动，特征长度L取圆形管的直径d。一般认为临界雷诺数为2320，即

$$Re=\frac{Vd}{v} \tag{1-35}$$

当$Re<2320$时，管中是层流；当$Re=2320$时，管中流动处于临界状态；当$Re>2320$时，管中是湍流。

对于异型管道内的流体流动，特征长度L取水力直径d_{H}，则雷诺数的表达式为

$$Re=\frac{Vd_{\mathrm{H}}}{v} \tag{1-36}$$

异型管道水力直径的定义如下

$$d_{\mathrm{H}}=4\frac{A}{S} \tag{1-37}$$

式中，A为过流断面的面积；S为过流断面上流体与固体接触的周长。

临界雷诺数会因管道形状的不同而有所差别。通过实验得到几种异型管道的临界雷诺数，见表1-1。

对于平板的外部绕流，特征长度取沿流动方向的长度，其临界雷诺数为$5\times10^5\sim3\times10^6$。

表1-1 几种异型管道的临界雷诺数

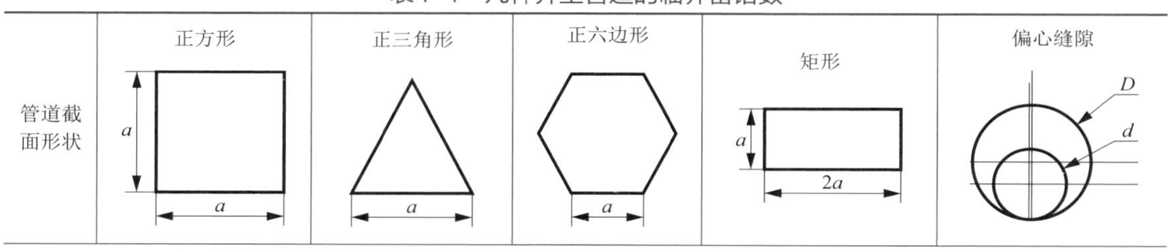

（续表）

$Re=\frac{Vd_H}{v}$	$\frac{Va}{v}$	$\frac{Va}{\sqrt{3}v}$	$\frac{\sqrt{3}Va}{v}$	$\frac{4Va}{3v}$	$\frac{V}{v}(D-d)$
d_H	a	$\frac{\sqrt{3}a}{3}$	$\sqrt{3}a$	$\frac{4a}{3}$	$D-d$
Re_c	2070	1930	2190	2260	1000

1.2　CFD基本模型

流体流动所遵循的物理定律，是建立流体运动基本方程组的依据。这些定律主要包括质量守恒定律、动量守恒定律、动量矩守恒定律、能量守恒定律、热力学第二定律。在实际计算时，还要考虑流体的不同流态，如层流与湍流。

1.2.1　基本控制方程

1. 系统、控制体与常用运算符

在流体力学中，系统是指某一确定流体质点集合的总体。系统以外的环境称为外界，分隔系统与外界的界面称为系统的边界。系统通常是研究的对象，外界则用来区别于系统。系统将随系统内质点一起运动，系统内的质点始终包含在系统内，系统边界的形状和所围空间的大小，则可随运动而变化。系统与外界无质量交换，但可以有力的相互作用，及能量（热和功）交换。

控制体是指在流体所在的空间中，以假想或真实流体边界包围，固定不动、形状任意的空间体积。包围这个空间体积的边界面，称为控制面。控制体的形状与大小不变，并相对于某坐标系固定不动。控制体内的流体质点的组成并非不变。控制体既可通过控制面与外界进行质量和能量交换，也可以直接与控制体外的环境有力的相互作用。

本书用到的一些数学符号如下所示

梯度
$$\mathrm{grad}\varphi=\left(\frac{\partial\varphi}{\partial x},\frac{\partial\varphi}{\partial y},\frac{\partial\varphi}{\partial z}\right)=\nabla\varphi=\boldsymbol{i}\frac{\partial\varphi}{\partial x}+\boldsymbol{j}\frac{\partial\varphi}{\partial y}+\boldsymbol{k}\frac{\partial\varphi}{\partial z}\tag{1-38}$$

散度
$$\mathrm{div}\boldsymbol{R}=\frac{\partial X}{\partial x}+\frac{\partial Y}{\partial y}+\frac{\partial Z}{\partial z}=\nabla\boldsymbol{R}=\mathrm{div}(X,Y,Z)\tag{1-39}$$

旋度
$$\mathrm{rot}\boldsymbol{R}=\boldsymbol{i}\left(\frac{\partial Z}{\partial y}-\frac{\partial Y}{\partial z}\right)+\boldsymbol{j}\left(\frac{\partial X}{\partial z}-\frac{\partial Z}{\partial x}\right)+\boldsymbol{k}\left(\frac{\partial Y}{\partial x}-\frac{\partial X}{\partial y}\right)=\nabla\times\boldsymbol{R}=\begin{vmatrix}\boldsymbol{i}&\boldsymbol{j}&\boldsymbol{k}\\\frac{\partial}{\partial x}&\frac{\partial}{\partial y}&\frac{\partial}{\partial z}\\X&Y&Z\end{vmatrix}\tag{1-40}$$

式中，$\nabla\left(\nabla=\boldsymbol{i}\frac{\partial}{\partial x}+\boldsymbol{j}\frac{\partial}{\partial y}+\boldsymbol{k}\frac{\partial}{\partial z}\right)$ 称为哈密顿算子 。

$$\mathrm{grad}\,(\mathrm{div}\boldsymbol{R})=\nabla(\nabla\boldsymbol{R})\tag{1-41}$$

$$\mathrm{rot}\,(\mathrm{rot}\boldsymbol{R}) = \nabla \times (\nabla \times \boldsymbol{R}) \tag{1-42}$$

$$\mathrm{grad}\,(\mathrm{div}\boldsymbol{R}) - \mathrm{rot}\,(\mathrm{rot}\boldsymbol{R}) = \nabla \boldsymbol{R} \tag{1-43}$$

式中，$\Delta=\nabla\times\nabla=\nabla^2$ 称为拉普拉斯算子。

2. 连续性方程

在流场中，流体通过控制面 A_1 流入控制体，同时也会通过另一部分控制面 A_2 流出控制体，在这期间控制体内部的流体质量也会发生变化。按照质量守恒定律，流体流入的质量与流出的质量之差应该等于控制体内部流体质量的增量，由此可导出流体流动连续性方程的积分形式为

$$\frac{\partial}{\partial t}\iiint_V \rho \mathrm{d}x\mathrm{d}y\mathrm{d}z + \oiint_A \rho v \cdot n \mathrm{d}A = 0 \tag{1-44}$$

式中，V 表示控制体，A 表示控制面。等式左边第一项表示控制体 V 内部质量的增量，第二项表示通过控制表面流入控制体的净通量。

根据数学中的奥 - 高公式，在直角坐标系下可将其化为微分形式

$$\frac{\partial \rho}{\partial t} + \frac{\partial(\rho u)}{\partial x} + \frac{\partial(\rho v)}{\partial y} + \frac{\partial(\rho w)}{\partial z} = 0 \tag{1-45}$$

对于不可压缩均质流体，密度为常数，则有

$$\frac{\partial u}{\partial x} + \frac{\partial v}{\partial y} + \frac{\partial w}{\partial z} = 0 \tag{1-46}$$

对于圆柱坐标系，其微分形式为

$$\frac{\partial \rho}{\partial t} + \frac{\rho v_r}{r} + \frac{\partial(\rho v_r)}{\partial r} + \frac{\partial(\rho v_\theta)}{r\partial \theta} + \frac{\partial(\rho v_z)}{\partial z} = 0 \tag{1-47}$$

对于不可压缩均质流体，密度为常数，则有

$$\frac{v_r}{r} + \frac{\partial v_r}{\partial r} + \frac{\partial v_\theta}{r\partial \theta} + \frac{\partial v_z}{\partial z} = 0 \tag{1-48}$$

3. 动量方程（运动方程）

动量守恒是流体在运动时应遵循的另一个普遍定律，其描述为：在一给定的流体系统中，其动量的时间变化率等于作用于其上的外力总和。其数学表达式即为动量方程，也称运动方程或N-S方程，其微分形式如下

$$\begin{cases}
\rho \dfrac{\mathrm{d}u}{\mathrm{d}t} = \rho F_{bx} + \dfrac{\partial p_{xx}}{\partial x} + \dfrac{\partial p_{yx}}{\partial y} + \dfrac{\partial p_{zx}}{\partial z} \\
\rho \dfrac{\mathrm{d}v}{\mathrm{d}t} = \rho F_{by} + \dfrac{\partial p_{xy}}{\partial x} + \dfrac{\partial p_{yy}}{\partial y} + \dfrac{\partial p_{zy}}{\partial z} \\
\rho \dfrac{\mathrm{d}w}{\mathrm{d}t} = \rho F_{bz} + \dfrac{\partial p_{xz}}{\partial x} + \dfrac{\partial p_{yz}}{\partial y} + \dfrac{\partial p_{zz}}{\partial z}
\end{cases} \tag{1-49}$$

式中，F_{bx}、F_{by}、F_{bz} 分别是单位质量流体上的质量力在3个方向上的分量，p_{yx} 是流体内应力张量的分量。

运动方程在实际应用中有许多表达形式，其中比较常见的有如下几种。

1）可压缩黏性流体的运动方程

$$
\begin{cases}
\rho\dfrac{\mathrm{d}u}{\mathrm{d}t}=\rho f_x-\dfrac{\partial p}{\partial x}+\dfrac{\partial}{\partial x}\left\{\mu\left[2\dfrac{\partial u}{\partial x}-\dfrac{2}{3}\left(\dfrac{\partial u}{\partial x}+\dfrac{\partial v}{\partial y}+\dfrac{\partial w}{\partial z}\right)\right]\right\}+\\
\dfrac{\partial}{\partial y}\left[\mu\left(\dfrac{\partial u}{\partial y}+\dfrac{\partial v}{\partial x}\right)\right]+\dfrac{\partial}{\partial z}\left[\mu\left(\dfrac{\partial w}{\partial x}+\dfrac{\partial u}{\partial z}\right)\right]\\
\rho\dfrac{\mathrm{d}v}{\mathrm{d}t}=\rho f_y-\dfrac{\partial p}{\partial y}+\dfrac{\partial}{\partial y}\left\{\mu\left[2\dfrac{\partial v}{\partial y}-\dfrac{2}{3}\left(\dfrac{\partial u}{\partial x}+\dfrac{\partial v}{\partial y}+\dfrac{\partial w}{\partial z}\right)\right]\right\}+\\
\dfrac{\partial}{\partial z}\left[\theta\mu\left(\dfrac{\partial v}{\partial z}+\dfrac{\partial w}{\partial y}\right)\right]+\dfrac{\partial}{\partial x}\left[\mu\left(\dfrac{\partial u}{\partial y}+\dfrac{\partial v}{\partial x}\right)\right]\\
\rho\dfrac{\mathrm{d}w}{\mathrm{d}t}=\rho f_z-\dfrac{\partial p}{\partial z}+\dfrac{\partial}{\partial z}\left\{\mu\left[2\dfrac{\partial w}{\partial z}-\dfrac{2}{3}\left(\theta\dfrac{\partial u}{\partial x}+\dfrac{\partial v}{\partial y}+\dfrac{\partial w}{\partial z}\right)\right]\right\}+\\
\dfrac{\partial}{\partial x}\left[\mu\left(\dfrac{\partial w}{\partial x}+\dfrac{\partial u}{\partial z}\right)\right]+\dfrac{\partial}{\partial x}\left[\mu\left(\dfrac{\partial v}{\partial z}+\dfrac{\partial w}{\partial y}\right)\right]
\end{cases}
\tag{1-50}
$$

2）常黏性流体的运动方程

$$\rho\frac{\mathrm{d}\boldsymbol{v}}{\mathrm{d}t}=\rho\boldsymbol{F}-\mathrm{grad}p+\frac{\boldsymbol{\mu}}{3}\mathrm{grad}(\mathrm{div}\boldsymbol{v})+\boldsymbol{\mu}\nabla^2\boldsymbol{v} \tag{1-51}$$

3）常密度常黏性流体的运动方程

$$\rho\frac{\mathrm{d}\boldsymbol{v}}{\mathrm{d}t}=\rho\boldsymbol{F}-\mathrm{grad}p+\boldsymbol{\mu}\nabla^2\boldsymbol{v} \tag{1-52}$$

4）无黏性流体的运动方程（欧拉方程）

$$\rho\frac{\mathrm{d}\boldsymbol{v}}{\mathrm{d}t}=\rho\boldsymbol{F}-\mathrm{grad}p \tag{1-53}$$

5）静力学方程

$$\rho\boldsymbol{F}=\mathrm{grad}p \tag{1-54}$$

6）相对运动方程。在非惯性参考系中的相对运动方程是研究大气、海洋及旋转系统中流体的运动所必须考虑的。由理论力学得知，绝对速度 $\boldsymbol{v}_\mathrm{a}$ 为相对速度 $\boldsymbol{v}_\mathrm{r}$ 与牵连速度 $\boldsymbol{v}_\mathrm{e}$ 之和，即

$$\boldsymbol{v}_\mathrm{a}=\boldsymbol{v}_\mathrm{r}+\boldsymbol{v}_\mathrm{e} \tag{1-55}$$

其中 $\boldsymbol{v}_\mathrm{e}=\boldsymbol{v}_0+\boldsymbol{\Omega}\times\boldsymbol{r}$， $\boldsymbol{v}_0$ 为运动系中的平动速度， $\boldsymbol{\Omega}$ 是转动角速度， $\boldsymbol{r}$ 为质点矢径。

而绝对加速度 $\boldsymbol{a}_\mathrm{a}$ 为相对加速度 $\boldsymbol{a}_\mathrm{r}$、牵连加速度 $\boldsymbol{a}_\mathrm{e}$ 及科氏加速度 $\boldsymbol{a}_\mathrm{c}$ 之和，即

$$\boldsymbol{a}_\mathrm{a}=\boldsymbol{a}_\mathrm{r}+\boldsymbol{a}_\mathrm{e}+\boldsymbol{a}_\mathrm{c} \tag{1-56}$$

其中 $\boldsymbol{a}_\mathrm{e}=\dfrac{\mathrm{d}\boldsymbol{v}_0}{\mathrm{d}t}+\dfrac{\mathrm{d}\boldsymbol{\Omega}}{\mathrm{d}t}\times\boldsymbol{r}+\boldsymbol{\Omega}\times(\boldsymbol{\Omega}\times\boldsymbol{r})$， $\boldsymbol{a}_\mathrm{c}=2\boldsymbol{\Omega}\times\boldsymbol{v}_\mathrm{r}$。

将绝对加速度代入运动方程（1-49），得到流体的相对运动方程

$$\rho\frac{\mathrm{d}\boldsymbol{v}_\mathrm{r}}{\mathrm{d}t}=\rho F_\mathrm{b}+\mathrm{div}p-\boldsymbol{a}_\mathrm{c}-2\boldsymbol{\Omega}\boldsymbol{v}_\mathrm{r} \tag{1-57}$$

4. 能量方程

将热力学第一定律应用于流体运动，把上式各项用有关的流体物理量表示出来，得到能量方程

$$\frac{\partial}{\partial t}(\rho E)+\frac{\partial}{\partial x_i}\big(u_i(\rho E+p)\big)=\frac{\partial}{\partial x_i}\left(k_{eff}\frac{\partial T}{\partial x_i}-\sum_{j'}h_{j'}J_{j'}+u_j(\tau_{ij})_{eff}\right)+S_h \tag{1-58}$$

式中，$E=h-\frac{p}{\rho}+\frac{u_i^2}{2}$；$k_{eff}$是有效热传导系数，$k_{eff}=k+k_t$，其中$k_t$是湍流热传导系数，根据所使用的湍流模型来定义；$J_{j'}$是组分$j$的扩散流量；$S_h$包括了化学反应热及其他用户定义的体积热源项。式（1-58）等号右边括号中的3项分别描述了热传导、组分扩散和黏性耗散带来的能量输运。

1.2.2 湍流模型

湍流是自然界广泛存在的流动现象。大气层中气体的流动和海洋环境中水流的流动，飞行器和船舰的绕流，叶轮机械、化学反应器、核反应器中的流体运动都是湍流。湍流流动的核心特征是其在物理上近乎无穷多的尺度和数学上强烈的非线性，这使得人们无论是通过理论分析、实验研究还是计算机模拟都很难彻底认识湍流。20世纪80年代，相关人员提出和发明了一大批高精度、高分辨率的计算格式，相当成功地解决了欧拉方程的数值模拟，可以说欧拉方程数值模拟方法的精度已接近于它有效使用范围的极限；欧拉方程也能适用于各种实践所需。在此基础上，研究人员同时进行了求解可压缩雷诺平均方程及其三维定态黏流流动的模拟。20世纪90年代开启了一个非定常黏流流场模拟的新局面，黏流流场具有高雷诺数、非定常、不稳定、剧烈分离流动的特点，需要继续探求更高精度的计算方法和更实用可靠的网格生成技术，因此研究湍流机理，建立相应的模式，并进行适当的模拟仍是解决湍流问题的重要途径。

1. 湍流模型的分类

湍流模型的种类有很多，大致可以归纳为以下3类。

第1类是湍流输运系数模型，即将速度脉动的二阶关联量表示成平均速度梯度与湍流黏性系数的乘积，用笛卡儿张量表示为

$$-\rho\overline{u_i'u_j'}=\mu_t\left(\frac{\partial u_i}{\partial x_j}+\frac{\partial u_j}{\partial x_i}\right)-\frac{2}{3}\rho k\delta_{ij} \tag{1-59}$$

模型的任务就是给出计算湍流黏性系数μ_t的方法。根据建立模型所需要的微分方程的数目，还可将其细分为零方程模型（代数方程模型）、单方程模型和双方程模型。

第2类是抛弃了湍流输运系数的概念，直接建立湍流应力和其他二阶关联量的输运方程，称为直接数值模拟。

第3类是大涡模拟。前两类模型是以湍流的统计结构为基础，对所有涡旋进行统计平均。大涡模拟把湍流分成大尺度湍流和小尺度湍流，通过求解三维修正的N-S方程，得到大涡旋的运动特性，而对小涡旋运动还采用第1类湍流模型。

在实际求解中，选用什么模型要根据具体问题的特点来决定。选择的一般原则是：精度高，应用简单，节省计算时间，具有通用性。

Fluent 提供的湍流模型包括：单方程模型（Spalart-Allmaras模型）、双方程模型［标准（Standard）$k-\varepsilon$模型、重整化群（Renormalization Group，RNG）$k-\varepsilon$模型、可实现的（Realizable）$k-\varepsilon$模型］、雷诺应力（Reynolds Stress）模型和大涡模拟（Large Fddy Simulation，LES）。

2. Fluent中的湍流模型选择策略

选取湍流模型需要考虑的因素有：流体是否可压、精度的要求、计算机的能力、时间的限制等。Fluent中湍流模型详解如图1-1所示，各湍流模型的应用范围及特点说明如下。

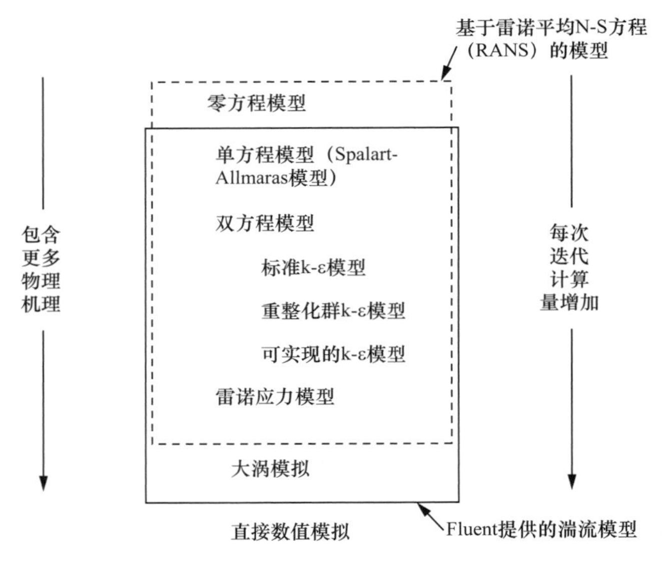

图1-1 湍流模型详解

（1）Spalart-Allmaras模型

Spalart-Allmaras模型由Spalart-Allmaras提出，用来解决因湍流动黏滞率而修改的数量方程，主要是壁面约束的流动，且已经显示出很好的效果。

应用范围：多用于航空领域、透平机械，对于有壁面约束的空气流动问题应优先选用此模型。

该模型有以下特点。①Spalart-Allmaras模型是相对简单的单方程模型，只需求解湍流黏性的输运方程，不需要求解剪切层厚度的长度尺度；由于没有考虑长度尺度的变化，对一些流动尺度变换比较大的流动问题不太适合。例如平板射流问题，从有壁面影响的流动突然变化到自由剪切流，流场尺度变化明显。②该模型的输运变量在近壁处的梯度要比模型中的小，表现出对网格粗糙带来的数值误差不太敏感。③该模型不能预测均匀衰退、各向同性湍流等复杂的工程流动问题。

（2）$k-\varepsilon$模型

1）标准$k-\varepsilon$模型。

在Fluent中，标准$k-\varepsilon$模型的系数由经验公式给出，计算比较稳定，自从被Launder和Spalding提出之后，标准$k-\varepsilon$模型就变成了工程分析计算中的主要工具。现有研究表明，对于简单的充分发展湍流问题，该模型完全适用，而且比其他湍流模型更快收敛。

应用范围：适合完全湍流（充分发展的湍流）的流动过程模拟，特别是对高雷诺数的湍流有效，包含黏性热、浮力、压缩性等选项，但模拟旋流和绕流时有缺陷。

2）重整化群$k-\varepsilon$模型。

重整化群$k-\varepsilon$模型来源于严格的统计技术，与标准$k-\varepsilon$模型相比有一些改进：①重整化群$k-\varepsilon$模型在ε方程中加了一个条件，有效地改善了精度；②考虑到了湍流漩涡并提高了在这方面的精度；③为湍流普朗特数提供了解析公式，而标准k－ε模型是用户提供的常数；④标准k－ε模型是一种高雷诺数的模型，重整化群k－ε模型提供了一个考虑低雷诺数流动黏性的解析公式，这些公式的作用取决于如何正确地对待近壁区域。

应用范围：除强旋流过程无法精确预测外，其他流动都可以使用此模型，如模拟射流撞击、分离流、二次流和旋流等，能取得较标准k－ε模型更高的精度，但中等复杂的湍流受到各向同性涡旋黏度假设限制。

3）可实现的k－ε模型。

可实现的k－ε模型与标准k－ε模型相比，主要有两个不同点：①可实现的k－ε模型为湍流黏性增加了一个公式；②可实现的k－ε模型为耗散率增加了新的传输方程，该方程是为层流速度波动而作的精确方程。

应用范围：除强旋流过程无法精确预测外，其他流动都可以使用此模型，包括有旋均匀剪切流、自由流（射流和混合层）、腔道流动和边界层流动。

（3）k－ω模型

k－ω模型是双方程模型中的一种模型。k－ω模型的应用范围为：对自由剪切湍流、附着边界湍流、表现出强曲率的流动以及适度分离湍流都有较高的计算精度。

1）标准k－ω模型。

标准k－ω模型通过两个输运方程求解k与ω。对于有界壁面和低雷诺数的可压缩性和剪切流动，能取得较好的模拟效果，尤其是圆柱绕流问题、放射状喷射、混合流动等，包含转捩、自由剪切和压缩性选项。

2）剪切应力传输k－ω模型。

剪切应力传输k－ω模型合并了来源于ω方程的交叉扩散，湍流黏度考虑到了湍流剪应力的传波，而且模型常量不同，这些特点使得该模型在近壁区域的自由流、逆压梯度流动、翼型、跨音速激波等方面有着更高的精度。

（4）雷诺应力模型

雷诺应力模型同时考虑了连续性方程、运动方程、输运方程和各向异性湍流剪切应力方程，但计算收敛较难，计算耗时较长。

应用范围：主要应用于复杂3D流动（如弯曲管道、旋转、旋流燃烧、旋风等流动），尤其是强旋流运动，若要考虑雷诺应力各向异性，则必须应用该模型。

（5）大涡模拟

大涡模拟将湍流过程分为大尺度脉动和小尺度（小于惯性区尺度）脉动，把小尺度脉动认为是湍流耗散［作为额外的应力项（亚网格应力）］，通过运动方程进行传递，将计算的重点放在大尺度脉动上，可以表现出高精度的湍流细节。

应用范围：在学术界应用广泛，但需要更为精细的网格及较长的计算耗时。

（6）尺度自适应模拟（Scale-Adaptive Simulation，SAS）

尺度自适应模拟的计算精度和大涡模拟接近，但其计算量明显更少，网格精细程度也更低。尺度自适应模拟的优点是模型的雷诺平均N-S方程（RANS）部分不受网格尺寸的影响，因此不会出现精度下降的情况。

应用范围：通常适用于分离区域、航空航天等问题的分析。

（7）分离涡模拟（Detached Eddy Simulation，DES）

分离涡模拟通过比较湍流的长度与网格间距的大小来实现雷诺平均N-S方程与大涡模拟

之间的切换。该模型选择两者的最小值，从而在雷诺平均N-S方程和大涡模拟之间切换。它通过在近壁面采用大涡模拟、在湍流核心区采用雷诺平均N-S方程进行计算，可以阻止模型应力损耗及网格导致的分离。

应用范围：适用于外流空气动力学、气动声学、壁面湍流等问题的计算。

另外还有转捩模型，用于模拟流动从层流转变到湍流的过程、转捩不连续等计算情况。

壁面对湍流流动影响较大，壁面的不光滑及其他因素均会对流动产生影响，在离壁面很近的地方，黏性力将抑制流体切线方向的速度变化，同时壁面也阻碍正常的波动。重整化群 $k-\varepsilon$ 模型在近壁面的外部区域，湍流动能受平均流速的影响而增大，湍流运动加剧。而 $k-\varepsilon$ 模型、雷诺应力模型、大涡模拟仅适用于湍流核心区域（远离壁面处），故需要考虑如何使这些模型能够用于壁面边界层处的流动。Fluent中的湍流模型提供了3种近壁处理方法：标准壁面函数法、非平衡壁面函数法和加强壁面函数法。具体选择可以参考下面的说明。

标准壁面函数法：应用广泛，计算精度与经济性合理，但属于高雷诺数的经验公式，不适用于低雷诺数区的流动，且没有考虑质量蒸发、∇p 和体积力的影响，三维计算也较差。

非平衡壁面函数法：考虑了 ∇p 和非平衡方程及分离、再附着、撞击现象；但在低雷诺数区的流动、伴随质量蒸发的流动、∇p 过大的流动、强体积力流动及三维流动模拟方面存在不足。

加强壁面函数法：不依赖于经验壁面法则，应用于复杂流动及低雷诺数区的流动，但需要精细的网格、较大的CPU与内存。

1.2.3　初始条件和边界条件

在计算过程中，初始条件和边界条件的正确设置是关键的一步。Fluent提供了现成的各种类型的边界条件。

1. 初始条件

初始条件是计算初始给定的参数，即 $t=t_0$ 时，给出各未知量的函数分布后，用户根据实际情况设置的条件。当流体运动定常时，无初始条件。

2. 边界条件

边界条件是流体力学方程组在求解域的边界上，流体物理量应满足的条件。例如，流体被固壁所限，流体就不应有穿过固壁的速度分量；在水面边界上，大气压强可认为是常数（一般在不大的范围内可如此认为）；在流体与外界无热传导的边界上，流体与边界之间无温差等。由于具体问题不同，边界条件一般要保持恰当：①保持在物理上是正确的；②要在数学上不多不少，刚好能用来确定积分、微分方程中的积分常数，而不是矛盾的或有随意性的。

Fluent中的基本边界条件包括以下几种。

（1）入口边界条件

入口边界条件就是指定的入口处流动变量的值。常见的入口边界条件有速度入口边界条件、压力入口边界条件和质量流量入口边界条件。

1）速度入口边界条件：用于定义流动速度和流动入口的流动属性相关的标量。该边界条件适用于不可压缩流动，用于可压缩流动会得到非物理结果，因为它允许驻点条件浮动。应注意不要让速度入口靠近圆形障碍物，因为这会导致流动入口驻点属性的非一致性太高。

2）压力入口边界条件：用于定义流动入口的压力及其他标量属性。它既可以用于可压缩流动，也可以用于不可压缩流动。压力入口边界条件可用于压力已知但是流动速度或速率未知的情况。这一情况可用于很多实际问题，例如浮力驱动的流动。压力入口边界条件也可用来定义外部或无约束流体的自由边界。

3）质量流量入口边界条件：用于已知入口质量流量的可压缩流动。在不可压缩流动中不必指定入口的质量流量，因为密度为常数时，速度入口边界条件就确定了质量流量入口边界条件。当要求达到的是质量和能量流速而不是流入的总压时，通常就会使用质量流量入口边界条件。

注意：调节入口总压可能会导致解的收敛速度较慢，当压力入口边界条件和质量流量入口边界条件都可以接受时，应优先选择压力入口边界条件。

（2）出口边界条件

1）压力出口边界条件：需要在出口边界处指定表压。指定的表压只用于亚声速流动。如果流动变为超声速，就不再指定表压，此时压力要从内部流动中求出，其他的流动属性也应如此处理。

在求解过程中，如果压力出口边界处的流动是反向的，回流条件也需要指定。如果指定了比较符合实际的回流值，计算会比较容易收敛。

2）质量出口边界条件：当流动出口的速度和压力在解决流动问题之前未知时，可以使用质量出口边界条件来模拟流动。需要注意的是，如果模拟可压缩流体或者包含压力出口的流体，则不能使用质量出口边界条件。

（3）固体壁面边界条件

对于黏性流动问题，可为壁面设置无滑移边界条件；也可以指定壁面切向速度分量（壁面平移或者旋转时），给出壁面切应力，从而模拟壁面滑移；还可以根据流动情况计算壁面切应力和与流体换热情况。固体壁面热边界条件包括固定热通量、固定温度、对流换热系数、外部辐射换热、对流换热等。

（4）对称边界条件

对称边界条件应用于计算的物理区域对称的情况。在对称轴或者对称平面上，没有对流通量，所以垂直于对称轴或者对称平面的速度分量为0。因此在对称边界上，垂直边界的速度分量为0，任何物理量的梯度都为0。

（5）周期性边界条件

如果流动的几何边界、流动和换热是周期性重复的，则可以采用周期性边界条件。

边界类型的改变是有一定限制的，不能随意进行修改。边界类型可以分成四大类（面边界、双面边界、周期性边界、单元边界），所有边界类型都可以被划分到其中一个大类中。边界类型的改变只能在大类中进行，而分属不同大类的边界类型不能相互替换。

1.3　有限体积法

在有限体积法中将所计算的区域划分成一系列控制体积，每个控制体积都有一个节点作为代表。将守恒型的控制方程对控制体积做积分来导出离散方程。在导出过程中，需要对界面上的被求函数本身及其一阶导数的构成作出假定，这种构成的方式就是有限体积法中的离散格式。用有限体积法导出的离散方程可以保证具有守恒特性，而且离散方程系数的物理意义明确，是目前流动与传热问题的数值计算中应用最广的一种方法。

Phoenics是最早投入市场的有限体积法软件。Fluent、STAR-CD、OpenFOAM、XFlow

和CFX等都是常用的有限体积法软件。它们在流动、传热传质、燃烧和辐射等方面应用广泛。

1.3.1　计算区域离散化与控制方程离散化

有限体积法是一种分块近似的计算方法，其中比较重要的步骤是计算区域的离散化和控制方程的离散化。

1.计算区域的离散化

计算区域的离散化就是用一组有限个离散的点来代替原来的连续空间。一般的实施过程是：把所计算的区域划分成许多个互不重叠的子区域，确定每个子区域中的节点位置及该节点所代表的控制体积。区域离散后，得到以下4种几何要素。

节点：需要求解的未知物理量的几何位置。

控制体积：应用控制方程或守恒定律的最小几何单位。

界面：定义了与各节点相对应的控制体积的界面位置。

网格线：连接相邻两个节点形成的曲线簇。

一般把节点看成是控制体积的代表。在离散过程中，将一个控制体积上的物理量定义并存储在相应节点处。图1-2所示为一维的有限体积法网格，图1-3所示为二维的有限体积法网格。

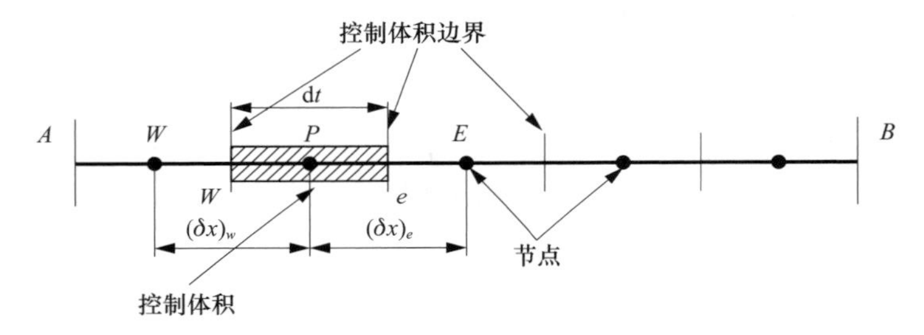

图1-2　一维的有限体积法网格

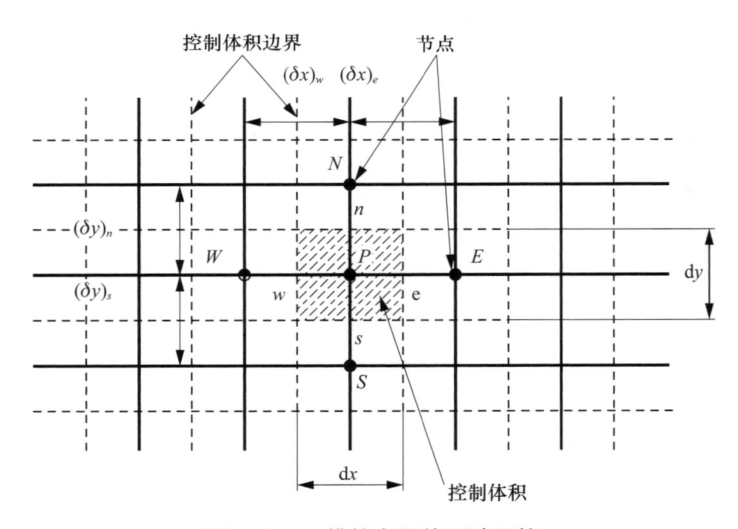

图1-3　二维的有限体积法网格

用于计算区域离散化的网格有两类：结构化网格和非结构化网格。

结构化网格的节点排列有序，当给出了一个节点的编号后，可以立即得出其相邻节点的编号，所有内部节点周围的网格数目相同。结构化网格具有实现容易、生成速度快、网格质量好、数据结构简单等优点，但不能实现复杂边界区域的离散化。

非结构化网格的内部节点以一种不规则的方式布置在流场中，各节点周围的网格数目不相同。这种网格虽然生成过程比较复杂，但却有极高的适应性，对复杂边界的流场计算问题特别有效。

2.控制方程的离散化

前面给出的关于流体流动问题的控制方程，无论是连续性方程、运动方程，还是能量方程，都可写成

$$\frac{\partial(\rho u\phi)}{\partial t}+\mathrm{div}(\rho u\phi)=\mathrm{div}(\Gamma\,\mathrm{grad}\phi)+S \tag{1-60}$$

式中，div表示散度，计算方法如式（1-39）所示，grad表示梯度，计算方法如式（1-38）所示。

对于一维稳态问题，其控制方程为

$$\frac{\mathrm{d}(\rho u\phi)}{\mathrm{d}x}=\frac{\mathrm{d}}{\mathrm{d}x}\left(\Gamma\frac{\mathrm{d}\phi}{\mathrm{d}x}\right)+S \tag{1-61}$$

式中从左到右各项分别为：对流项、扩散项和源项。方程中的ϕ是广义变量，可以为速度、温度或浓度等一些待求的物理量。Γ是相应的广义扩散系数，S是广义源项。变量ϕ在端点A和B的边界值为已知。

有限体积法的关键一步是在控制体积上建立积分控制方程，以在控制体积节点上产生离散的方程。通过一维模型方程（1-61），在图1-2所示的控制体积P上积分，可得

$$\int_{\Delta V}\frac{\mathrm{d}(\rho u\phi)}{\mathrm{d}x}\mathrm{d}V=\int_{\Delta V}\frac{\mathrm{d}}{\mathrm{d}x}\left(\Gamma\frac{\mathrm{d}\phi}{\mathrm{d}x}\right)\mathrm{d}V+\int_{\Delta V}S\mathrm{d}V \tag{1-62}$$

式中，ΔV是控制体积的体积值。当控制体积很小时，ΔV可以表示为$\Delta x\cdot A$，A是控制体积界面的面积。从而有

$$(\rho u\phi A)_e-(\rho u\phi A)_w=\left(\Gamma A\frac{\mathrm{d}\phi}{\mathrm{d}x}\right)_e-\left(\Gamma A\frac{\mathrm{d}\phi}{\mathrm{d}x}\right)_w+S\cdot\Delta V \tag{1-63}$$

从上式看到，对流项和扩散项均已转化为控制体积界面上的值。有限体积法最显著的特点之一就是离散方程中具有明确的物理插值，即界面的物理量要通过插值的方式由节点的物理量来表示。

为了建立所需形式的离散方程，需要表示出式（1-63）中的界面e和界面w处的ρ、u、Γ、ϕ和$\frac{\mathrm{d}\phi}{\mathrm{d}x}$。有限体积法中规定，$\rho$、$u$、$\Gamma$、$\phi$和$\frac{\mathrm{d}\phi}{\mathrm{d}x}$等物理量均是在节点处定义和计算的。因此，为了计算界面上的这些物理参数（包括其导数），需要一个物理参数在节点间的近似分布。可以想象，线性近似是可以用来计算界面物性值的最直接，也是最简单的方式，这种分布叫作中心差分。如果网格是均匀的，则单个物理参数（以扩散系数Γ为例）的线性插值结果为

$$\begin{cases}\Gamma_e=\dfrac{\Gamma_P+\Gamma_E}{2}\\[2ex]\Gamma_w=\dfrac{\Gamma_W+\Gamma_P}{2}\end{cases} \tag{1-64}$$

$(\rho u\phi A)$ 的线性插值结果为

$$\begin{cases}(\rho u\phi A)_e=(\rho u)_e A_e\dfrac{\phi_P+\phi_E}{2}\\(\rho u\phi A)_w=(\rho u)_w A_w\dfrac{\phi_W+\phi_P}{2}\end{cases}\tag{1-65}$$

与梯度项相关的扩散通量的线性插值结果为

$$\begin{cases}\left(\Gamma A\dfrac{\mathrm{d}\phi}{\mathrm{d}x}\right)_e=\Gamma_e A_e\left[\dfrac{\phi_E-\phi_P}{(\delta x)_e}\right]\\\left(\Gamma A\dfrac{\mathrm{d}\phi}{\mathrm{d}x}\right)_w=\Gamma_w A_w\left[\dfrac{\phi_P-\phi_W}{(\delta x)_w}\right]\end{cases}\tag{1-66}$$

对于源项S，它通常是随时间和物理量ϕ变化的函数。为了简化处理，可以将S转化为如下线性方式

$$S=S_C+S_P\phi_P\tag{1-67}$$

式中，S_C是常数，S_P是随时间和物理量ϕ变化的项。将式（1-64）～式（1-67）代入方程（1-63），可得

$$\begin{aligned}&(\rho u)_e A_e\frac{\phi_P+\phi_E}{2}-(\rho u)_w A_w\frac{\phi_W+\phi_P}{2}\\&=\Gamma_e A_e\left[\frac{\phi_E-\phi_P}{(\delta x)_e}\right]-\Gamma_w A_w\left[\frac{\phi_P-\phi_W}{(\delta x)_w}\right]+(S_C+S_P\phi_P)\cdot\Delta V\end{aligned}\tag{1-68}$$

整理后得

$$\begin{aligned}&\left[\frac{\Gamma_e}{(\delta x)_e}A_e+\frac{\Gamma_w}{(\delta x)_w}A_w-S_P\cdot\Delta V\right]\phi_P\\&=\left[\frac{\Gamma_w}{(\delta x)_w}A_w+\frac{(\rho u)_w}{2}A_w\right]\phi_W+\left[\frac{\Gamma_e}{(\delta x)_e}A_e-\frac{(\rho u)_e}{2}A_e\right]\phi_E+S_C\cdot\Delta V\end{aligned}$$

记为

$$a_P\phi_P=a_W\phi_W+a_E\phi_E+b\tag{1-69}$$

式中，

$$\begin{cases}a_W=\dfrac{\Gamma_w}{(\delta x)_w}A_w+\dfrac{(\rho u)_w}{2}A_w\\a_E=\dfrac{\Gamma_e}{(\delta x)_e}A_e-\dfrac{(\rho u)_e}{2}A_e\\a_P=\dfrac{\Gamma_e}{(\delta x)_e}A_e+\dfrac{\Gamma_w}{(\delta x)_w}A_w-S_P\cdot\Delta V\\\quad=a_E+a_W+\dfrac{(\rho u)_e}{2}A_e-\dfrac{(\rho u)_w}{2}A_w-S_P\cdot\Delta V\\b=S_C\cdot\Delta V\end{cases}\tag{1-70}$$

对于一维问题，控制体积界面e和界面w处的面积A_e和A_w均为1，即单位面积，因此$\Delta V=\Delta x$，式（1-70）中各系数可转化为

$$\begin{cases} a_W = \dfrac{\Gamma_w}{(\delta x)_w} + \dfrac{(\rho u)_w}{2} \\ a_E = \dfrac{\Gamma_e}{(\delta x)_e} - \dfrac{(\rho u)_e}{2} \\ a_P = a_E + a_W + \dfrac{(\rho u)_e}{2} - \dfrac{(\rho u)_w}{2} - S_P \cdot \Delta x \\ b = S_C \cdot \Delta x \end{cases} \tag{1-71}$$

方程（1-69）即为方程（1-61）的离散形式，每个节点上都可建立此离散方程，通过求解方程组，就可得到各物理量在相应节点处的值。

为了后续讨论更方便，需定义两个新的物理量F和D，其中，F表示通过界面上单位面积的对流质量通量，简称对流质量流量，D表示界面的扩散传导性。定义表达式如下

$$\begin{cases} F = \rho u \\ D = \dfrac{\Gamma}{\delta x} \end{cases} \tag{1-72}$$

这样，F和D在控制界面上的值分别为

$$\begin{cases} F_w = (\rho u)_w, F_e = (\rho u)_e \\ D_w = \dfrac{\Gamma_w}{(\delta x)_w}, D_e = \dfrac{\Gamma_e}{(\delta x)_e} \end{cases} \tag{1-73}$$

在此基础上，定义一维单元的佩克莱数（Peclet number）P_e为

$$P_e = \frac{F}{D} = \frac{\rho u}{\Gamma / \delta x} \tag{1-74}$$

P_e表示对流与扩散的强度之比。当P_e为0时，对流-扩散演变为纯扩散问题，即流场中没有流动，只有扩散；当$P_e > 0$时，流体沿x方向流动，当P_e很大时，对流-扩散问题演变为纯对流问题。一般在中心差分格式中，有$P_e < 2$的要求。

将式（1-72）、（1-73）代入方程（1-71），可得

$$\begin{cases} a_W = D_w + \dfrac{F_w}{2} \\ a_E = D_e - \dfrac{F_e}{2} \\ a_P = a_E + a_W + \dfrac{F_e}{2} - \dfrac{F_w}{2} - S_P \cdot \Delta x \\ b = S_C \cdot \Delta x \end{cases} \tag{1-75}$$

瞬态问题与稳态问题相似，主要是瞬态项的离散。其一维瞬态问题的通用控制方程为

$$\frac{\partial(\rho\phi)}{\partial t} + \frac{\partial(\rho u\phi)}{\partial x} = \frac{\partial}{\partial x}\left(\Gamma \frac{\partial \phi}{\partial x}\right) + S \tag{1-76}$$

该方程是一个包含瞬态及源项的对流-扩散方程。从左到右，方程中的各项分别是：瞬态项、对流项、扩散项及源项。方程中，ϕ是广义变量，如速度分量、温度、浓度等；Γ为相应的广义扩散系数；S为广义源项。

对于瞬态问题的有限体积法求解，在将控制方程对控制体积做空间积分的同时，还必须对时间间隔Δt做时间积分。对控制体积所做的空间积分与稳态问题相同，这里仅叙述对时

间的积分。

将式（1-76）在一维计算网格上对时间及控制体积进行积分，可得

$$\begin{aligned}&\int_t^{t+\Delta t}\int_{\Delta V}\frac{\partial(\rho\phi)}{\partial t}\mathrm{d}V\mathrm{d}t+\int_t^{t+\Delta t}\int_{\Delta V}\frac{\partial(\rho u\phi)}{\partial x}\mathrm{d}V\mathrm{d}t\\&=\int_t^{t+\Delta t}\int_{\Delta V}\frac{\partial}{\partial x}\left(\Gamma\frac{\partial\phi}{\partial x}\right)\mathrm{d}V\mathrm{d}t+\int_t^{t+\Delta t}\int_{\Delta V}S\mathrm{d}V\mathrm{d}t\end{aligned}\tag{1-77}$$

改写后，为

$$\begin{aligned}&\int_{\Delta V}\left[\int_t^{t+\Delta t}\frac{\partial(\rho\phi)}{\partial t}\mathrm{d}t\right]\mathrm{d}V+\int_t^{t+\Delta t}[(\rho u\phi A)_e-(\rho u\phi A)_w]\mathrm{d}t\\&=\int_t^{t+\Delta t}\left[\left(\Gamma A\frac{\mathrm{d}\phi}{\mathrm{d}x}\right)_e-\left(\Gamma A\frac{\mathrm{d}\phi}{\mathrm{d}x}\right)_w\right]\mathrm{d}t+\int_t^{t+\Delta t}S\Delta V\mathrm{d}t\end{aligned}\tag{1-78}$$

式中，A是图1-2中控制体积P在界面处的面积。

在处理瞬态项时，假定物理量ϕ在整个控制体积P上均具有节点值ϕ_P，并用线性插值$(\phi_P-\phi_P^0)/\Delta t$来表示$\partial\phi/\partial t$，源项也分解为线性方程$S=S_c+S_P\phi_P$，对流项和扩散项的值按中心差分格式通过节点处的值来表示，则

$$\begin{aligned}&\rho(\phi_P-\phi_P^0)\Delta V+\int_t^{t+\Delta t}\left[(\rho u)_e A_e\frac{\phi_P+\phi_E}{2}-(\rho u)_w A_w\frac{\phi_W+\phi_P}{2}\right]\mathrm{d}t\\&=\int_t^{t+\Delta t}\left\{\Gamma_e A_e\left[\frac{\phi_E-\phi_P}{(\delta x)_e}\right]-\Gamma_w A_w\left[\frac{\phi_P-\phi_W}{(\delta x)_W}\right]\right\}\mathrm{d}t+\int_t^{t+\Delta t}(S_c+S_P\phi_P)\Delta V\mathrm{d}t\end{aligned}\tag{1-79}$$

假定变量ϕ_P对时间的积分为

$$\int_t^{t+\Delta t}\phi_P\mathrm{d}t=[f\phi_P-(1-f)\phi_P^0]\Delta t\tag{1-80}$$

式中，上标0代表t时刻；ϕ_P是时刻的值；f为0与1之间的加权因子，当f=0时，变量取旧值进行时间积分，当f=1时，变量采用新值进行时间积分。

将ϕ_P、ϕ_E、ϕ_W及$S_c+S_P\phi_P$采用类似式（1-80）进行时间积分，式（1-79）可写成

$$\begin{aligned}&\rho(\phi_P-\phi_P^0)\frac{\Delta V}{\Delta t}+f\left[(\rho u)_e A_e\frac{\phi_P+\phi_E}{2}-(\rho u)_w A_w\frac{\phi_W+\phi_P}{2}\right]\\&+(1-f)\left[(\rho u)_e A_e\frac{\phi_P^0+\phi_W^0}{2}-(\rho u)_w A_w\frac{\phi_W^0+\phi_P^0}{2}\right]\\&=f\left\{\Gamma_e A_e\left[\frac{\phi_E-\phi_P}{(\delta x)_e}\right]-\Gamma_w A_w\left[\frac{\phi_P-\phi_W}{(\delta x)_W}\right]\right\}\\&+(1-f)\left\{\Gamma_e A_e\left[\frac{\phi_E^0-\phi_P^0}{(\delta x)_e}\right]-\Gamma_w A_w\left[\frac{\phi_P^0-\phi_W^0}{(\delta x)_W}\right]\right\}\\&+[f(S_c+S_P\phi_P)+(1-f)(S_c+S_P\phi_P^0)]\Delta V\end{aligned}\tag{1-81}$$

整理后得

$$\begin{aligned}&\left\{\rho\frac{\Delta V}{\Delta t}+f\left[\frac{(\rho u)_e A_e}{2}-\frac{(\rho u)_w A_w}{2}\right]+f\left[\frac{\Gamma_e A_e}{(\delta x)_e}+\frac{\Gamma_w A_w}{(\delta x)_W}\right]-fS_P\Delta V\right\}\phi_P\\&=\left[\frac{(\rho u)_w A_w}{2}+\frac{\Gamma_w A_w}{(\delta x)_W}\right][f\phi_W+(1-f)\phi_W^0]\end{aligned}$$

$$+\left[\frac{\Gamma_e A_e}{(\delta x)_e}-\frac{(\rho u)_e A_e}{2}\right][f\phi_E+(1-f)\phi_E^0]$$
$$+\left\{\rho\frac{\Delta V}{\Delta t}-(1-f)\left[\frac{\Gamma_e A_e}{(\delta x)_e}+\frac{(\rho u)_e A_e}{2}\right]\right. \tag{1-82}$$
$$\left.-(1-f)\left[\frac{\Gamma_w A_w}{(\delta x)_W}-\frac{(\rho u)_w A_w}{2}\right]+(1-f)S_P\Delta V\right\}\phi_P^0+S_C\Delta V$$

同样引入稳态中关于符号F和D的定义，并将原来的定义做一定扩展，即乘以面积A，可得

$$\begin{cases} F_w=(\rho u)_w A_w, F_e=(\rho u)_e A_e \\ D_w=\dfrac{\Gamma_w A_w}{(\delta x)_w}, D_e=\dfrac{\Gamma_e A_e}{(\delta x)_e} \end{cases} \tag{1-83}$$

将式（1-83）代入方程（1-82），得

$$[\rho\frac{\Delta V}{\Delta t}+f\left(\frac{F_e}{2}-\frac{F_w}{2}\right)+f(D_e+D_w)-fS_P\Delta V]\phi_P$$
$$=\left(\frac{F_w}{2}+D_w\right)[f\phi_W+(1-f)\phi_W^0]+\left(D_e-\frac{F_e}{2}\right)[f\phi_E+(1-f)\phi_E^0] \tag{1-84}$$
$$+\left\{\rho\frac{\Delta V}{\Delta t}-(1-f)\left[D_e+\frac{F_e}{2}\right]-(1-f)\left[D_w-\frac{F_w}{2}\right]+(1-f)S_P\Delta V\right\}\phi_P^0$$
$$+S_C\Delta V$$

同样，也像稳态问题一样引入a_p、a_w和a_E，上式变为

$$a_P\phi_P=a_W[f\phi_W+(1-f)\phi_W^0]+a_E[f\phi_E+(1-f)\phi_E^0]$$
$$+\left\{\rho\frac{\Delta V}{\Delta t}-(1-f)\left[D_e+\frac{F_e}{2}\right]-(1-f)\left[D_w-\frac{F_w}{2}\right]+(1-f)S_P\Delta V\right\}\phi_P^0 \tag{1-85}$$
$$+S_C\Delta V$$

式中，

$$\begin{cases} a_P=a_P^0+f(a_E+a_W)+f(F_e-F_w)-fS_P\Delta V \\ a_W=D_w+\dfrac{F_w}{2} \\ a_E=D_e-\dfrac{F_e}{2} \\ a_P^0=\rho\dfrac{\Delta V}{\Delta t} \end{cases} \tag{1-86}$$

根据f的取值，瞬态问题对时间的积分有以下几种方案：当f=0时，变量的初值出现在式（1-85）的右边，从而可直接求出在现时刻的未知变量值，这种方案称为显式时间积分方案；当$0<f<1$时，有现时刻的未知变量出现在式（1-85）的两边，需要解若干个方程所组成的方程组才能求出现时刻的变量值，这种方案称为隐式时间积分方案；当f=1时，为全隐式时间积分方案。当f=1/2时，称为Crank-Nicolson时间积分方案。

进一步将一维问题扩展为二维与三维问题。二维问题的计算网格及控制体积如图1-3所示。只增加第二坐标y，控制体积增加的上、下界面，分别用n和s表示，相应的两个邻点记

为N和S。在全隐式时间积分方案下的二维瞬态对流-扩散问题的离散方程为

$$a_P\phi_P = a_W\phi_W + a_E\phi_E + a_N\phi_N + a_S\phi_S + b \tag{1-87}$$

$$\begin{cases} a_P = a_P^0 + a_E + a_W + a_S + a_N + (F_e - F_w) + (F_n - F_s) - S_P\Delta V \\ a_W = D_w + \max(0, F_w) \\ a_E = D_e + \max(0, -F_e) \\ a_S = D_s + \max(0, F_s) \\ a_N = D_n + \max(0, -F_n) \\ a_P^0 = \rho_P^0 \dfrac{\Delta V}{\Delta t} \\ b = S_C\Delta V + a_P^0\phi_P^0 \end{cases} \tag{1-88}$$

三维问题的计算网格及控制体积（两个方向的投影）如图1-4所示。在二维的基础上增加第三坐标z，控制体积增加的前、后界面，分别用t和b表示，相应的两个邻点记为T和B。在全隐式时间积分方案下的三维瞬态对流-扩散问题的离散方程为

$$a_P\phi_P = a_W\phi_W + a_E\phi_E + a_N\phi_N + a_S\phi_S + a_T\phi_T + a_B\phi_B + b \tag{1-89}$$

$$\begin{cases} a_P = \sum a_{nb} + \Delta F + a_P^0 - S_P\Delta V \\ a_W = D_w + \max(0, F_w) \\ a_E = D_e + \max(0, -F_e) \\ a_S = D_s + \max(0, F_s) \\ a_N = D_n + \max(0, -F_n) \\ a_T = D_t + \max(0, -F_t) \\ a_B = D_b + \max(0, F_b) \\ a_P^0 = \rho_P^0 \dfrac{\Delta V}{\Delta t} \\ b = S_C\Delta V + a_P^0 + \phi_P^0 \end{cases} \tag{1-90}$$

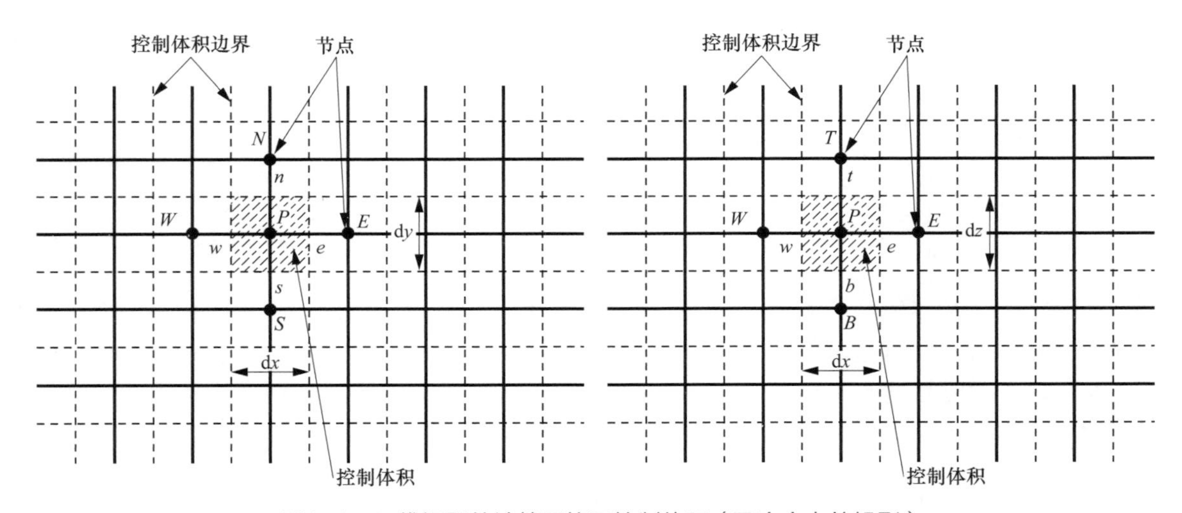

图1-4　三维问题的计算网格及控制体积（两个方向的投影）

1.3.2 常用的离散格式与建立离散方程应遵循的原则

1. 常用的离散格式

有限体积法常用的离散格式有：中心差分格式、一阶迎风格式、混合格式、指数格式、乘方格式、二阶迎风格式、QUICK格式。各种离散格式对一维、稳态、无源项的对流-扩散问题的通用控制方程（1-91）均能得到式（1-92）的形式，其高阶情况如式（1-93）所示。

$$\frac{\mathrm{d}(\rho u\phi)}{\mathrm{d}x}=\frac{\mathrm{d}}{\mathrm{d}x}\left(\Gamma\frac{\mathrm{d}\phi}{\mathrm{d}x}\right) \tag{1-91}$$

$$a_P\phi_P=a_W\phi_W+a_E\phi_E \tag{1-92}$$

$$a_P\phi_P=a_W\phi_W+a_{WW}\phi_{WW}+a_E\phi_E+a_{EE}\phi_{EE} \tag{1-93}$$

式中，若为一阶迎风格式，$a_P=a_W+a_E+(F_e-F_w)$；若为二阶迎风格式，$a_P=a_W+a_E+a_{WW}+a_{EE}+(F_e-F_w)$。其中，系数$a_W$和$a_E$（高阶还有$a_{WW}$和$a_{EE}$）取决于所使用的离散格式，为了便于比较和编程计算，将不同离散格式下的系数a_W和a_E的计算公式总结于表1-2中。

表1-2 不同离散格式下的系数 a_W 和 a_E 的计算公式

离散格式	系数a_W	系数a_E
中心差分格式	$D_w+\frac{F_w}{2}$	$D_e-\frac{F_e}{2}$
一阶迎风格式	$D_w+\max(0,F_w)$	$D_e+\max(0,-F_e)$
混合格式	$\max\left[F_w,\left(D_w+\frac{F_w}{2}\right),0\right]$	$\max\left[-F_e,\left(D_e-\frac{F_e}{2}\right),0\right]$
指数格式	$\frac{F_w\mathrm{e}^{(F_w/D_w)}}{\mathrm{e}^{(F_w/D_w)}-1}$	$\frac{F_e}{\mathrm{e}^{(F_e/D_e)}-1}$
乘方格式	$D_w\max[0,(1-0.1\|P_e\|)^5]+\max(0,F_w)$	$D_e\max[0,(1-0.1\|P_e\|)^5]+\max(0,-F_e)$
二阶迎风格式	$D_w+\frac{3}{2}\alpha F_w+\frac{1}{2}\alpha F_e$ $a_{WW}=-\frac{1}{2}\alpha F_w$	$D_e-\frac{3}{2}(1-\alpha)F_e-\frac{1}{2}(1-\alpha)F_w$ $a_{EE}=\frac{1}{2}(1-\alpha)F_e$
QUICK格式	$D_w+\frac{6}{8}\alpha_wF_w+\frac{1}{8}\alpha_wF_e+\frac{3}{8}(1-\alpha_w)F_w$ $a_{WW}=-\frac{1}{8}\alpha_wF_w$	$D_e-\frac{3}{8}\alpha_eF_e-\frac{6}{8}(1-\alpha_e)F_e-\frac{1}{8}(1-\alpha_e)F_w$ $a_{EE}=\frac{1}{8}(1-\alpha_e)F_e$

2. 建立离散方程应遵循的原则

在利用有限体积法建立离散方程时，必须遵守以下4个基本原则。

（1）控制体积界面上的连续性原则

当一个面为相邻的两个控制体积所共有时，在这两个控制体积的离散方程中，通过该界面的通量（包括热通量、质量通量、动量通量）的表达式必须相同。例如，通过某特定界面从一个控制体积所流出的热通量必须等于通过该界面进入相邻控制体积的热通量，否则，总体平衡就得不到满足。

（2）正系数原则

中心节点系数 a_P 和相邻节点系数 a_{nb} 必须恒为正值。该原则是求得合理解的重要保证。若违背这一原则，得到的结果往往是不真实的解。例如，如果相邻节点的系数为负值，就可能出现边界温度的增加引起的相邻节点温度降低的情况。

（3）源项的负斜率线性化原则

源项的斜率为负可以保证遵循正系数原则。从式（1-71）中看到，即使相邻节点的系数皆为正值，但只要有源项 S_P 的存在，中心节点系数 a_P 仍有可能为负。规定 $S_P \leqslant 0$ 可以保证 a_P 为正值。

（4）系数 a_P 等于相邻节点系数之和原则

当源项为0时，可以发现中心节点系数等于相邻节点系数之和，而当有源项存在时也应该保证遵循这一原则，如果不能满足这个条件，可以取 S_P 为0。

1.3.3　离散方程的解法

建立了控制方程的离散方程即建立了可以进行数值计算的代数方程组。常规解法只能应付已知速度场求温度场分布这类简单的问题，所以需要对生成的离散方程进行调整，并且对各未知量（速度、压力、温度等）的求解顺序及方式进行特殊处理。为此，流场数值计算是面对常规解法存在的主要问题进行改善所形成的一系列方法集。流场计算的基本过程是在空间上用有限体积法（或其他类似方法）将计算区域离散成许多小的体积单元，在每个体积单元上对离散后的控制方程组进行求解。其本质是对离散方程进行求解，一般可以分为分离解法和耦合解法两大类，其各自又根据实际情况扩展出具体的计算方法，如图1-5所示。

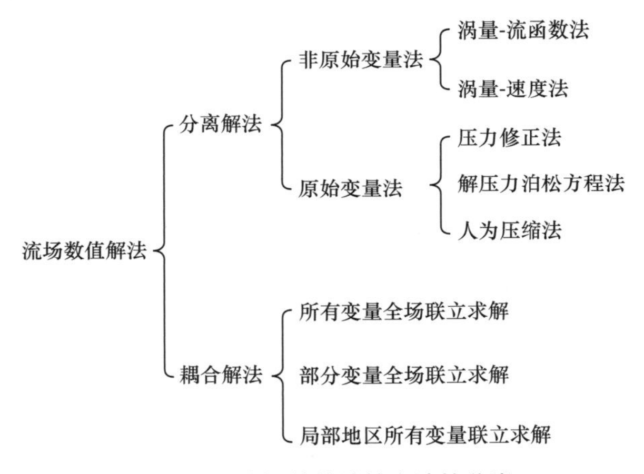

图1-5　流场数值计算方法的分类

1. 分离解法

分离解法不直接求解联立的方程组，而是顺序地、逐个地求解各变量代数方程组。分离解法中应用广泛的是压力修正法，其求解基本过程如下。

1）假定初始压力场。

2）利用压力场求解运动方程，得到速度场。

3）利用速度场求解连续性方程，使压力场得到修正。

4）根据需要，求解湍流方程及其他标量方程。

5）判断当前时间步上的计算是否收敛。若不收敛，返回第2步，迭代计算；若收敛，重复上述步骤，计算下一个时间步上的物理量。

在使用分离求解器时，通常可以选择3种压强与速度的关联形式，即SIMPLE、SIMPLEC和PISO。SIMPLE和SIMPLEC通常用于定常流动计算，PISO用于非定常流动计算，但是在网格畸变很大时也可以使用PISO格式。

2. 耦合解法

耦合解法可同时求解离散方程组，联立求解出各变量，其求解过程如下。

1）假定初始压力和速度等变量，确定离散方程的系数及常数项等。

2）联立求解连续性方程、运动方程、能量方程。

3）求解湍流方程及其他标量方程。

4）判断当前时间步上的计算是否收敛。若不收敛，返回第2步，迭代计算；若收敛，重复上述步骤，计算下一个时间步上的物理量。

Fluent采用的离散格式包括一阶迎风格式、指数律格式、二阶迎风格式、QUICK格式、中心差分格式等。Fluent中各流场变量的迭代都由松弛因子控制，因此计算的稳定性与松弛因子紧密相关。在大多数情况下，可以不对松弛因子的默认设置进行修改，因为这些默认值是根据各种算法的特点得出的。而对某些复杂流动，默认设置可能不能满足稳定性要求，计算过程中可能出现振荡、发散等情况，此时需要适当减小松弛因子的值，以保证计算收敛。

在实际计算中，可以先用默认设置进行计算，如果发现残差曲线向上发展，则中断计算，适当调整松弛因子后再继续计算。在修改计算控制参数前，应该先保存当前计算结果，调整参数后，计算需要经过几步调整才能适应新的参数。

在计算发散时，可以考虑将压强、动量、湍流动能和湍流耗散率的松弛因子的默认值分别减小为0.2、0.5、0.5、0.5。在计算格式为SIMPLEC时，通常没有必要减小松弛因子的值。

1.4　多相流

多相流是在流体力学、传热传质学、物理化学、燃烧学、微流动、气固运输等学科的基础上发展起来的一门新兴学科，它广泛应用于能源、动力、核能、石油、化工、冶金、制冷、运输、环境保护及航天技术等许多领域，对国民经济的发展有十分重要的作用。

1.4.1　VOF模型的概述和局限

VOF模型通过求解单独的运动方程和处理穿过区域的每一流体的体积分数来模拟两种或多种不能混合的流体。其典型应用包括射流破碎的预测、流体中大泡的运动模拟、决堤后水的流动模拟和气液界面的稳态与瞬态处理。

在Fluent中使用VOF模型存在以下一些限制。

1）必须使用基于压力的求解器，VOF模型不能用于基于密度的求解器。

2）所有的控制体积必须充满单一流体相或者混合相；VOF模型不允许在空的区域（其中没有任何类型的流体）中存在。

3）只有一相是可压缩的。

4）周期流动（比质量流率或比压降）问题不能和VOF模型同时计算。

5）二阶隐式的时步（Time-Stepping）公式不能用于VOF模型的显示算法。

6）当并行跟踪粒子时，若共享内存启用，VOF模型不能与离散相模型（Discrete Particle Model，DPM）同时使用。

关于稳态和瞬态的VOF计算，有如下需要注意的问题。

在Fluent中，VOF公式通常用于计算时间依赖解，但是对于只关心稳态解的问题，它也可以执行稳态计算，例如当解是独立于初始时间并且有明显的单相流入边界时，可用稳态VOF计算；又如，渠道内顶部有空气的水的流动和分离的空气入口可以采用稳定状态（Steady-State）公式求解；而在旋转的杯子中自由表面的形状依赖于流体的初始水平，这样的问题必须使用时间依靠公式。

1.4.2 VOF模型的控制方程

VOF模型中的两种或多种流体（或相）没有互相穿插，模型中每增加一个相，就增加了一个变量，该变量为相的体积分数。在每个控制体积内，所有相的体积分数的和为1。所有变量及其属性的区域被各相共享并且代表了体积平均值，且每一相的体积分数在每一位置是可知的。在任何给定单元内的变量及其属性可能纯粹是其中一相的变量及其属性或者多相混合的变量及其属性，具体取值取决于各相的体积分数。即在单元中，如果第q相流体的体积分数为α_q，那么就会出现下面3个可能的情况。

1）$\alpha_q=0$：第q相流体在单元中是空的。

2）$\alpha_q=1$：第q相流体在单元中是充满的。

3）$0<\alpha_q<1$：单元中包含了第q相流体和一相或其他多相流体的界面。

基于α_q的局部值，属性和变量会被适当地分配给每一控制体积。

1. 体积分数方程

在VOF模型中，跟踪相与相之间的界面是通过求解相的体积分数的连续性方程来完成的。第q相的体积分数的连续性方程为

$$\frac{1}{\rho_q}\frac{\partial(\alpha_q\rho_q)}{\partial t}+\frac{1}{\rho_q}\cdot\nabla(\alpha_q\rho_q\boldsymbol{v}_q)=\frac{S_{\alpha_q}}{\rho_q}+\frac{1}{\rho_q}\sum_{p=1}^{n}(\dot{m}_{pq}-\dot{m}_{qp}) \tag{1-94}$$

式中，$\dot{m}_{pq}$是第p相到第q相的质量传递，$\dot{m}_{qp}$是第q相到第p相的质量传递。默认情况下，式（1-94）右边的源项S_{α_q}为零，但可根据情况为每一相设置常数或自定义质量源项。体积分数方程不求解初始相，而是给出各相体积分数的约束

$$\sum_{q=1}^{n}\alpha_q=1 \tag{1-95}$$

体积分数方程可通过欧拉显示方案或隐式方案求解。

（1）欧拉显式方案

在欧拉显式方案中，Fluent的标准有限差分插值方案被用于对前一时间步的体积分数进行计算

$$\frac{\alpha_q^{n+1}\rho_q^{n+1}-\alpha_q^n\rho_q^n}{\Delta t}V+\sum_f(\rho_q^n U_f^n\alpha_{q,f}^n)=[\sum_{p=1}^{n}(\dot{m}_{pq}-\dot{m}_{qp})+S_{\alpha_q}]V \tag{1-96}$$

式中，n+1为新时间步的指针；n为前一时间步的指针；$\alpha_{q,f}$为一阶迎风、二阶迎风、

QUICK算法中的第q相体积分数的数值；V为单元的体积；U_f为以法向速度通过面的体积流量。

这个公式在每一时间步上都不需要输送方程的迭代解，但在隐式方案中是需要的。

使用欧拉显式方案时，时间依赖解必须通过计算。

（2）隐式方案

在隐式方案中，Fluent的标准有限差分插值方案用于获得所有单元的面通量，包括界面附近的

$$\frac{\alpha_q^{n+1}\rho_q^{n+1}-\alpha_q^n\rho_q^n}{\Delta t}V+\sum_f(\rho_q^{n+1}U_f^{n+1}\alpha_{q,f}^{n+1})=[S_{\alpha_q}+\sum_{p=1}^{n}(\dot{m}_{pq}-\dot{m}_{qp})]V \tag{1-97}$$

由于这个方程需要当前时间步的体积分数值（而不是上一时间步，如欧拉显式方案），因此，在每一时间步内标准的标量输送方程为每一个第二相的体积分数迭代性地求解。

隐式方案可用于时间依赖和稳态的计算。

说明：Fluent中还有其他界面处理方法，如CICSAM、BGM等，详见Fluent理论书册。

2. 材料属性

出现在输运方程中的属性是由存在于每一控制体积中的分相决定的。例如，在两相流系统中，相用下标1和2表示，如果第二相的体积分数被跟踪，那么每一单元中的密度为

$$\rho=\alpha_2\rho_2+(1-\alpha_2)\rho_1 \tag{1-98}$$

通常，求解n相系统的体积分数的平均密度采用如下形式

$$\rho=\sum\alpha_q\rho_q \tag{1-99}$$

所有的其他属性（例如黏度）都以这种方式计算。

3. 运动方程

通过求解整个区域内的单一的运动方程得到的速度场为各相共享，运动方程通过材料属性ρ和μ受到所有相的体积分数的影响。

$$\frac{\partial}{\partial t}(\rho\boldsymbol{v})+\nabla\cdot(\rho\boldsymbol{v}\boldsymbol{v})=-\nabla p+\nabla\cdot[\mu(\nabla\boldsymbol{v}+\nabla\boldsymbol{v}^T)]+\rho\boldsymbol{g}+\boldsymbol{F} \tag{1-100}$$

速度场在共享区域是近似的，它的局限是在各相之间存在大的速度差异的情形下，靠近界面的速度的计算精确性会受到不利影响。

4. 能量方程

能量方程也是各相共享的，表示如下

$$\frac{\partial}{\partial t}(\rho E)+\nabla\cdot[\boldsymbol{v}(\rho E+p)]=\nabla\cdot(k_{eff}\nabla T)+S_h \tag{1-101}$$

VOF模型处理的能量E和温度T，采用质量平均变量

$$E=\frac{\sum_{q=1}^{n}\alpha_q\rho_qE_q}{\sum_{q=1}^{n}\alpha_q\rho_q} \tag{1-102}$$

这里对每一相的E_q均基于对应相的比热容和共享温度。

属性ρ和k_{eff}（有效热传导）是被各相共享的。源项S_h包含辐射的贡献，也包含其他体积热源。和速度场一样，在相间存在大的温度差时，靠近界面的温度的精确度会受到限制。在属性有几个数量级的变化时，这样的问题还会增大。例如，如果一个模型包括液态金属和空气，材料的导热性有4个数量级的差异，如此大的差异使得方程需要设置各向异性的系数，以达到收敛和所需的精度范围。

另外还有附加的标量方程、界面附近的插值、表面张力和壁面黏附等因素，详情请查看Fluent理论手册。

1.4.3 混合模型的概述和局限

混合模型是一种简化的多相流模型，它用于模拟各相有不同速度的多相流，但是假定了在短空间尺度上局部的平衡，相之间的耦合是很强的。它也用于模拟有强烈耦合的各向同性多相流和各相以相同速度运动的多相流。

混合模型可以通过求解混合相的连续性方程、动量方程和能量方程，第二相的体积分数方程，以及相对速度的代数式来模拟n相（流体或粒子）。典型的应用包括沉降、旋风分离器、低载荷粒子流，以及气相体积分数很低的泡状流。

混合模型在以下几种情形中可很好地代替欧拉模型：①当存在大范围的颗粒相分布或界面的规律未知或者它们的可靠性有疑问时，完善的多相流模型是不易实现的；②当求解变量的个数小于完善的多相流模型时，像混合模型这样简单的模型能和完善的多相流模型一样取得好的结果。

在Fluent中使用混合模型存在以下一些限制。

1）必须使用基于压力的求解器。

2）只有一相是可压缩的。

3）周期流动（比质量流率）问题不能和混合模型同时计算。

4）凝固与熔化模型不能与混合模型同时使用。

5）湍流大涡模拟不能使用在混合模型及Singhal空穴模型中。

6）多参考系（Multiple Reference Frame，MRF）不能用在混合模型中。

7）混合模型不能用于无黏性流体。

8）并行示踪粒子时，如果启用了共享内存选项离散相模型不能与VOF模型一起使用。

1.4.4 混合模型的控制方程

与VOF模型一样，混合模型使用单流体方法，它有两方面不同于VOF模型。

1）混合模型允许相之间互相贯穿。所以控制体积的体积分数α_q和α_p可以是0和1之间的任意值，具体取决于相q和相p所占有的空间。

2）混合模型使用了滑流速度的概念，允许相以不同的速度运动。（注：相也可以假定以相同的速度运动，混合模型就简化为均匀多相流模型。）

混合模型可求解混合相的连续性方程、混合的动量方程、混合的能量方程、第二相的体积分数方程，还有相对速度的代数表达式（如果相以不同的速度运动）。

1. 混合模型的连续性方程

混合模型的连续方程为

$$\frac{\partial}{\partial t}(\rho m)+\nabla\cdot(\rho_m \boldsymbol{v}_m)=\dot{m} \tag{1-103}$$

式中，$\boldsymbol{v}_m$是质量平均速度，为

$$\boldsymbol{v}_m=\frac{\sum_{k=1}^{n}\alpha_k\rho_k\boldsymbol{v}_k}{\rho_m} \tag{1-104}$$

ρ_m是混合密度，为

$$\rho_m=\sum_{k=1}^{n}\alpha_k\rho_k \tag{1-105}$$

式中，α_k是第k相的体积分数。$\dot{m}$描述了由于气穴或用户定义的质量源的质量传递。

2. 混合模型的运动方程

混合模型的运动方程可以通过对所有相各自的运动方程求和来获得。它可表示为

$$\frac{\partial}{\partial t}(\rho_m\boldsymbol{v}_m)+\nabla\cdot(\rho_m\boldsymbol{v}_m\boldsymbol{v}_m)=-\nabla p+\nabla\cdot[\mu_m(\nabla\boldsymbol{v}_m+\nabla\boldsymbol{v}_m^T)]+ \\ \rho_m\boldsymbol{g}+\boldsymbol{F}+\nabla\cdot(\sum_{k=1}^{n}\alpha_k\rho_k\boldsymbol{v}_{dr,k}\boldsymbol{v}_{dr,k}) \tag{1-106}$$

式中，n是相数，$\boldsymbol{F}$是体积力，μ_m是混合黏性，且

$$\mu_m=\sum_{k=1}^{n}\alpha_k\mu_k \tag{1-107}$$

$\boldsymbol{v}_{dr,k}$是第二相k的漂移速度

$$\boldsymbol{v}_{dr,k}=\boldsymbol{v}_k-\boldsymbol{v}_m \tag{1-108}$$

3. 混合模型的能量方程

混合模型的能量方程采用如下形式

$$\frac{\partial}{\partial t}\sum_{k=1}^{n}(\alpha_k\rho_kE_k)+\nabla\cdot\sum_{k=1}^{n}[\alpha_k\boldsymbol{v}_k(\rho_kE_k+p)]=\nabla\cdot(k_{eff}\nabla T)+S_E \tag{1-109}$$

k_{eff}是有效热传导率。等式右边的第一项代表了由传导造成的能量传递。S_E包含了所有的体积热源。

若式（1-109）中的E_k为

$$E_k=h_k-\frac{p}{\rho_k}+\frac{v_k^2}{2} \tag{1-110}$$

则是对可压缩相的；而$E_k=h_k$是对不可压缩相的，h_k是第k相的显焓。

另外还有相对（滑流）速度和漂移速度等方程，请查看Fluent理论手册。

1.4.5　欧拉模型的概述及局限

采用欧拉模型，第二相的数量仅因为内存要求和收敛行为而受到限制，只要有足够的内存，任何数量的第二相都可以模拟。然而，对于复杂的多相流流动，解由于收敛性而受到限制。

Fluent的欧拉多相流模型对液—液和液—固多相流动不区分。颗粒流是其中一种简单的流动，计算中至少有一相被指定为颗粒相。

Fluent 18.0以后的欧拉模型的解基于以下假设。

1）单一的压力是被各相共享的。

2）动量和连续性方程是对每一相求解。

下面的参数对颗粒相是有效的。

1）颗粒温度（固体波动的能量）是对每一固体相进行计算的。这是基于代数关系的。

2）固体相的剪切和可视黏性是把分子运动论用于颗粒流而获得的。摩擦黏性也是有效的。

3）几个相间的曳力系数函数是有效的，它们适合于不同类型的多相流系（也可以通过用户定义函数修改相间的曳力系数，详细描述见Fluent UDF手册）。

4）所有的k－ε和k－ω湍流模型都是有效的，可以用于所有相或者混合相。

在Fluent中，欧拉多相流模型受到以下限制。

1）雷诺应力模型不可用。

2）颗粒跟踪（使用Lagrangian分散相模型）仅与主相相互作用。

3）周期流动（比质量流率）问题不能和欧拉模型同时计算。

4）无黏流是不允许的。

5）熔化与凝固是不允许的。

6）若共享内存选项开启，并行示踪粒子时，不能用离散相模型。

1.4.6 欧拉模型的控制方程

要从单相模型转变为多相模型，需经过一系列步骤实现，首先要设置混合求解及多相求解。由于多相问题是密切联系的，最好先用初始守恒参数集（一阶时间和空间）直接求解多相问题。同时还需知道多相的体积分数及相间动量、热量和质量交换的机制。

1. 体积分数

互相贯穿连续的多相流动的描述组成了相位体积分数（Volume Fraction）的概念。体积分数代表了每相所占据的空间，表示为α_q，并且每相独自地满足质量和动量守恒定律。守恒方程可以使用全体平均每一相的局部瞬态平衡或者混合理论方法获得。

q相的体积V_q定义为

$$V_q = \int_V \alpha_q \mathrm{d}V \tag{1-111}$$

式中

$$\sum_{q=1}^{n} \alpha_q = 1 \tag{1-112}$$

q相的有效密度为

$$\hat{\rho}_q = \alpha_q \rho_q \tag{1-113}$$

式中，ρ_q是q相的物理密度。

2. 守恒方程

欧拉模型的守恒方程（Conservation Equation）也是由连续性方程、运动方程、能量方程组成的。

（1）连续性方程

q 相的连续性方程为

$$\frac{\partial}{\partial t}(\alpha_q \rho_q) + \nabla \cdot (\alpha_q \rho_q \boldsymbol{v}_q) = \sum_{p=1}^{n} (\dot{m}_{pq} - \dot{m}_{qp}) + S_p \tag{1-114}$$

$\boldsymbol{v}_q$ 是 q 相的速度；$\dot{m}_{pq}$ 表示从第 p 相到第 q 相的质量传递；$\dot{m}_{qp}$ 表示从第 q 相到第 p 相的质量传递；S_p 为源项，默认为0，可根据情况为每相设置常数或自定义质量源项。在运动方程和焓方程中也有类似的变量。

$\dot{m}_{pq}$ 与 $\dot{m}_{qp}$ 的关系为 $$\dot{m}_{pq} = -\dot{m}_{pq} \tag{1-115}$$

q 等于 p 时 $$\dot{m}_{pp} = 0 \tag{1-116}$$

（2）运动方程

q 相产生的动量平衡为

$$\begin{aligned}
&\frac{\partial}{\partial t}(\alpha_q \rho_q \boldsymbol{v}_q) + \nabla \cdot (\alpha_q \rho_q \boldsymbol{v}_q \boldsymbol{v}_q) = -\alpha_q \nabla p + \nabla \cdot \overline{\overline{\boldsymbol{\tau}}}_q + \alpha_q \rho_q \boldsymbol{g} \\
&+ \sum_{p=1}^{n} (\boldsymbol{R}_{pq} + \dot{m}_{pq} \boldsymbol{v}_{pq} - \dot{m}_{qp} \boldsymbol{v}_{qp}) + (\boldsymbol{F}_q + \boldsymbol{F}_{lift,q} + \boldsymbol{F}_{Vm,q} + \boldsymbol{F}_{td,q})
\end{aligned} \tag{1-117}$$

式中，$\boldsymbol{F}_q$ 是外部体积力；$\boldsymbol{F}_{lift,q}$ 是升力；$\boldsymbol{F}_{Vm,q}$ 是虚拟质量力；$\boldsymbol{R}_{pq}$ 是相之间的相互作用力；p 是所有相共享的压力；$\boldsymbol{v}_{pq}$ 是相之间的速度，定义为如果 $\dot{m}_{pq} > 0$（即 p 相的质量传递到 q 相），则 $\boldsymbol{v}_{pq} = \boldsymbol{v}_p$，如果 $\dot{m}_{pq} < 0$（即 q 相的质量传递到 p 相），则 $\boldsymbol{v}_{pq} = \boldsymbol{v}_q$，如果 $\dot{m}_{pq} = 0$，则 $\boldsymbol{v}_{pq} = \boldsymbol{v}_{qp}$；$\overline{\overline{\boldsymbol{\tau}}}_q$ 是第 q 相的压力应变张量，即

$$\overline{\overline{\boldsymbol{\tau}}}_q = \alpha_q \mu_q (\nabla \boldsymbol{v}_q + \nabla \boldsymbol{v}_q^T) + \alpha_q (\lambda_q - \frac{2}{3}\mu_q) \nabla \cdot \boldsymbol{v}_q \overline{\overline{I}} \tag{1-118}$$

其中，μ_q 和 λ_q 是第 q 相的剪切黏度和体积黏度。

式（1-117）中必须有合适的表达使相间作用力 $\boldsymbol{R}_{pq}$ 封闭。这个力依赖于摩擦、压力、内聚力和其他影响，并服从条件，$\boldsymbol{R}_{pq} = -\boldsymbol{R}_{qp}$ 和 $\boldsymbol{R}_{qq} = 0$。

Fluent 使用下面形式的相互作用力

$$\sum_{p=1}^{n} \boldsymbol{R}_{pq} = \sum_{p=1}^{n} K_{pq} (\boldsymbol{v}_p - \boldsymbol{v}_q) \tag{1-119}$$

式中 $K_{pq} (= K_{qp})$ 是相间动量交换系数。

（3）能量方程

欧拉多相流模型中的能量方程体现为如下的每相的分离焓方程

$$\begin{aligned}
&\frac{\partial}{\partial t}(\alpha_q \rho_q h_q) + \nabla \cdot (\alpha_q \rho_q \boldsymbol{u}_q h_q) = \alpha_q \frac{dp_q}{d_t} + \overline{\overline{\boldsymbol{\tau}}}_q : \nabla \boldsymbol{u}_q - \nabla \cdot \boldsymbol{q}_q \\
&+ S_q + \sum_{p=1}^{n} (Q_{pq} + \dot{m}_{pq} h_{pq} - \dot{m}_{qp} h_{qp})
\end{aligned} \tag{1-120}$$

式中，h_q 为第 q 相的显焓；$\boldsymbol{q}_q$ 为热量通量；S_q 为焓源项；Q_{pq} 为第 p 相与第 q 相的热交换强度；h_{pq} 为相间焓。相间的热交换必须符合局部平衡条件，即 $Q_{pq} = -Q_{qp}$，$Q_{qq} = 0$。

欧拉模型应用范围比较广泛，详情请查阅Fluent理论手册。

1.5 动网格

在Fluent中，动网格模型可以用来模拟由流域边界运动引起流域形状随时间变化的流动情况。这种流动情况既可以是一种指定的运动（例如，指定围绕物体重心随时间变化，以一定的线速度或角速度运动），又可以是一个未确定的运动（例如，这种运动的围绕物体重心的线速度或角速度是由流域中固体上的受力平衡得出的），下一时间步的运动情况是由当前时间步的计算结果确定的。各个时间步的体网格的更新是基于边界条件新的位置由Fluent自动来完成的。

1.5.1 动网格模型

对于通量 ϕ，在任一控制体V内，其边界是运动的，守恒方程的通式为

$$\frac{\mathrm{d}}{\mathrm{d}t}\int_V \rho\phi \mathrm{d}V + \int_{\partial V} \rho\phi(\boldsymbol{u}-\boldsymbol{u}_s)\cdot \mathrm{d}\boldsymbol{A} = \int_{\partial V} \Gamma\nabla\phi\cdot \mathrm{d}\boldsymbol{A} + \int_V S_\phi \mathrm{d}V \tag{1-121}$$

式中，ρ是液体的密度；$\boldsymbol{u}$是液体的速度矢量；$\boldsymbol{u}_s$是动网格的网格变形速度；Γ是扩散系数；S_ϕ是通量的源项ϕ；∂V代表控制体V的边界。

在式（1-121）中，第一项可以用一阶向后差分形式表示为

$$\frac{\mathrm{d}}{\mathrm{d}t}\int_V \rho\phi \mathrm{d}V = \frac{(\rho\phi V)^{n+1}-(\rho\phi V)^n}{\Delta t} \tag{1-122}$$

式中的n和n+1代表当前和下一时间步的数值。第n+1步的体积V^{n+1}可以由下式计算得出

$$V^{n+1} = V^n + \frac{\mathrm{d}V}{\mathrm{d}t}t \tag{1-123}$$

式中的dV/dt是控制体的体积导数，为了满足网格守恒定律，控制体的体积导数由下式算出

$$\frac{\mathrm{d}V}{\mathrm{d}t} = \int_{\partial V} \boldsymbol{u}_g\cdot \mathrm{d}\boldsymbol{A} = \sum_j^{n_f} \boldsymbol{u}_{g,j}\cdot \boldsymbol{A}_j \tag{1-124}$$

式中，n_f是控制体面的数目，$\boldsymbol{A}_j$表示j面的面积向量。每个控制体面的数量积$\boldsymbol{u}_{g,j}\cdot \boldsymbol{A}_j$由下式计算得出

$$\boldsymbol{u}_{g,j}\cdot \boldsymbol{A}_j = \frac{\delta V_j}{\Delta t} \tag{1-125}$$

式中，在时间步长Δt的基础上，δV_j是由控制卷j面所卷出的体积。

通过二阶迎风向后差分公式，式（1-121）中的时间导数能用下式表述

$$\frac{\mathrm{d}}{\mathrm{d}t}\int_V \rho\phi \mathrm{d}V = \frac{3(\rho\phi V)^{n+1}-4(\rho\phi V)^n+(\rho\phi V)^{n-1}}{2\Delta t} \tag{1-126}$$

式中，n+ 1、n、n–1分别表示连续时间步的数值，n+1表示当前时间步的数值。

在差分格式下，控制体积的时间导数与第一阶方案的计算方式相同，如式（1-124）所示。对于二阶差分格式，每个控制体面上的点积$\boldsymbol{u}_{g,j}\cdot \boldsymbol{A}_j$由下式计算得出

$$\boldsymbol{u}_{g,j} \cdot \boldsymbol{A}_j^{n+1} = \frac{3}{2}(\boldsymbol{u}_{g,j} \cdot \boldsymbol{A}_j)^n - \frac{1}{2}(\boldsymbol{u}_{g,j} \cdot \boldsymbol{A}_j)^{n-1} = \frac{3}{2}\left(\frac{\delta V_j}{\delta t}\right)^n - \frac{1}{2}\left(\frac{\delta V_j}{\delta t}\right)^{n-1} \tag{1-127}$$

式中，$(\delta V_j)^n$ 和 $(\delta V_j)^{n-1}$ 是控制卷在当前时间段和前一时间步长上被扫描出的卷。

Fluent理论手册给出了六自由度（Six Degrees of Freedom，6DOF）求解理论，有需要的读者可查阅Fluent理论手册第3章内容。

1.5.2 动网格更新方法

当运动条件定义在边界条件上时，Fluent提供了3种动网格运动的方法来更新变形区域内的体网格：①基于弹性变形的网格调整；②动态的网格层变；③局部网格重构。

1. 基于弹性变形的网格调整

对于三角形或四边形网格的流体区域，可以通过基于弹性变形的网格调整方法，根据边界节点上的已知位移来光滑地调整流域内节点的位置；可以通过基于弹性变形的网格光滑地更新体网格且不改变网格之间的连通性。

在基于弹性变形的网格调整方法中，网格上任意两节点之间的连线被理想化成互相联结的弹簧。边界节点上给定的位移将产生一个与联结到这个节点所有弹簧位移成比例的力，这样边界上节点的位移通过体网格就在流域中传播过去。从平衡角度来看，对于每一个节点，联结到其上的所有弹簧的合力必为零。这个条件可以用以下的迭代方程表示

$$\Delta \boldsymbol{x}_i^{m+1} = \frac{\sum_j^{n_i} k_{ij} \Delta x_j^m}{\sum_j^{n_i} k_{ij}} \tag{1-128}$$

式中，$\Delta \boldsymbol{x}_i$ 是节点i的位移；n_i 是与节点i相邻的节点的数量；k_{ij} 是节点和与之相邻的节点之间的弹性系数，其中，弹性系数可以定义为

$$k_{ij} = \frac{1}{\sqrt{|\boldsymbol{x}_i - \boldsymbol{x}_j|}} \tag{1-129}$$

由于边界上的位移是已知的，方程通过雅可比（Jacobian）矩阵对流域内部所有节点进行扫掠体求解。在求解过程中，更新后的节点位置可以表示为

$$\boldsymbol{x}_i^{n+1} = \boldsymbol{x}_i^n + \Delta \boldsymbol{x}_i^{k,\text{converged}} \tag{1-130}$$

图1-6所示为活塞缸网格弹性变形前后的效果图。

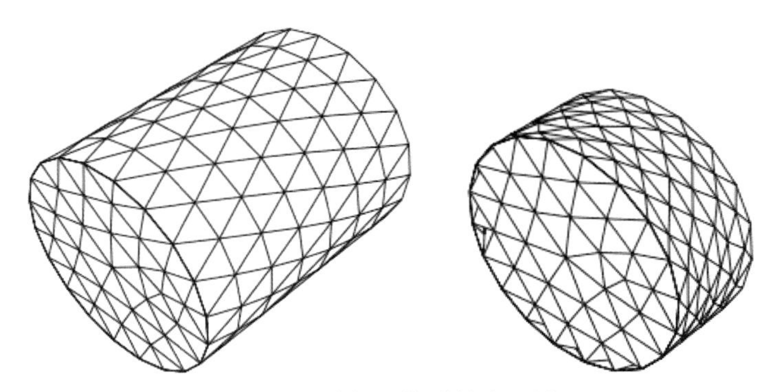

图1-6 活塞缸网格弹性变形前后

2. 动态的网格层变

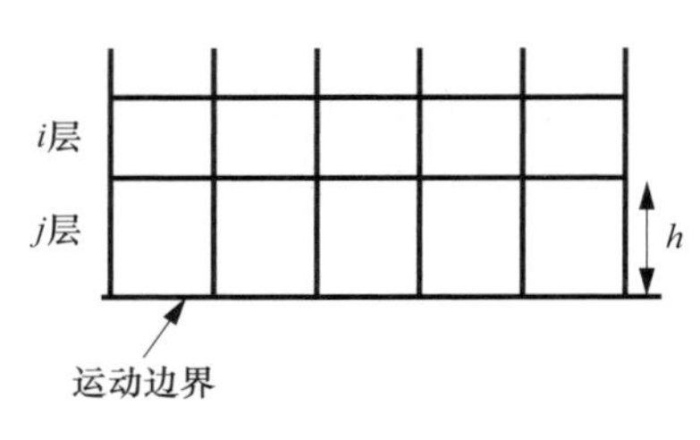

图1-7　动态网格层

在棱柱（六面体或楔形）形网格区域，动态的网格层变方法可以根据与运动的物面邻近的网格层的高度来决定增加或减少网格的层数。在Fluent中，动网格模型可以指定一个理想的高度。邻近边界的网格层（图1-7中的j层）根据j层的单元层高度h来分裂出新的单元层或与邻近的i层合并成一个新层。

如果j层中单元体积是处于膨胀状态的，Fluent允许它们膨胀到

$$(1+\alpha_h)h_{\text{ideal}} \tag{1-131}$$

式中，h_{ideal}是理想单元高度，α_h是全局单元层的分裂或合并因子。

当$h>(1+\alpha_h)h_{\text{ideal}}$时，单元将根据预定义的高度条件进行分裂，也就是说，在j层中的单元将分裂成一个具有理想高度h_{ideal}的单元层和一个单元高度为$h-h_{\text{ideal}}$的单元层。如果j层中的单元体积是被压缩的，当压缩到$h<\alpha_h h_{\text{ideal}}$时，这个被压缩的单元层将与邻近的单元层合并成一个新层；也就是说，在i层和j层中的单元将被合并。

图1-8所示为活塞的单元层的网格层变。

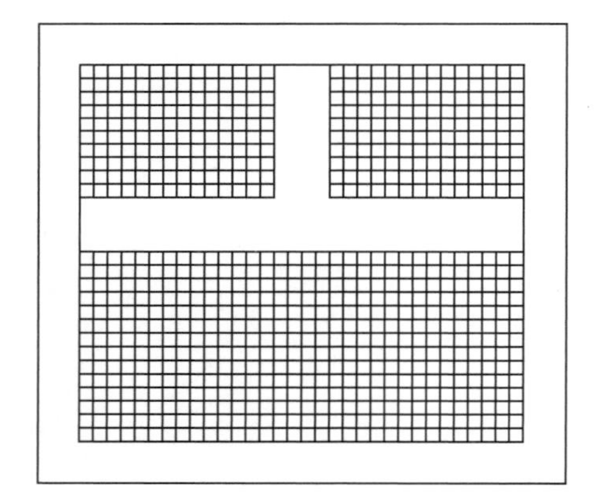
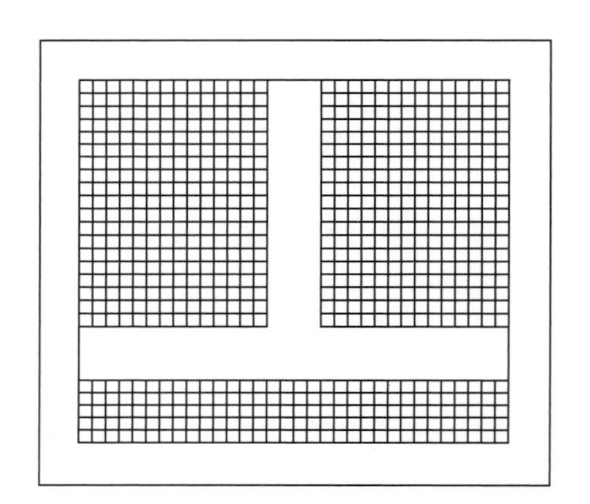

图1-8　活塞的单元层的网格层变

3. 局部网格重构

当边界位移相对局部单元尺寸较大时，单元质量将恶化或单元将退化，这样会导致下一时间步的求解收敛困难。为了避免出现这个问题，Fluent把这些网格质量差的单元（单元尺寸太大或太小的单元，或者高度变形的单元）聚集成团，再对这个网格聚团区域进行重构。

Fluent检查流域内每一个单元的质量，并且对满足下列一个或多个条件的单元给予标注。

1）单元尺寸小于指定的单元尺寸最小值。

2）单元尺寸大于指定的单元尺寸最大值。

3）单元的畸变度大于指定的最大畸变度。

除了对体网格进行重构外，Fluent还对变形边界上网格的三角形面或线性面随同体网格

一起进行重构，如图1-9所示。只有那些与运动节点相邻的网格面在考虑范围之内。这种网格重构技术类似于前文介绍的动态的网格层变技术，只不过它是应用于与运动网格节点相邻面网格的高度的网格运动。

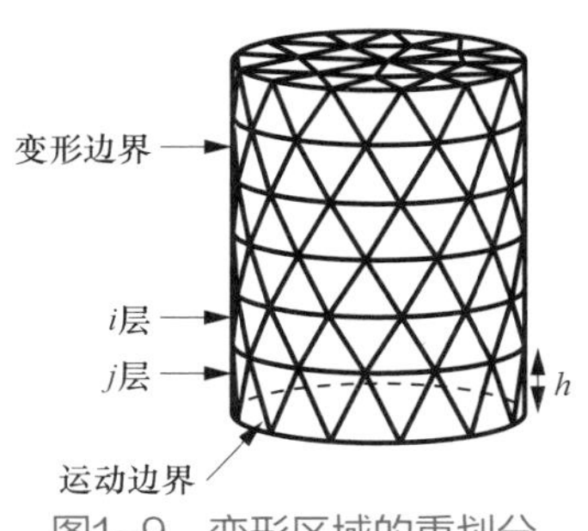

图1-9　变形区域的重划分

这些与运动的物面邻近的网格单元面（图1-9中的j层）根据其高度h来确定是分裂出新的单元层还是与邻近的层（图1-9中的i层）合并成一个新层。

如果j层中单元面是处于膨胀状态的，则Fluent允许它们膨胀到

$$(1+\alpha_k)h_{\text{ideal}} \tag{1-132}$$

式中，h_{ideal}是理想单元面高度，α_k是高度系数。

当$h>(1+\alpha_k)h_{\text{ideal}}$时，单元将根据预定义的高度条件进行分裂，这时，在$i$层中的单元面的高度将正好是理想高度$h_{\text{ideal}}$。相反，如果$j$层中的单元体积是被压缩的，当压缩到$h<\alpha_k h_{\text{ideal}}$时，这些被压缩的单元面将与邻近层的单元面合并成一个新的单元层。

图1-10所示为乒乓球局部单元重构前后的对比。

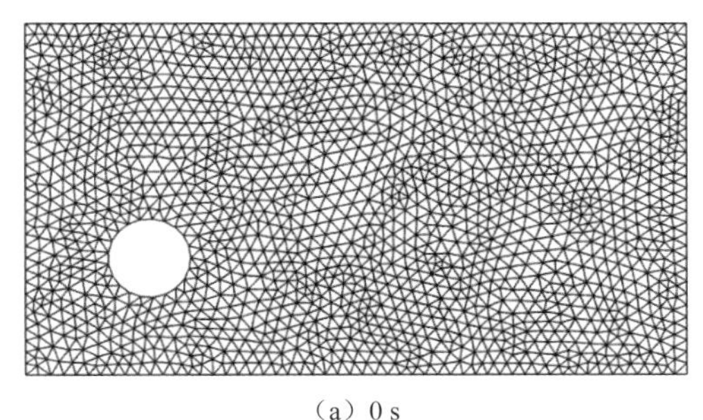
（a）0 s

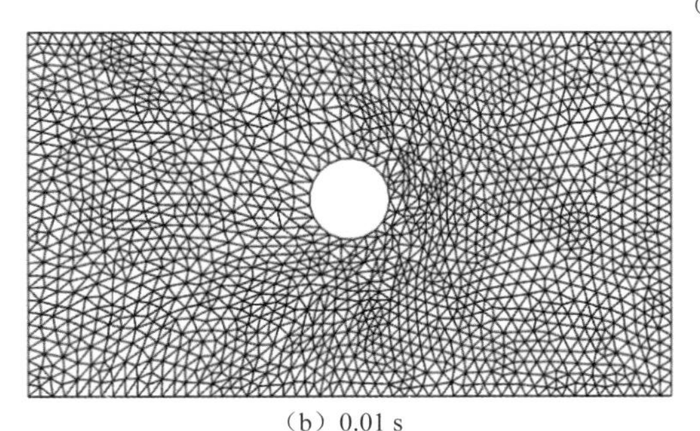
（b）0.01 s

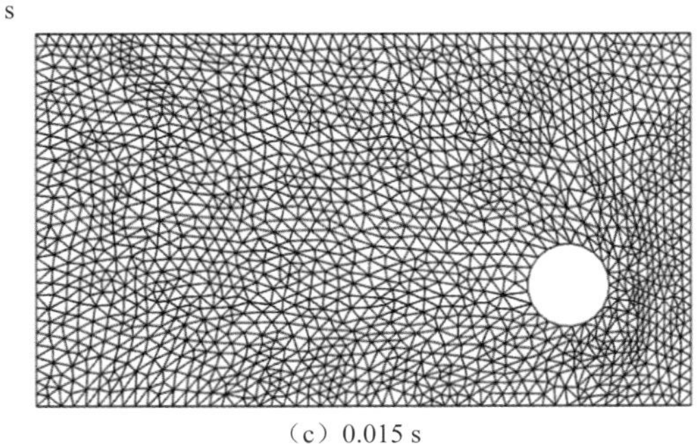
（c）0.015 s

图1-10　乒乓球局部单元重构前后

1.6　滑移网格

在Fluent中，除了动网格能够描述计算区域的瞬态流动外，滑移网格也能描述计算区域的运动，这是在多参考系和混合平面法基础上发展起来的。本节主要介绍滑移网格的基本概念及在Fluent中进行相关计算的设置。

1.6.1　滑移网格的应用、运动方式及网格分界面形状

1. 滑移网格的应用

1）图1-11所示的是相遇的两动车。

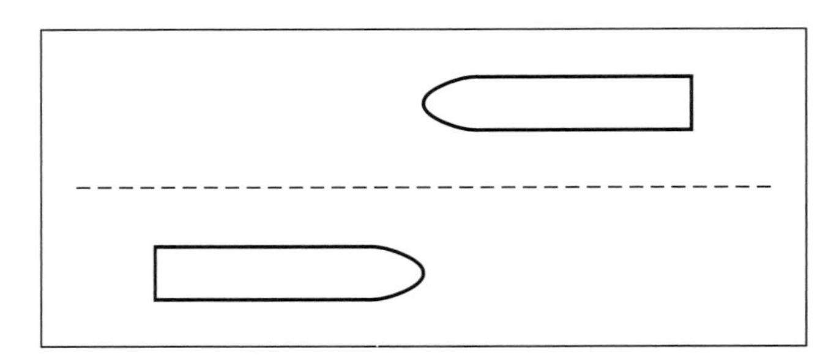

图1-11　相遇的动车

2）图1-12所示为轴承的运动，图1-13所示为风扇叶片的运动。

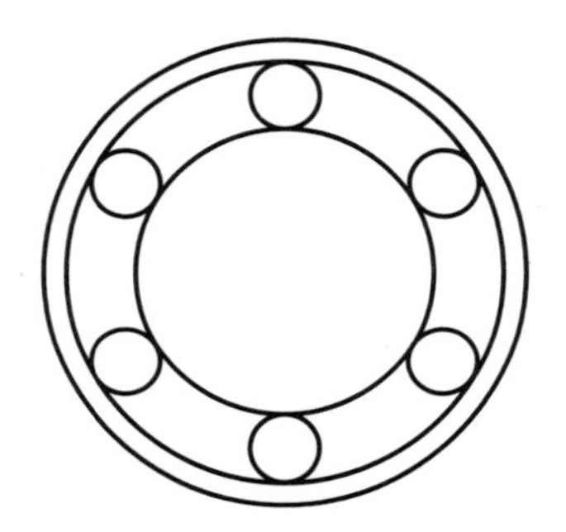

图1-12　轴承的运动

图1-13　风扇叶片的运动

2. 滑移网格的运动方式

在两个或更多的单元区域（如果在每个区域独立划分网格，则必须在开始计算前合并网格）应用滑移网格技术，则每个单元区域至少有一个分界面，且该分界面区域和另一单元区域相邻，相邻的单元区域的分界面互相联系形成“网格分界面”，这两个单元区域相对网格分界面移动。

在计算过程中，单元区域沿着网格分界面滑动（如旋转或平移），而两个区域的网格不会发生变化。图1-14和图1-5所示为两个网格在不同时刻的位置：前者是初始时刻两个网格区

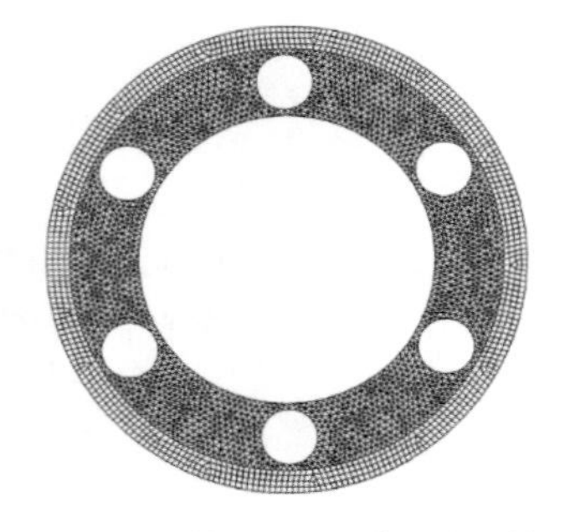

图1-14　轴承初始时刻的网格

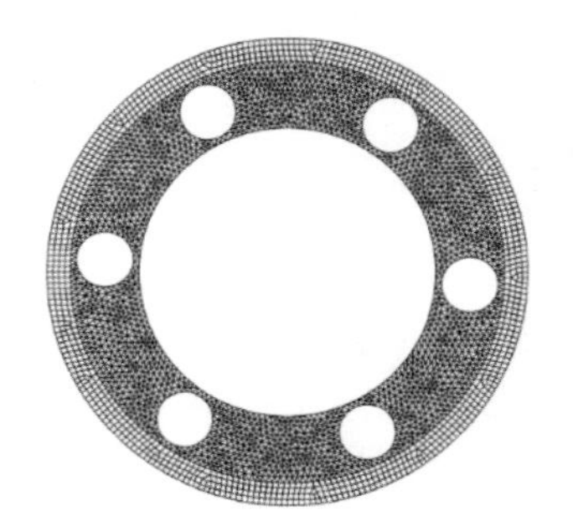

图1-15　轴承相对旋转后的网格

域的位置，后者为旋转后两个网格区域的位置。

3. 网格分界面形状

当两个分界面是基于同样的几何体时，网格分界面和相联系的分界面可以是任何形状的。图1-16所示为线性网格分界面，网格分界面以虚线表示；图1-17所示为圆形网格分界面。

如果把图1-16伸展为三维时网格分界面将是平面矩形，如果把图1-17伸展为三维时网格分界面将是圆柱体。

图1-18所示为圆锥形网格分界面，虚斜线表示在三维平面上的圆锥形网格分界面的交线。

对于轴向的转子、定子构造，其旋转和静止部分沿轴线成一行，而不是同中心的，如图1-19所示，网格分界面是扇形的。该扇形垂直于旋转轴的截断面区域，旋转轴为转子和定子之间的轴线。

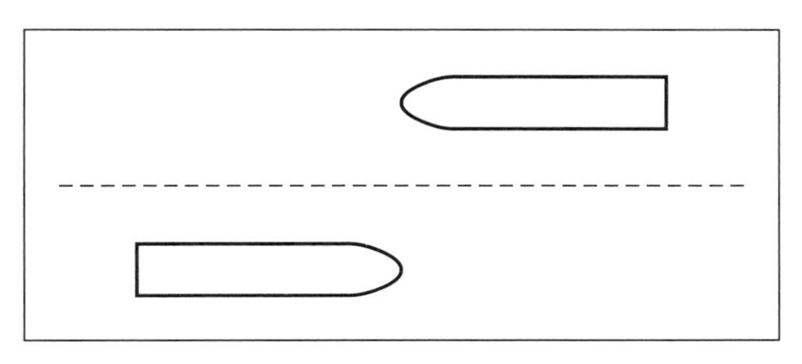

图1-16　线性网格分界面

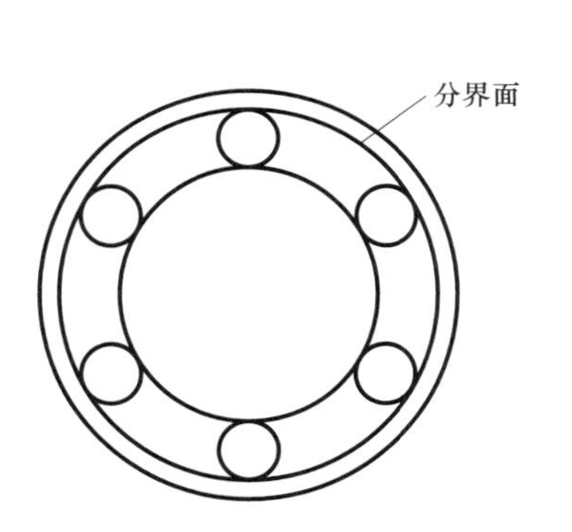

图1-17　圆形网格分界面

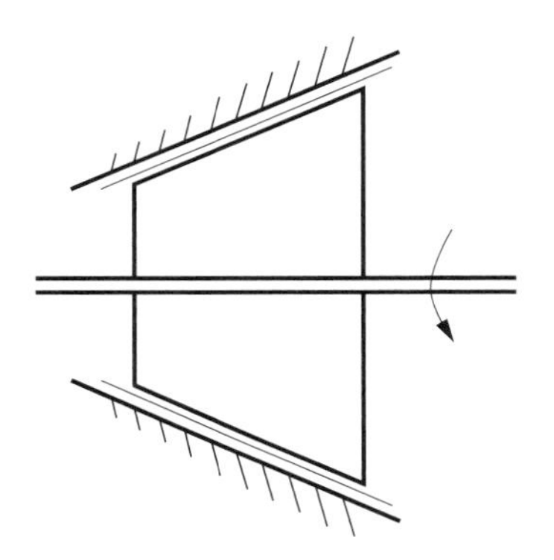

图1-18　圆锥形网格分界面

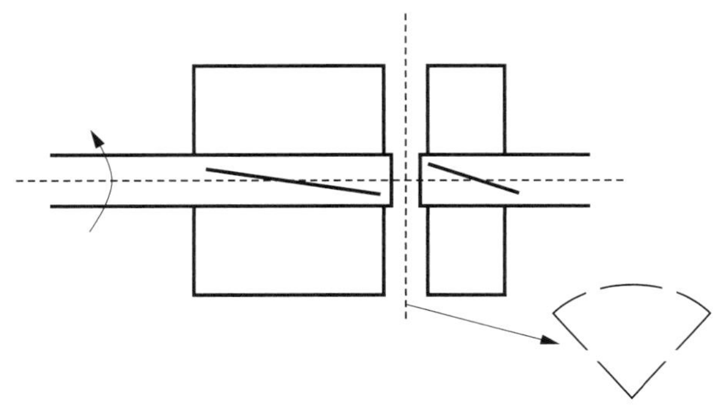

图1-19　扇形网格分界面

1.6.2 滑移网格的原理

1. 滑移网格数据传递原理

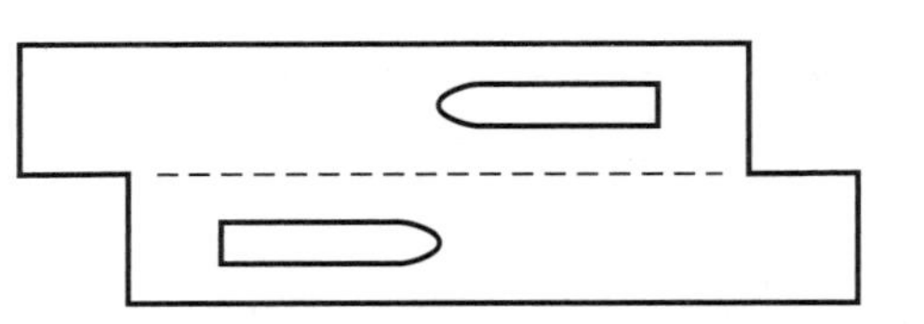

图1-20 非周期性交界面相交区域

滑移网格模型允许相邻网格之间相对滑动，因而网格面不需要在分界面上排列，滑移网格的关键是计算流进每个网格分界面的两个非一致的分界面区域。

界面流动时，每隔一个新的时间步长，在该交界面就会产生内部区域（Interior，在两边都有流体单元的区域）和一个或多个周期区域。如果不是周期性的问题，那么交界面会产生一个内部区域和两个壁面区域（Interface），如果两个交界面完全贴合则没有壁面区域，如图1-20所示，壁面区域需要采用一些适当的边界类型。重叠的分界面区域对应所产生的内部区域；不重叠的交界面区域对应所产生的周期性区域。在这些交界面区域内的面的数目随着分界面的相对移动而不同。理论上，网格分界面的流量应该根据两分界面的交叉处所产生的面来计算，而不是根据它们各自的分界面的面来计算。

在图1-21中，分界面区域由*A-B*面和*B-C*面及*D-E*面和*E-F*面组成，交叉处产生*a-d*面、*d-b*面和*b-e*面等。在两个单元区域重叠处产生*d-b*面、*b-e*面和*e-c*面而组成内部区域，剩余的*a-d*和*c-f*面成对形成周期性区域。例如，计算从分界面流入Ⅳ单元区域的流量时，用*d-b*面和*b-e*面代替*D-E*面，并从Ⅰ单元区域和Ⅲ单元区域传递信息到Ⅳ单元区域。

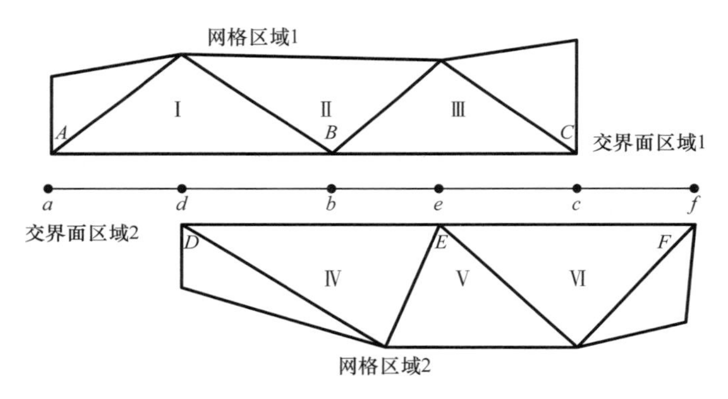

图1-21 二维网格交界面

2. 滑移网格控制方程

滑移网格通用控制方程与动网格类似。由于滑移网格的网格运动是刚性的，网格不变形，则式（1-123）可以简化为

$$V^{n+1}=V^{n} \tag{1-133}$$

式（1-122）可以简化为

$$\frac{\mathrm{d}}{\mathrm{d}t}\int_{V}\rho\phi\mathrm{d}V=\frac{[(\rho\phi)^{n+1}-(\rho\phi)^{n}]V}{\Delta t} \tag{1-134}$$

式（1-124）可以简化为

$$\sum_{j}^{n_f}\boldsymbol{u}_{g,j}\cdot\boldsymbol{A}_j=0 \tag{1-135}$$

在应用了上述简化后的公式之后，即可采用动网格的控制方程式（1-121）计算滑移网格问题。

1.7 ANSYS流固耦合分析

流固耦合问题是流体力学与固体力学交叉生成的一门力学分支，它是研究变形固体在流场作用下的各种行为及固体位形对流场影响这二者相互作用的一门科学。流固耦合力学的重要特征是两相介质之间的相互作用，变形固体在流体载荷作用下会产生变形或运动。变形或运动又反过来影响流体运动，从而改变流体载荷的分布和大小，正是这种相互作用使得在不同条件下产生形形色色的流固耦合现象。所以，近年来流固耦合分析在工程设计中，特别是虚拟设计和数值模拟中的应用越来越广泛和深入。

ANSYS很早便开始进行流固耦合的研究和应用，目前ANSYS中的流固耦合分析算法和功能已相当成熟，在ANSYS Workbench协同仿真平台上便可以进行相关流固耦合的分析计算，ANSYS Workbench 14.0加入的耦合（Coupling）模块，使得用Fluent和Structure进行双向流固耦合分析成为可能。

从算法上讲，ANSYS（也包括其他大型商业软件）主要采用分离解法也就是载荷传递法求解流固耦合问题。但从数据传递的角度出发，流固耦合分析还可以分为两种：单向流固耦合分析（One-way Fluid-Solid Coupling）和双向流固耦合分析（Two-way Fluid-Solid Coupling）。其中，双向流固耦合分析因为求解顺序的不同又可分为顺序求解法和同时求解法，图1-22简单概括了基于ANSYS的流固耦合分析类型。

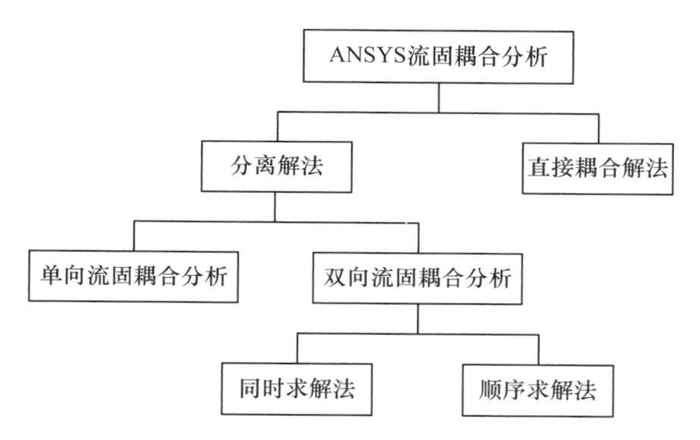

图1-22 基于ANSYS的流固耦合分析类型

1.7.1 理论基础

（1）流体控制方程

流体控制方程前文中已经详细介绍，此处不再赘述。

（2）固体控制方程

固体部分的守恒方程可以由牛顿第二定律导出

$$\rho_s \ddot{\boldsymbol{d}}_s = \nabla \cdot \boldsymbol{\sigma}_s + \boldsymbol{f}_s \tag{1-136}$$

其中，ρ_s是固体密度；$\boldsymbol{\sigma}_s$是柯西应力张量；$\boldsymbol{f}_s$是体积力矢量；$\ddot{\boldsymbol{d}}_s$是固体域当地加速度矢量。

$$\frac{\partial(\rho h_{tot})}{\partial t} - \frac{\partial p}{\partial t} + \nabla \cdot (\rho \boldsymbol{f} \boldsymbol{v} h_{tot}) = \nabla \cdot (\lambda \nabla T) + \nabla \cdot (\boldsymbol{v} \cdot \boldsymbol{\tau}) + v \cdot \rho \boldsymbol{f}_f + S_E \tag{1-137}$$

式1-137是传热方程。其中，λ表示导热系数；S_E表示能量源项；h_{tot}为比焓；T为温升。

对于固体部分，增加了由温差引起的热变形项，为

$$f_T = \alpha_T \cdot \nabla T \tag{1-138}$$

其中，α_T是与温度相关的热膨胀系数。

（3）流固耦合方程

同样，流固耦合遵循最基本的守恒原则，所以在流固耦合交界面处，应满足流体与固体应力（$\boldsymbol{\tau}$）、位移（$\boldsymbol{d}$）、热流量（q）、温度（T）等变量的相等或守恒，即满足如下方程组

$$\boldsymbol{\tau}_{\mathrm{f}} \cdot n_{\mathrm{f}} = \boldsymbol{\tau}_{\mathrm{s}} \cdot n_{\mathrm{s}} \tag{1-139}$$

$$\boldsymbol{d}_{\mathrm{f}} = \boldsymbol{d}_{\mathrm{s}} \tag{1-140}$$

$$q_{\mathrm{f}} = q_{\mathrm{s}} \tag{1-141}$$

$$T_{\mathrm{f}} = T_{\mathrm{s}} \tag{1-142}$$

其中，下标f表示流体；下标s表示固体。

上述就是流固耦合分析所采用的基本控制方程，为便于分析，可以建立控制方程的通用形式，然后给定各参数及适当条件的初始条件和边界条件，统一求解。当前，用于解决流固耦合问题的方法主要有两种：直接耦合解法和分离解法。直接耦合解法通过把流固控制方程耦合到同一个方程矩阵中求解，也就是在同一求解器中同时求解流体和固体的控制方程。

$$\begin{bmatrix} A_{\mathrm{ff}} & A_{\mathrm{fs}} \\ A_{\mathrm{sf}} & A_{\mathrm{ss}} \end{bmatrix} \begin{bmatrix} \Delta X_{\mathrm{f}}^{k} \\ \Delta X_{\mathrm{s}}^{k} \end{bmatrix} = \begin{bmatrix} B_{\mathrm{f}} \\ B_{\mathrm{s}} \end{bmatrix} \tag{1-143}$$

其中，k表示迭代时间步；A_{ff}、$\Delta X_{\mathrm{f}}^{k}$和$B_{\mathrm{f}}$分别表示流场的系统矩阵、待求解值和外部作用力；$A_{\mathrm{ss}}$、$\Delta X_{\mathrm{s}}^{k}$和$B_{\mathrm{s}}$分别对应固体区域的各项；$A_{\mathrm{fs}}$和$A_{\mathrm{sf}}$代表流固的耦合矩阵。

由于同时求解流固的控制方程，不存在时间滞后问题，所以直接耦合解法在理论上非常完善。但是，在实际应用中，直接耦合解法很难将CFD和计算固体力学（Computational Solid Mechanics，CMS）技术真正结合到一起，同时考虑到同步求解的收敛难度和耗时问题，直接耦合解法目前主要应用于如压电材料模拟等电磁-结构耦合和热-结构耦合等简单问题中，对流动和结构的耦合只能应用于一些非常简单的研究中，还没有在工业应用中发挥重要的实际作用。

流固耦合的分离解法不需要耦合流固控制方程，只需要按设定顺序在同一求解器或不同的求解器中分别求解流体控制方程和固体控制方程，通过流固交界面把流体和固体的计算结果互相交换传递，待此时刻的收敛达到要求，再进行下一时刻的计算，直到求得最终结果。相比于直接耦合解法，分离解法有时间滞后性和耦合界面上的能量不完全守恒的缺点，但是这种方法的优点也显而易见，它能最大化地利用已有的CFD和CSM的方法和程序，只需对它们做少许修改，从而保持程序的模块化；另外分离解法对内存的需求大幅降低，因此可以用来求解实际的大规模问题。所以，目前几乎所有的商业计算机辅助工程（Computer-Aided Engineering，CAE）软件的流固耦合分析都采用的是分离解法。

1.7.2 单向流固耦合分析

单向流固耦合分析在耦合交界面处的数据传递是单向的，一般是指把CFD分析计算的结果（如力、温度和对流载荷）传递给固体结构分析，没有固体结构分析结果传递给流体分析的过程。即只有流体分析对固体结构分析有重大影响，而固体结构分析的变形等结果非常小，以至于对流体分析的影响可以忽略不计。单向流固耦合的现象和分析非常普遍，例如热

交换器的热应力分析、阀门在不同开度下的应力分析、塔吊在强风中的静态结构分析、旋转机械的结构强度分析等都属于单向耦合分析，图1-23所示的风力发电机叶片和支架的受力分析便为典型的单向耦合分析。

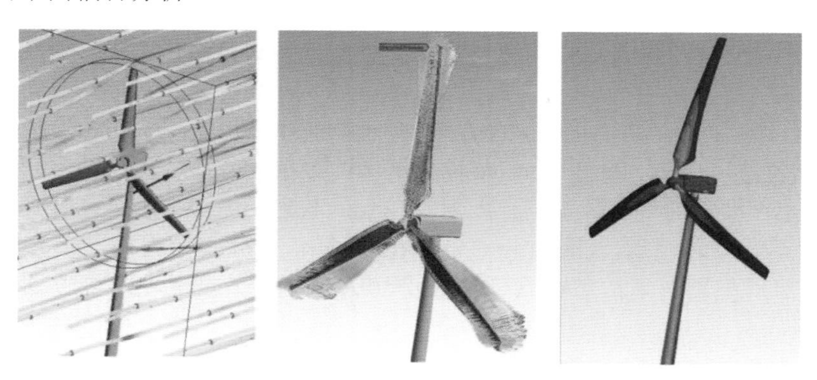

图1-23　风力发电叶片和支架的受力分析

另外，已知运动轨迹的刚体对流体的影响分析在某种程度上也可以看作是一种单向耦合分析。如汽车通过隧道时对隧道内部气流的影响分析，快启阀在开启过程中对流体流动的瞬间影响等。由于固体运动已知，且固体变形忽略不计，所以此类问题一般可以单独在CFD求解器中完成，但是运动轨迹需要用户通过自定义函数设置。

1.7.3　双向流固耦合分析

双向流固耦合分析是指数据交换是双向的，也就是既有流体分析结果传递给固体结构分析，又有固体结构分析的结果（如位移、速度和加速度）反向传递给流体分析。此类分析多用于流体和固体介质密度相差不大或者高速、高压下固体变形非常明显及其对流体的流动造成显著影响的情况。常见的分析有挡板在水流中的振动分析、血管壁和血液流动的耦合分析、油箱的晃动和振动分析等。一般来讲，大多数耦合作用现象，如果只考虑静态结构性能，采用单向耦合分析便足够，但是如果要考虑振动等动力学特性，双向耦合分析必不可少。也就是说双向耦合分析是为了解决振动和大变形问题而进行的，最典型的例子莫过于深海管道的激振问题。同理，如前所述，塔吊在强风中的静态结构分析属于单向流固耦合分析，但是若要考虑塔吊在强风中的振动情况，就需要采用双向流固耦合进行分析，图1-24所示的薄片在流场中的分析便为典型的双向流固耦合分析。

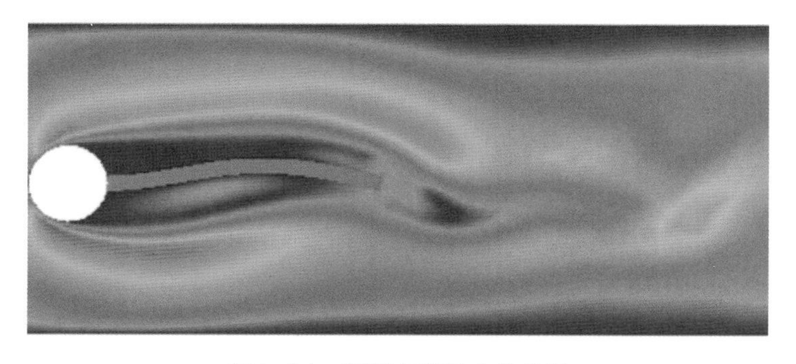

图1-24　薄片在流场中的分析

1.7.4 耦合面的数据传递

流固耦合中耦合面的数据传递是指将流体计算结果和固体计算结果通过交界面相互传递。不管是完美对应的流固网格还是相差很大的非对应网格（Dissimilar Mesh），通过严格设置，ANSYS多场求解器MFS和MFX都能很好地完成传递。但是对于非对应网格的数据传递，传递前的插值运算必不可少。

多场求解器MFS提供两种插值方式，分别是Profile Preserving插值法和Globally Conservative插值法。在Profile Preserving插值法中，数据接收端的所有节点映射到数据发射端的相应单元上，要传递的参数数据在发射端单元的映射点完成插值后，传递给接收端，是一种主动式传递。与之相反，Globally Conservative插值法先把发射端的节点一一映射到接收端单元上，然后把要传递的参数数据按比例切分到各个节点上，对接收端而言，这属于被动式传递。

两种插值法的出发点和原理不同，所以效果也相差甚远。例如使用Profile Preserving插值法传递参数数据（如力、热通量等）时，发射端和接收端的数据有可能不守恒；使用Globally Conservative插值法在局部也有类似的不守恒情况，但是可以保证全部交界面数据的总体守恒。从物理角度出发，力、热通量等参数在耦合交界面处保持总体守恒更有意义，但是对于位移和温度等参数，保持整体上的守恒不是很有意义，反而局部的分布轮廓更需要精确传递。所以一般情况下，对力、热通量等参数的传递，可以根据网格情况采用Globally Conservative 插值法或者Profile Preserving插值法；对位移和温度的传递，一般采用Profile Preserving插值法。

与MFS相似，多场求解器MFX同样提供两种插值方式，分别是Profile Preserving插值法和Conservative插值法。MFX中的Profile Preserving插值法与MFS中的完全相同。虽然MFX中的Conservative插值法与MFS中的Globally Conservative插值法只有一个单词的区别，但其原理、方法完全不同。MFX中的Conservative插值法采用单元分割、像素概念、桶算法及新建控制面等多种方式和方法完成数据传递，只要确保流固耦合面能重合，交界面上的参数数据从全局到局部都能得到精确传递。对于流固耦合面不完全对应的情况，Conservative插值法会通过在不对应区域设置0值、特殊边界条件来忽略此区域数据的传递，从而保持严格的守恒传递。

1.8 CFD软件计算结果的验证及修正

CFD软件要想在工程中得到广泛的应用，必须要考虑准确性与可信性。目前常用的CFD 软件几乎都采用有限体积法（除了CFX采用混合有限元法与有限体积法外，Fluent、STAR-CD、Phoenics、Flow-3D、OpenFOAM等都采用有限体积法）。在工程实践中为了提高CFD计算结果的精度与可信度，通常要对计算结果进行验证。实验是最好的验证手段，但是普遍存在实验过程中的参数很难与输入的参数完全吻合的情况。一般来说，在工程中，数值计算结果与实验结果误差在10%以内是被允许的。在数值计算结果与实验结果存在很大差异时，一般进行以下检查与分析。

1）几何模型的修正。分析是否忽略了关键几何特征、检查边界位置是否恰当。边界位置选择不当，可能会导致计算振荡，不收敛等情况发生。同时由于不同的软件对于不同的边界组合方式的处理方法存在差异，因此需要根据模拟软件自身的特点选择合适的边界组合方式（如Fluent中压力边界与自由出流边界最好不要同时出现，同时出现可能导致计算不收敛问题。流量入口边界收敛要比压力入口困难）。

2）物理模型的修正。分析是否选用了不合适的模型。每一种模型都有一定的使用范围，模型的选择要基于对适用范围和使用条件的深刻认识。例如在Fluent中，湍流模型有很多，一般的工程流动问题适合采用标准 $k-\varepsilon$ 模型，但是其应用在强旋流中误差较大；重整化群 $k-\varepsilon$ 模型常用于旋转流动湍流计算；Spalart-Allmaras模型常用于航空外流计算；$k-\omega$ 模型则适合边界层计算；雷诺应力模型适合各向异性湍流的计算，但是计算量大不易收敛。因此在进行模型的选择时需要仔细地考虑选择的模型是否适合当前问题，一旦模型选择错误，轻则造成大的偏差，重则不收敛、计算出错。

3）检查是否忽略了某些重要的物理现象。在计算结果出现较大偏差时，应考虑是否有些物理过程被忽略或者过于简化。例如复杂几何模型中出现大的负压区，是否需要考虑空化；计算高压气体时，是否考虑可压缩性，是否考虑黏性热；还有一些情况下，是否考虑蒸发、冷凝等相变情况。有时候这些物理现象会导致计算的不收敛乃至计算错误。

4）优化网格。高质量的网格能够增强收敛、提高计算精度、减少计算时间。因此在时间充裕的情况下，需尽可能地提高网格质量；同时，对流动情况复杂的区域进行网格加密处理。在计算结果达到要求后，还需要进行网格独立性验证。

5）边界条件分析。分析测量精度是否满足要求；若边界信息来自计算，那么分析计算时的条件是否满足。有时由于微流体自身的复杂性及实验设计与测量的现实困难，实验数据间存在着相互矛盾的现象，此时进行深入的研究是非常必要的。

6）模拟过程各主要环节的匹配。建立几何模型要考虑所建模型的复杂程度，要尽可能与实际物体一致，又要有简化提高，做到模拟计算与几何模型生成方法合理匹配，几何模型网格划分疏密程度与计算机内存合理匹配，几何模型与边界条件合理匹配，物理模型与模拟软件合理匹配。其中，合理建立几何模型对达到模拟精度要求起决定作用。

第2章 Fluent简介

Fluent是目前比较通用的商用CFD软件，现为ANSYS系列软件中的一部分，用来模拟从不可压缩到高度可压缩范围内的复杂流动。由于采用了多种求解方法和多重网格加速收敛技术，Fluent能达到很不错的收敛速度和求解精度。灵活的非结构化网格、基于解的自适应网格技术、成熟的物理模型及强大的前/后处理功能，使Fluent能实现转捩与湍流、传热与相变、化学反应与燃烧、多相流、旋转机械、动网格与变形网格、噪声等方面的模拟分析，在材料加工、燃料电池、航空航天、汽车设计、石油天然气、涡轮机设计、环境工程、安全工程等领域有着广泛的应用。

2.1 Fluent的用户界面

Fluent控制台是控制程序执行的主窗口，控制包括菜单按钮的图形界面和终端仿真程序。用户和控制台之间有两种交流方式：图形用户界面（Graphical User Interface，GUI）和文本用户界面（Text User Interface，TUI）。

2.1.1 图形用户界面

Fluent的图形用户界面由菜单栏、树形框、树形框命令详细信息区、控制面板、图形输出窗、对话框及TUI命令区组成。图2-1所示是Fluent 2021的图形用户界面。图形用户界面

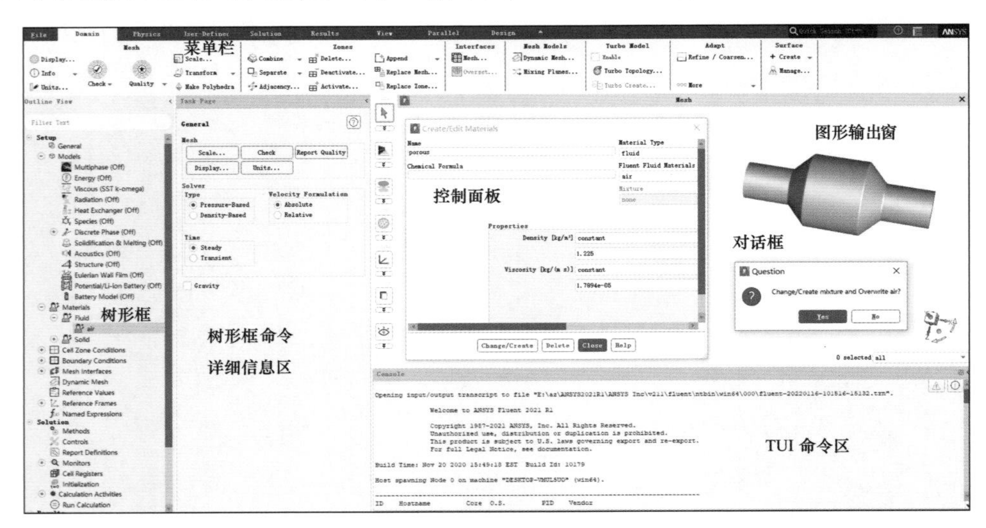

图2-1 Fluent 2021的图形用户界面

（包括颜色和字体）可以自定义以适合操作系统的环境。

Fluent菜单栏提供了控制台所需的大部分命令，菜单栏中命令的使用方法和Windows其他软件的类似，部分命令快捷方式也采用Alt+下划线字母键打开，按Esc键退出。有些命令有快捷键，在相应的命令后面会提示。

Fluent对话框用于完成简单的输入、输出任务，如警告、错误和询问。对话框是临时窗口，出现时要对其进行响应操作，如信息提示框给出提示信息，单击OK按钮即可将其关闭；又如警告对话框用于警告某些潜在问题，并询问是否继续当前操作。

控制面板用于处理复杂的输入任务。和对话框相似，控制面板也是一个独立的窗口，但是使用控制面板更像是在填充表格。每一个控制面板都是独一无二的，而且会使用各种类型的输入控制组成表格。

图形输出窗用于显示导入的二维或三维模型文件，可以控制图形显示的属性，也可以打开另一个显示窗口。

2.1.2 文本用户界面及Scheme表达式

1. 概述

文本用户界面为程序下的程序界面提供了分级界面。因为它是基于文本的，所以可以用基于菜单的工具操作它，可以将输入的数据保存在文件中，用文本编辑器修改，并可以将需执行的文件读入。因为文本用户界面与Scheme扩展语言紧密结合，所以它可以很容易地形成程序来提供复杂控制和自定义函数。所有的文本都输出到终端仿真程序，所有的输入都从最底行开始。按组合键Ctrl+C可以暂停正在计算的程序。它也支持控制台和UNIX系统或Windows NT系统应用程序之间文本的复制和粘贴。在UNIX系统中复制和粘贴文本的方法为：①按住鼠标左键选中要复制的文本；②到新窗口中单击鼠标中键粘贴。在Windows NT系统中复制文本到剪贴板的方法为：①选中文本；②按组合键Ctrl+Insert。

2. 文本用户界面命令系统结构

文本用户界面命令系统结构和UNIX系统（或DOS）中的目录树很相似。第一次进入Fluent，根菜单下的菜单提示符只是一个简单的字符“>”。

要生成子菜单和命令的列表只需按回车键。

```
>
adapt/          grid/           surface/
display/        plot/           view/
define/         report/         exit/
file/           solve/
```

文本用户界面中的子菜单的名字都以“/”结尾，以区别于菜单命令。要执行一个命令，输入命令名或命令的简写就可以。与之相似，要进入子菜单，只需输入子菜单名字或其简写就可以，提示符也会相应改变为当前子菜单的名字。

```
> display
/display> set
/display/set>
```

要回到上一级菜单只需在命令提示符后输入q或者quit。

```
/display/set> q
/display>
```

可以输入菜单全路径名直接进入该菜单路径。

```
/display> /file
/display//file>
```

上面命令直接从/display转到/file且未结束根菜单，因此，当从/file菜单退出时，会直接退回到/display，如下所示。

```
/display//file> q
/display>
```

如果直接执行一个命令而不退出路径上的任何菜单，则会回到调用命令时的菜单。

```
/display> /file start-journal jrnl
Input journal opened on file jrnl.
/display>
```

3. 命令缩写

在文本用户界面中，可以输入匹配相应命令的缩写，匹配命令的规则如下：命令由连字符分隔的短语组成；命令与短语的初始序列匹配；连字符的匹配是可选的；短语和它的字符串的初始序列匹配，通过输入对应的字符串来匹配。

如果一个缩写匹配多个命令，那么具有最大匹配字符数的命令将被选择。如果不止一个命令有相同的匹配短语，那么第一个出现在菜单中的命令将被选择。

例如set-ambient-color、s-a-c、sac和sa都匹配命令set-ambient-color。当缩写命令时，通常缩写会匹配不止一个的命令；在这种情况下，第一个命令将会被选择。有时候会有不正常的情况，例如lint不匹配lighting-interpolation，因为li匹配lighting，但是nt并不匹配interpolation，这一问题可以通过选择不同的缩写来解决，如liin或者l-int。

4. 命令别名

在文本用户界面中可以定义命令的别名。在UNIX系统的C shell中，别名比命令执行的优先级要高。在Cortex中预定义的别名有：error、pwd、chdir、ls及alias。

error：显示最近scheme错误中断中的无效scheme对象。

pwd：显示当前所在工作目录的全路径。

chdir：改变工作目录 。

ls：列出工作目录的文件 。

alias：显示当前别名的符号列表。

5. Scheme 赋值

如果在命令提示符后输入“(”，那么所有的插入语和所有的字符串都会加上“)”并被传送到被赋值的Scheme中，此时，赋值的表达式显示如下。

```
> (define a 1)  a  > (+ a 2 3 4)  10
```

所有的响应（除了文件名）在被使用之前都被Scheme解释程序赋值了。因此可以输入任何一个有效的Scheme表达式来响应提示。例如输入一个单位矢量可以计算单位矢量的另一分量，如下所示。

```
/foo > set-xy
x-component [1.0] (/1 3)
y-component [0.0] (sqrt(/8 9))
```

或者可以输入一个有效函数，计算单位矢量的另一个分量。

```
> (define (unit-y x) (sqrt (-1.0 (* x x))))
unit - y
/foo > set - xy
x-component [1.0] (/1 3)
y-component [0.0] (unit-y (/1 3))
```

6. 文本提示系统

命令需要各种变量，包括：数、文件名、yes/no响应、字符串和列表。这些输入变量的界面是文本提示系统，包括提示字符串及相应的用方括号括起来的选项或者用方括号括起来的默认值。如filled grids? [no]、shrink-factor [0.1]、line-weight [1]、title [“ ”]。获取提示的默认值只需要输入回车符号或者逗号。

注意，逗号不是分隔符，它是默认值的分隔标志。例如“1,2”表示3个值，“1”是第一个提示值，第二个提示值为默认值，“2”为第三个提示值。在任何提示中输入“a”均会显示一个简短的帮助信息。要中断一个提示序列只需要按组合键Ctrl+C即可。

7. 数

大多数的提示类型是数，有效的输入如：16、–2.4、.9e5和+1e–5。整数也可以是二进制数、八进制数和十六进制数。例如十进制数31可以输入为31、#b11111、#o37或者#x1f。在Scheme中，整数是实数的子集，即整数2也是实数2.0，所以不用加上小数点表明哪一个数是实数。如果在整数提示符中输入实数，那么小数部分会被省略，如1.9就变成1了。

8. 布尔运算符

有些提示需要用yes或no来响应。yes或者y表示同意，no或者n表示不同意。yes/no提示通常用于证实某些潜在的危险操作，如：覆盖文件，不保存文件就退出，数据、网格等是否进行。有一些提示符需要输入布尔值（真或假）#t和#f来响应。

9. 字符串

字符串的输入需要加双引号，例如“red”。绘制标题或者绘制图例就是字符串的实际应用，字符串可以包含任何的字符，包括空格和标点。

10. 符号

符号的输入不需要加引号。区域名、表面名及材料名就是符号的实际应用。符号必须以字母开始，不能包括任何的空格或逗号。

11. 文件名

文件名只是字符串的一种，为方便起见，文件名不需要加双引号。但有些特殊情况例外，如文件名中有空格，那么文件名必须加双引号。

12. 列表

Fluent中有些函数需要目标的列表，如：数、字符串、布尔运算值等。Scheme 对象的列表是一个简单的由空白列表“()”结束的对象序列。一个列表提示一个单元，最后一个是空列表。这一结束列表组成了提示列表的末尾，其提示单元既可能是空，也可能包含任何值。为方便起见，空列表中可以输入“()”，也可以输入标准格式“'()”。通常，列表提示默认保存先前声明的列表。要修改列表，只需覆盖所需单元并用空列表结束进程。例如：element(1) [()] 1，element(2) [()] 10，element(3) [()] 100，element(4) [()]，创建含1、10和100三个数的列表；element(1) [1]，element(2) [10]，element(3) [100]，element(4) [()] 1000，element(5) [()]增加第四个单元。执行element(1) [1]，element(2) [10]，element(3) [100] () 后，只有1和10在列表中，随后输入element(1) [1] ,,'(11 12 13) 创建一个五元素列表，列表元素为1、10、11、12和13。最后一个空列表移走所有的单元element(1) [1] ()。

13. 默认值绑定

提示的默认值被限制为Scheme符号” _”（下划线），便于默认值可以成为Scheme表达式的一部分。例如，如果想将默认值减去，可以输入shrink-factor [0.8] (/ _ 3)。

14. 中断

执行中的代码可以按组合键Ctrl+C中断，中断后，当前的操作停止在下一个可恢复的位置。

15. 系统命令

如果在UNIX系统中运行Fluent，可以用字符! (bang)来执行系统命令。在UNIX系统下，以!开始的所有字符串一直到下一行开始都会在subshell中执行。与这些系统命令有关的输入必须被输入启动程序的窗口中，输出也在这个窗口中。注意：如果远程启动Fluent，这些输入和输出必须在启动Shell（Cortex）的窗口中。

```
> !rm junk.* > !vi script.rp
```

别名ls和pwd在工作目录中调用UNIX系统中的ls和pwd命令。别名chdir改变程序目前的工作目录。

!ls和!pwd将会在Shell启动的目录中执行UNIX命令，屏幕输出会在启动Fluent的窗口中，如果使用远程启动，则会在启动Shell的窗口中输出。（注意：!chdir或者!cd在subshell中执行，所以它不会改变Fluent或者Cortex的工作目录，因此它并不是很有用。）不带任何声明地输入chdir会将命令路径转到控制台的父目录。

2.1.3 图形控制及鼠标使用

图形控制主要是通过命令Display和Plot进行显示内容的选择和显示属性的设置。例如要显示计算结果的各类云图（或等值线），可以通过Display、Contours命令进行压力、速度等物理量的云图（或等值线）显示；还可以通过Display、Options命令进行图形窗口的显示属性的修改。在命令行直接输入display、set、color命令，然后输入要改变的颜色的对象名称（直接按回车键显示所有的对象名称）也可以达到修改图形窗口的背景或网格颜色的目的。

鼠标在图形窗口中的使用方法为：按住鼠标左键拖动，选择或取消选择图形；按住鼠标中键拖动，移动图形；按住鼠标右键拖动，执行用户预定义的操作。

2.2 Fluent的计算类型及应用领域

Fluent的计算类型及应用领域如下。

1）任意复杂计算域的二维或三维流动。

2）可压缩流动、不可压缩流动。

3）定常流动、非定常流动。

4）无黏流、层流和湍流。

5）牛顿流体流动、非牛顿流体流动。

6）对流传热，包括自然对流和强迫对流。

7）热传导和对流传热相耦合的传热计算。

8）辐射传热计算。

9）惯性（静止）坐标、非惯性（旋转）坐标中的流场计算。

10）移动参考系问题，包括动网格界面和计算动子或静子相互干扰问题的混合面等。

11）化学组分混合与反应计算，包括燃烧模型和表面凝结反应模型。

12）源项体积任意变化的计算，源项类型包括热源、质量源、动量源、湍流源和化学组分源项等形式。

13）颗粒、水滴和气泡等弥散相的轨迹计算，包括弥散相与连续相耦合的计算。

14）多孔介质流动计算。

15）用一维模型计算风扇和换热器的性能。

16）两相流，包括带空穴流动计算。

17）复杂表面问题中带自由面流动的计算。

简而言之，Fluent适用于各种复杂工况下的可压缩流动和不可压缩流动模拟分析。

2.3 Fluent的求解流程

从上述说明看到，Fluent可以用来进行许多领域的分析计算工作，在分析计算之前，需要对分析计算制定规划，具体如下。

1）明确目标：明确计算的内容、计算结果的精度等。

2）明确计算模型：明确如何划分流场、哪里是流场的起止点、是否可以使用二维模型进行计算、边界条件如何定义、网格采用何种拓扑结构等。

3）明确物理模型：明确流动状态是无黏流、层流还是湍流；流动是否可压缩；是否考虑传热问题；流场是否定常等。

4）明确优化设置：估算求解计算时间、明确能否加快计算收敛速度等。

应用Fluent进行求解工作的具体步骤如下。

1）建立计算域模型，划分网格。

2）根据规划选择合适的解算器：2D、3D、2D Double Precision、3D Double Precision。

3）读入网格。

4）检查网格。

5）确定长度单位。

6）显示网格。

7）设置求解器：选择基于压力的求解器或基于密度的求解器；设置速度、时间、空间等属性。

8）选择是否需开启能量方程。

9）选择需要求解的基本方程：层流还是湍流（无黏流）、化学组分还是化学反应、热传导模型等。

10）确定所需要的附加模型：风扇、热交换、多孔介质等。

11）指定材料物理性质。

12）指定流场具体材料。

13）指定边界条件。

14）调整求解的控制参数。

15）初始化流场。

16）计算求解。

17）检查结果。

18）保存结果。

19）根据结果，决定是否细化网格、改变数值和物理模型。

Fluent的求解步骤与菜单栏、树形框及树形框命令详细信息区中各选项卡的对应项如表2-1所示。

表2-1　Fluent的求解步骤与各选项卡的对应项

步骤	对应的命令路径
读入网格	菜单栏→File→Read
检查网格	树形框→Setup→General→Mesh→Check
确定长度单位	树形框→Setup→General→Mesh→Scale
显示网格	树形框→Setup→General→Mesh→Display
设置求解器	树形框→Setup→General→Solver
选择是否需开启能量方程	树形框→Setup→Models→Energy
选择需要求解的基本方程	树形框→Setup→Models
指定材料物理性质	树形框→Setup→Materials
指定流场具体材料	树形框→Setup→Cell Zone Conditions
指定边界条件	树形框→Setup→Boundary Conditions
调整求解的控制参数	树形框→Solution
初始化流场	树形框→Solution→Initialization
计算求解	树形框→Solution→Calculation Activities
检查结果	树形框→Results→Reports
保存结果	树形框→File→Write
根据结果对网格做适应性调整	树形框→Domain→Adapt

2.4　简单流动与传热分析实例

本实例参考ANSYS官方提供的《ANSYS Fluid Dynamics Verification Manual》（Release 2021 R1参考资料[10]），以同心圆环中的自然对流模拟为例说明Fluent的基本操作过程并对Fluent的仿真精度进行验证，同心圆环结构如图2-2所示。

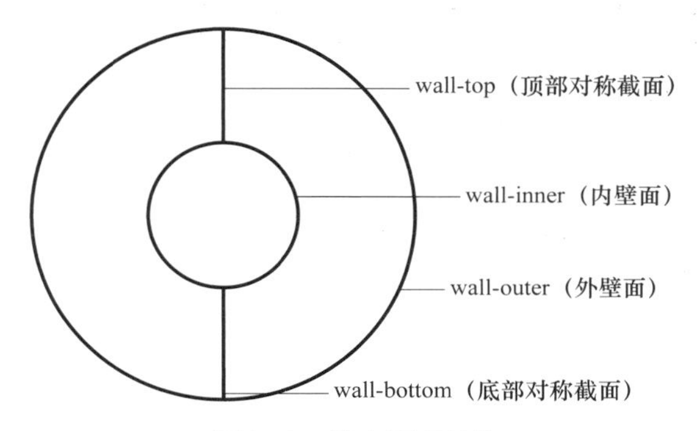

图2-2　同心圆环结构

流场为稳态层流。模型及流场属性如表2-2所示。

表2-2　模型及流场属性

材料特性（Material Properties）	几何图形（Geometry）	边界条件（Boundary Conditions）
密度（Density）：Incompressible ideal gas（不可压缩理想气体） 黏度（Viscosity）：2.018×10^{-5} kg/(m • s) 比热容（Specific Heat）：1008 J/(kg • K) 热导率（Thermal Conductivity）：0.02967 W/(m • K)	外壁面半径 = 46.25 mm 内壁面半径 = 17.80 mm	内壁面温度 = 373 K 外壁面温度 = 327 K

由于圆环是对称的，所以只需对一半的域进行建模。启动Fluent的2D Double Precision求解器，其界面如图2-1所示，相关设置如下。

1. 读入同心圆环自然对流模型网格文件

操作：选择File → Read → Mesh命令。

（读入该模型网格文件，配套资源ch2文件夹→natural-convection文件夹中的natural-convection.msh文件），单击OK按钮，其信息反馈如图2-3所示。其中包括节点、网格数目等信息。（注：若在ANSYS Workbench中直接打开Fluent，则读入网格文件的命令为File → Import → Mesh。）

```
Console

> Reading "E:/az/ANSYS2021R1/ANSYS Inc/v211/fluent/ntbin/win64/000/ch2/natural-convection/natural-convection.msh"...
Buffering for file scan...

    2324 nodes, binary.
     226 nodes, binary.
    4759 2D interior faces, zone  1, binary.
      29 2D wall faces, zone  5, binary.
      29 2D wall faces, zone  6, binary.
      84 2D wall faces, zone  7, binary.
      84 2D wall faces, zone  8, binary.
    2436 quadrilateral cells, zone  2, binary.

Building...
     mesh
       auto partitioning mesh by Metis (fast),
```

图2-3　读入网格文件的信息反馈

2. 检查网格

操作：选择Setup → General → Mesh → Check命令。

检查网格的信息反馈如图2-4所示。

```
Domain Extents:
  x-coordinate: min (m) = 5.399451e-23, max (m) = 4.625000e-02
  y-coordinate: min (m) = -4.625000e-02, max (m) = 4.625000e-02
Volume statistics:
  minimum volume (m3): 6.666440e-07
  maximum volume (m3): 1.678569e-06
    total volume (m3): 2.861673e-03
Face area statistics:
  minimum face area (m2): 6.612536e-04
  maximum face area (m2): 1.729661e-03
Checking mesh.................................
Done.
```

图2-4　检查网格的信息反馈

网格检查时主要反馈以下信息：①计算网格x、y的最小值和最大值；②网格的其他特性，如网格的最大体积和最小体积、最大面积和最小面积等；③网格的任何错误。网格检查时要特别注意最小体积的数值，要确保其不能为负。

3. 确定长度的单位

操作：选择Setup → General → Mesh → Scale命令。

打开Scale Mesh（标定网格）控制面板，如图2-5所示。在View Length Unit In栏中选择mm；此时，Domain Extents栏中给出了区域的范围和度量的单位；单击Close按钮，完成单位的转换。

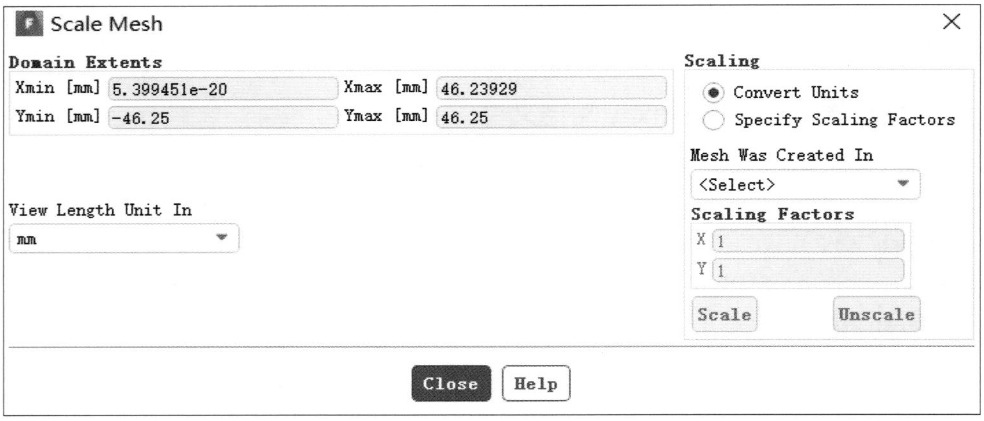

Scale Mesh

Domain Extents

Xmin [mm] 5.399451e-20　Xmax [mm] 46.23929

Ymin [mm] -46.25　Ymax [mm] 46.25

View Length Unit In

mm

Scaling

Convert Units

Specify Scaling Factors

Mesh Was Created In

<Select>

Scaling Factors

X 1

Y 1

Scale　Unscale

Close　Help

图2-5　Scale Mesh（标定网格）控制面板

在Fluent中，除了长度单位外，其他单位均采用国际单位制（International System of Units，SI）。一般不需要改动，若要对单位进行改动，应打开Set Units（设置单位）控制面板进行修改，操作命令为Setup → General → Mesh → Units。

4. 显示网格

操作：选择Setup → General → Mesh → Display命令。

打开Mesh Display（网格显示）控制面板，如图2-6所示。在Surfaces栏中选择所有的表面；单击Display按钮，显示本例的网格，如图2-7所示，该网格在ANSYS Workbench的Mesh模块中规则划分。

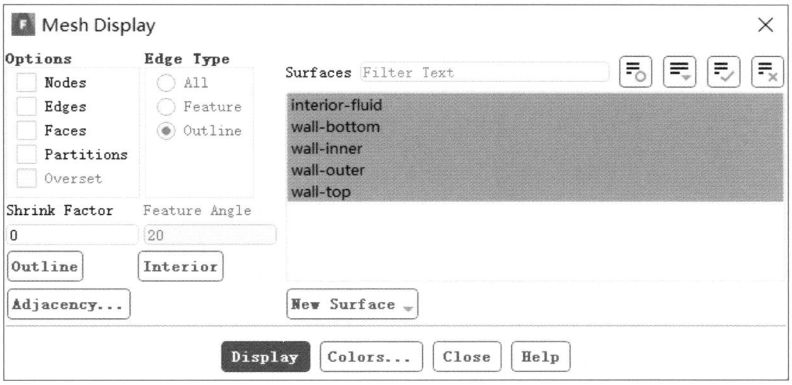

图2-6　Mesh Display（网格显示）控制面板

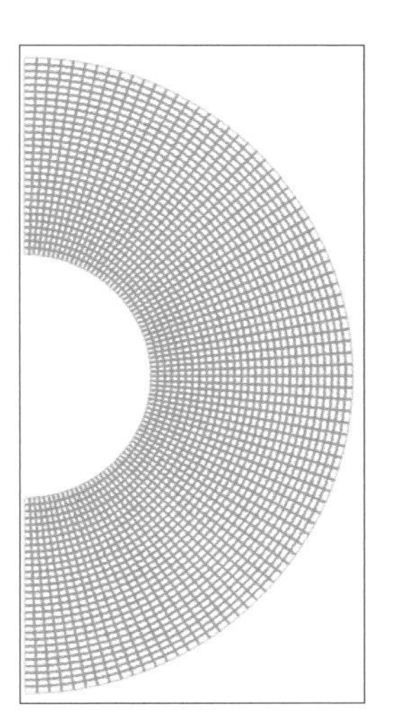

图2-7　网格图

在图形输出窗中右击边界线，TUI命令区中将显示此边界的类型等信息。也可用此方法检查内部任意节点和网格线的信息，便于边界条件的设置。

5. 设置求解器

操作：选择Setup → General → Solver命令。

打开Solver（求解器）命令详细信息区，如图2-8所示。

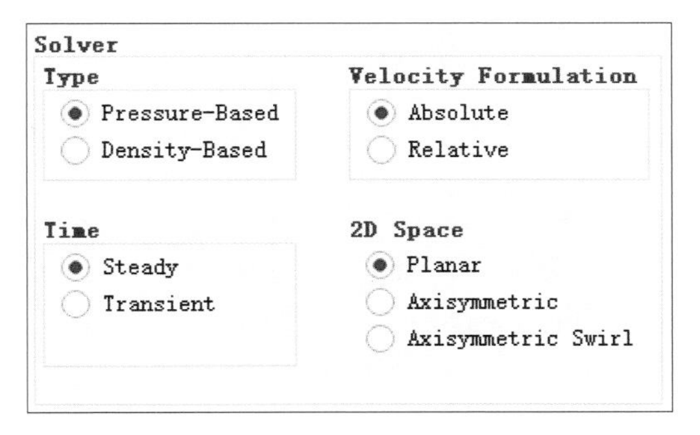

图2-8　Solver（求解器）命令详细信息区

Solver（求解器）命令详细信息区中的参数说明如下。

1）Type（类型）。Pressure-Based是基于压力的求解器，Density-Based是基于密度的求解器。

2）Velocity Formulation（速度表示方法）。Absolute为绝对速度，Relative为相对速度。

3）Time（时间）。Steady为定常流动，Transient为非定常流动。

4）2D Space（二维空间）。Planar为平面空间，Axisymmetric为轴对称空间，Axisymmetric Swirl为轴对称旋转空间。

这里保持默认设置。

6. 设置重力加速度

操作：选择Setup → General → Gravity命令。

打开Gravity（重力）命令详细信息区，设置重力加速度为–9.81m/s²，勾选Gravity复选框，在Y[m/s²]栏中输入–9.81，如图2-9所示。

7. 选择能量方程

操作：选择Setup → Models → Energy命令。

打开图2-10所示的Energy（能量）控制面板，勾选Energy Equation复选框，单击OK按钮关闭控制面板。

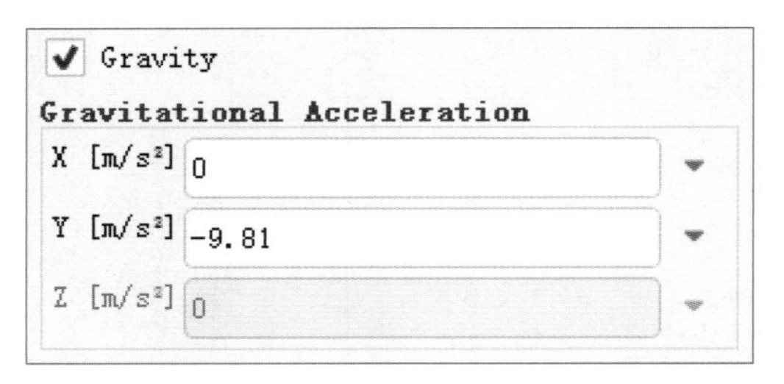

图2-9　Gravity（重力）命令详细信息区

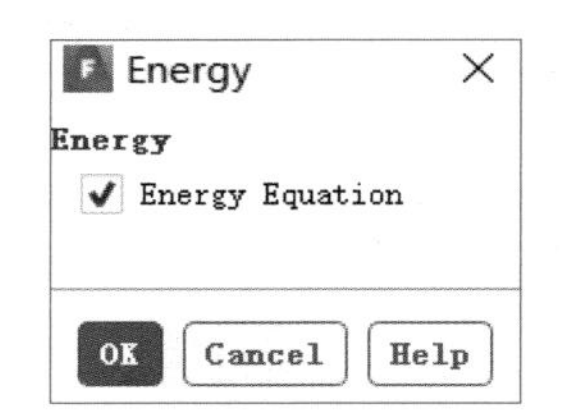

图2-10　Energy（能量）控制面板

8. 设置湍流模型

操作：选择Setup → Models → Viscous命令。

打开Viscous Model（黏度模型）控制面板，如图2-11所示。Inviscid表示无黏（理想）流体；Laminar表示层流模型；另外8个为常见的湍流模型。本实例因为流体流动速度很低，所以选中Laminar（层流）单选项，其余选项保持默认设置。

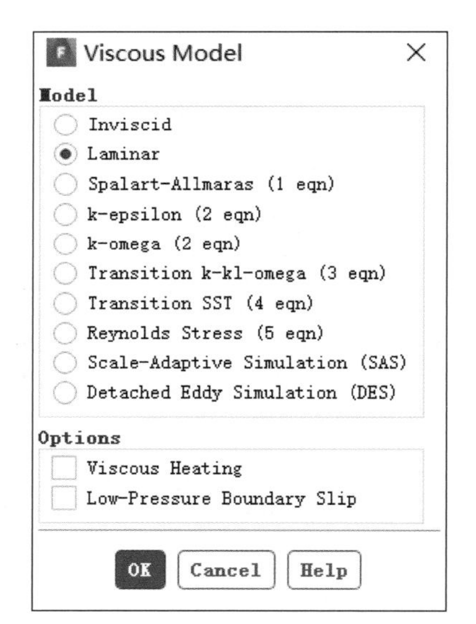

图2-11　Viscous Model（黏度模型）控制面板

9. 设置流体的物理属性

操作：选择Setup → Materials → Fluid → air命令。

打开Create/Edit Materials（创建/编辑材料）控制面板，设置Density为incompressible-ideal-gas，设置Cp值为1008 J/(kg • K)，设置Thermal Conductivity值为0.02967 W/(m • K)，设置Viscosity值为2.081e–05 kg/(m • s)，Molecular Weight值保持默认设置，如图2-12所示。单击Change/Create按钮修改材料属性，单击Close按钮关闭控制面板。

10. 指定流场具体材料

操作：选择Setup → Cell Zone Conditions → Fluid → fluid命令。

打开Fluid（流体）控制面板，如图2-13所示，保持默认设置，单击Apply按钮确定操作，单击Close按钮关闭控制面板。

11. 设置边界条件

操作：选择Setup → Boundary Conditions命令。

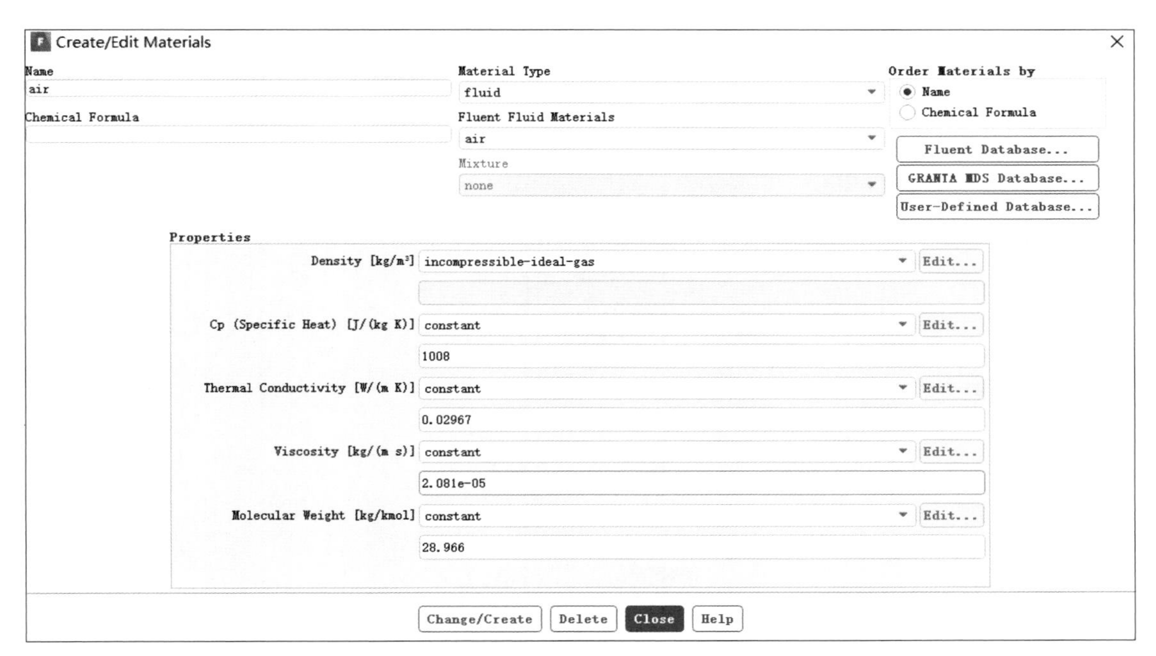

图2-12　Create/Edit Materials（创建/编辑材料）控制面板

Fluid
Zone Name
fluid
Material Name air　Edit...
Frame Motion　Source Terms
Mesh Motion　Fixed Values
Porous Zone
Reference Frame　Mesh Motion　Porous Zone　3D Fan Zone　Embedded LES　Reaction　Source Terms　Fixed Values　Multiphase
Rotation-Axis Origin
X [mm] 0
Y [mm] 0
Apply　Close　Help

图2-13　Fluid（流体设置）控制面板

1）设置wall-bottom为对称截面。

操作：右击Wall选项，在弹出的快捷菜单中，选择wall-bottom命令，选择Type栏中的symmetry。

2）设置wall-top为对称截面。

操作：右击Wall选项，在弹出的快捷菜单中，选择wall-top命令，选择Type栏中的symmetry。

3）设置内壁面边界条件。

操作：双击Wall选项，选择wall-inner，打开 Wall（壁面）控制面板，单击Thermal选项卡，在Thermal Conditions栏中选中Temperature单选项，并在Temperature栏中输入373，如图2-14所示；单击Apply按钮，单击Close按钮关闭控制面板。

图2-14　Wall（壁面）控制面板（1）

4）设置外壁面边界条件。

操作：双击Wall选择wall-outer，打开Wall（壁面）控制面板，单击Thermal选项卡，在Thermal Conditions栏中选中Temperature单选项，并在Temperature栏中输入327，如图2-15所示，单击Apply按钮，单击Close按钮关闭控制面板。

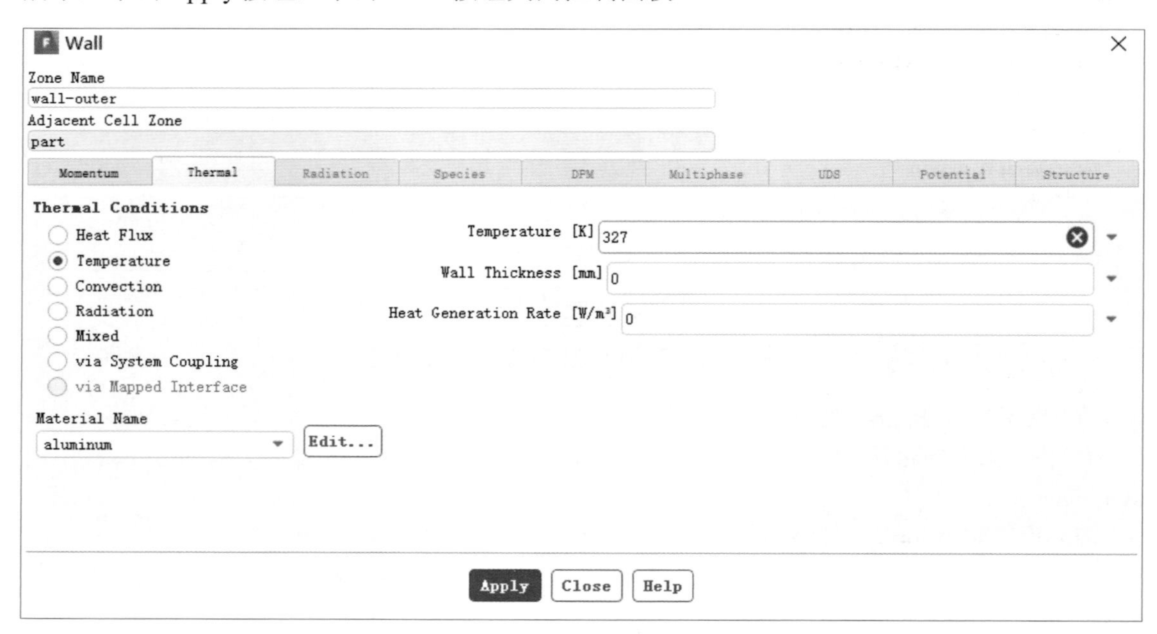

图2-15　Wall（壁面）控制面板（2）

12. 求解设置

操作：选择Solution → Methods和Solution → Controls 命令。

打开Solution Methods（求解方法）命令详细信息区，如图2-16所示。打开Solution Controls（求解控制）命令详细信息区，如图2-17所示。Solution Methods（求解方法）命令详细信息区中Pressure-Velocity Coupling栏用于设置压力速度耦合算法，有SIMPLE、SIMPLEC、PISO、Coupled 4种算法可选择；Spatial Discretization栏用于设置各项的离散格式选项。Solution Controls（求解控制）命令详细信息区中Pseudo Transient Explicit Relaxation Factors栏中可设置各项参数的松弛因子，本实例保持默认设置。

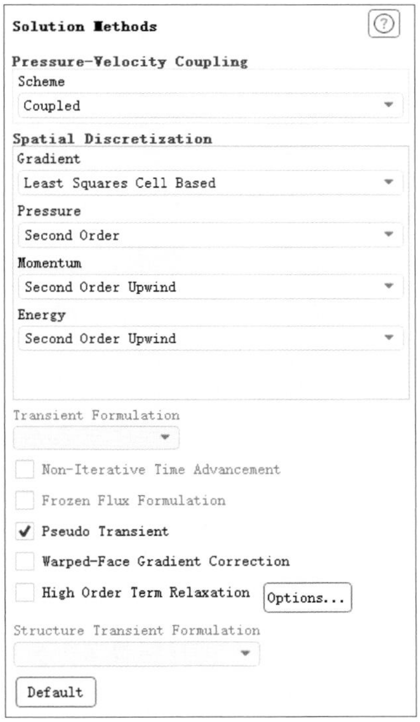

Solution Methods
Pressure-Velocity Coupling
Scheme
Coupled
Spatial Discretization
Gradient
Least Squares Cell Based
Pressure
Second Order
Momentum
Second Order Upwind
Energy
Second Order Upwind
Transient Formulation
Non-Iterative Time Advancement
Frozen Flux Formulation
Pseudo Transient
Warped-Face Gradient Correction
High Order Term Relaxation
Options...
Structure Transient Formulation
Default

图2-16　Solution Methods（求解方法）命令详细信息区

Solution Controls
Pseudo Transient Explicit Relaxation Factors
Pressure
0.5
Momentum
0.5
Density
1
Body Forces
1
Energy
0.75
Default
Equations...
Limits...
Advanced...

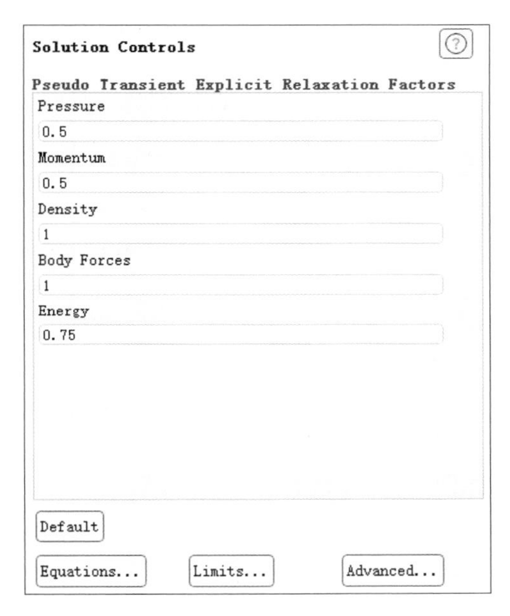

图2-17　Solution Controls（求解控制）命令详细信息区

13.流场初始化

操作：选择Solution → Initialization命令。

打开Solution Initialization（流场初始化）命令详细信息区，如图2-18所示。单击Initialize按钮，对所有计算区域进行统一初始化。

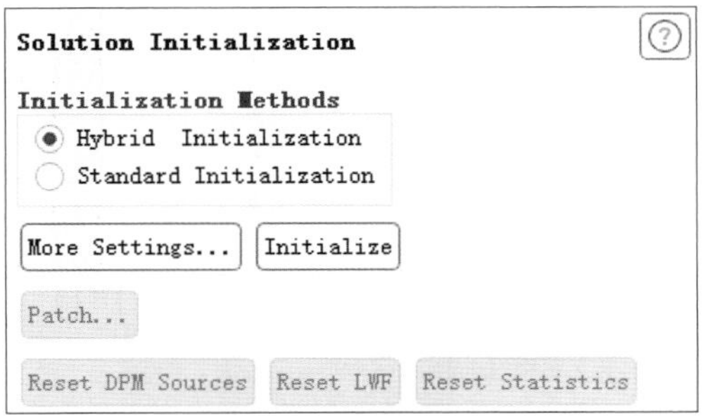

Solution Initialization
Initialization Methods
Hybrid Initialization
Standard Initialization
More Settings...
Initialize
Patch...
Reset DPM Sources
Reset LWF
Reset Statistics

图2-18　Solution Initialization（流场初始化）命令详细信息区

14. 运行计算

操作：选择Solution → Run Calculation命令。

打开Run Calculation（运行计算）命令详细信息区，如图2-19所示。在Number of Iterations栏中输入500，单击Calculate按钮开始计算。

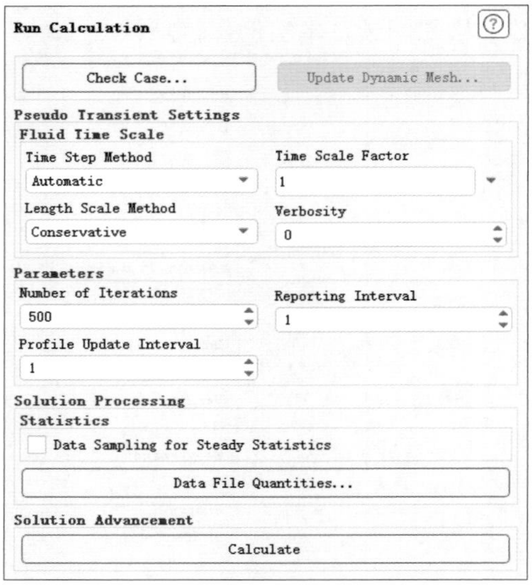

Run Calculation
Check Case...
Update Dynamic Mesh...
Pseudo Transient Settings
Fluid Time Scale
Time Step Method
Automatic
Time Scale Factor
1
Length Scale Method
Conservative
Verbosity
0
Parameters
Number of Iterations
500
Reporting Interval
1
Profile Update Interval
1
Solution Processing
Statistics
Data Sampling for Steady Statistics
Data File Quantities...
Solution Advancement
Calculate

图2-19　Run Calculation（运行计算）命令详细信息区

15. 显示温度云图

操作：选择Results → Graphics → Contours命令。

打开Contours（等值线）控制面板，如图2-20所示。在Contours of栏中选择Temperature和Static Temperature，在Options栏中勾选Filled复选框，单击Save/Display按钮，显示图2-21所示的温度云图。

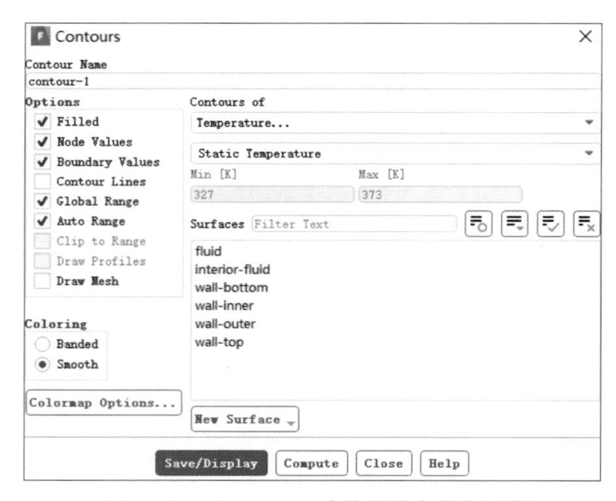

图2-20　Contours（等值线）控制面板

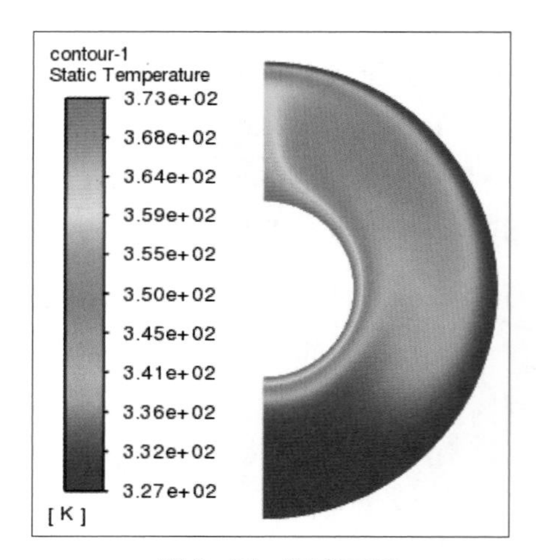

图2-21　温度云图

16. 显示完整计算域的温度云图

操作：选择View → Views命令。

打开Views（视图）控制面板，如图2-22所示。在Mirror Planes栏中选择wall-top和wall-bottom，单击Apply按钮，显示完整计算域的温度云图，如图2-23所示，单击Close按钮关闭控制面板。

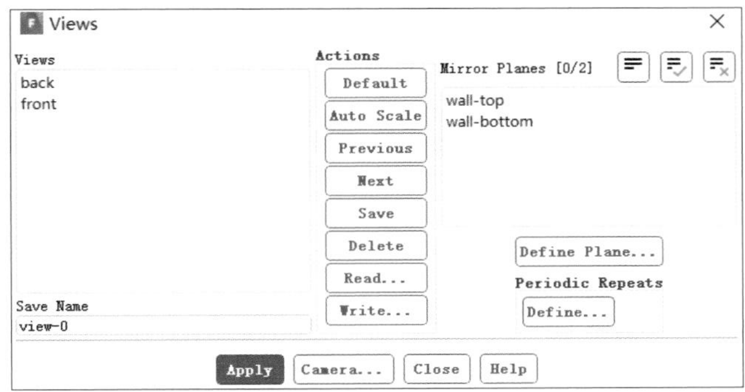

图2-22　Views（视图）控制面板

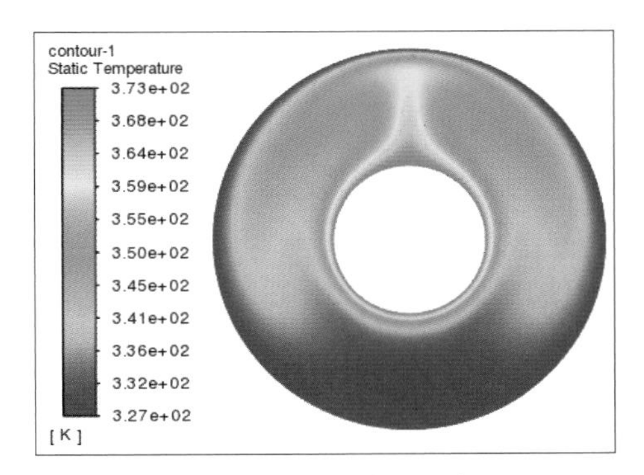

图2-23　完整计算域的温度云图

17. 显示压力云图

在图2-20所示的Contours（等值线）控制面板的Contours of栏中选择Pressure和Static Pressure，在Options栏中勾选Filled复选框，单击Save/Display按钮，显示图2-24所示的压力云图。

18. 显示速度云图

在图2-20所示的Contours（等值线）控制面板的Contours of栏中选择Velocity和Velocity Magnitude，在Options栏中勾选Filled复选框，单击Save/Display按钮，显示图2-25所示的速度云图。

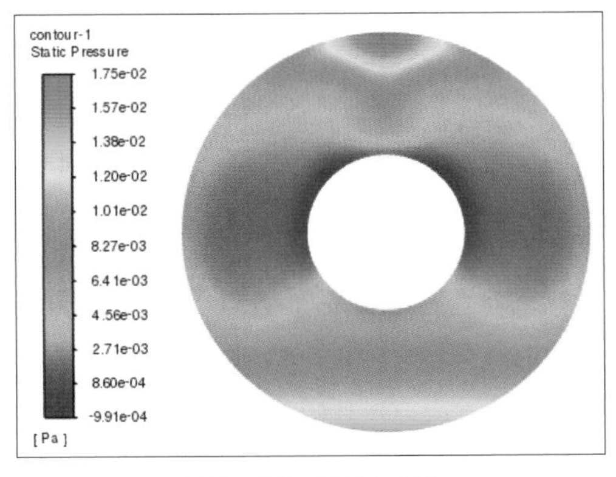

图2-24　压力云图

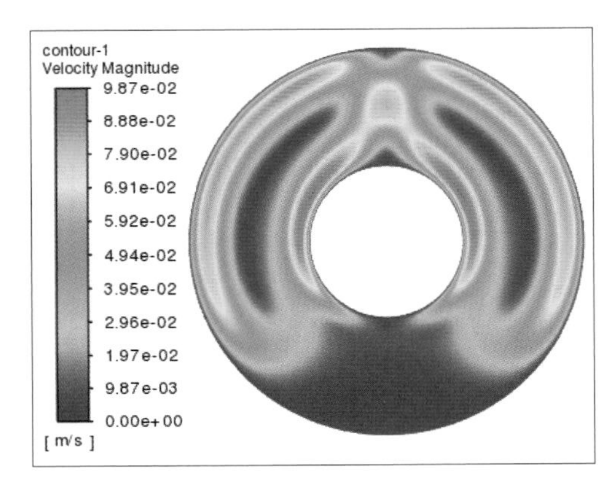

图2-25　速度云图

19. 显示速度矢量图

操作：选择Results → Graphics → Vectors命令。

打开Vectors（速度矢量）控制面板，如图2-26所示。保持默认设置，单击Save/Display

按钮，显示图2-27所示的速度矢量图。

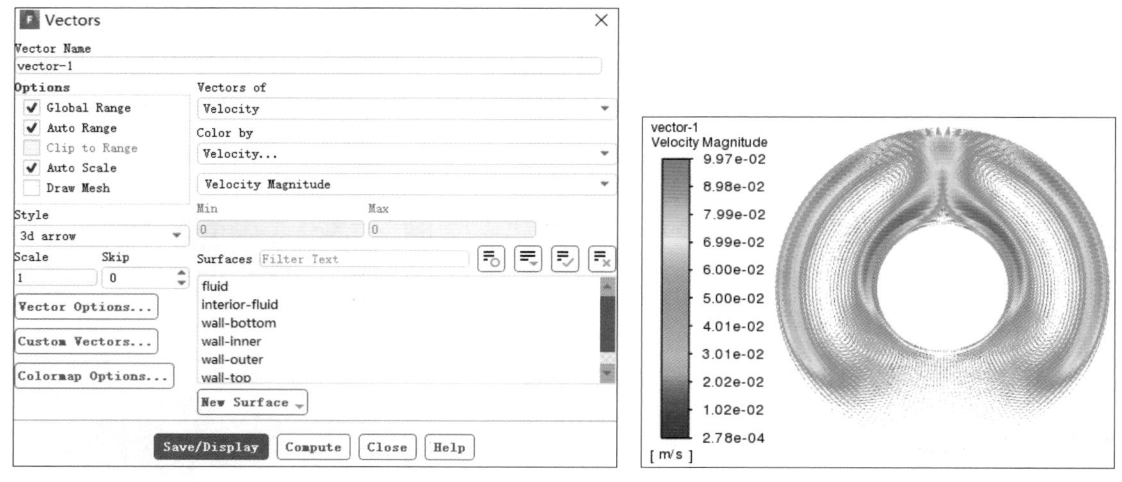

图2-26　Vectors（速度矢量）控制面板　　　　图2-27　速度矢量图

20. 显示对称截面温度XY曲线图

操作：选择Results → Plots → XY Plot命令。

打开Solution XY Plot（XY曲线图设置）控制面板。如图2-28所示，在Plot Direction栏的X栏中输入0，在Plot Direction栏的Y栏中输入1；在Y Axis Function栏中选择Temperature和Static Temperature；在Surfaces栏中选择wall-bottom。单击Save/Plot按钮，显示图2-29所示的底部对称截面上的温度分布图。在Surfaces栏中选择wall-top，单击Save/Plot按钮，显示图2-30所示的顶部对称截面上的温度分布图。勾选Options栏中的Write to File复选框后，Save/Plot按钮会变成Write按钮，单击Write按钮可将散点坐标文件导出，用记事本打开导出的文件即可查看散点坐标信息。

图2-28　Solution XY Plot（XY曲线图设置）控制面板

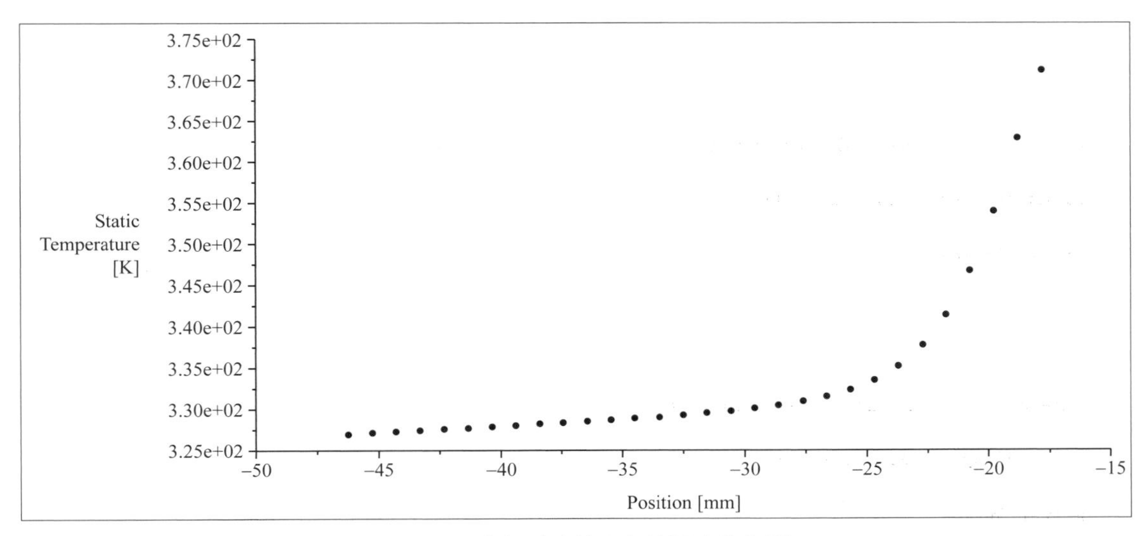

图2-29　底部对称截面上的温度分布图

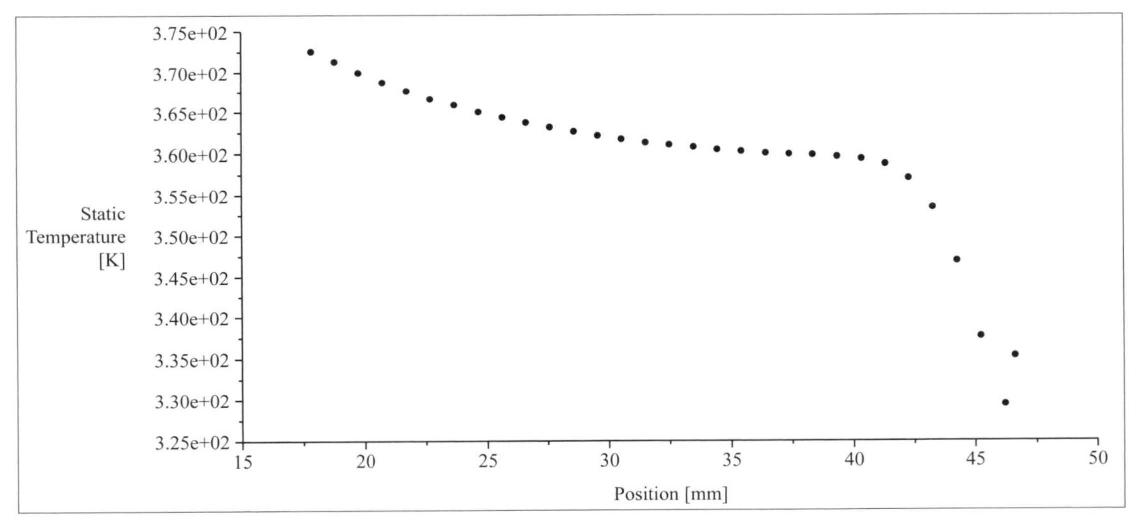

图2-30　顶部对称截面上的温度分布图

21.保存Case文件（natural_convection.cas）

操作：选择File → Write → Case命令。（注：在ANSYS Workbench中打开的Fluent模块文件的输出命令为File → Export → Case。）

在打开的对话框中的Case File栏输入文件名并以.cas作为扩展名，在Files of type栏中选择All Files（*），如图2-31所示，单击OK按钮，保存Case文件。或者在打开的对话框中的Case File栏输入文件名，在Files of type栏中选择*.cas.h5，单击OK按钮，保存Case文件。

22.保存Data文件（natural_convection.dat）

操作：选择File → Write → Data命令。（注：在ANSYS Workbench中打开的Fluent模块文件的输出命令为File → Export → Case。）

在打开的对话框中的Case File栏输入文件名并以.dat作为扩展名，在Files of type栏选择All Files（*），如图2-32所示，单击OK按钮，保存Data文件。或者在打开的对话框中的Case File栏输入文件名，在Files of type栏中选择*.dat.h5，单击OK按钮，保存Data文件。

Case File natural_convection.cas OK
Files of type: All Files (*) Cancel
Filter String Filter

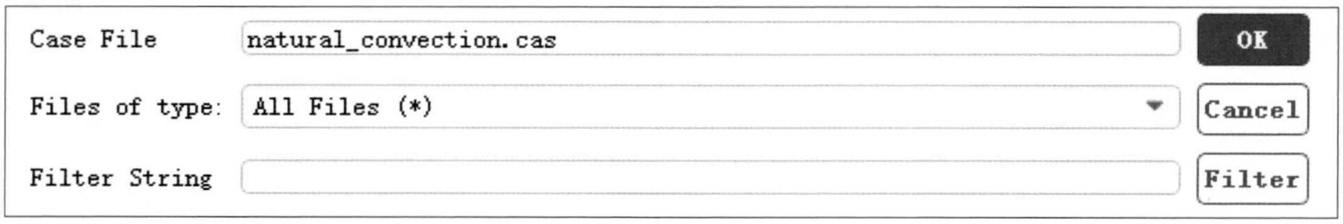

图2-31 保存Case文件对话框

Case File natural_convection.dat OK
Files of type: All Files (*) Cancel
Filter String Filter

图2-32 保存Data文件对话框

把Fluent计算得到的底部对称截面上的温度分布图、顶部对称截面上的温度分布图与参考资料[10]中的实验结果整合在一起，如图2-33和图2-34所示，其中星形的散点为Fluent计算得到的结果，圆形的散点为参考资料[10]中的实验结果，可以看出，Fluent计算得到的曲线图与实验结果曲线图相近，证明Fluent的仿真结果有较好的精度。

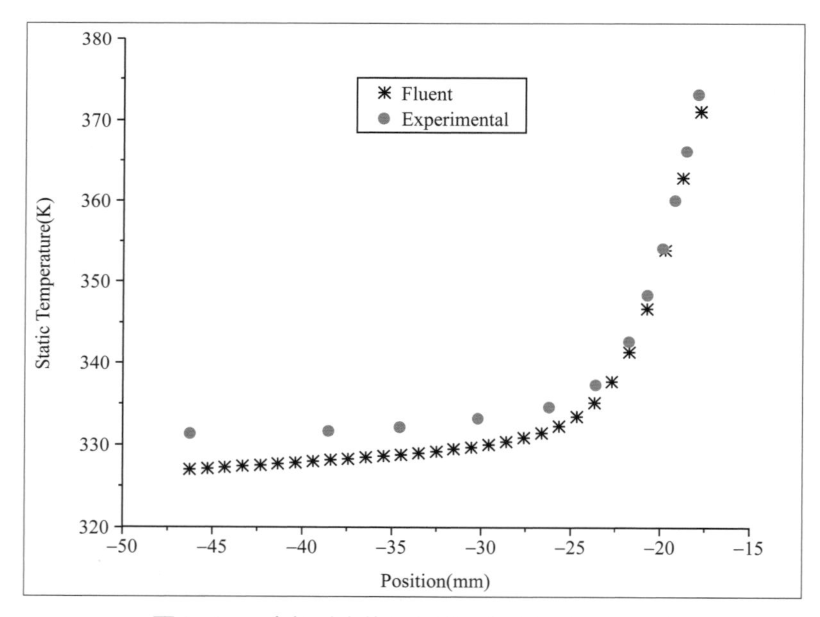

图2-33 底部对称截面上的温度分布图对比（1）

如果网格在ANSYS Workbench的Mesh模块中自由划分，则网格图如图2-35所示，网格为不规则的四边形。把用该自由划分的网格模型（配套资源ch2文件夹→natural_convection文件夹中的natural_convection_raw.msh文件）计算得到的底部对称截面上的温度分布图、顶部对称截面上的温度分布图与规则划分的网格模型的计算结果、实验结果整合在一起，如图

2-36和图2-37所示，相较于规则划分的网格模型，自由划分的网格模型计算得到的结果准确程度略差。

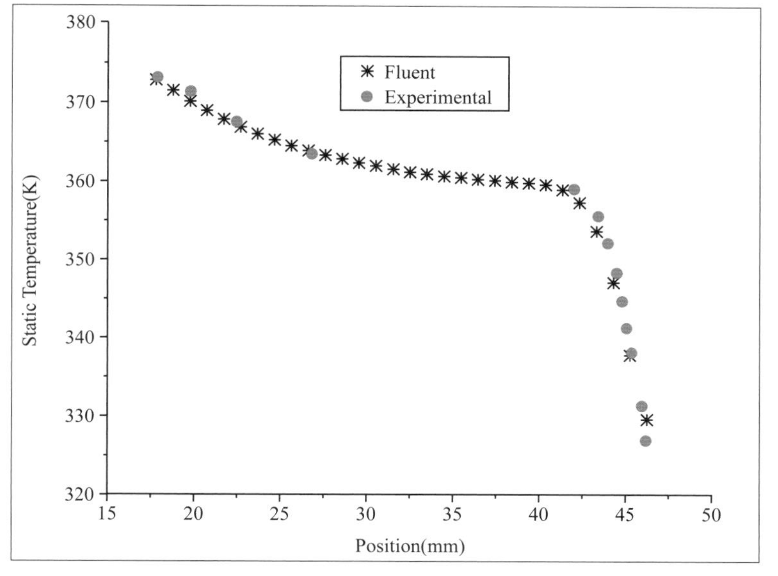

图2-34 顶部对称截面上的温度分布图对比（1）

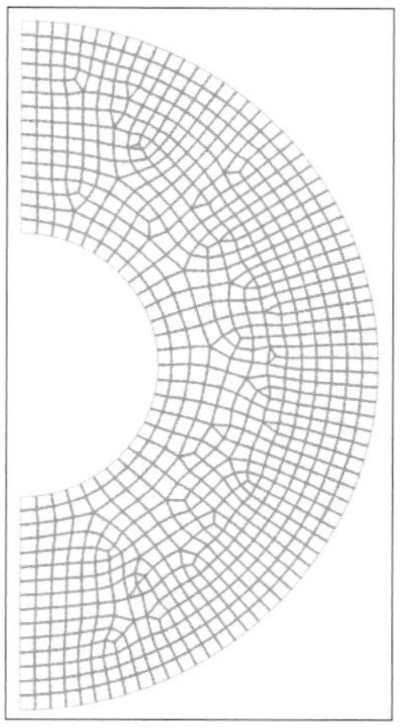

图2-35 网格图

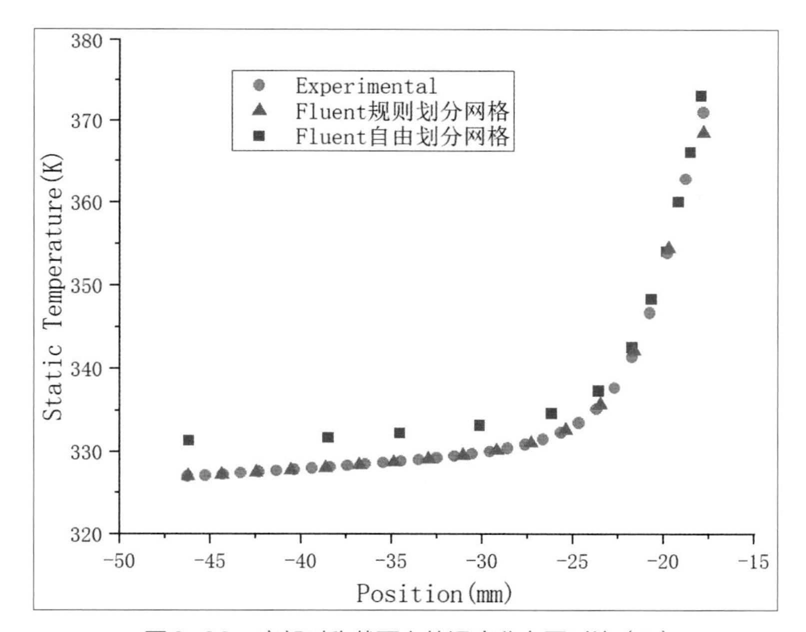

图2-36 底部对称截面上的温度分布图对比（2）

在8核的计算机上采用8线程分别用SIMPLE、SIMPLEC、PISO、Coupled 4种算法对规则划分的网格模型进行求解，将Number of Iterations设置为500步，算法求解对比如表2-3所示。

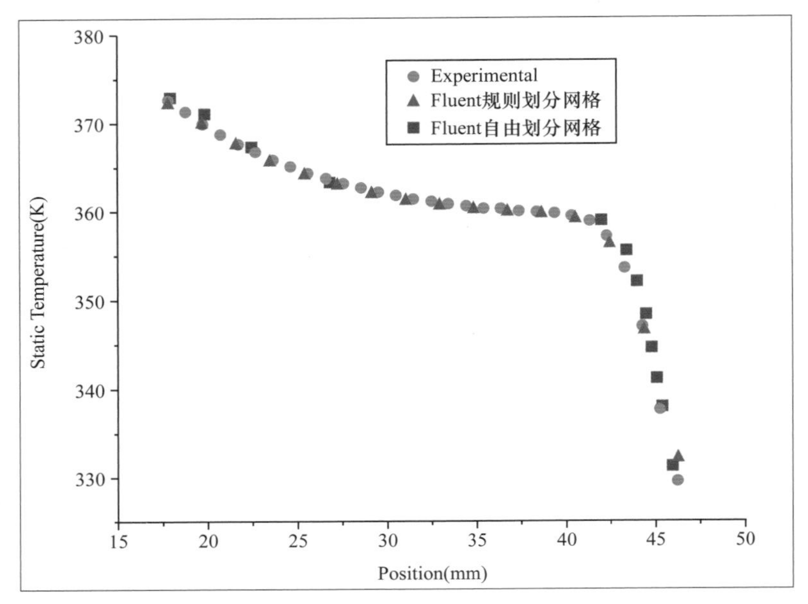

图2-37　顶部对称截面上的温度分布图对比（2）

表2-3　4种算法求解对比

	求解时间	底部对称面平均温度	顶部对称面平均温度	备注
SIMPLE	约2 s	333.72 K	360.55 K	迭代90步后收敛
SIMPLEC	约2 s	333.76 K	360.53 K	迭代124步后收敛
PISO	约2 s	333.74 K	360.54 K	迭代107步后收敛
Coupled	约2 s	333.78 K	360.54 K	迭代74步后收敛
实验结果	—	345.42 K	351.72 K	—

2.5　本章小结

本章主要内容如下。

1）介绍了Fluent的图形用户界面、文本用户界面及Scheme表达式的基本使用方法。

2）介绍了Fluent的一般计算类型及应用领域。

3）介绍了Fluent的一般求解流程。

4）以一个有实验结果的简单流动与传热分析为例，介绍了Fluent的模拟分析基本操作过程，并对其精度进行了验证。

2.6　练习题

习题1. 图2-38所示为某流动域结构。流动域顶面为移动壁面，底面为固定壁面，左、右两侧面为周期性边界。流场为稳态层流。模型及流场属性如表2-4所示。试模拟该流动域黏性流动，并绘制位置为X=0.75m处流场截面的X方向速度的XY曲线图。（网格模型为配套资源ch2文件夹→couette_flow文件夹中的couette_flow.msh文件。）

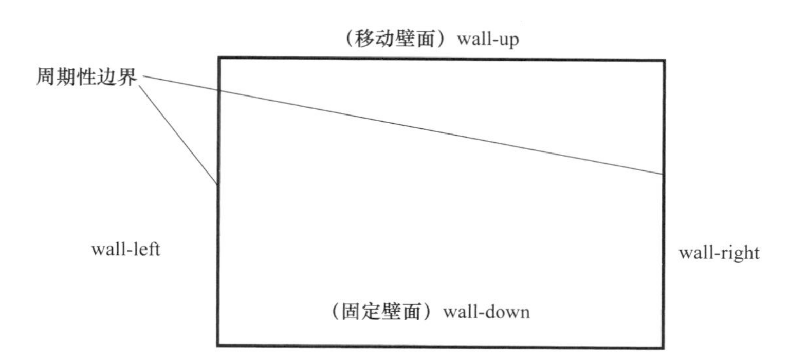

图2-38　流动域结构（1）

表2-4　模型及流场属性（1）

材料特性（Material Properties）	几何图形（Geometry）	边界条件（Boundary Conditions）
密度（Density）：1 kg/m^3 黏度（Viscosity）：1 kg/(m・s)	域长度 = 1.5 m 域宽度 = 1 m	移动壁面在*X*方向上的速度为3 m/s 周期边界的压力梯度为–12 Pa/m

习题2. 某流动域结构如图2-39所示。流动域顶面为旋转壁面，侧面与底面为固定壁面，流场为稳态层流。模型及流场属性如表2-5所示。试模拟该流动域旋转流动，并绘制位置为*Y*=0.6 m处流场截面的径向速度的XY曲线图。（网格模型为配套资源ch2文件夹→rotcv_RRF文件夹中的rotcv_RRF.msh文件。）

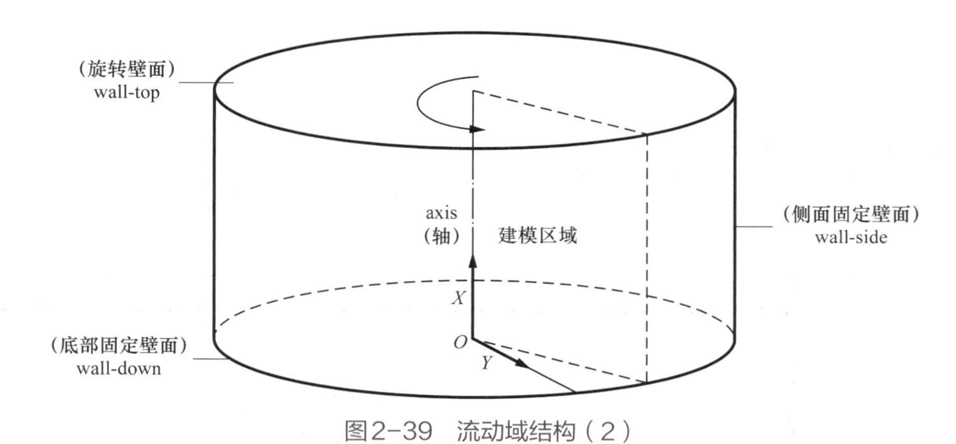

图2-39　流动域结构（2）

表2-5　模型及流场属性（2）

材料特性（Material Properties）	几何图形（Geometry）	边界条件（Boundary Conditions）
密度（Density）：1 kg/m^3 黏度（Viscosity）：0.000556 kg/(m・s)	域高度 = 1 m 域半径 = 1 m	旋转壁面的旋转速度为1 m/s

第3章

网格划分

网格即计算区域内的一系列离散的小格子。CFD先将控制方程离散，再使用数值方法得到网格节点上的数据（如速度、温度、压力等），即数值解，所以网格划分质量的好坏直接关系到后续计算求解的精度。本章介绍ANSYS Workbench中的Mesh网格划分模块。

3.1 Mesh模块简介

3.1.1 Mesh的界面与功能

Mesh是ANSYS Workbench中用于为ANSYS系列求解器提供计算网格的模块，其不仅可以用于划分有限元结构计算的网格，还能生成Fluent、CFX等流体软件计算所需的网格。Mesh是一款功能全面的网格划分工具，导入模型后，其界面如图3-1所示。

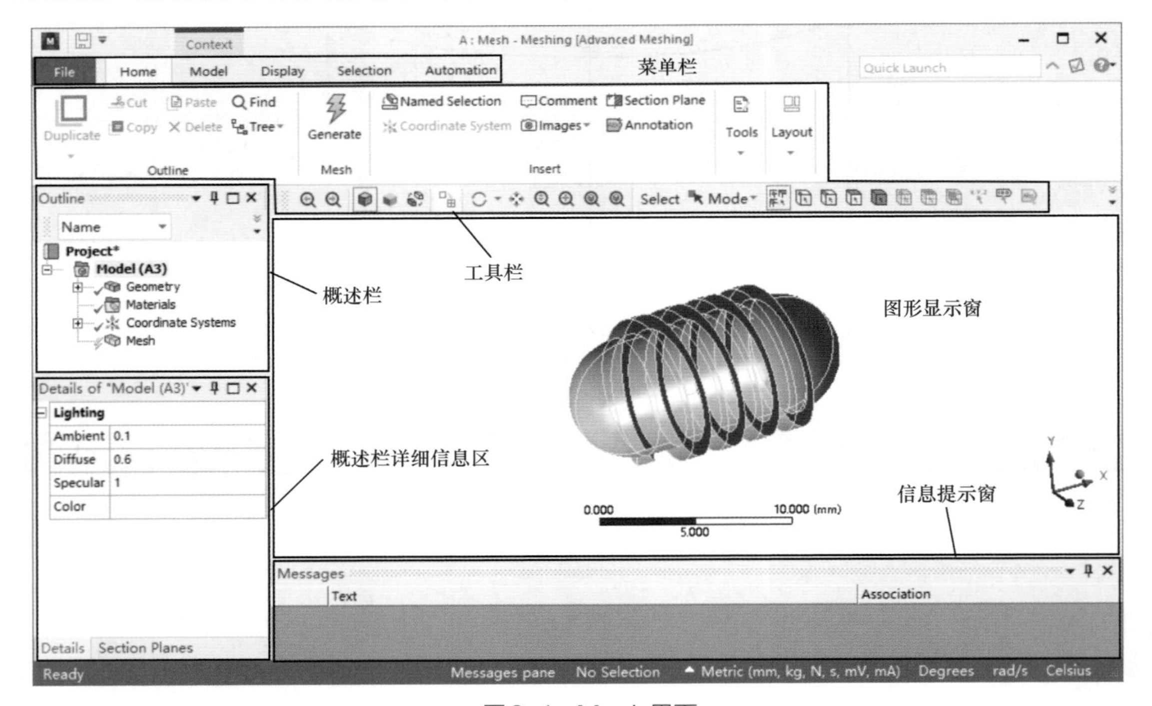

图3-1 Mesh界面

由图3-1可知，Mesh界面主要由菜单栏、工具栏、概述栏、概述栏详细信息区、图形显示窗和信息提示窗六大部分组成。

1. 菜单栏

菜单栏如图3-2所示，具体说明如下。

1）File（文件）：设定工作目录；导出划分完成的网格文件；清除生成的数据。

2）Home（主页）：生成网格；命名模型元素；设定单位；其他常用功能。

3）Model（几何结构）：命名模型元素；变换部件位置。

4）Display（显示）：视图定向；设定模型显示方式；分解装配体模型。

5）Selection（选择）：按照一定的规则选择模型。

6）Automation（自动化）：管理自动化操作。

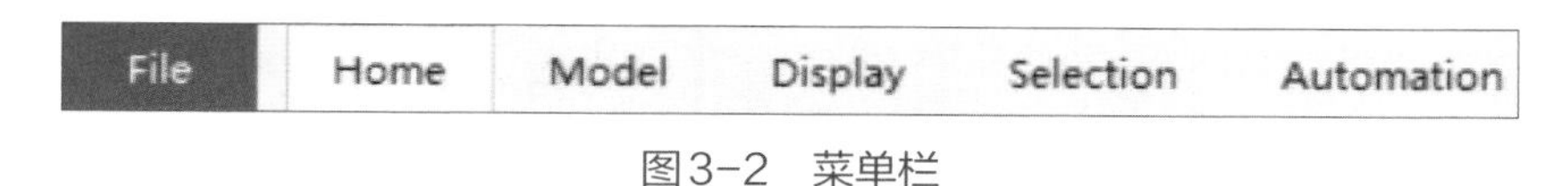

图3-2 菜单栏

2. 工具栏

工具栏如图3-3所示，工具栏中有许多较为实用的工具，下面介绍一些较为常用的。

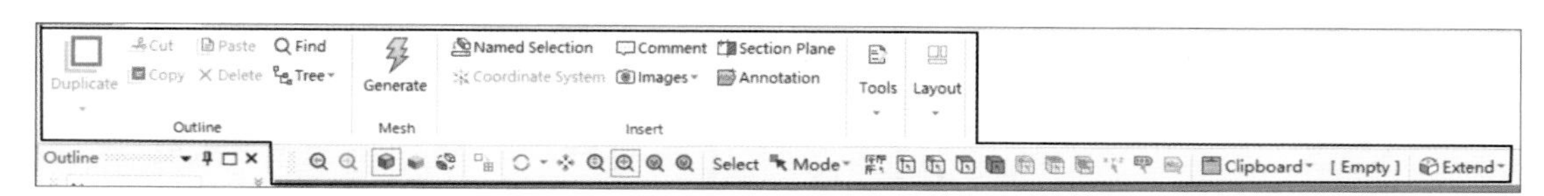

图3-3 工具栏

1）Generate 为生成网格工具；Section Plane 为划分模型剖面工具，单击此工具，在模型合适视图中按住鼠标左键拖动鼠标指针即可创建剖切面；Images 为创建图形工具，可对图形显示窗进行截图。

2）为几何选择工具，在网格划分中经常用到，从左到右依次为智能选择工具、点选择、线选择、面选择、体选择工具。

3）为旋转工具，单击后，按住鼠标左键拖动鼠标指针，即可在图形显示窗中查看不同角度的模型；为移动工具，单击后，按住鼠标左键拖动鼠标指针，即可在图形显示窗中移动模型；为缩放工具，单击后，按住鼠标左键上下拖动鼠标指针，即可在图形显示窗中放大或缩小模型；为框选放大工具，单击后，在所需放大模型区域按住鼠标左键拖动鼠标指针绘制矩形框，即可局部放大模型。

4）为适窗显示工具，单击后，图形显示窗中的模型将以适合于图形显示窗的大小显示；为放大工具，单击所要观察的模型任意位置，然后单击此工具，相应位置的模型就会被放大。

5）为前视图工具，单击后，图形显示窗中的模型将显示前一操作步骤的图形；为后视图工具，若单击过前视图工具查看上一步操作的模型，则可以通过单击此工具返回当前的视图。

6）为模型显示工具，从左到右依次单击后，图形显示窗中的模型将以涂色外表面和特征边、涂色外表面、线框方式显示；为显示所有坐标工具，若在局部细化网格需要建立新的坐标系时，单击此工具可建立新的坐标系。

3. 概述栏

导入模型后，概述栏会有一新的项目Model，如图3-4所示。项目Model下面的Geometry中的模型名称即导入的几何模型名称，此时模型坐标系在图形显示窗中默认不显示，若要查看其坐标系位置，选择Coordinate Systems即可。

在Mesh模块中，当模型导入后，划分的网格默认为结构分析（Mechanical）用的网格，若要改成流体仿真软件Fluent所用的网格，选择概述栏中 Mesh ，在概述栏详细信息区可以看到网格的详细设置，在Defaults的Physics Preference栏中选择CFD即可，如图3-5所示。

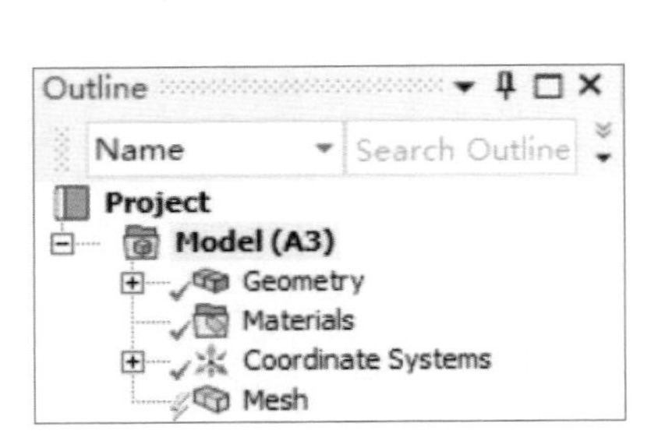

图3-4 概述栏

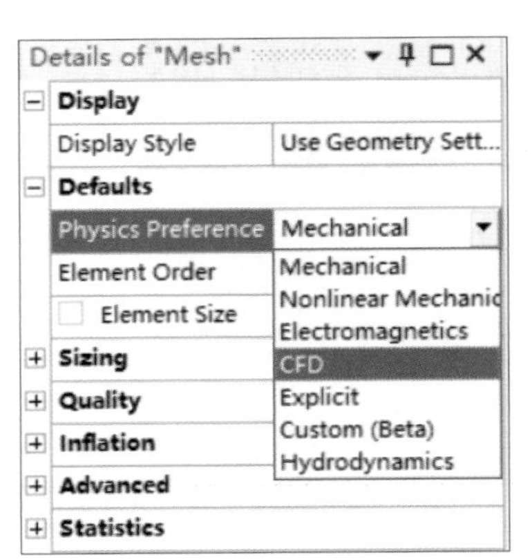

图3-5 网格的详细信息设置

在网格的详细信息设置中可以看到控制网格整体尺寸的Sizing选项，查看网格质量的Quality选项和常用的查看网格节点数和单元数的Statistics选项。

当模型导入未划分网格时，概述栏的Mesh选项前以黄色闪电显示；当划分网格完成后，概述栏的Mesh选项前以绿色对钩显示，如图3-6所示。

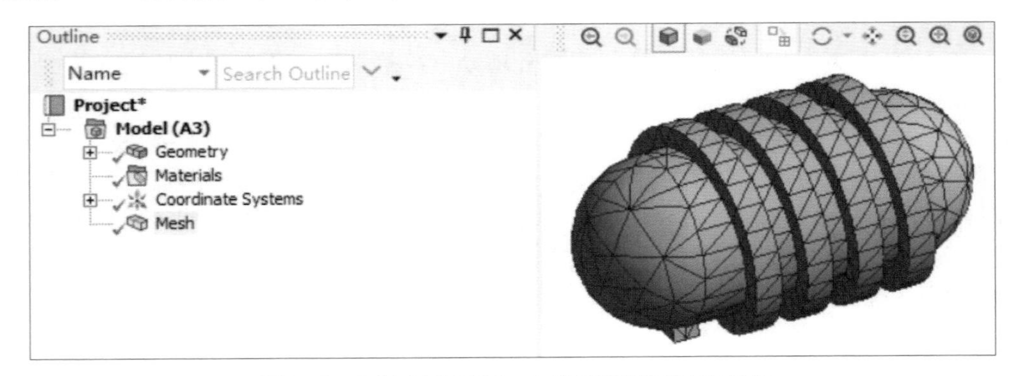

图3-6 网格划分后Mesh选项前显示绿色对钩

4. 概述栏详细信息区

概述栏详细信息区如图3-7所示，当在概述栏中选择某一选项后，有关此选项的信息将在详细信息区中详细显示出来。读者可根据自己的需要对所要修改的参数进行调整，如本例选中的是项目名Project，则详细信息区标题为Details of“Project”，若选择的是Mesh，则详细信息区标题为Details of“Mesh”，同理，在详细信息区中对网格的设置可进行相应修改。

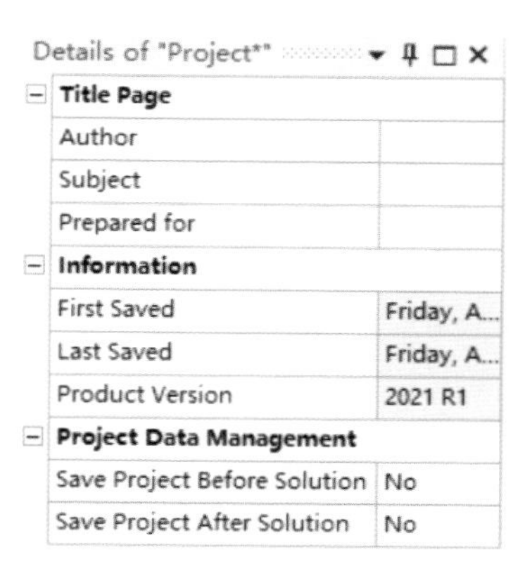

图3-7 概述栏详细信息区

5. 图形显示窗

图形显示窗显示导入的模型和划分后的网格。

6. 信息提示窗

查看网格质量时，信息提示窗会显示网格质量柱状图，如图3-8所示。

当划分网格遇到错误时，相关提示信息会在信息提示窗中显示。

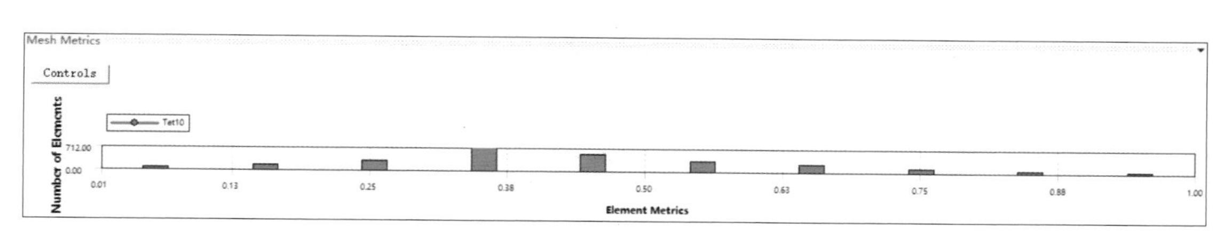

图3-8 网格质量柱状图

3.1.2 网格划分流程

网格划分流程如下。

1）设定工作目录。

2）加载模型，并用CAD对模型做适当修改。

3）导入模型至Mesh模块中，根据需要设置网格参数，生成网格。

4）命名。

5）检查并编辑网格。

6）输出网格。

以一个简单的血管机器人实例来描述Mesh模块的使用流程。

血管为正常人的胸主动脉血管，将其管壁面视为刚性壁面，血管直径D=11 mm，长度L=80 mm。血管机器人初始外形为单螺旋线的右螺旋，螺旋截面为矩形，外径D_r=8 mm，轴向长度L_r=15 mm，螺宽B=1 mm，螺高H=0.8 mm，螺距P=2.5 mm，外形尺寸图如图3-9所示。

使用流程如下。

（1）启动Mesh模块

启动ANSYS Workbench，选择左侧Toolbox → Component Systems → Mesh命令，双击Mesh或单击并拖动Mesh至右侧项目创建区，如图3-10所示。

（2）导入几何模型

Mesh模块并不具有创建几何模型的功能，其通常与Geometry模块一起使用，通过Geometry模块创建或导入外部几何模型。

因为血管机器人要在血管中运动，所以此模型由两个独立的整体组成，即机器人和血管。本例的血管机器人几何模型用CAD创建，血管模型的创建在Geometry模块中的DesignModeler中完成。

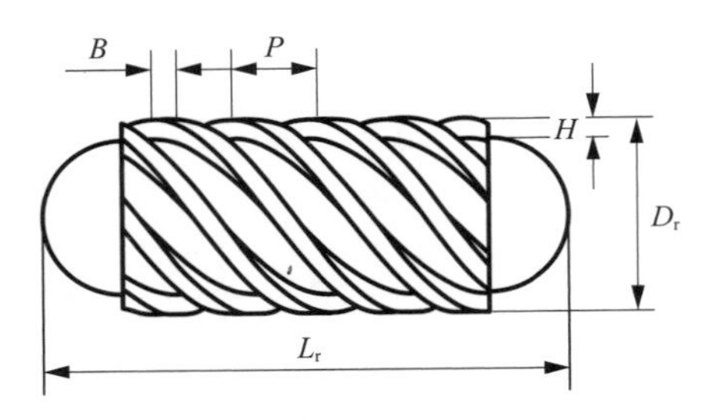

图3-9　血管机器人外形尺寸图

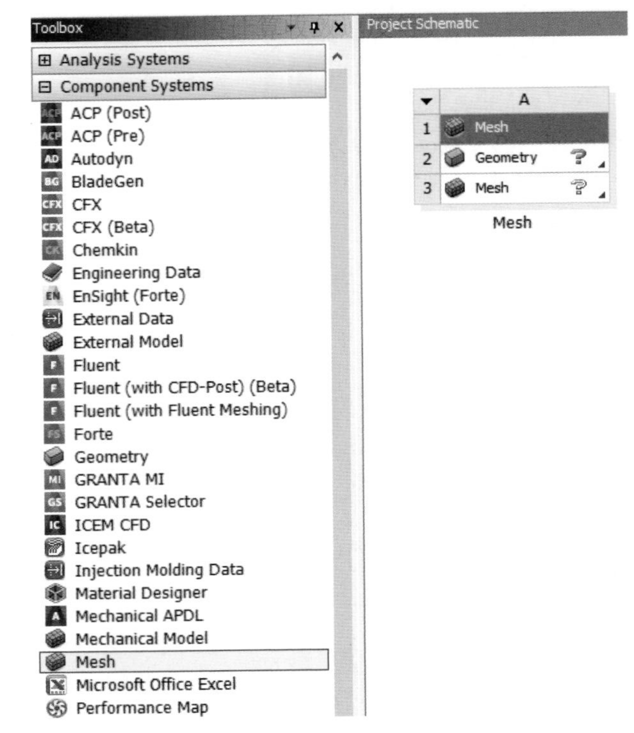

图3-10　启动Mesh

右击Geometry选项，在弹出的快捷菜单中选择Import Geometry → Browse命令，如图3-11（a）所示，在打开的文件选择对话框中选择blood-robot.igs几何文件；导入几何模型后，Geometry选项后面出现“√”符号，如图3-11（b）所示。

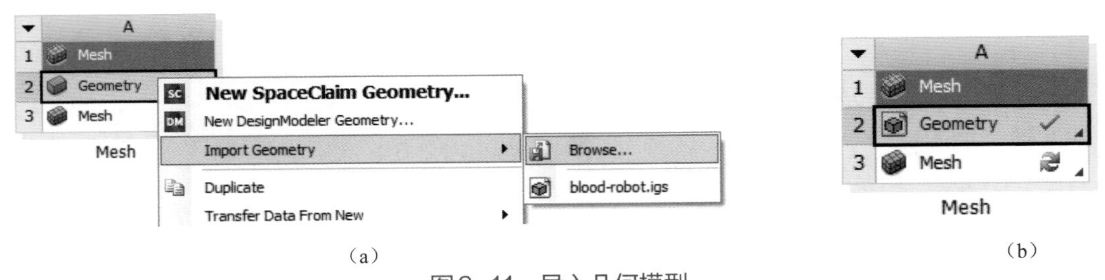

图3-11　导入几何模型

导入几何模型后，右击Geometry选项，在弹出的快捷菜单中选择图3-12所示的Edit Geometry in DesignModeler命令，进入Mesh-DesignModeler模块，单击模块中的 Generate 工具，在图形显示窗中显示导入的血管机器人模型，如图3-13所示。

在Mesh-DesignModeler模块中按住鼠标中键拖动以转动模型，在*YZ*平面选择Extrude工具创建血管模型；选择YZPlane后右击，在弹出的快捷菜单中选择Look at命令；（注：由于机器人模型尺寸过小，执行命令后可能看不见模型，此时可以通过滚动鼠标中键放大视图或单击工具让

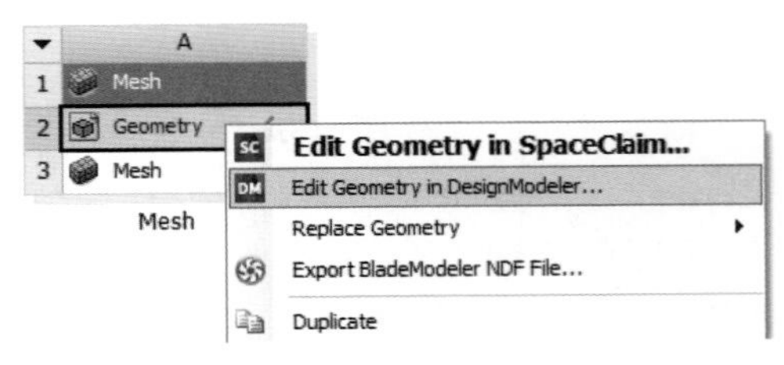

图3-12　右击Geometry选项

模型以适合图形显示窗的大小显示。）选择左侧概述栏中的Sketching选项卡，显示Sketching Toolboxes（草绘工具）控制面板，如图3-14所示。

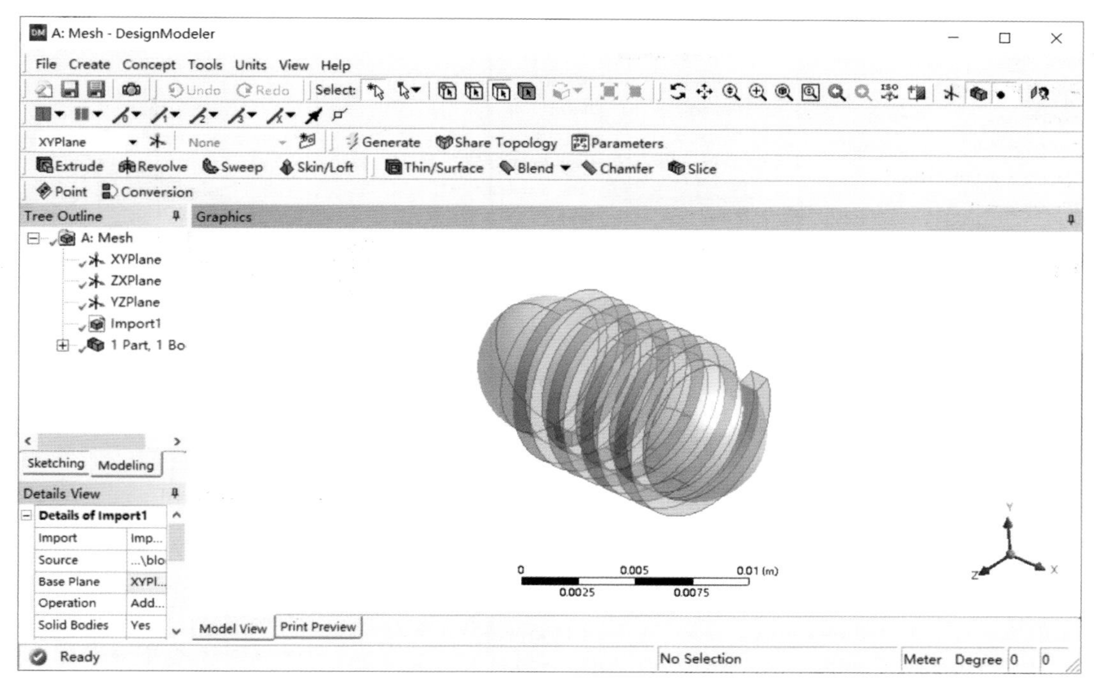

图3-13　导入的血管机器人模型

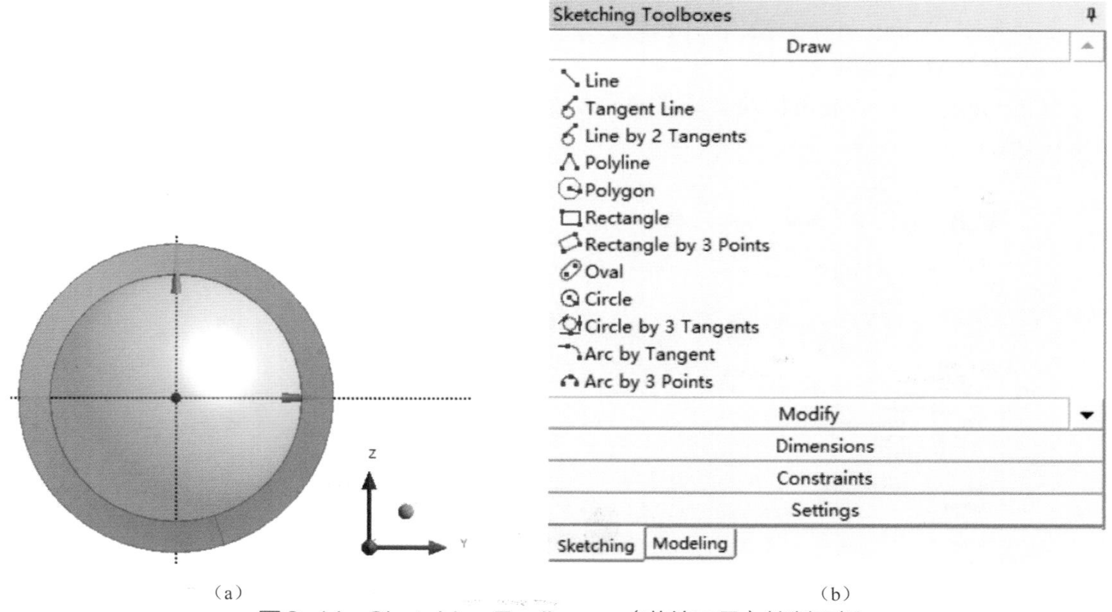

（a）　　　　　　　　　　　　（b）

图3-14　Sketching Toolboxes（草绘工具）控制面板

选择Sketching Toolboxes（草绘工具）控制面板中的Draw → Circle命令，绘制血管圆形截面；选择Dimensions → Diameter命令，在左侧Details View中修改直径D_1为11 mm，如图3-15（a）所示。（注：如果单位不是mm，可在菜单栏Units中选择Millimeter命令把单位改为mm。）单击工具栏中 Extrude工具，相关设置如图3-15（b）所示，单击Generate按钮，生成的模型如图3-15（c）所示。

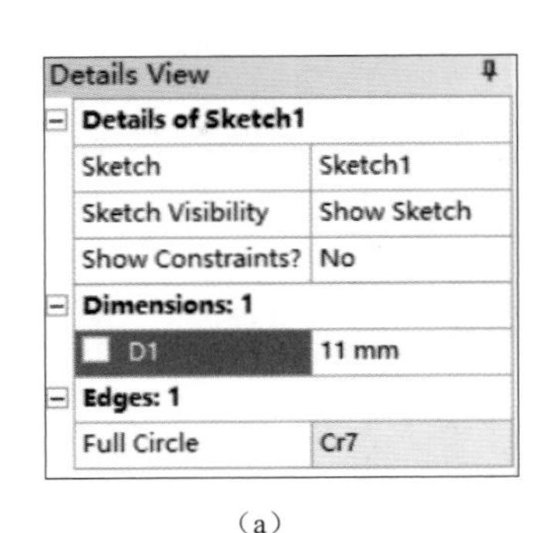

（a）

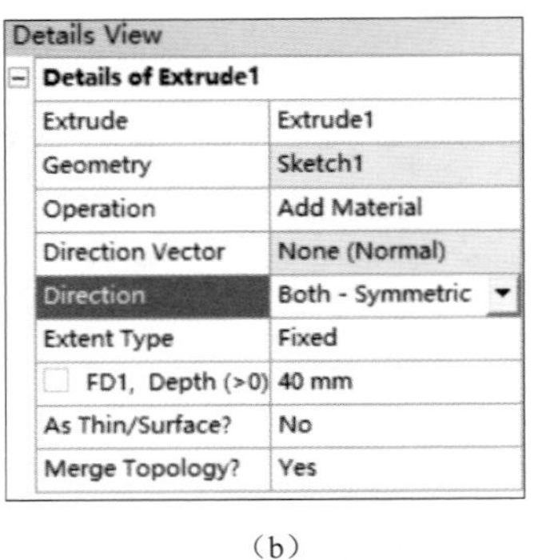

（b）

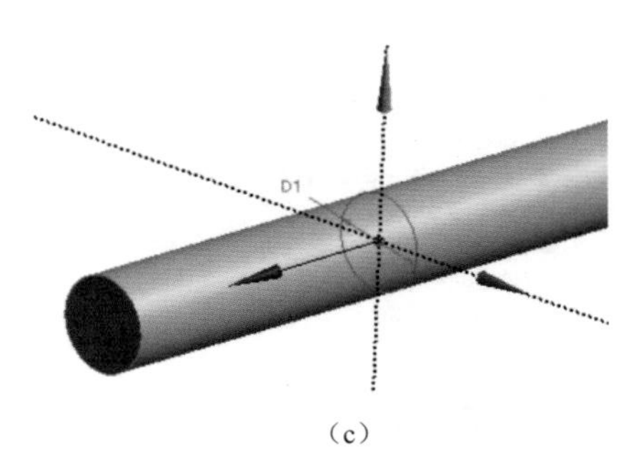

（c）

图3-15　绘制血管模型

运用布尔命令将血管模型和机器人模型分割为两个独立模型。(注：布尔命令相当于数学中的交、并、补，可以对多个几何体进行交、并、补运算。)

在菜单栏中选择Create → Boolean命令，在Details View的Operation栏中选择Subtract，在Target Bodies栏中选择刚创建的血管模型后单击Apply按钮，在Tool Bodies栏中选择导入的血管机器人模型后单击Apply按钮，在Preserve Tool Bodies？栏中选择Yes，表示保留工具体，如图3-16所示。

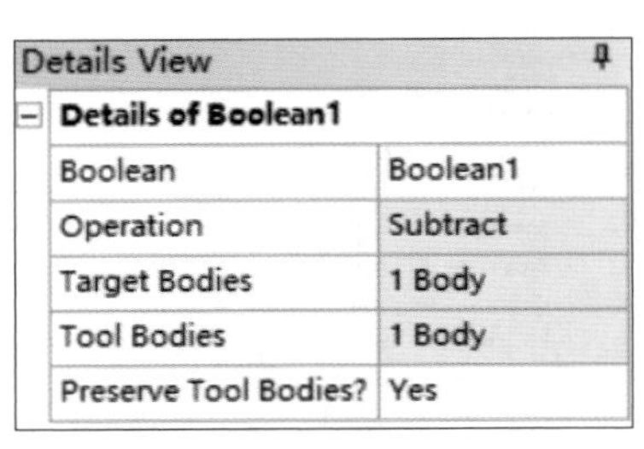

图3-16　布尔命令设置

操作完毕后，单击Generate按钮完成设置。

选择File → Export命令输出后缀名为.agdb 、.igs、.step、.sat等格式的文件。

（3）进入Mesh模块

双击Mesh，进入Mesh模块，软件自动加载刚修改的几何文件blood-robot.agdb文件，如图3-17所示。

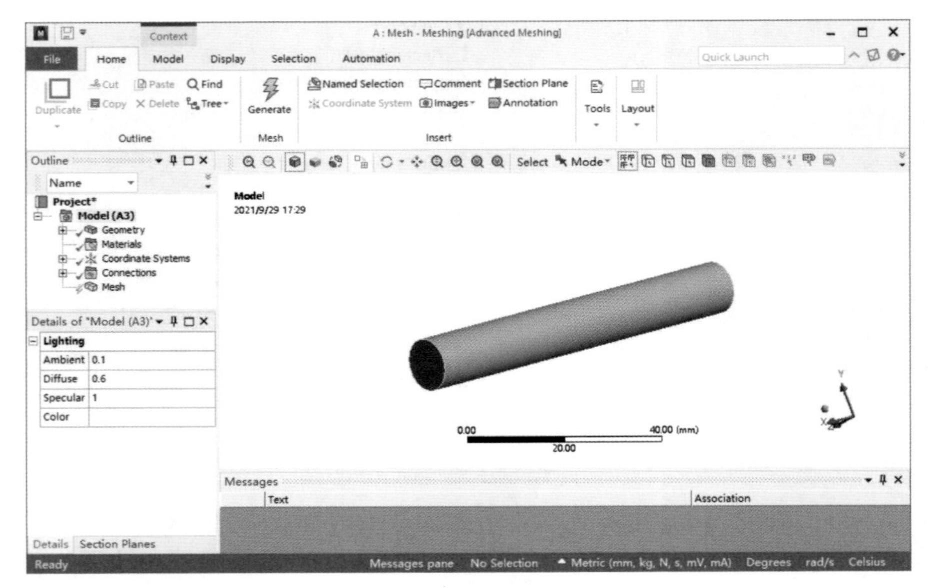

图3-17　几何模型导入Mesh模块

Mesh模块中的命令或工具组合使用方法较多，本小节只演示较为常用的命令的用法，更多命令用法请查看Mesh模块中的帮助文件。

（4）生成网格

选择自动生成网格。选择概述栏中的Mesh选项，修改符合流体仿真的网格格式为CFD；单击菜单栏Home的工具栏中的生成网格工具 自动生成网格，如图3-18所示。

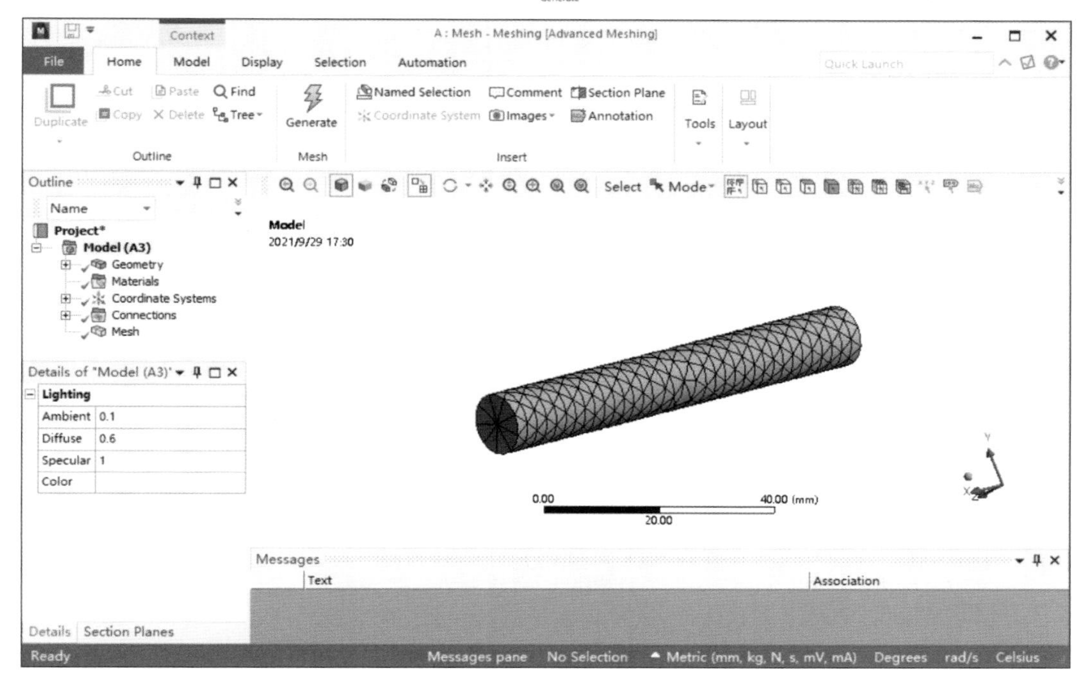

图3-18　自动生成网格

3.1.3　模型导入后的操作

1. 设置单位

进入Mesh模块后，可先在菜单栏中选择Home → Units命令，根据需要设置几何模型的单位，如图3-19所示。

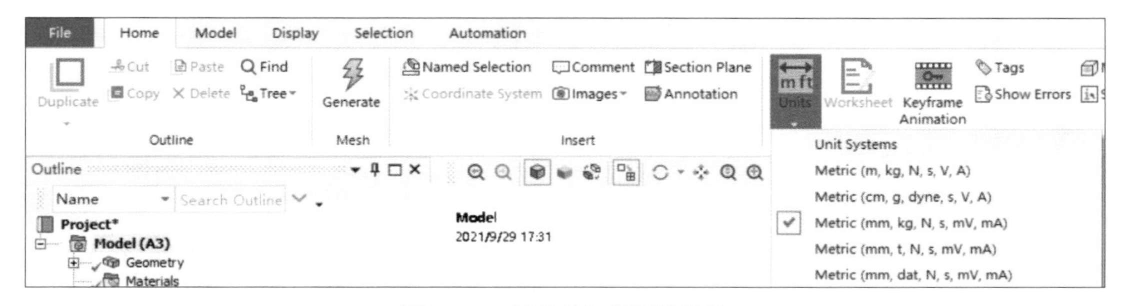

图3-19　设置几何模型的单位

2. 修改导入的模型名称

在Mesh模块的概述栏中对导入的模型进行重命名。

在左侧概述栏中选择Project → Model → Geometry命令，可看到导入的两个模型MSBR和Solid；为了便于分析，可对这两个模型进行重命名，重命名也可在先前的Mesh-DesignModeler模块中完成，均是通过右击模型名称，在弹出的快捷菜单中选择Rename命令来实现。

右击模型名称MSBR，在弹出的快捷菜单中选择Rename命令，输入blood-robot，单击空白处，修改名称效果如图3-20所示。

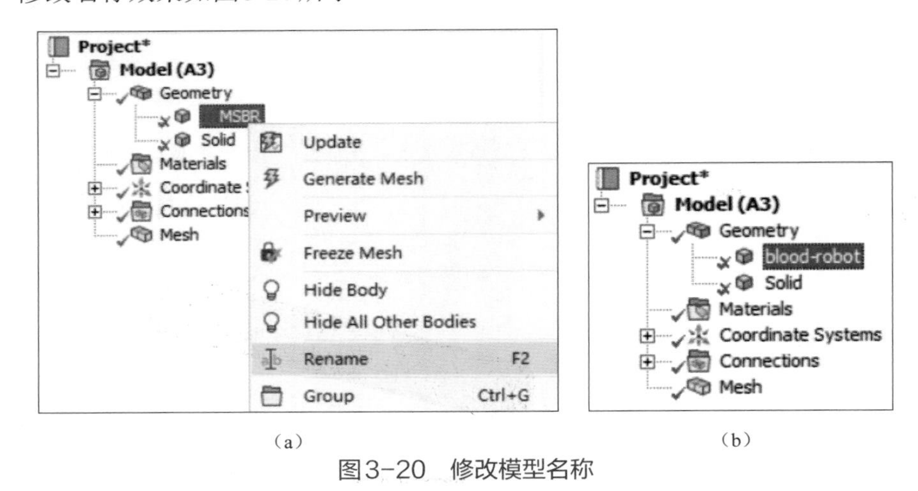

（a）　（b）

图3-20　修改模型名称

用同样的操作修改Solid模型的名称为blood。

3. 几何体抑制功能

Mesh模块中Suppress Body（几何体抑制）功能可以在查看几何体情况时，使得被抑制的几何体不受操作命令的影响，例如抑制了blood几何体，选择Mesh自动生成网格时，网格生成只会作用在blood-robot上。通过对概述栏几何体右击，在弹出的快捷菜单中选择Suppress Body命令来抑制某几何体，例如在导入的blood-robot.agdb文件中，在概述栏Geometry下的blood处右击，在弹出的快捷菜单中选择Suppress Body命令，如图3-21（a）所示，抑制blood几何体，如图3-21（b）所示，可查看到血管模型中的blood-robot模型，如图3-21（c）所示。

（a）　（b）　（c）

图3-21　抑制几何体

4. 命名

在Mesh模块中划分完网格后，操作者容易在未对模型相关边界进行命名的情况下退出软件，这使得在Fluent中因为边界没有命名而无法加载边界条件，为了杜绝这种人为错误，在模型导入Mesh模块中时，就应对模型的相关边界命名。

仍以blood-robot.agdb文件为例，因为此模型为三维模型，故在工具栏中单击面选择工具 。单击血管左边面，被选中后所选面呈绿色，右击，在弹出的快捷菜单中选择Create Named Selection命令，如图3-22（a）所示，弹出Selection Name对话框，输入名称inlet，如图3-22（b）所示，单击OK按钮确认，在左侧概述栏即可看到命名结果，如图3-22（c）所示。（注：名称不可为中文。）

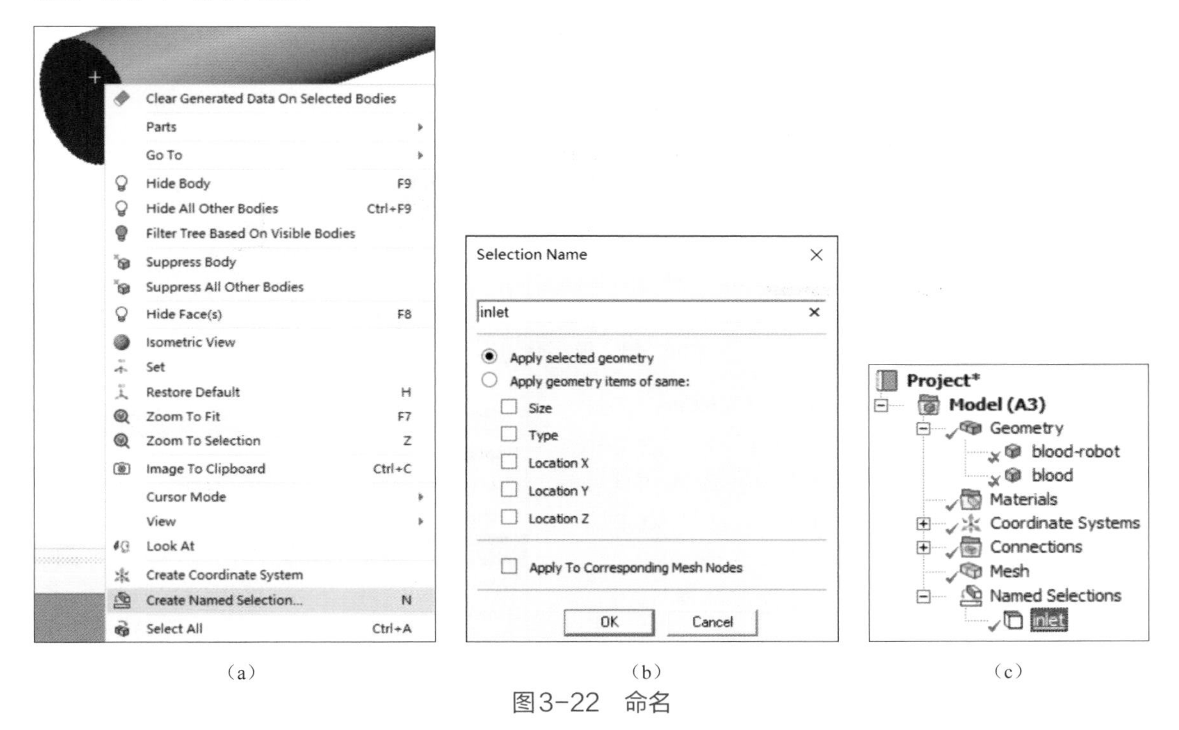

（a）　（b）　（c）

图3-22　命名

5. 创建剖切面

导入的blood-robot模型中，血管模型包含了机器人模型，为便于观察，可运用Section Planes命令切割出剖面。

单击图形显示窗中三维坐标的*Y*轴，把视图调整为*XZ*平面视图，单击工具栏中的Section Plane工具，按住鼠标左键沿血管中心轴线拖动一段距离创建剖切面，按住鼠标中键转动图形显示窗中的模型，创建的剖切面如图3-23所示。

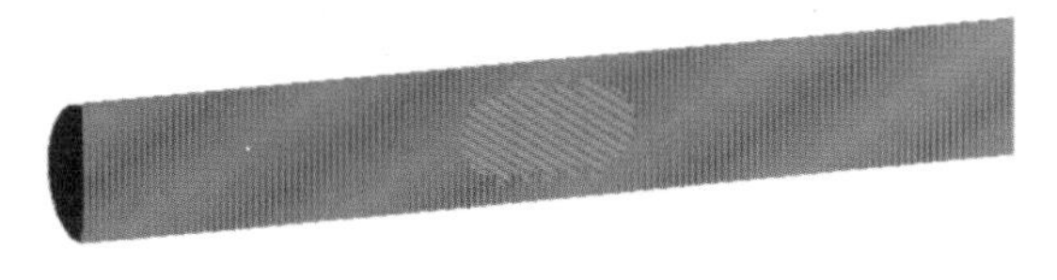

图3-23　创建剖切面

3.1.4　网格生成

1. 二维网格

Mesh模块中的二维网格有四边形和三角形两种，在默认情况下，生成的二维网格是以四边形为主的网格，可插入网格划分方法使得生成的网格为三角形或三角形和四边形的混合。

本小节以一截止阀的二维结构的创建来介绍二维网格的划分方法。

在3.1.2小节中已介绍了将模型导入Mesh模块的操作步骤，故此处导入名为valve.scdoc（配套资源ch3文件夹中的valve.scdoc文件）的模型至Mesh模块的步骤不再重复讲述，导入模型后图形显示窗如图3-24所示。

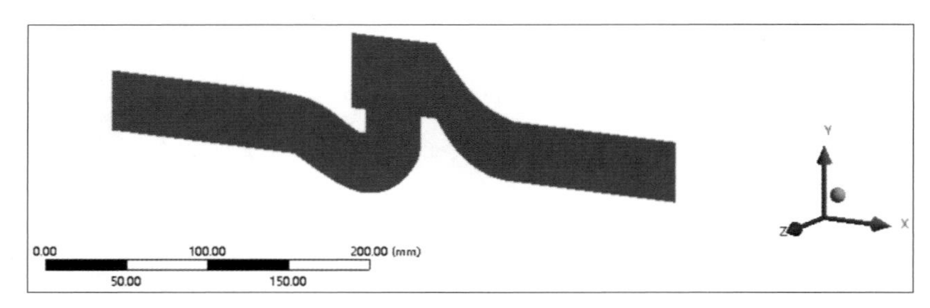

图3-24　截止阀模型

选择概述栏中的Mesh选项 Mesh，概述栏详细信息区以Details of“Mesh”为标题显示网格划分的相关信息，若网格要在流体仿真软件中使用，可将Physics Preference设置为CFD，Mesh（网格）详细信息区如图3-25所示。

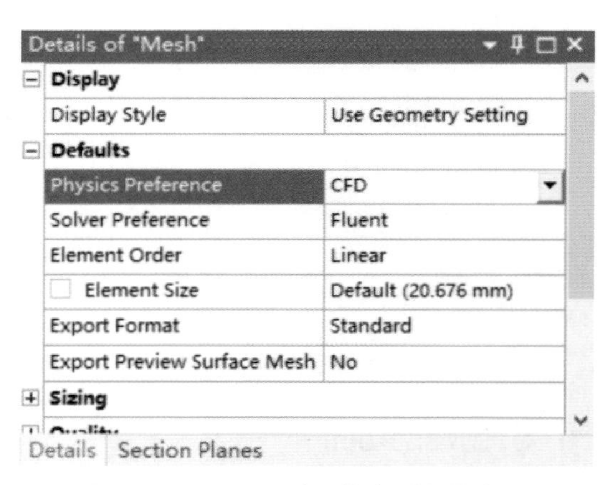

图3-25　Mesh（网格）详细信息区

（1）Mesh（网格）详细信息区简介

Display：图形显示窗显示模型的颜色，默认为Use Geometry Setting，即导入时模型的颜色；当划分完网格后，可在Display Style栏中单击，在弹出的列表中选择表示网格质量的相应标准，此处选择扭曲度Skewness，效果如图3-26所示。

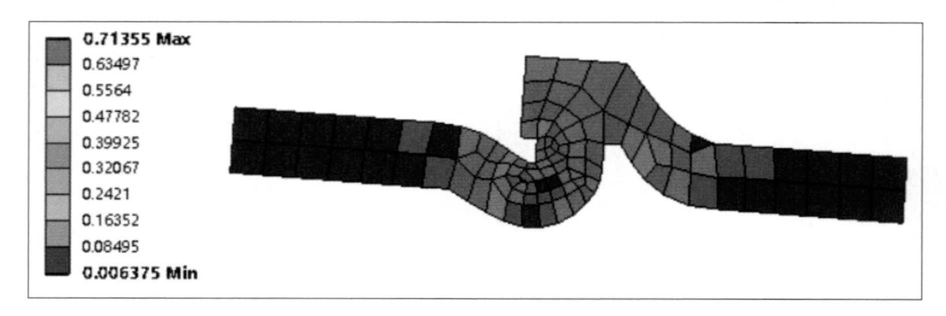

图3-26　网格质量显示

Defaults：主要在Physics Preference栏中设置适合不同求解器的网格类型。

Sizing：全局尺寸控制，如图3-27所示。

常用的尺寸设置：①Use Adaptive Sizing为自适应调整网格大小；②Defeature Size为设置全局网格大小。

Quality：查看网格质量。在Quality的Mesh Metric栏中通常选用Skewness（扭曲度）来评定网格的好坏，其网格质量信息可在信息提示窗中以柱状图的形式显示，如图3-28所示。表3-1所示为扭曲度评判标准。（注：划分网格质量时，最大扭曲度一定要在合理范围内。）

若要在信息提示窗中显示网格质量信息柱状图，则必须取消Display Style中的Skewness显示，并将其设置为默认的Use Geometry Setting。

Sizing	
Use Adaptive Sizing	No
Growth Rate	Default (1.2)
Mesh Defeaturing	Yes
Defeature Size	Default (0.10338 mm)
Capture Curvature	Yes
Curvature Min Size	Default (0.20676 mm)
Curvature Normal Angle	Default (18.0°)
Capture Proximity	No
Size Formulation (Beta)	Program Controlled
Bounding Box Diagonal	413.51 mm
Average Surface Area	19366 mm²
Minimum Edge Length	4.2583 mm
Enable Size Field (Beta)	No

图3-27　全局尺寸控制

Quality	
Check Mesh Quality	Yes, Errors
Target Skewness	Default (0.900000)
Smoothing	Medium
Mesh Metric	Skewness
Min	6.375e-003
Max	0.71355
Average	0.24248
Standard Deviation	0.15377

（a）

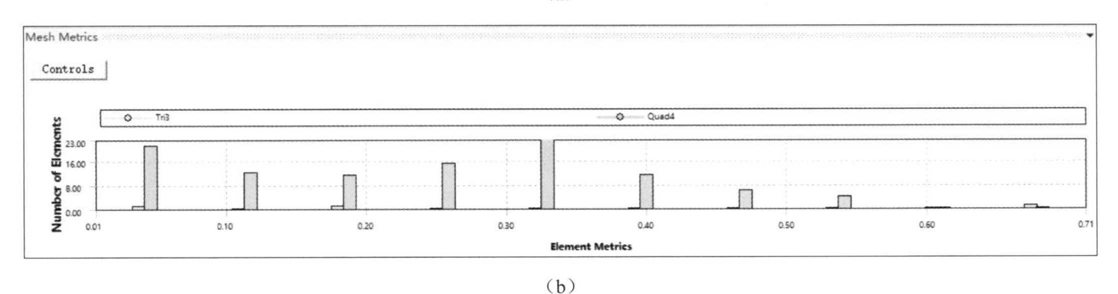

（b）

图3-28　网格质量信息柱状图

表3-1　扭曲度评判标准

数值范围	0 ～ 0.25	0.25 ～ 0.50	0.50 ～ 0.80	0.80 ～ 0.95	0.95 ～ 0.98	0.98 ～ 1.00
等级	优良	较好	好	可接受	差	不能接受

Statistics：可查看生成网格的节点数和单元数，如图3-29所示。

Statistics	
Nodes	140
Elements	106

图3-29　查看网格的节点数和单元数

（2）二维网格划分方法

在Mesh模块中，二维网格默认生成以为四边形为主的网格；在做动网格时，网格为三角形更有利于大变形仿真的实现，故有时需对网格划分方法进行调整。

右击概述栏中Mesh选项 Mesh，在弹出的快捷菜单中选择Insert → Method命令，Method（方法）详细信息区如图3-30所示。

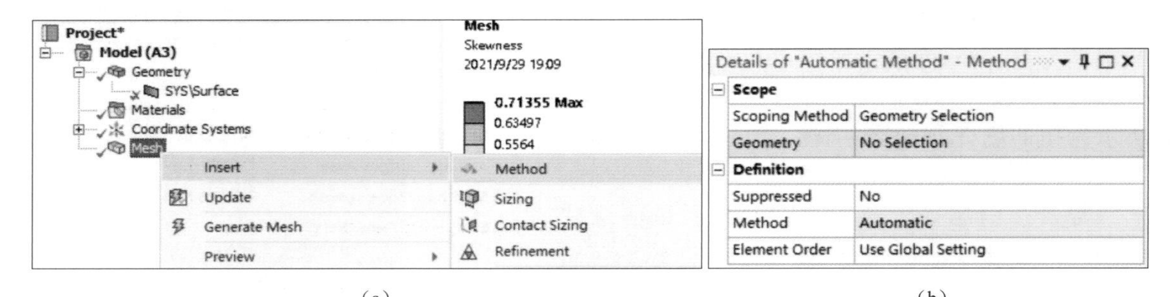

（a）　　（b）

图3-30　选择Insert→Method命令后的Method（方法）详细信息区

在Method（方法）详细信息区中单击Geometry栏后，单击体选择工具，选中图形显示窗中的二维截止阀，单击Geometry栏中的Apply按钮。单击Method（方法）详细信息区中Method栏的下拉按钮，弹出图3-31所示的网格划分方法列表。

Details of "Automatic Method" - Method

Scope	
Scoping Method	Geometry Selection
Geometry	1 Body
Definition	
Suppressed	No
Method	Quadrilateral Dominant
Element Order	Quadrilateral Dominant
Free Face Mesh Type	Triangles MultiZone Quad/Tri

图3-31　网格划分方法列表

图3-32所示为二维截止阀选用3种网格划分方法的对比图。

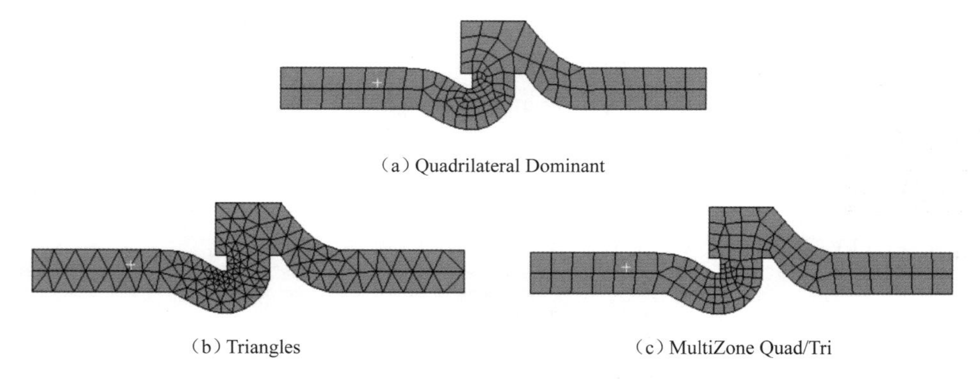

（a）Quadrilateral Dominant

（b）Triangles　　（c）MultiZone Quad/Tri

图3-32　3种网格划分方法的对比图

（3）二维网格尺寸控制

1）全局网格尺寸控制。

在Mesh中进行全局网格尺寸的设置时，如图3-27所示，可以插入Sizing命令改变网格尺寸。

右击Mesh选项 Mesh，在弹出的快捷菜单中选择Insert → Sizing命令，Sizing（尺寸）详细信息区如图3-33所示。

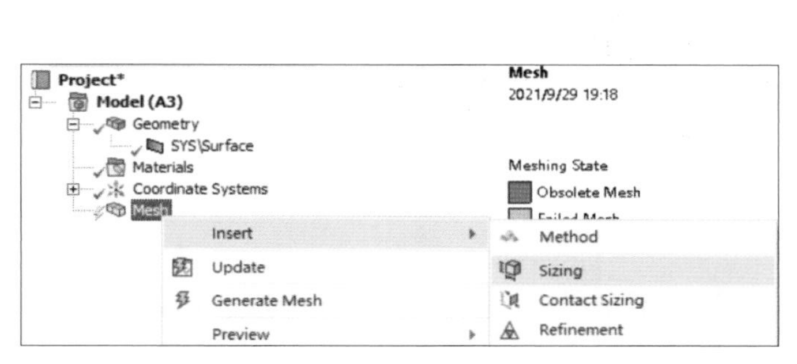

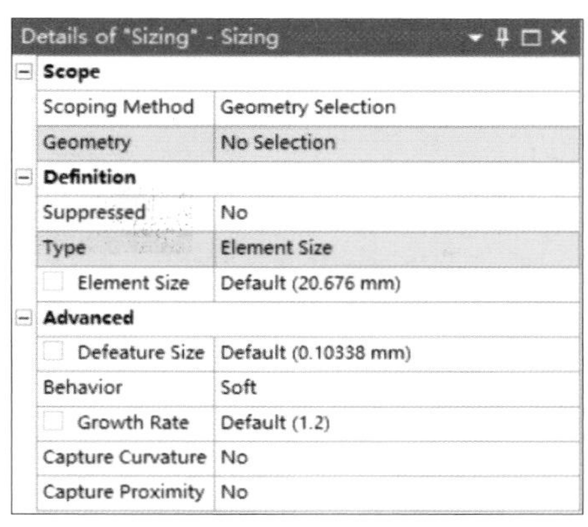

（a）　　　　　　　　　　　　　　（b）

图3-33　选择Insert→Sizing命令后的Sizing（尺寸）详细信息区

在Sizing（尺寸）详细信息区中单击Geometry栏后，单击体选择工具，选中图形显示窗中的二维截止阀；单击Geometry栏中的Apply按钮；在Element Size栏中输入3.0 mm，单击工具栏中的生成网格工具生成网格，效果如图3-34所示。

图3-34　生成网格

2）局部网格尺寸控制。

局部网格尺寸是相对于全局网格尺寸而言的。在Mesh模块中可以通过相关设置改变模型局部区域（三维模型中为局部实体）网格的尺寸。常用的局部网格尺寸控制方法有两大类：一类是插入Sizing命令，选中点、线、面几何元素后应用命令修改尺寸；另一类是创建影响球，即新建坐标系，通过以新坐标为中心的圆球尺寸的设置来影响模型的局部尺寸。

先来看插入Sizing命令控制方法。下面以截止阀二维模型来演示操作步骤。

- 点选择工具。

插入Sizing命令的方法与在全局网格尺寸控制中插入Sizing命令的方法相同，如图3-33所示。

Sizing命令插入后，单击点选择工具，选中截止阀左上角的点；在Sizing（尺寸）详细信息区的Sphere Radius栏中输入50.0 mm（读者可根据不同模型的具体要求输入相应值），在Element Size栏中输入1.0 mm，如图3-35所示。

设置完成后，单击工具栏中的生成网格工具，截止阀生成的网格如图3-36所示。

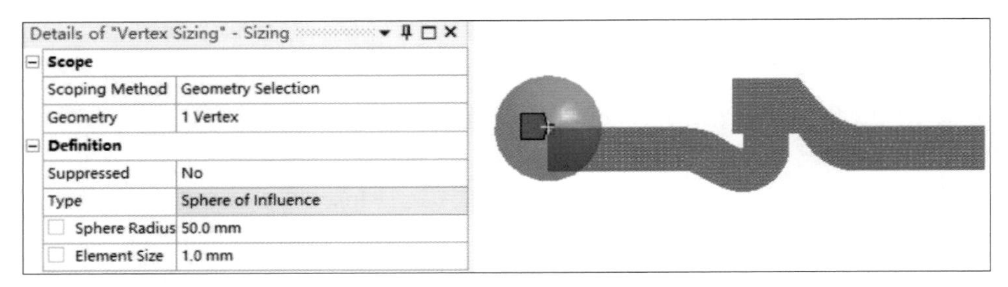

图3-35　点选择尺寸工具的设置

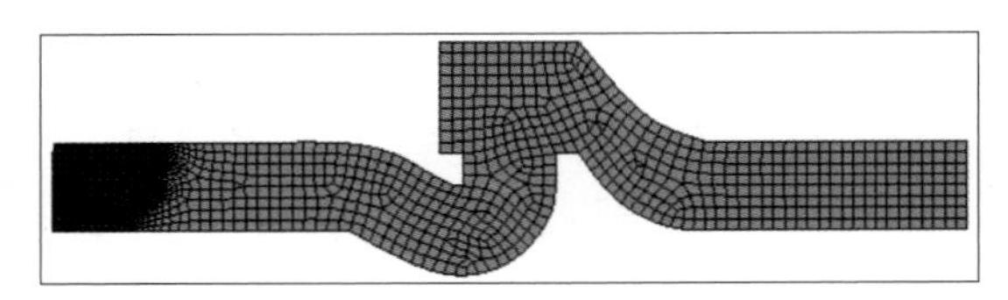

图3-36　使用点选择工具控制局部网格

- 线选择工具。

Sizing命令插入后，单击线选择工具，单击截止阀左上的边；在Sizing（尺寸）详细信息区的Type栏中选择Element Size，在Element Size栏中输入1.0mm，如图3-37所示。截止阀生成的网格如图3-38所示。

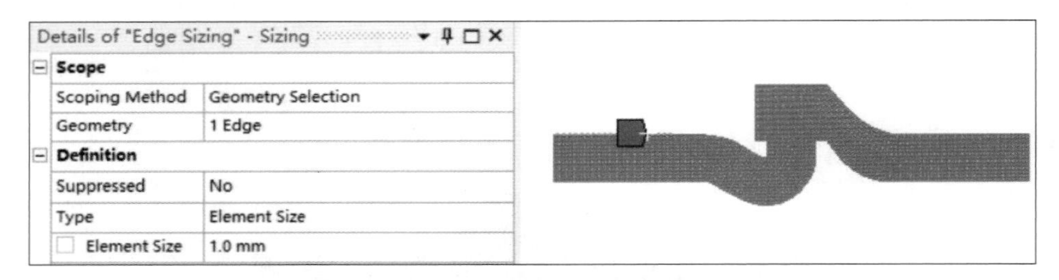

图3-37　线选择尺寸工具的设置（1）

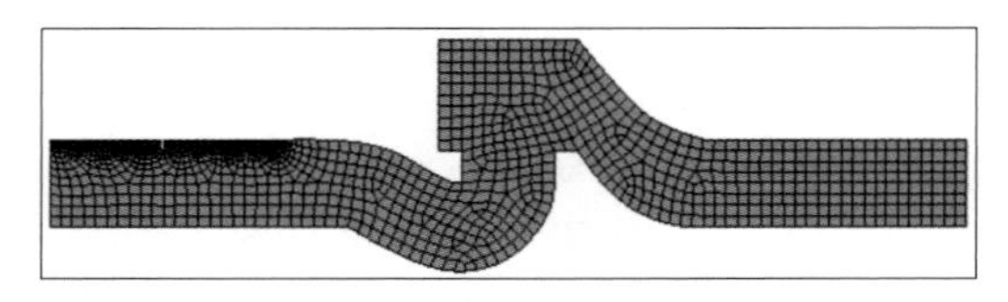

图3-38　使用线选择工具控制局部网格（1）

也可以在Sizing（尺寸）详细信息区的Type栏中选择Number of Divisions，在Number of Divisions栏中输入40，如图3-39所示。截止阀生成的网格如图3-40所示。

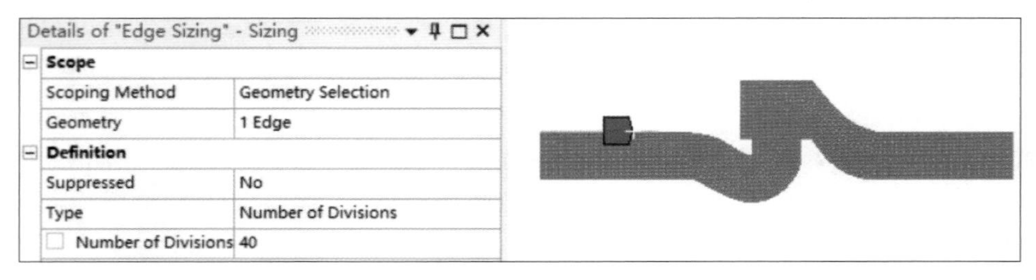

图3-39　线选择尺寸工具的设置（2）

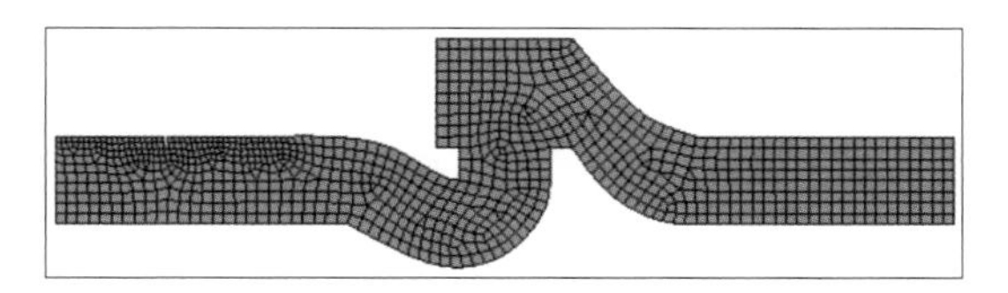

图3-40　使用线选择工具控制局部网格（2）

- 面选择工具。

本小节介绍的是二维网格的生成，若要用面选择工具，二维模型中需要有不同的区域。二维模型不同区域的分割一般有两种方法：①在SpaceClaim或DesignModeler中进行创建；②在Mesh模块中用虚拟拓扑进行分割。3.1.2小节简单介绍了DesignModeler的操作步骤，SpaceClaim在后面实例中会有相应操作步骤。此处简要说明Mesh模块中的虚拟拓扑分割。

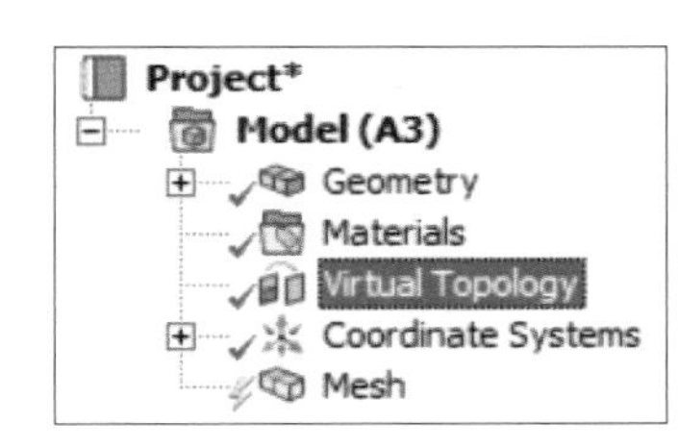

图3-41　虚拟拓扑工具

导入截止阀二维模型后，在概述栏中选择Model，在工具栏中单击Virtural Topology（虚拟拓扑）工具，概述栏如图3-41所示。

在工具栏中单击线选择工具，单击二维截止阀左上的边，工具栏中Virtual Topology下Split Edge at +工具呈激活状态，单击此工具，则在单击位置显示线断开，如图3-42（a）所示。用同样的方法对二维截止阀左下的边进行操作。单击点选择工具，在上下切断线中的符号上按住Ctrl键单击，点选取完成后Virtual Topology栏Split Face at Vertices工具会被激活，单击此工具，完成面的分割，如图3-42（b）所示。

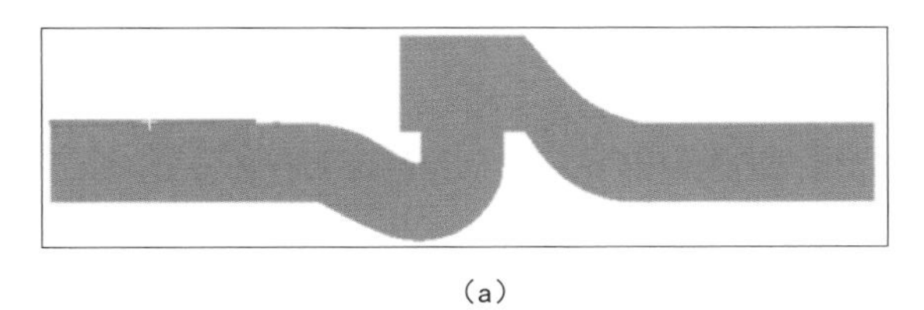

（a）

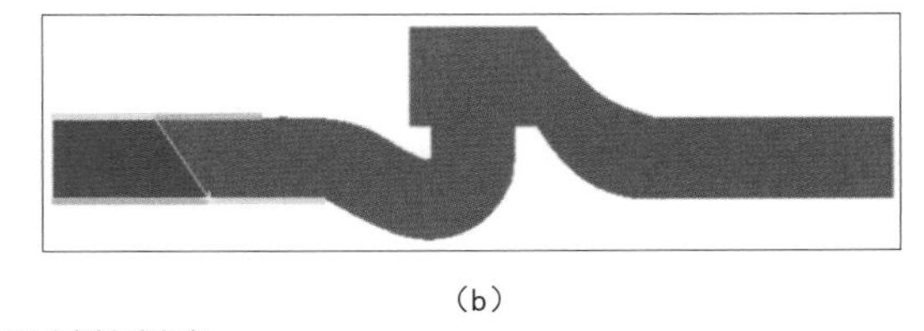

（b）

图3-42　独立面域的创建

Sizing命令插入后，单击面选择工具，单击图3-42所示的右边面域，在Sizing（尺寸）详细信息区的Type栏中选择Element Size，在Element Size栏中输入2.5 mm，生成的网格如图3-43所示。

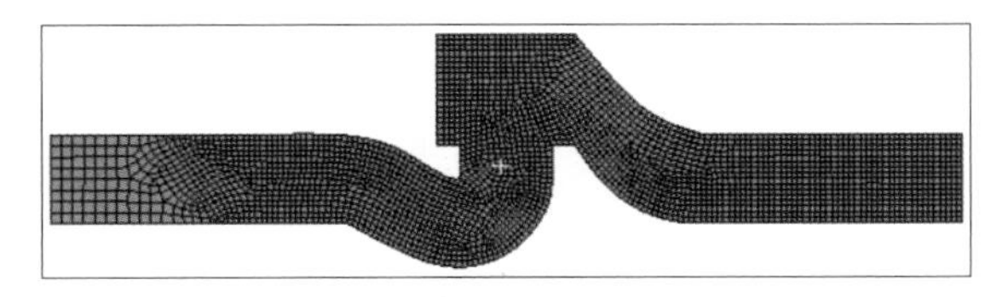

图3-43　使用面选择工具生成的网格

下面讲解影响球控制方法的操作。

在概述栏中右击Coordinate System选项 Coordinate Systems，插入新的坐标系，此时概述栏详细信息区显示为Coordinate System（坐标系）详细信息区。

为便于新建坐标，创建新坐标系时可以在Coordinate System（坐标系）详细信息区的

Origin中的Define By栏中选择Geometry Selection，如图3-44（a）所示。

在Coordinate System（坐标系）详细信息区的Origin中的Define By栏中选择Global Coordinates；将坐标系沿Y轴方向上移35mm，即Origin Y为880 mm，如图3-44（b）所示。

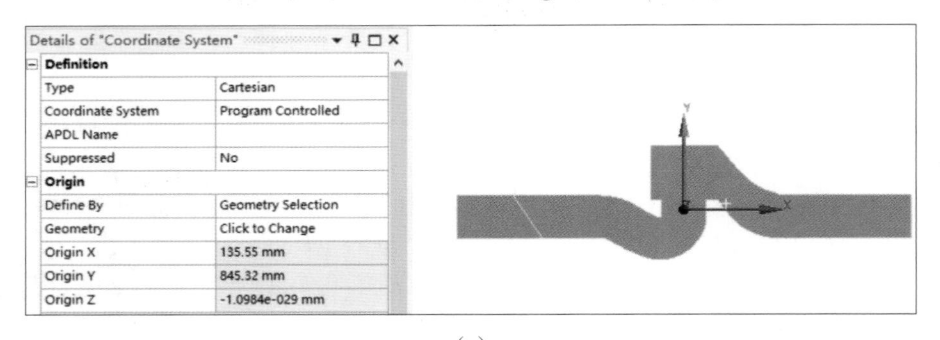

（a）

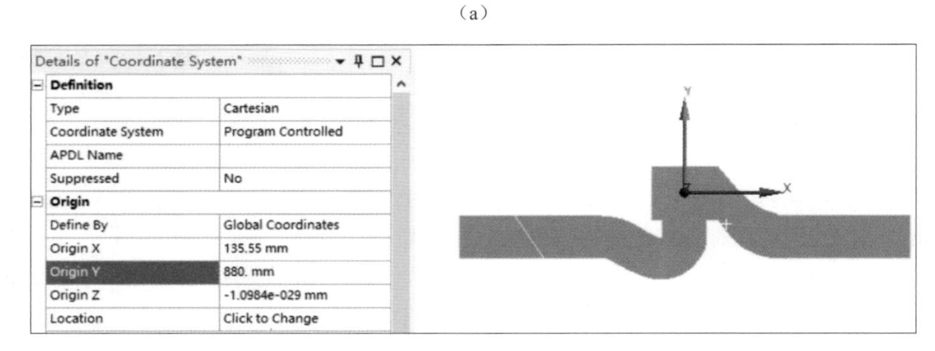

（b）

图3-44 坐标系的创建

Sizing命令插入后，单击体选择工具，单击图形显示窗中的二维截止阀模型；在Sizing（尺寸）详细信息区中的Type栏中选择Sphere of Influence；在Sphere Center栏中选择创建的Coordinate System；在Sphere Radius栏输入40.0 mm；在Element Size栏输入2.0 mm。设置如图3-45（a）所示。单击工具栏中的生成网格工具，生成的网格如图3-45（b）所示。

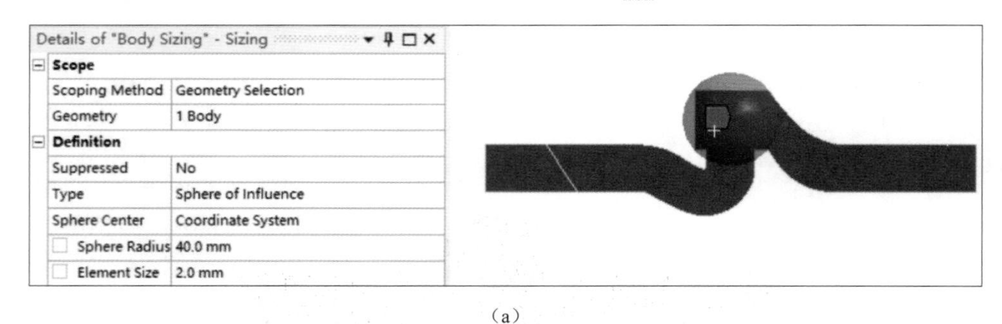

（a）

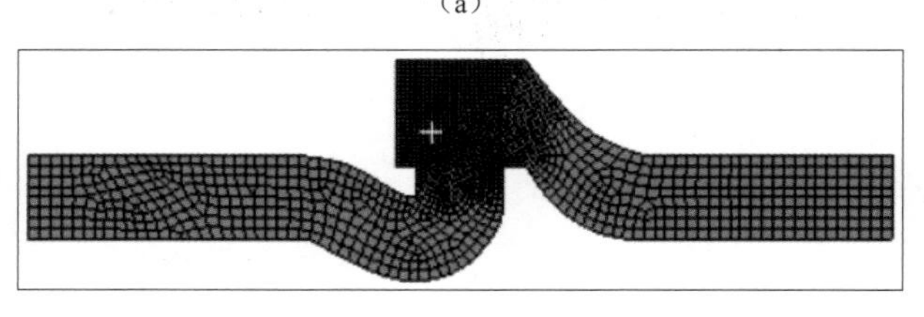

（b）

图3-45 使用坐标系网格图

2. 三维网格

三维模型划分的网格有四面体、六面体或四面体和六面体的混合。当模型较为规则时，自动划分的网格为六面体；当模型较为复杂时，自动划分的网格为四面体。在网格单元尺寸相同的情况下，四面体网格的节点和单元数远大于六面体网格的，节点和单元数的增加会使得计算量增大，所以应尽可能多地划分为六面体网格。

（1）网格详细信息区

三维模型导入Mesh模块中显示的网格详细信息区与二维网格中介绍的网格详细信息区一致。

（2）网格划分方法

三维模型的网格划分方法的设置步骤同二维模型的一致，打开的Method（方法）详细信息区如图3-46所示。

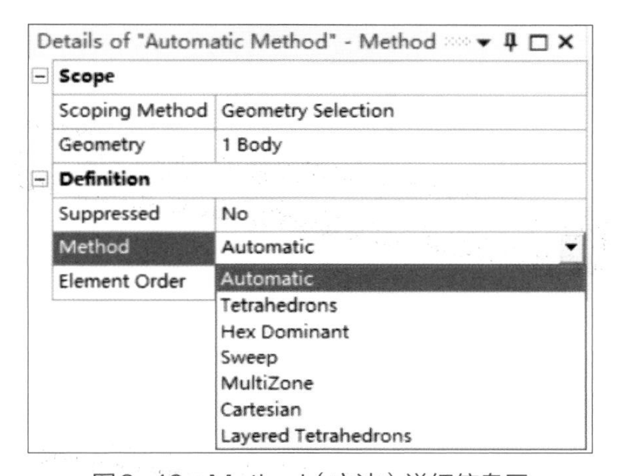

图3-46　Method（方法）详细信息区

Automatic（自动划分网格）：Mesh模块会根据模型外形自动选择网格划分方法，若为较规则的三维模型，会以六面体网格划分；若为不规则的三维模型，则会以四面体网格划分。

Tetrahedrons（四面体网格）：模型会生成为四面体网格。

Hex Dominant（六面体主导网格）：模型会划分为以六面体为主的网格；用于那些不能扫掠的对象，常用于结构分析，也用于不需要膨胀层及扭曲率和正交质量在可接受范围内的CFD网格划分。

Sweep（扫掠网格）：若模型在某方向上具有相同的拓扑结构，则会用六面体划分网格，否则信息提示窗会报错，扫掠网格生成失败。

MultiZone（多区域网格）：自动对几何体分解成映射区域和自由区域，可以自动判断区域并对映射区域生成结构化网格，即生成六面体/棱柱单元，对自由区域采用非结构化网格，即自由区域的网格类型可为四面体、六面体，可以具有多个源面和目标面；多区域网格划分和扫掠划分相似，但更适合用扫掠方法不能分解的几何体。

Cartesian（笛卡儿网格）：生成大小基本一致且与指定坐标系对齐的非结构化六面体网格，并使其适合几何体；单元大小应小于模型的厚度，以防止网格划分器不捕获模型的某些部分，或者不捕获部分是需要消除的（小于单元大小的）不恰当几何体。

Layered Tetrahedrons（分层四面体网格）：基于指定的层高度在层中创建非结构化四面体网格，并使其适合几何体。

本小节以血管机器人为例讲述三维网格的划分方法，前3种网格划分方法比较常用，因此下文主要对比前3种网格划分方法。为了便于对比，此处选择血管模型，抑制机器人模型（抑制模型的方法在3.1.3小节中有介绍）。

导入名为blood-robot.agdb的血管机器人模型，划分网格后创建剖切面查看血管模型内部网格情况。

Automatic网格划分如图3-47所示。

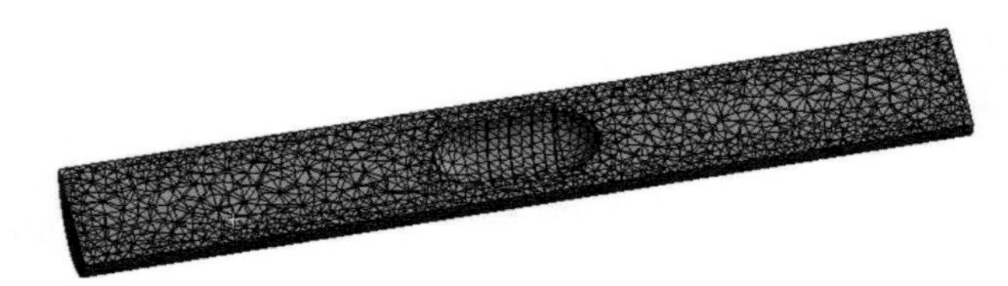

图3-47 Automatic网格划分

Tetrahedrons网格划分如图3-48所示。

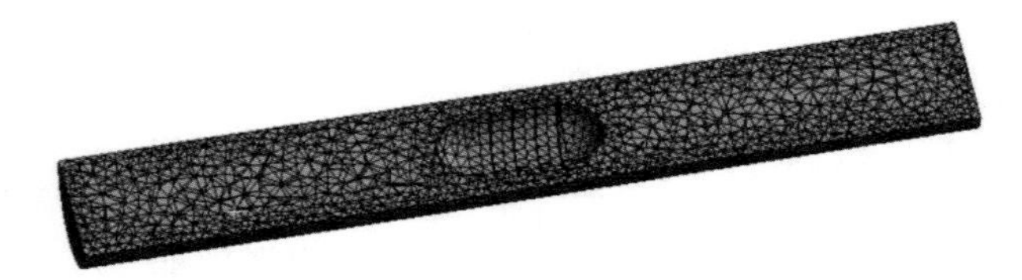

图3-48 Tetrahedrons网格划分

Hex Dominant网格划分如图3-49所示。

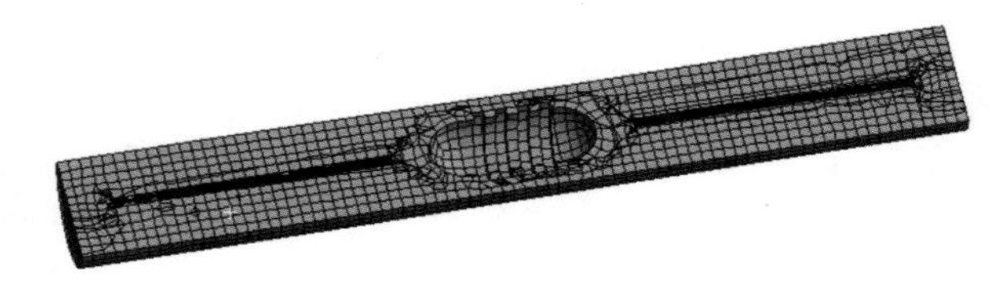

图3-49 Hex Dominant网格划分

（3）三维网格尺寸控制

三维网格划分的全局网格尺寸控制和局部网格尺寸控制方法与二维网格划分的情况类似，此处不再赘述。

3.2 Mesh网格划分实例

3.2.1 二维油水环状管道网格划分

1. 创建模型

创建能导入Mesh模块进行网格划分的面域有多种方法：①在CAD中创建面域，将其导入Geometry中的SpaceClaim修改保存的文件格式后即可将文件导入Mesh模块中进行网格划分；②在SpaceClaim中直接草绘，用Fill工具生成面域，保存文件，将其导入Mesh模块中进行网格划分；③在DesignModeler中草绘，用草绘图形生成面的命令生成面域，保存文件导入Mesh模块中进行网格划分。

3.1.2小节已介绍过DesignModeler的简单用法，此二维例子的创建用第②种方法——用SpaceClaim创建油水环状管道的二维模型。油水环状管道的模型由油相入口、水相入口、油水混合相出口和壁面（wall，除油相入口、水相入口、油水混合相出口外的其他部分）组成，油、水入口管道长度为100 mm，油水混合出口管道长度为100 mm，弯道外半径为100 mm，管道流道内径为10 mm，油相入口直径为7 mm，水环厚度为1.5 mm，模型如图3-50所示。

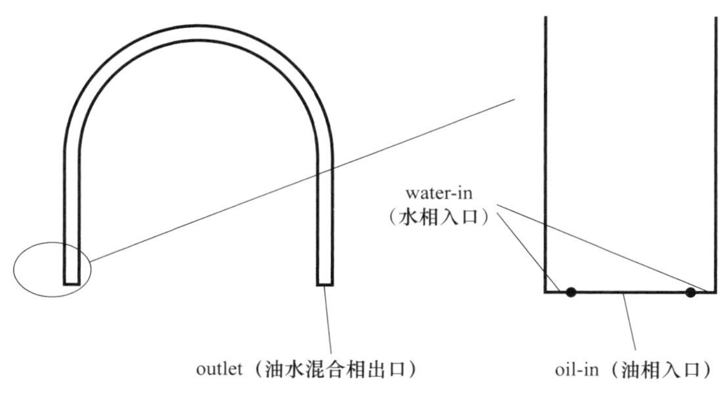

图3-50 油水环状管道模型

右击Geometry，在弹出的快捷菜单中选择New SpaceClaim Geometry命令，如图3-51所示，进入SpaceClaim模块。

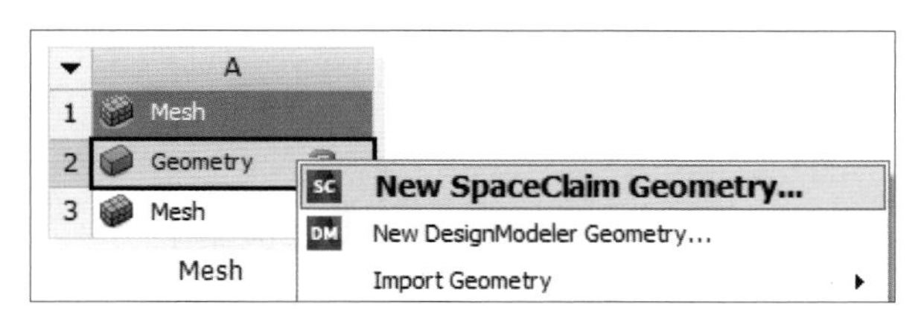

图3-51 打开SpaceClaim

单击Select New Sketch Plane工具，在空间坐标系内选择一个平面进行草绘，草绘结果如图3-52所示。

单击Fill工具，框选二维草绘图，创建二维面域；草绘完毕后也可以直接单击完成草绘工具，创建二维面域。创建的二维面域如图3-53所示。

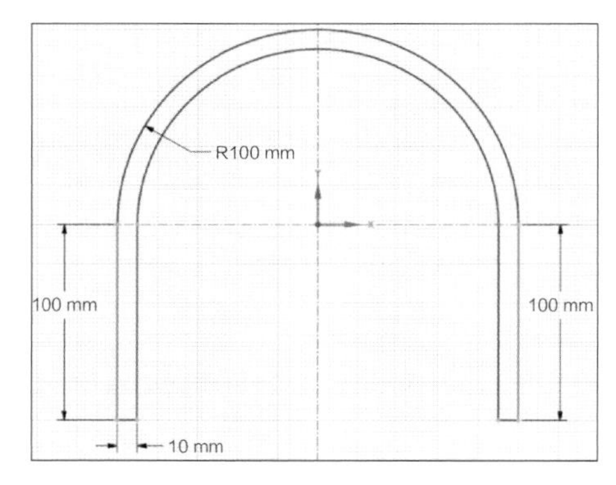

图3-52 草绘结果

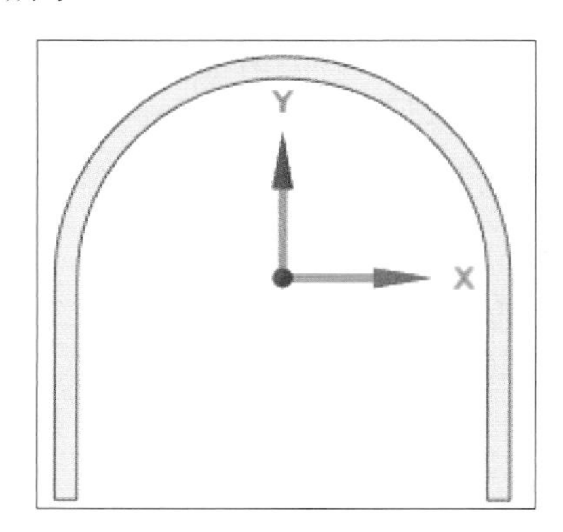

图3-53 创建二维面域

创建完二维面域后，选择入口处的线段，单击Split工具 Split 将入口处的线段分割为图3-50所示的3段。

保存为名称为pipe.scdoc的文件（配套资源ch3文件夹中的pipe.scdoc文件），此文件即可导入Mesh模块中进行网格划分。

2. 设置单位

导入二维模型后，在Mesh菜单栏中设置模型单位，如图3-54所示。

3. 命名边界

模型左边底部两侧的线段为水相入口，命名为water-in；左边底部中间的线段为油相入口，命名为oil-in；右边底部线段为油水混合相出口，命名为outlet；其余线段为壁面，命名为wall（命名在图中未标出）。

单击工具栏中的线选择工具，单击模型左边底部两侧的线段后右击，在弹出的快捷菜单中选择Create Named Selection命令，在打开的Selection Name对话框中设置边界名称为water-in，如图3-55所示。用相同的方法命名其他边界。

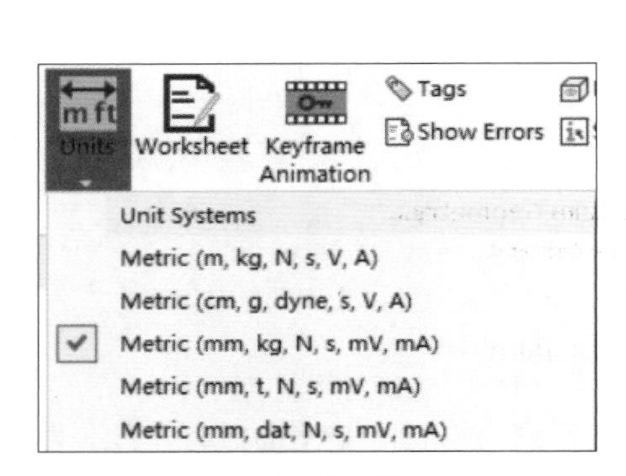

图3-54　设置单位

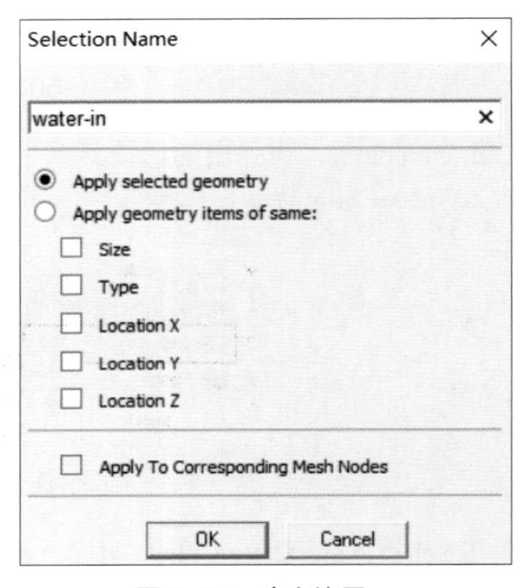

图3-55　命名边界

4. 设置全局网格尺寸

选择概述栏中的Mesh选项 Mesh，在Mesh（网格）详细信息区中设置Physics Preference为CFD，设置Solver Preference为Fluent，设置网格大小为2.0 mm。

5. 生成网格

此时未设置任何网格生成方法，Mesh会采用默认方式Automatic生成网格，右击概述栏中的Mesh，在弹出的快捷菜单中选择Generate Mesh命令，网格划分图如3-56所示，网格扭曲度如图3-57所示。

如果不选用自动生成的划分网格方法，可插入网格生成方法，例如在动网格仿真过程中，最好用三角形网格。

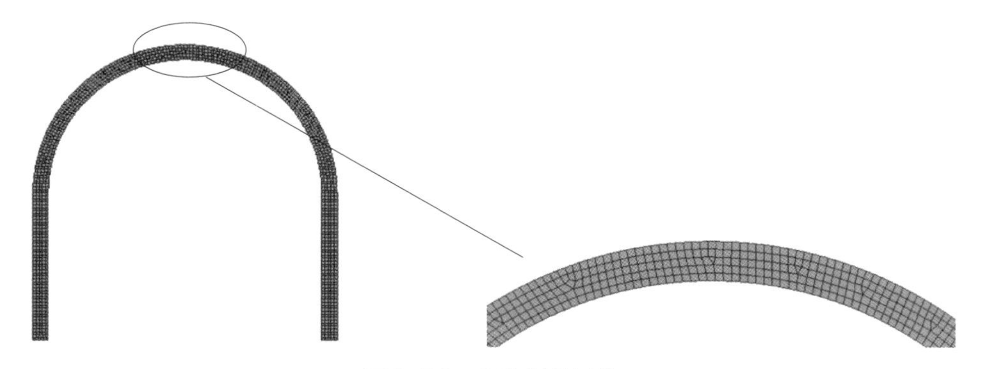

图3-56　自动划分网格

Quality	
Check Mesh Quality	Yes, Errors
Target Skewness	Default (0.900000)
Smoothing	Medium
Mesh Metric	Skewness
Min	1.3057e-010
Max	0.55814
Average	5.5513e-002
Standard Deviation	6.6468e-002

图3-57　自动划分网格扭曲度

3.1.4小节中已详细介绍过二维网格的划分方法。选择Triangles网格划分方法，生成的网格如图3-58所示，网格扭曲度如图3-59所示。

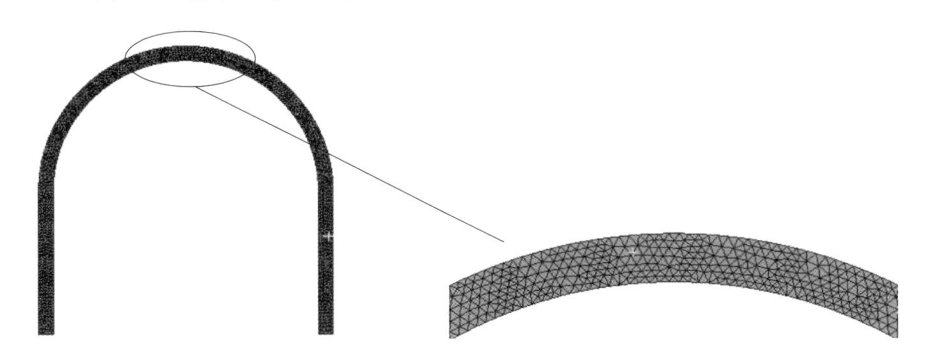

图3-58　三角形网格划分

Quality	
Check Mesh Quality	Yes, Errors
Target Skewness	Default (0.900000)
Smoothing	Medium
Mesh Metric	Skewness
Min	3.5092e-005
Max	0.36545
Average	6.3827e-002
Standard Deviation	5.2218e-002

图3-59　三角形网格扭曲度

由于自动划分的网格质量较差，因此需对其进行适当的优化。右击Mesh选项 Mesh，在弹出的快捷菜单中选择Insert → Sizing命令。在Sizing（尺寸）详细信息区中的Geometry栏中选择模型内侧边线，在Type栏中选择Number of Divisions，在Number of Divisions栏中输入60，如图3-60所示。

Details of "Edge Sizing" - Sizing

Scope	
Scoping Method	Geometry Selection
Geometry	3 Edges
Definition	
Suppressed	No
Type	Number of Divisions
Number of Divisions	60
Advanced	
Behavior	Soft
Growth Rate	Default (1.2)
Capture Curvature	No
Capture Proximity	No
Bias Type	No Bias

图3-60　网格设置（1）

同理，对模型外侧边线进行同样的设置。单击工具栏中的生成网格工具 Generate 生成网格。

右击Mesh选项 Mesh，在弹出的快捷菜单中选择Insert → Face Meshing命令。在Face Meshing（面网格）详细信息区中的Geometry栏中选择该二维模型表面，设置如图3-61所示。

Details of "Face Meshing" - Mapped Face M

Scope	
Scoping Method	Geometry Selection
Geometry	1 Face
Definition	
Suppressed	No
Mapped Mesh	Yes
Method	Quadrilaterals
Constrain Boundary	No
Advanced	
Specified Sides	No Selection
Specified Corners	No Selection
Specified Ends	No Selection

图3-61　网格设置（2）

单击工具栏中的生成网格工具 Generate 生成网格，网格及其扭曲度分别如图3-62和图3-63所示。

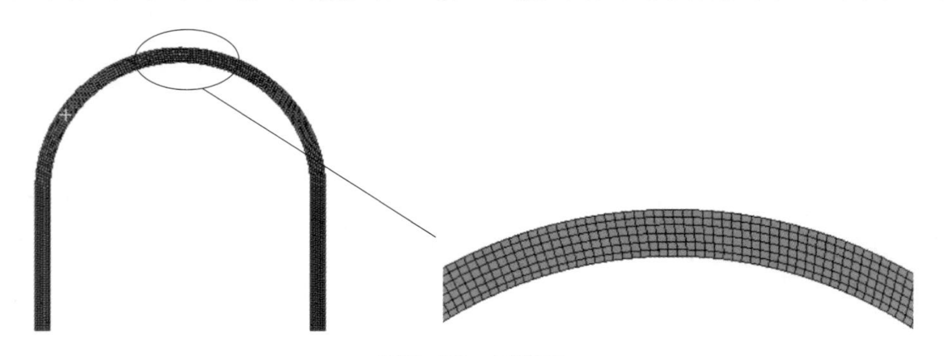

图3-62　网格图

6. 输出网格

选择File → Export命令，选择相应的输出格式，在打开的对话框中输入网格名称和保存目录输出网格文件。

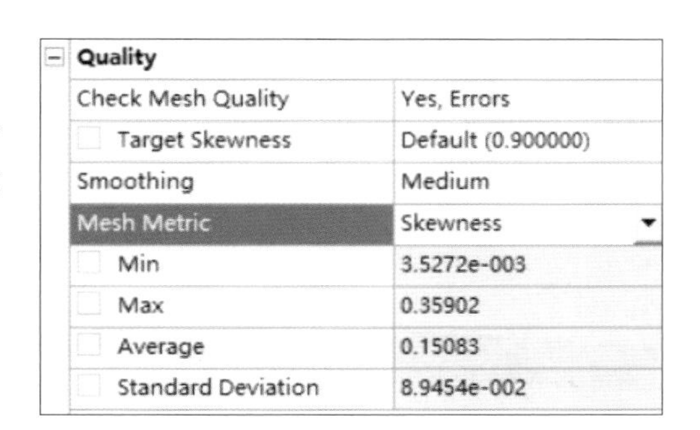

Quality	
Check Mesh Quality	Yes, Errors
Target Skewness	Default (0.900000)
Smoothing	Medium
Mesh Metric	Skewness
Min	3.5272e-003
Max	0.35902
Average	0.15083
Standard Deviation	8.9454e-002

图3-63　网格扭曲度

3.2.2　三维球阀流道网格划分

1. 创建模型

球阀的三维模型由入口管道、阀芯和出口管道组成，流道的直径为20 mm，入口管道长度为100 mm，出口管道长度为200 mm。从球阀三维模型抽取出球阀内部流动区域，建立流动区域模型，如图3-64所示，命名为oil-water.step（配套资源ch3文件夹中的oil-water.step文件）。

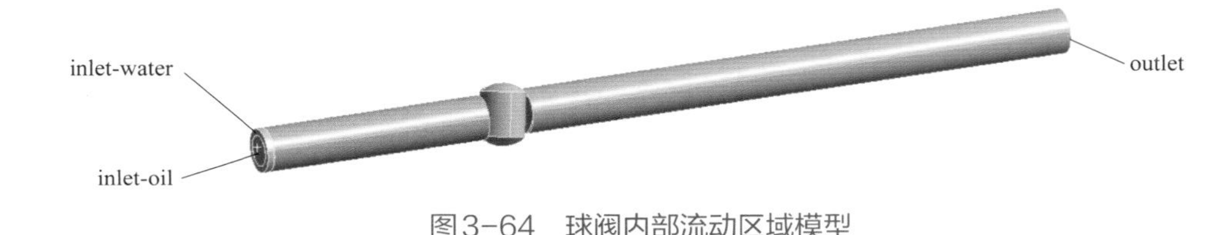

图3-64　球阀内部流动区域模型

导入的模型左端有一环，因为在实验时，油的黏度大，要减小其在管道中的运输阻力，管道内需先加水后进油，外部环通水，中心处进油。

2. 设置单位

导入三维模型后，在Mesh模块菜单栏中设置模型单位，方法在前文中已演示。

3. 命名边界

设置最左边面为入口，右边面为出口，中间块为阀芯，其余面为壁面。

单击面选择工具，右击模型最左边内圆面，在弹出的快捷菜单中选择Create Named Selection命令，在打开的Selection Name对话框中设置边界名称为inlet-oil，如图3-65所示；同样，将外圆环面命名为inlet-water。

用相同的方法为其他边界命名。

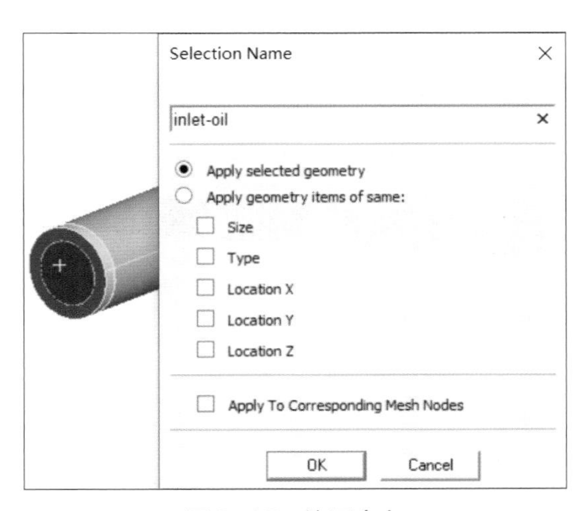

图3-65　边界命名

4. 设置全局网格参数

在概述栏中选择Mesh选项 Mesh；在Mesh（网格）详细信息区中设置Physics Preference为CFD，设置Solver Preference为Fluent，设置网格大小为2.0 mm。

5. 生成网格

此时未设置任何网格生成方法，Mesh会采用默认方式Automatic生成网格，右击概述栏中的Mesh，在弹出的快捷菜单中选择Generate Mesh命令，生成的网格如图3-66所示，网格扭曲度如图3-67所示。

（a）　（b）

图3-66　自动生成网格

Quality	
Check Mesh Quality	Yes, Errors
Target Skewness	Default (0.900000)
Smoothing	Medium
Mesh Metric	Skewness
Min	1.7472e-005
Max	0.82316
Average	0.26021
Standard Deviation	0.12881

图3-67　自动划分网格扭曲度

如果不选用自动生成的划分网格方法，可插入网格生成方法。

1）右击概述栏中的Mesh，在弹出的快捷菜单中选择Insert → Method命令，在Method（方法）详细信息区中的Method栏中选择Hex Dominant，在Geometry栏中选择图形显示窗中的模型，生成网格如图3-68所示，网格扭曲度如图3-69所示。

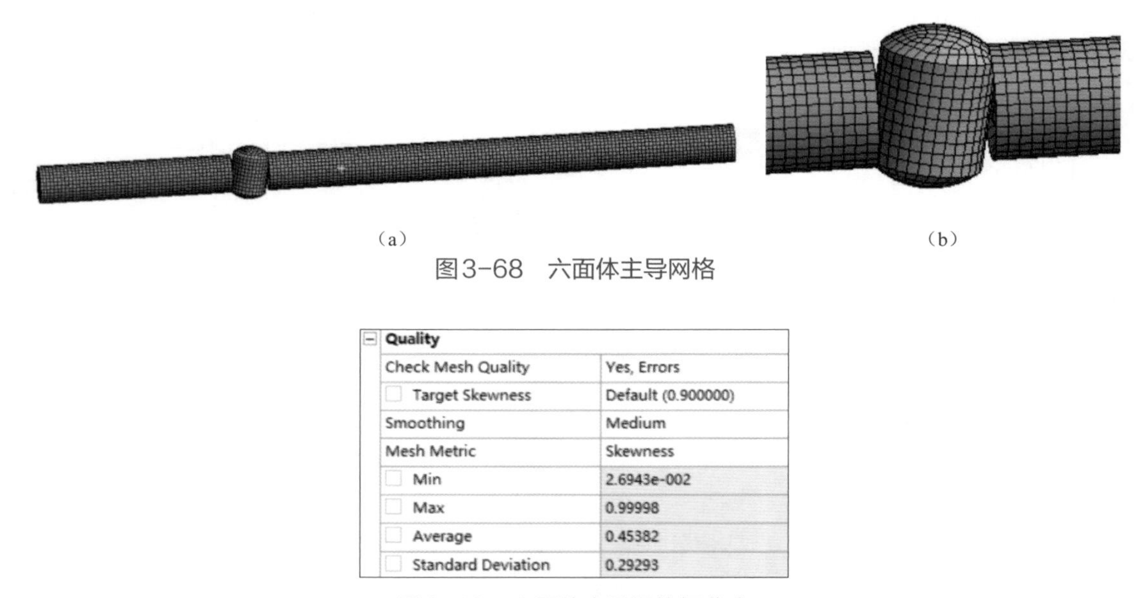

（a）　（b）

图3-68　六面体主导网格

Quality	
Check Mesh Quality	Yes, Errors
Target Skewness	Default (0.900000)
Smoothing	Medium
Mesh Metric	Skewness
Min	2.6943e-002
Max	0.99998
Average	0.45382
Standard Deviation	0.29293

图3-69　六面体主导网格扭曲度

2）右击概述栏中的Mesh，在弹出的快捷菜单中选择Insert → Method命令，在Method（方法）详细信息区的Method栏中选择MultiZone，在Geometry栏中选择图形显示窗中的模型，源面和目标面此例保持默认，生成的网格如图3-70所示，网格扭曲度如图3-71所示。

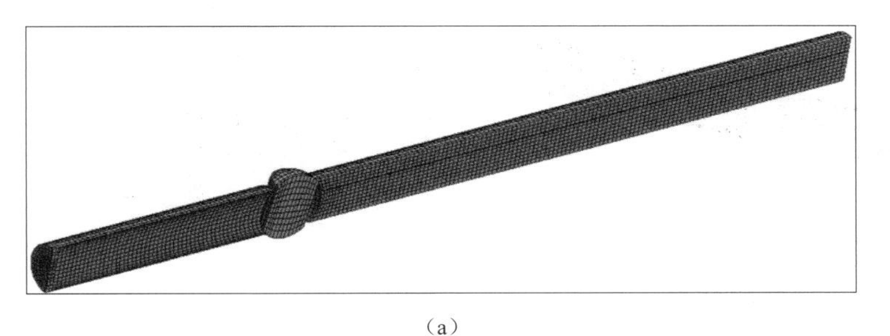

（a）

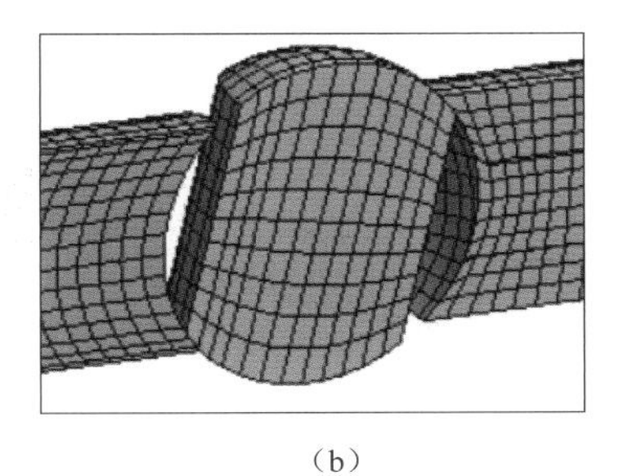

（b）

图3-70 多区域网格

Quality	
Check Mesh Quality	Yes, Errors
Target Skewness	Default (0.900000)
Smoothing	Medium
Mesh Metric	Skewness
Min	1.2555e-002
Max	0.9101
Average	0.19035
Standard Deviation	0.17728

图3-71 多区域网格扭曲度

6. 使用膨胀命令

右击概述栏中的Mesh，在弹出的快捷菜单中选择Insert → Inflation命令，在Inflation（膨胀）详细信息区中的Geometry栏中选择外部环，在Boundary栏中选择外部环的外表面；设置Inflation Option为Total Thickness；（注：还有另外的膨胀方法，读者可自行设置。）设置Number of Layers为5；设置Growth Rate为1.2；设置Maximum Thickness为1.0 mm；设置如图3-72所示。除外部环的其他几何体选择Hex Dominant方法划分网格。划分网格后，网格放大图如图3-73右图所示。

Scope	
Scoping Method	Geometry Selection
Geometry	1 Body
Definition	
Suppressed	No
Boundary Scoping Method	Geometry Selection
Boundary	2 Faces
Inflation Option	Total Thickness
Number of Layers	5
Growth Rate	1.2
Maximum Thickness	1.0 mm
Inflation Algorithm	Pre

图3-72 Inflation（膨胀）详细信息区

图3-73　使用膨胀命令后的网格图

3.2.3　模型分块与网格划分

本小节介绍在DesignModeler模块中使用平面对模型进行分块处理，使用布尔命令对分块后的模型进行合并处理，以及在Mesh模块中对分块后的模型进行网格划分处理的方法。

1）在Mesh模块中导入“Y”形分叉管模型（配套资源ch3文件夹 → Y-pipe文件夹中的Y-pipe.igs文件），右击Mesh模块的Geometry单元格，在弹出的快捷菜单中选择Edit Geometry in DesignModeler命令，如图3-74所示，进入DesignModeler模块。

2）单击模块中的 Generate 工具生成模型。

3）单击图形显示窗的Z轴可使模型的XY平面平行于屏幕，如图3-75所示。

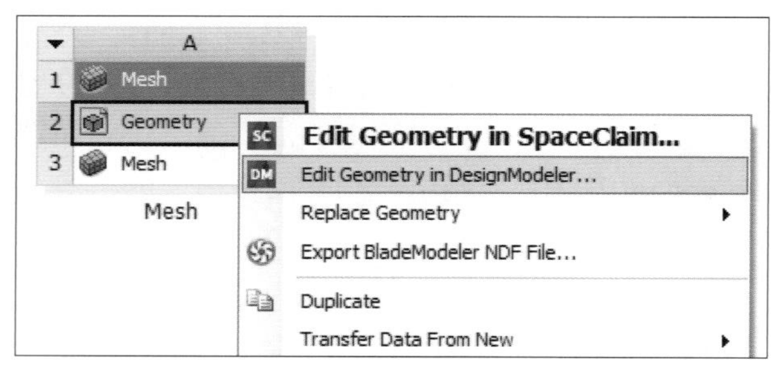

图3-74　选择Edit Geometry in DesignModeler命令

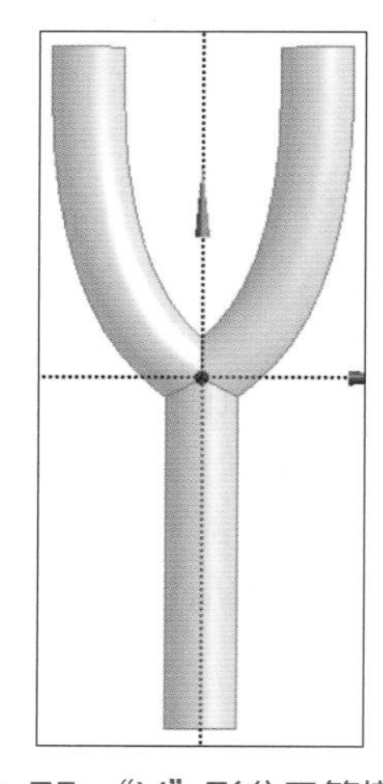

图3-75　“Y”形分叉管模型

4）选择概述栏中的Sketching选项卡，在XY平面上绘制草图，选择Draw → Line命令绘制3条直线。第1条直线与X轴的夹角为45°，水平长度为10 mm，一端点经过XY平面的原点，另一端点在XY平面的第一象限；第2条直线与第1条直线沿Y轴对称；第3条直线与Y轴重合，长度为8 mm，一端点经过XY平面的原点，另一端点在X轴下方。选择Dimensions选项下的各命令可修改所绘制图形的尺寸。绘制的3条直线如图3-76所示。

5）选择Create → New Plane命令，在Plane栏输入Plane1；在Type栏选择From Point and Normal，即通过一点和平面法线方向建立平面；Base Point（参考点）选择第1条直线在XY平面的第一象限的端点；Normal Define by选择第1条直线；单击模块中的 Generate 工具生成新平面，如图3-77所示。

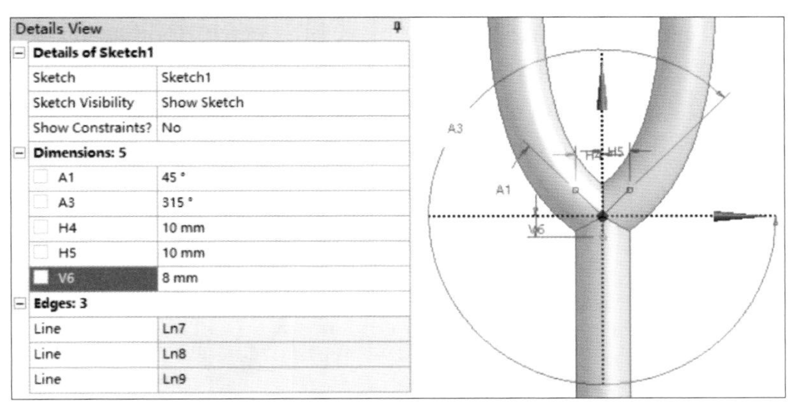

图3-76　绘制的3条直线

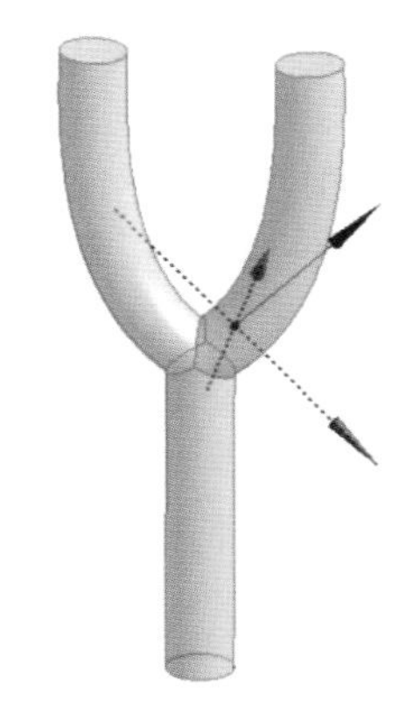

图3-77　新平面Plane1

6）选择概述栏中的XYPlane → Sketch1选项显示出草图，同理使用另外两条直线创建新平面，创建的新平面如图3-78所示。

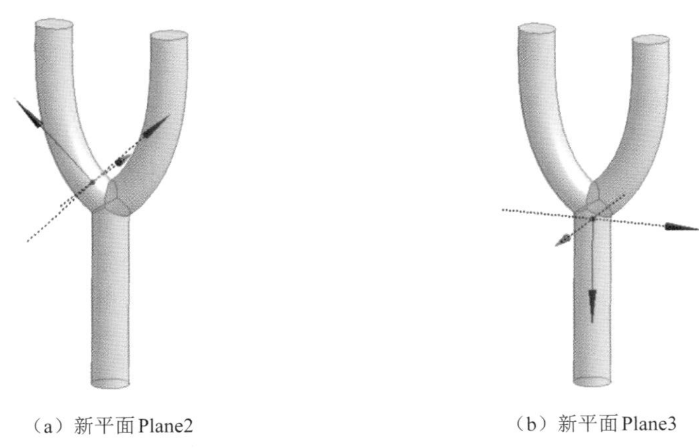

（a）新平面Plane2　（b）新平面Plane3

图3-78　新平面Plane2和Plane3

7）单击工具栏中的 Slice 工具，在Slice（分块）详细信息区中，在Slice Type栏中选择Slice by Plane，即通过平面对模型进行分块处理；在Base Plane栏中选择Plane1；在Slice Targets栏中选择All Bodies，即分块对象为所有几何体；单击模块中的 Generate 工具进行分块操作。分块后的模型如图3-79所示。

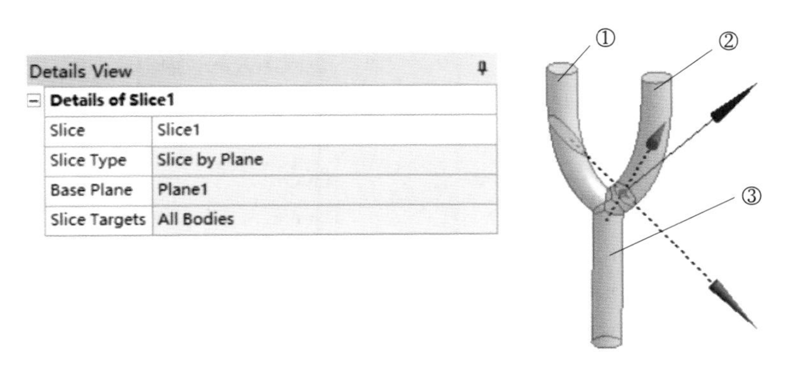

图3-79　使用Plane1分块后的模型

8）同理，对Plane2进行分块操作，在Slice Targets栏中选择Selected Bodies，选择的几何体为图3-79所示的③号几何体。分块后的模型如图3-80所示。

9）同理，对Plane3进行分块操作，在Slice Targets栏中选择Selected Bodies，选择的几何体为图3-80所示的③号几何体。分块后的模型如图3-81所示。

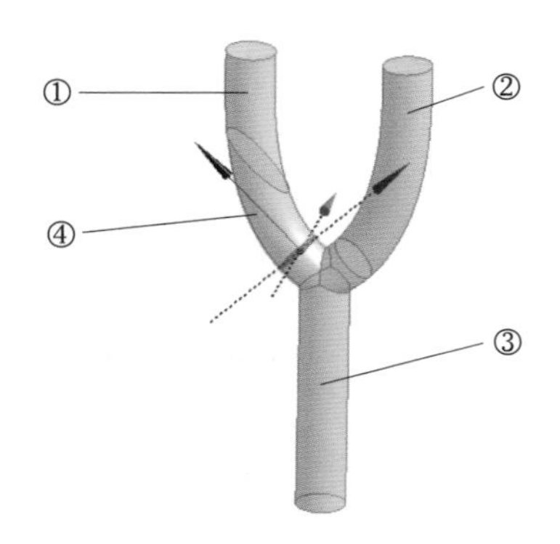

图3-80　使用Plane2分块后的模型

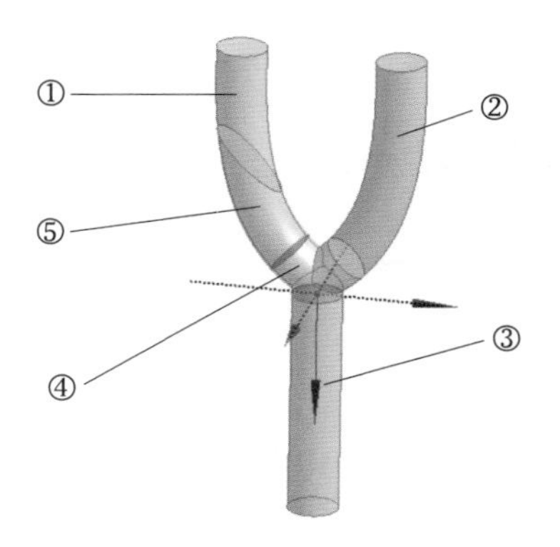

图3-81　使用Plane3分块后的模型

10）选择Create → Boolean命令，在Boolean（布尔）详细信息区中的Operation栏中选择Unite，即合并几何体；Tool Bodies选择图3-81所示的①号和⑤号几何体，合并①号和⑤号几何体；单击模块中的 Generate 工具进行布尔操作。合并后的模型如图3-82所示。将分块和合并后的几何模型命名为Y-pipe-slice.agdb（配套资源ch3文件夹 → Y-pipe文件夹中的Y-pipe-slice.agdb文件）。

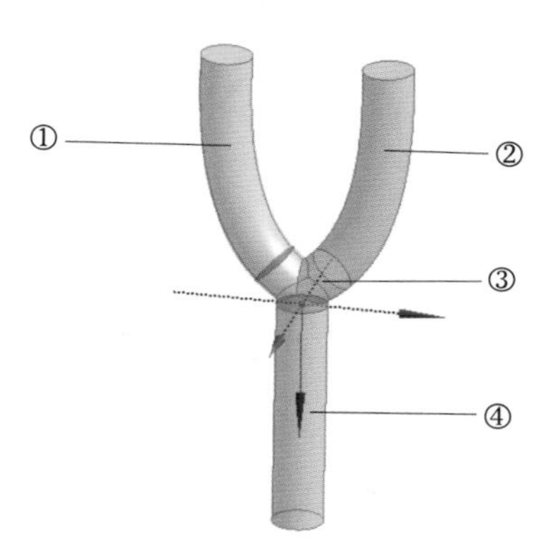

图3-82　合并后的模型

11）进入Mesh模块对网格进行划分。选择概述栏中的Mesh选项 Mesh，在Mesh（网格）详细信息区中设置Physics Preference为CFD，设置Solver Preference为Fluent，设置Element Size为0.8 mm，修改划分网格方法为Hex Dominant。网格设置和模型网格图如图3-83和图3-84所示。网格模型保存为Y-pipe-slice.msh（配套资源ch3文件夹 → Y-pipe文件夹中的Y-pipe-slice.msh文件）。

Details of "Mesh"

Display	
Display Style	Use Geometry Setting
Defaults	
Physics Preference	CFD
Solver Preference	Fluent
Element Order	Linear
Element Size	0.8 mm
Export Format	Standard
Export Preview Surface Mesh	No

图3-83　网格设置

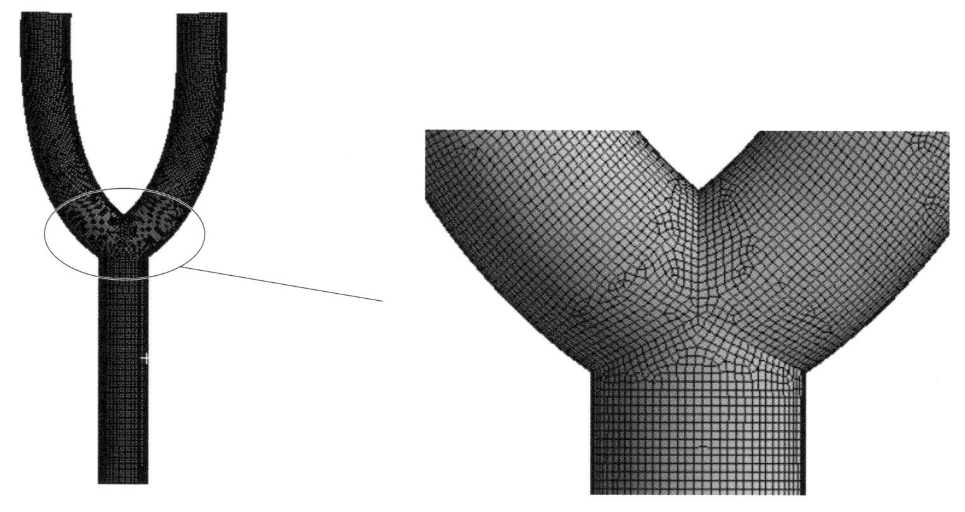

图3-84　模型网格

3.3　本章小结

本章主要内容如下。

1）介绍了Mesh模块的界面与功能。

2）介绍了导入模型及生成网格的相关操作。

3）通过二维与三维模型划分实例介绍了Mesh模块的基本操作。

4）介绍了模型分块与网格划分的相关操作。

3.4　练习题

习题1. 某三通管模型如图3-85所示。试在Mesh模块中导入该模型（配套资源ch3文件夹→T-pipe文件夹中的T-pipe.step文件）；将Mesh模块单位修改为Metric（mm，kg，N，s，mV，mA）；按图3-85所示重新命名边界；修改网格格式为CFD；修改模型全局尺寸为10 mm，修改划分网格方法为Hex Dominant。（网格模型为配套资源ch3文件夹→T-pipe文件夹中的T-pipe.msh文件。）

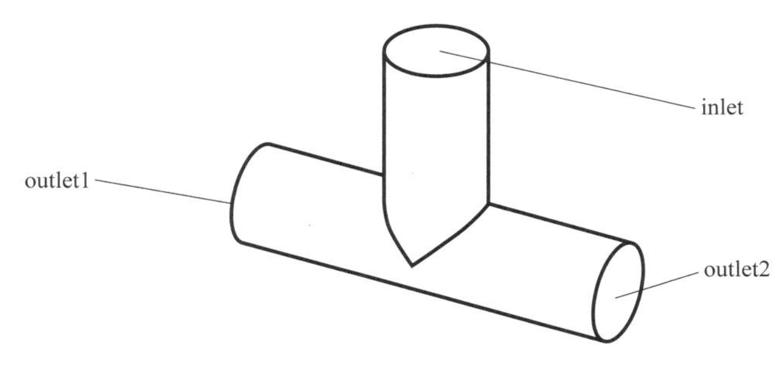

图3-85　三通管模型

习题2. 某飞机外流场如图3-86所示。试在Mesh模块中导入该模型（配套资源ch3文件

夹 → Aircraft-flow_field文件夹中的Aircraft-flow_field.agdb文件）；将Mesh模块单位修改为Metric（mm，kg，N，s，mV，mA）；按图3-86所示重新命名边界；修改网格格式为CFD；修改模型全局尺寸为3 mm；模型全局网格使用自适应调整网格；生成网格后使用剖切面工具查看模型内部网格划分情况。（几何模型为配套资源ch3文件夹 → Aircraft-flow_field文件夹中的Aircraft-flow_field.msh文件。）

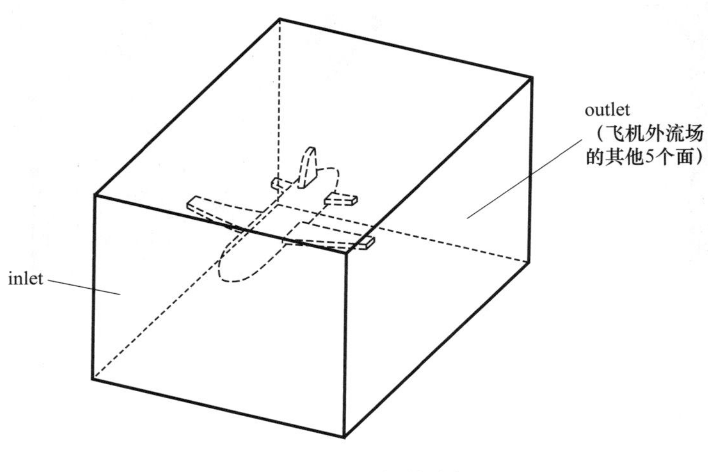

图3-86　飞机外流场

第4章 稳态与瞬态流动分析

流体的稳态与瞬态流动过程主要区别于控制方程的瞬态项是否为零。若瞬态项为零，则流场物理量不随时间发生变化，为稳态流动过程，稳态计算与初始值无关；若瞬态项不为零，则流场物理量随时间发生变化，为瞬态流动过程，瞬态计算与初始值有关。

4.1 血管机器人外流场分析

4.1.1 问题描述

目前微创手术是医学界关注的热点，微创手术与机器人技术的结合有着广阔的发展前景。本实例对一螺旋状血管机器人外流场进行分析，流场简化为二维模型，其结构及尺寸如图4-1所示。假设血液密度为1150 kg/m^3，黏度为0.002 kg/(m·s)；血液流动速度为0.53 m/s；血管机器人旋转速度为20 rad/s。试模拟血管机器人外流场流动情况，并检测出口截面面积平均速度，绘制流场压力云图、速度云图、速度矢量图、迹线图及出口截面速度XY曲线图。

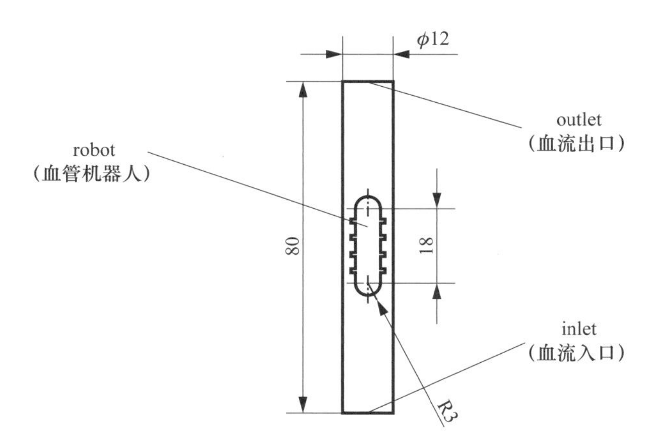

图4-1 血管机器人外流场的结构及尺寸

4.1.2 具体分析

1. 建立分析项目

启动ANSYS Workbench，选择Toolbox → Analysis Systems → Fluid Flow（Fluent）命令，

双击Fluid Flow（Fluent）或单击并拖动Fluid Flow（Fluent）至右侧项目创建区，如图4-2所示。

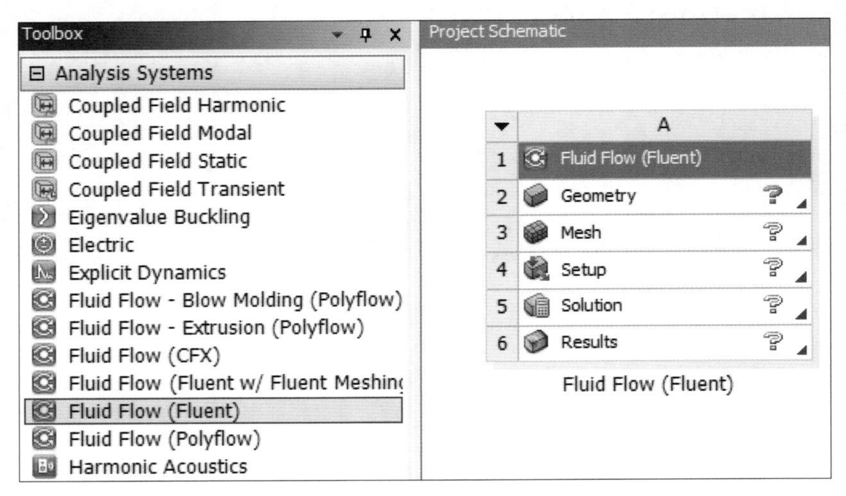

图4-2 建立Fluid Flow（Fluent）分析项目

2. 建模

模型可以在ANSYS Workbench中建立，也可以先在其他建模软件中建立好再导入ANSYS Workbench。在Fluid Flow（Fluent）项目中右击Geometry选项，弹出图4-3所示的快捷菜单，在快捷菜单中可以看到New SpaceClaim Geometry、New DesignModeler Geometry及Import Geometry命令。选择New SpaceClaim Geometry和New DesignModeler Geometry命令可以在ANSYS Workbench中进行建模；选择Import Geometry命令可以将在其他建模软件中建立好的模型导入ANSYS Workbench。

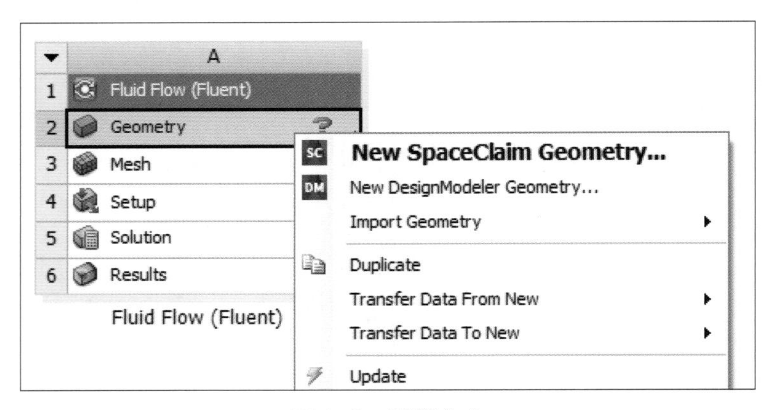

图4-3 建模命令

本例在ANSYS Workbench中进行建模，选择New SpaceClaim Geometry命令，进入图4-4所示的SpaceClaim建模界面。

先在SpaceClaim建模界面中创建图4-1所示的草图。

在图形显示窗中单击▣工具并移动鼠标指针至*XY*平面上，在*XY*平面上创建模型草图；在图形显示窗中单击▣工具，使草图平面与屏幕平行。

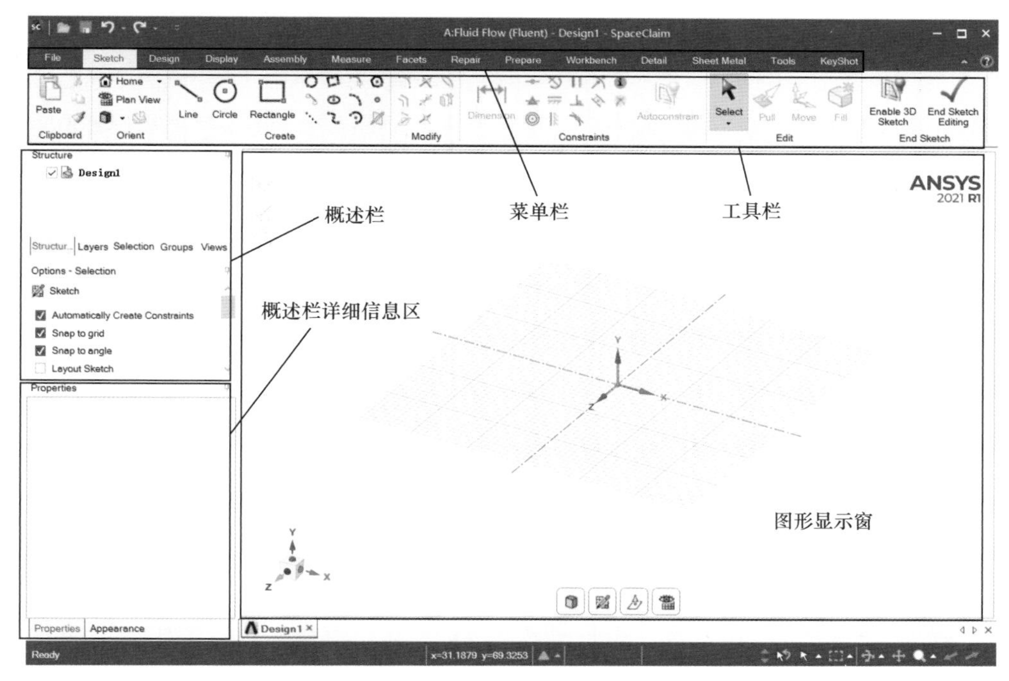

图4-4 SpaceClaim建模界面

在菜单栏中单击Sketch后，在工具栏中单击Rectangle工具可创建矩形，系统默认创建对角矩形。若在概述栏中勾选Define rectangle from center复选框，可创建中心矩形。创建中心矩形时，可直接输入数值以确定一条边的长度，按Tab键可输入数值以确定另一条边的长度。创建的中心矩形如图4-5所示。

在工具栏中单击工具可创建中心圆弧。

在工具栏中单击Dimension工具，并在概述栏详细信息区的value栏中输入数值可修改草图模型的尺寸。

在工具栏中单击工具可剪裁草图线段。

绘制完草图后单击End Sketch Editing工具可结束草图绘制并由草图生成面域，如图4-6所示。

在生成的面域中还包含中间一块面域，选中中间部分，按Delete键即可删除中间部分面域。

在菜单栏中选择File → Save As命令可导出模型。

3. 划分网格

在Fluid Flow（Fluent）项目中双击Mesh选项，进入Mesh模块；设置模型网格尺寸为0.2mm；按图4-1对模型边界进行命名。生成的网格模型如图4-7所示。

生成网格后，在Fluid Flow（Fluent）项目中右击Mesh选项，在弹出的快捷菜单中选择Update命令以更新模型网格。

4. 进入Fluent模块

在Fluid Flow（Fluent）项目中双击Setup选项，打开图4-8所示的Fluent启动窗口控制面板，读者可以根据计算机的实际配置选择合适的线程数等；单击Start按钮从Workbench进入Fluent模块。

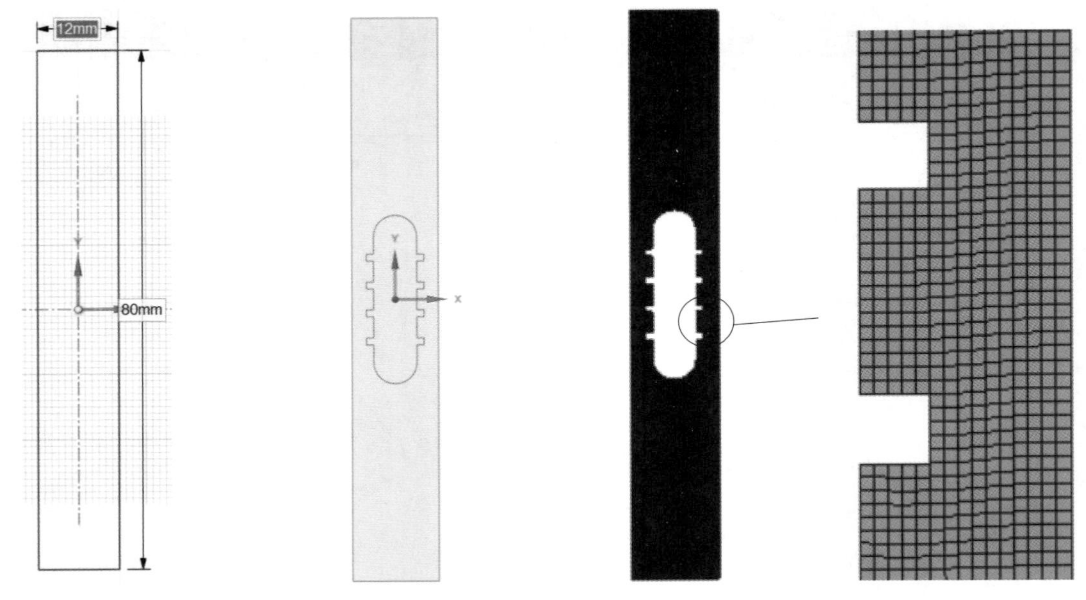

图4-5　创建的中心矩形　　图4-6　生成的面域　　图4-7　网格模型

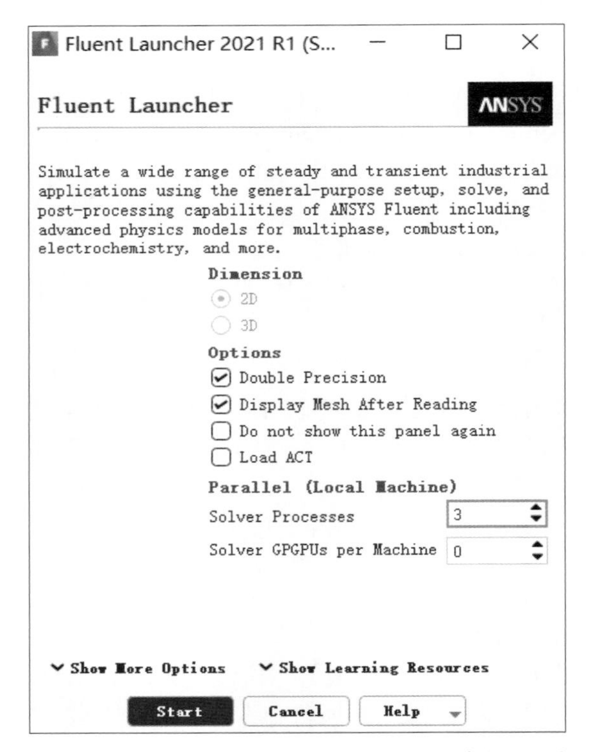

图4-8　Fluent Launcher（Fluent启动）控制面板

5. 检查网格

操作：选择Setup → General → Mesh → Check命令。

6. 确定长度的单位

操作：选择Setup → General → Mesh → Scale命令。

打开Scale Mesh（标定网格）控制面板，在View Length Unit In栏中选择mm，此时Domain Extents栏中给出了区域的范围和度量的单位，单击Close按钮，完成单位的转换。

7. 设置求解器

操作：选择Setup → General → Solver命令。

打开Solver（求解器）命令详细信息区，选中Time栏中的Transient单选项，设置如图4-9所示。

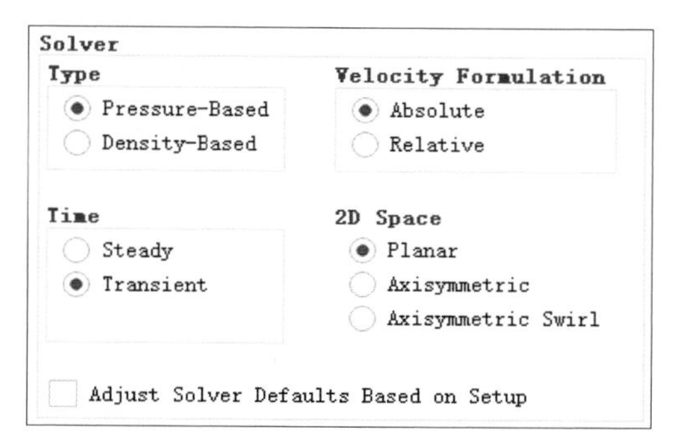

图4-9　Solver（求解器）命令详细信息区

8. 设置湍流模型

操作：选择Setup → Models → Viscous命令。

打开Viscous Models（黏度模型）控制面板，选择k-epsilon模型。

9. 设置流体的物理属性

操作：选择Setup → Materials → Fluid → air命令。

打开Create/Edit Materials（创建/编辑材料）控制面板，在Name栏中输入blood；在Density栏中输入1150；在Viscosity栏中输入0.002。设置如图4-10所示。单击Change/Create按钮，在打开的Question对话框中单击Yes按钮，覆盖原材料，创建材料blood。

图4-10　Create/Edit Materials（创建/编辑材料）控制面板

10. 设置边界条件

操作：选择Setup → Boundary Conditions命令。

打开Boundary Conditions（边界条件）命令详细信息区，双击inlet，打开Velocity Inlet（速度入口）控制面板，在Velocity Magnitude栏中输入0.53；在Specification Method 栏中选择Intensity and Hydraulic Diameter；在Turbulent Intensity栏中输入5（来流的湍流强度）；在Hydraulic Diameter栏中输入12（进口尺寸）。设置如图4-11所示。

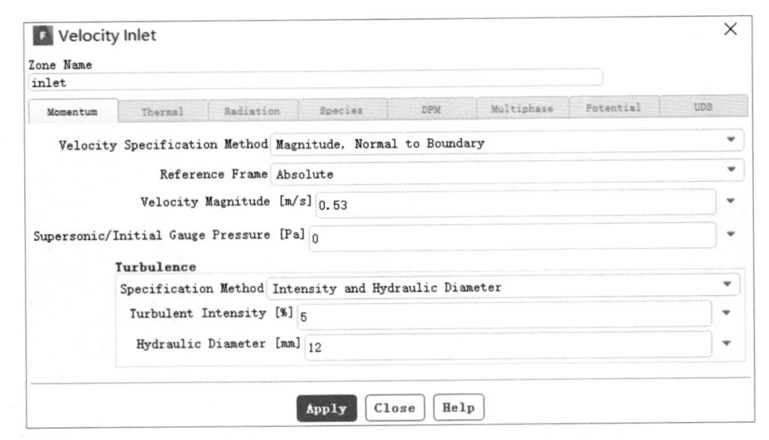

图4-11　Velocity Inlet（速度入口）控制面板

在Boundary Conditions（边界条件）命令详细信息区中双击outlet，打开Pressure Outlet（压力出口）控制面板，在Gauge Pressure栏中输入0，在Specification Method栏中选择Intensity and Hydraulic Diameter，在Turbulent Intensity栏中输入5（来流的湍流强度），在Hydraulic Diameter栏中输入12（进口尺寸）。

在Boundary Conditions（边界条件）命令详细信息区中双击robot，打开Wall（壁面）控制面板。在Wall Motion栏中选中Moving Wall单选项；在Motion栏中选中Rotational单选项；在Speed栏中输入20；在Rotation-Axis Origin栏中设置X=0、Y=1，表示壁面绕着*Y*轴旋转。设置如图4-12所示。

图4-12　Wall（壁面）控制面板

11. 求解设置

操作：选择Solution → Methods和Controls 命令。

求解方法选用SIMPLE算法。

12. 求解监视设置

Fluent计算时可以对所关心的截面上的物理量进行监测。本例对出口的面积平均速度进行监测。

操作：选择Solution → Report Definitions命令。

打开Report Definitions（报告定义）控制面板，单击New按钮，在Surface Report子菜单中选择Area-Weighted Average，如图4-13所示。在打开的Surface Report Definition（表面报告定义）控制面板中，在右侧Field Variable栏中选择Velocity和Velocity Magnitude，在Surfaces栏中选择outlet，勾选控制面板左下角Create栏中的Report Plot复选框和Print to Console复选框，使监测的速度曲线在Fluent面板中显示出来，相关设置如图4-14所示，单击OK按钮确定设置。

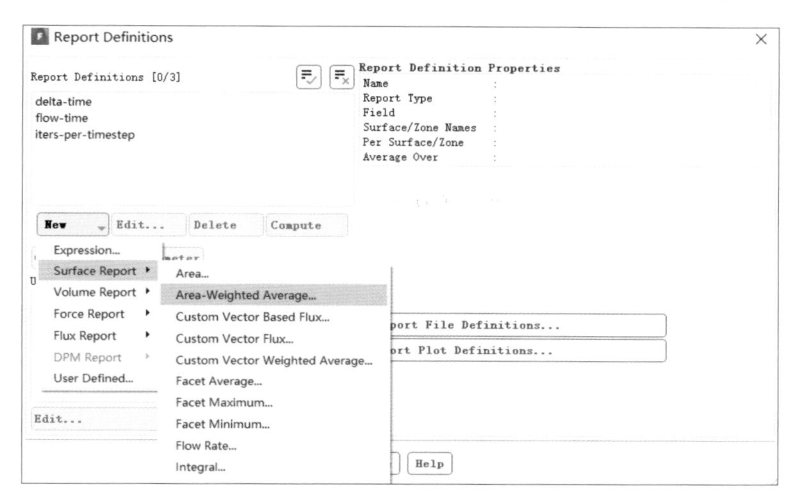

图4-13　Report Definitions（报告定义）控制面板

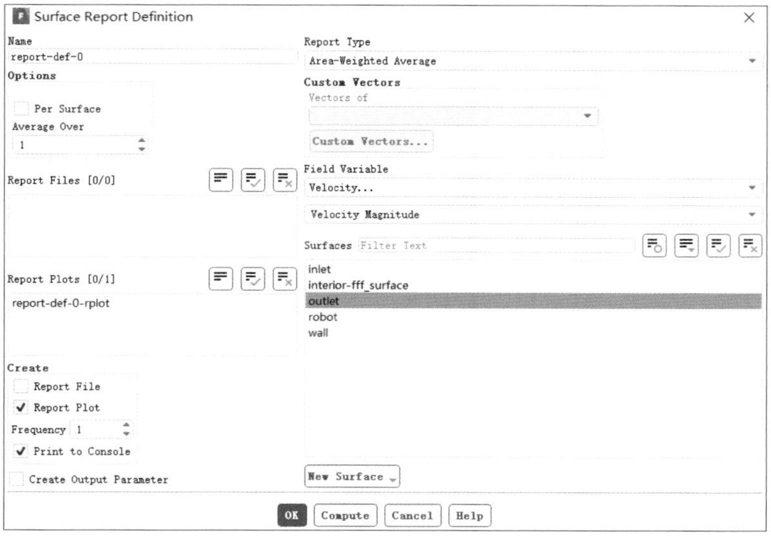

图4-14　Surface Report Definition（表面报告定义）控制面板

Fluent计算时可以监测残差变化情况。

操作：选择Solution → Monitors → Residual命令。

打开Residual Monitors（残差监视器）控制面板，如图4-15所示。Options栏中可以选择监视器输出方式，Print to Console 表示在Fluent的TVI命令区中打印输出，Plot表示在图形显示窗中以残差曲线的形式输出；Equations栏中可修改收敛判据，此处保持默认设置。单击OK按钮关闭控制面板。

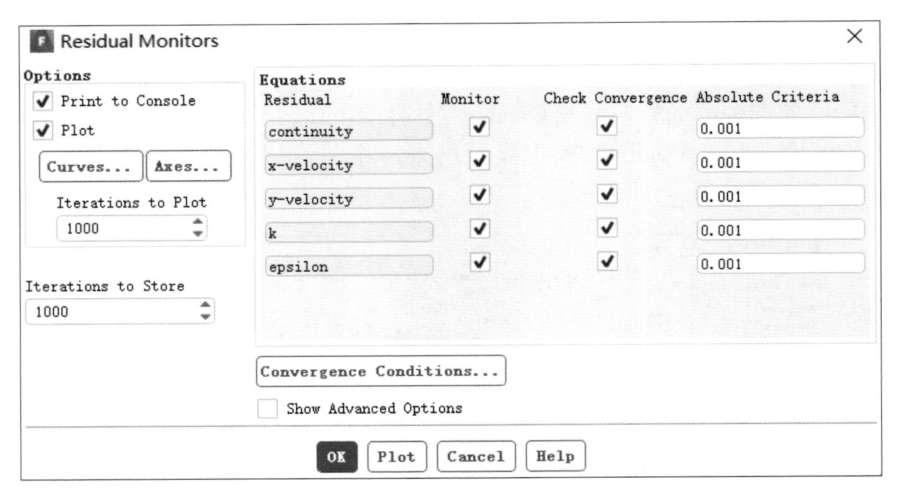

图4-15 Residual Monitors（残差监视器）控制面板

13. 流场初始化

操作：选择Solution → Initialization命令。

打开Solution Initialization（流场初始化）命令详细信息区，在Initialization Methods栏中选中Standard Initialization单选项；单击More Settings按钮，在Compute From栏中选择all-zones，其余设置保持默认状态；单击Initialize按钮，对所有区域进行统一初始化。

14. 运行计算

操作：选择Solution → Run Calculation命令。

打开Run Calculation（运行计算）命令详细信息区，在Number of Time Steps栏中输入200，在Time Step Size栏中输入0.01，即计算模型在时长为200×0.01 s = 2 s时的状态，单击Calculate按钮，开始运行计算。同理，可在Number of Time Steps栏和Time Step Size栏中输入其他数值，计算模型在其他时间的状态。

进行200次计算后，在图形显示窗中单击report-def-0-rplot选项卡，出口截面上的平均速度监视器窗口显示的出口速度曲线图如图4-16所示；在图形显示窗中单击Scaled Residuals选项卡，残差曲线图如图4-17所示。

15. 显示压力云图

操作：选择Results → Graphics → Contours命令。

打开Contours（等值线）控制面板，在Contours of栏中选择Pressure和Static Pressure，在Options栏中勾选Filled复选框，单击Save/Display按钮，显示图4-18所示的压力云图。

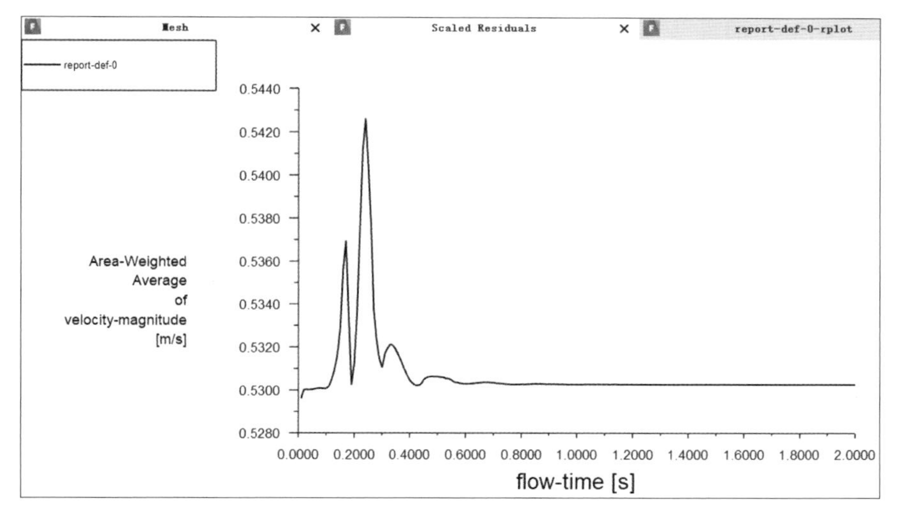

图4-16　出口速度曲线图

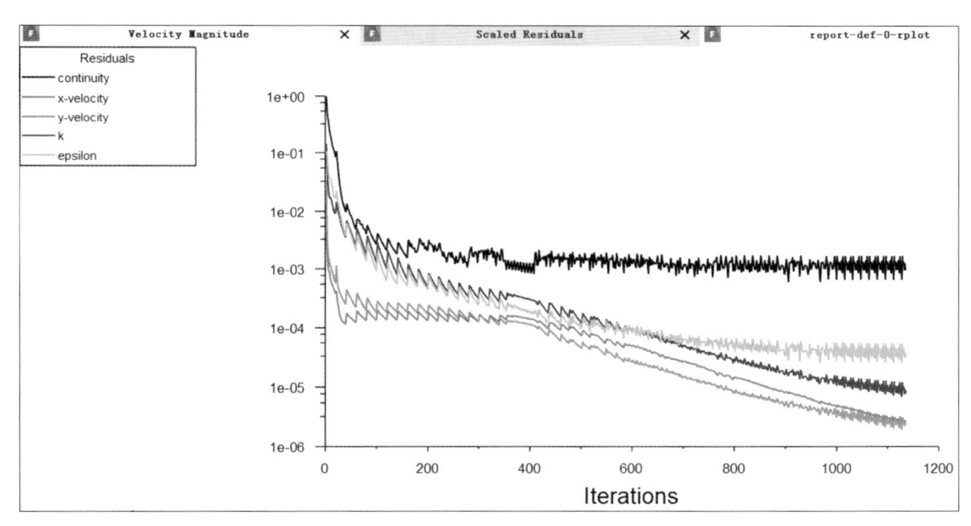

图4-17　残差曲线图

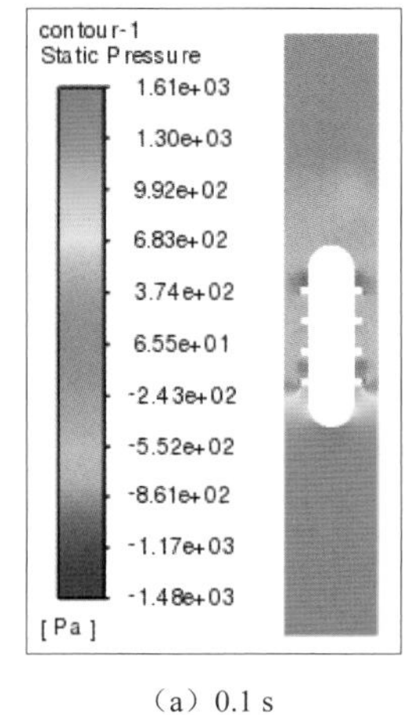

（a）0.1 s

（b）0.5 s

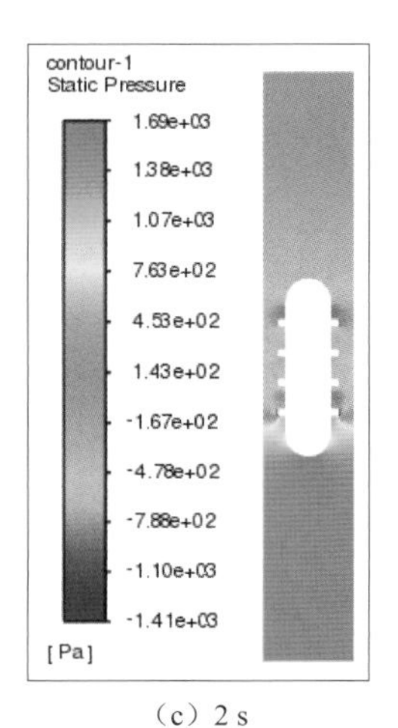

（c）2 s

图4-18　压力云图

16. 显示速度云图

在Contours（等值线）控制面板中，在Contours of栏中选择Velocity和Velocity Magnitude，在Options栏中勾选Filled复选框，单击Save/Display按钮，显示图4-19所示的速度云图。

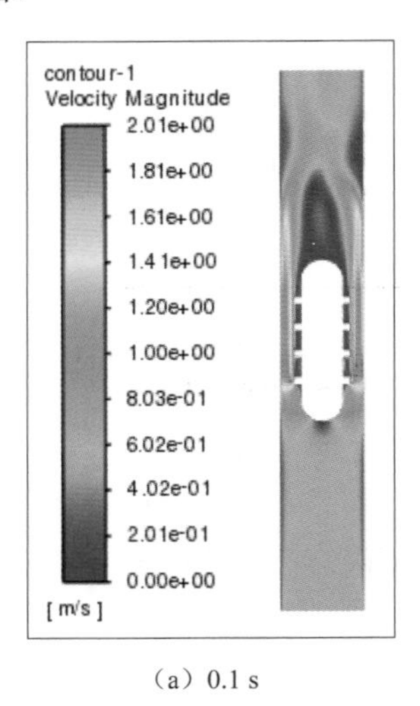

（a）0.1 s

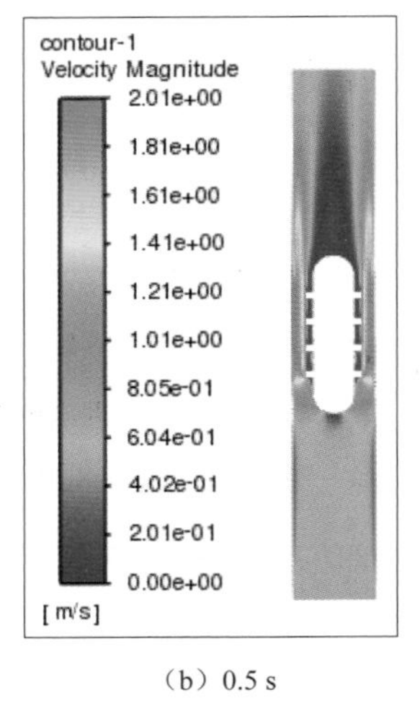

（b）0.5 s

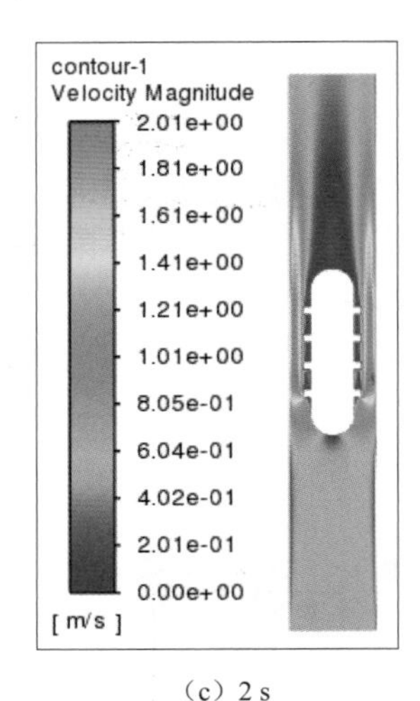

（c）2 s

图4-19 速度云图

17. 显示速度矢量图

操作：选择Results → Graphics → Vectors命令。

打开Vectors（速度矢量）控制面板，单击Save/Display按钮，显示图4-20所示的速度矢量图。

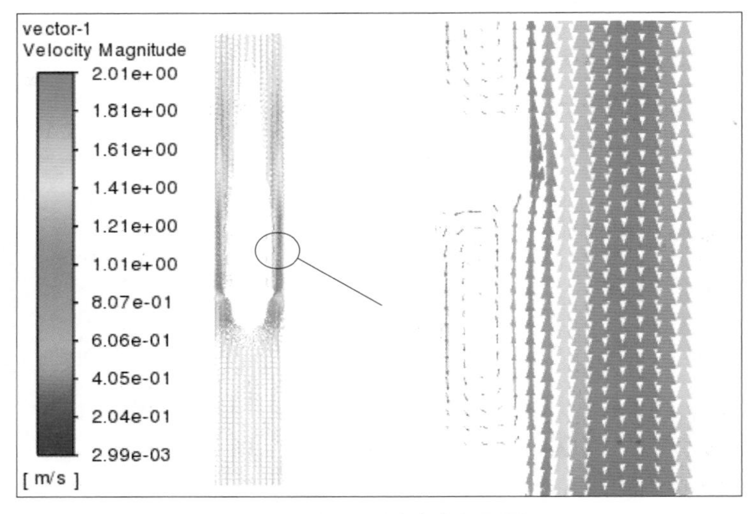

图4-20 2 s时速度矢量图

18. 显示迹线图

操作：选择Results → Graphics → Pathlines命令。

打开Pathlines（迹线）控制面板，在Scale栏中输入2，在Skip栏中输入0，在Release From Surfaces栏中选择所有面，单击Save/Display按钮，显示图4-21所示的迹线图。

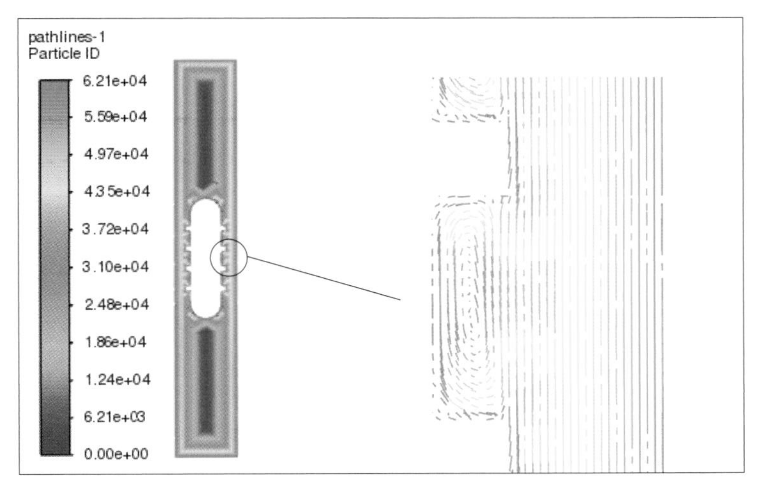

图4-21　2 s时迹线图

19. 显示出口截面速度XY曲线图

操作：选择Results → Plots → XY Plot命令。

打开Solution XY Plot（XY曲线图设置）控制面板，在Y Axis Function栏中选择Velocity和Velocity Magnitude，在Surfaces栏中选择outlet，单击Save/Plot按钮，显示图4-22所示的出口截面速度XY曲线图。

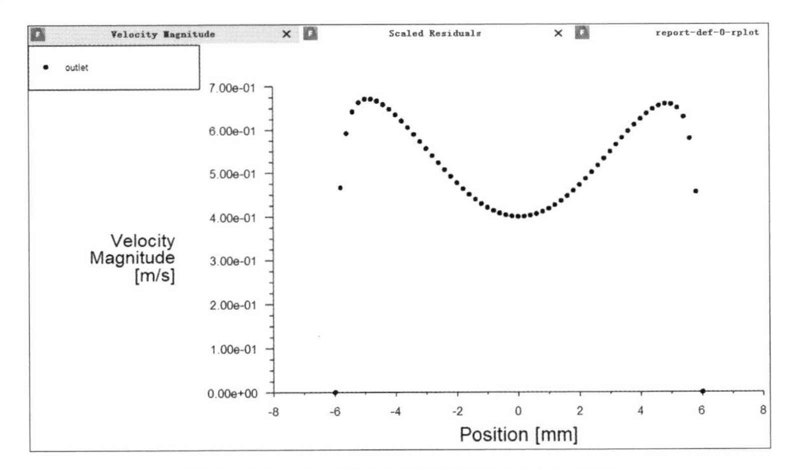

图4-22　2 s时出口截面速度XY曲线图

4.2　河流污染扩散分析

4.2.1　问题描述

河流污染是全世界都在关注的热点问题。河流污染会损害河流生物资源、降低河流环境质量，还会危害人类健康。分析河流中污染物的扩散有利于减缓或解决河流污染问题。一河流流道结构及主要尺寸如图4-23所示。河流流道内部有一小岛；河流流道内含有四氯化碳（CCl_4）和甲苯（C_7H_8）两种污染物，两种污染物分别从入口ccl4-inlet和c7h8-inlet流入，流速均为1 m/s；水流从入口inlet流入，流速为3m/s。试模拟河流流道内部的污染物扩散，并绘制流场压力云图、速度云图、四氯化碳（CCl_4）和甲苯（C_7H_8）的相分布云图、速度矢量图及迹线图。

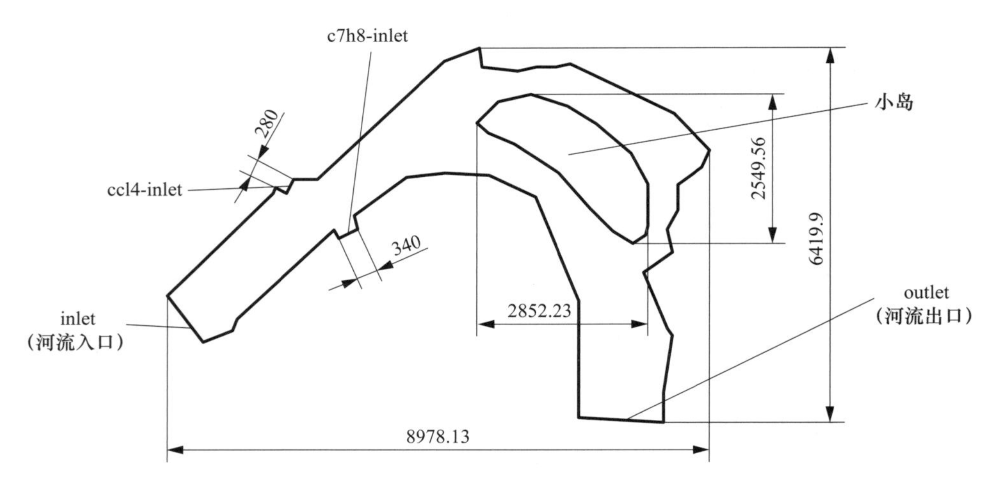

图4-23　河流流道结构及主要尺寸（单位：m）

4.2.2　具体分析

1.建立分析项目

启动ANSYS Workbench，选择Toolbox → Analysis Systems → Fluid Flow（Fluent）命令，双击Fluid Flow（Fluent）或单击并拖动Fluid Flow（Fluent）至右侧项目创建区，如图4-24所示。

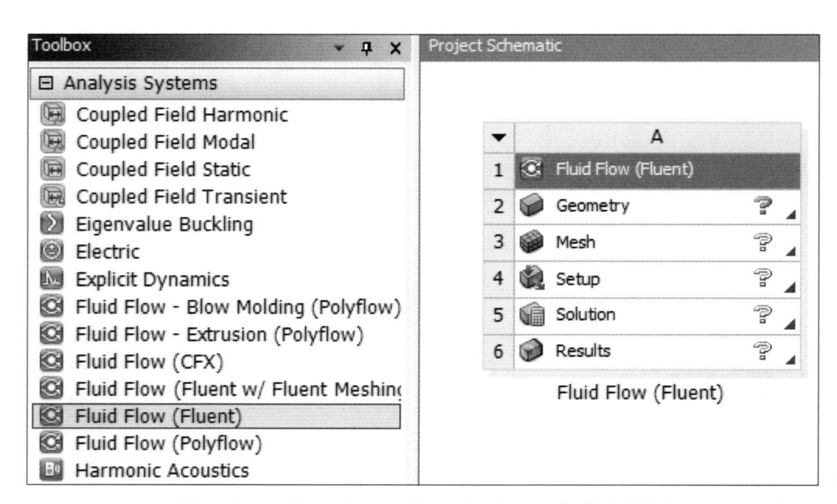

图4-24　建立Fluid Flow（Fluent）分析项目

2. 建模

模型可以在ANSYS Workbench中建立，也可以先在其他建模软件中建立好再导入ANSYS Workbench中。在Fluid Flow（Fluent）项目中右击Geometry选项，在弹出的快捷菜单中，选择Import Geometry → Browse命令，如图4-25所示，导入名为river.step的文件（网格模型为配套资源ch4文件夹 → river文件夹中的river.step文件）。

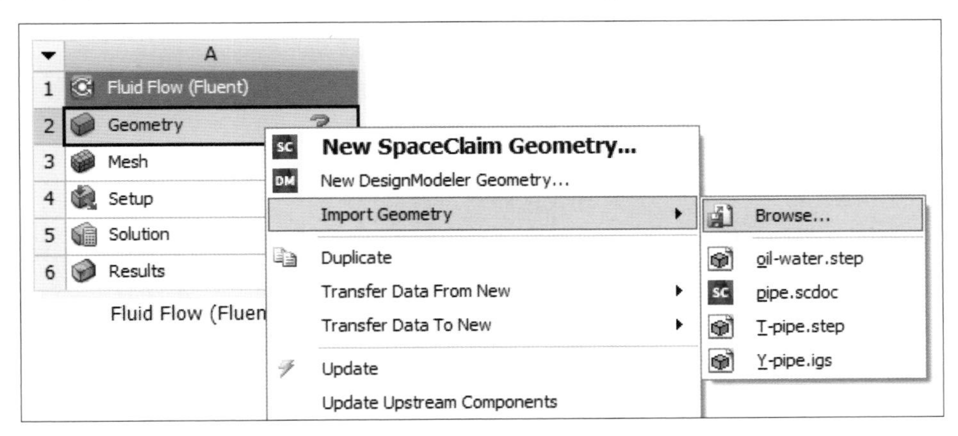

图4-25　建模命令

3. 划分网格

在Fluid Flow（Fluent）项目中双击Mesh选项，进入Mesh模块，修改模型名称为river，设置模型网格尺寸为30mm，按图4-23所示对模型边界进行命名，生成的网格如图4-26所示。

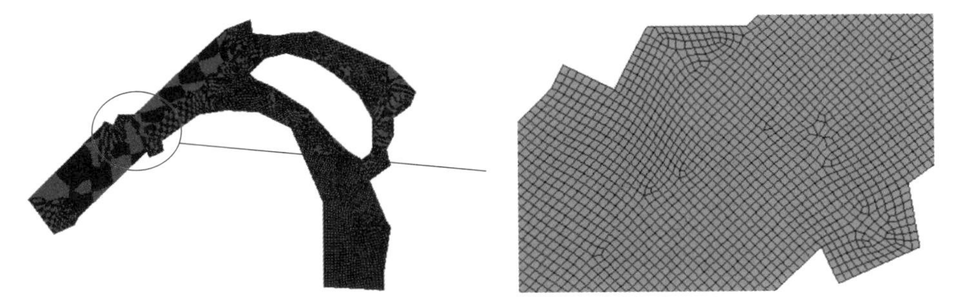

图4-26　生成的网格

生成网格后，在Fluid Flow（Fluent）项目中右击Mesh选项，在弹出的快捷菜单中选择Update命令更新模型网格。

4. 进入Fluent模块

在Fluid Flow（Fluent）项目中双击Setup选项，弹出Fluent Launcher（Fluent启动）控制面板，在该控制面板中读者可以根据计算机的配置条件选择合适的线程数等；单击Start按钮从Workbench进入Fluent模块。

5. 检查网格

操作：选择Setup → General → Mesh → Check命令。

6. 确定长度的单位

操作：选择Setup → General → Mesh → Scale命令。

打开Scale Mesh（标定网格）控制面板，在View Length Unit In栏中选择mm，此时在Domain Extents栏中给出了区域的范围和度量的单位，单击Close按钮，完成单位的转换。

7. 设置求解器

操作：选择Setup → General → Solver命令。

打开Solver（求解器）命令详细信息区，选中Time栏中的Steady单选项。

8. 选择能量方程

操作：选择Setup → Models → Energy命令。

打开Energy（能量）控制面板，勾选Energy Equation复选框，单击OK按钮关闭控制面板。

注意：如果Setup → Models中没有Energy命令，则单击菜单栏中的Physics选项卡，在Model中勾选Energy复选框。

9. 设置湍流模型

操作：选择Setup → Models → Viscous命令。

打开Viscous Model（黏度模型）控制面板，选择k-epsilon模型。

10. 定义多组分模型

操作：选择Setup → Models → Species命令。

在打开的Species Model（多组分模型）控制面板中，在Model栏中选中Species Transport单选项，在Options栏中勾选Inlet Diffusion复选框，设置如图4-27所示，单击OK按钮退出Species Model（多组分模型）控制面板。

注意：如果在Setup → Models中没有Species命令，则单击菜单栏Physics，在Model中勾选Species复选框。

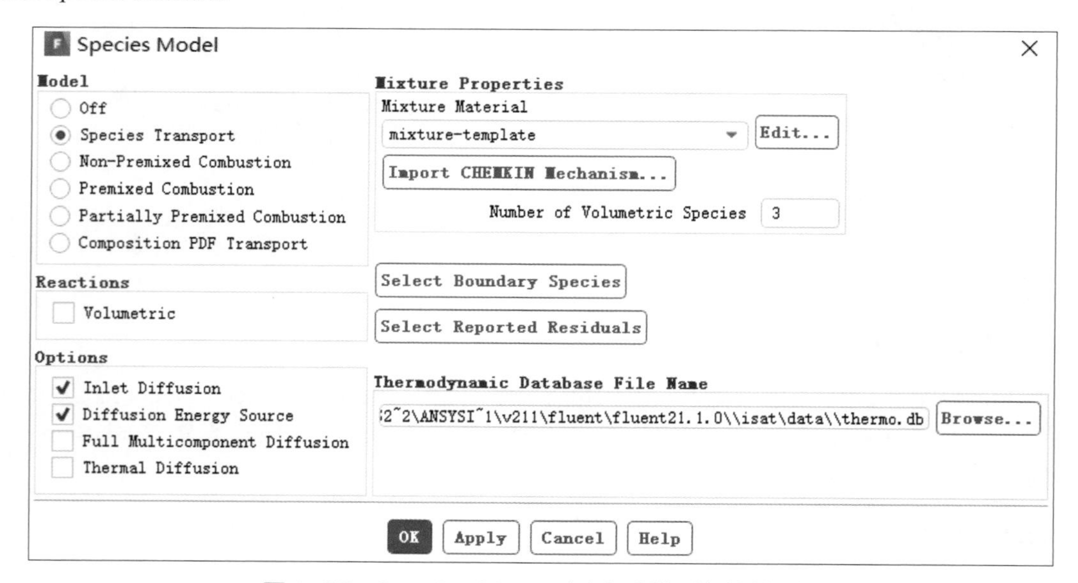

图4-27　Species Model（多组分模型）控制面板

11.设置流体的物理属性

操作：选择Setup → Materials → Fluid → air命令。

打开Create/Edit Materials（创建/编辑材料）控制面板，单击Fluent Database按钮打开Fluent Database Materials（Fluent数据库材料）控制面板，在Materials Type栏中选择fluid，在Fluent Fluid Materials栏中选择carbon-tetrachloride（ccl4）、toluene-liquid（c7h8<l>）和water-liquid（h2o<l>），单击Copy按钮复制材料。

在Create/Edit Materials（创建/编辑材料）控制面板中，在Fluent Fluid Materials栏中选择mixture；单击Mixture Species栏旁边的Edit按钮，打开Species（组分）控制面板，在Selected Species栏中添加carbon-tetrachloride（ccl4）、toluene-liquid（c7h8<l>）和water-liquid（h2o<l>），设置如图4-28所示。

图4-28　Species（组分）控制面板

在Create/Edit Materials（创建/编辑材料）控制面板中，单击Change/Create按钮。

12.设置流体域

操作：选择Setup → Cell Zone Conditions → Fluid → river命令。

打开Fluid（流体）控制面板，在Material Name栏中选择mixture-template。

13.设置边界条件

操作：选择Setup → Boundary Conditions命令。

打开Boundary Conditions（边界条件）命令详细信息区，双击inlet，打开Velocity Inlet（速度入口）控制面板。在Velocity Magnitude栏中输入3；在Specification Method栏中选择Intensity and Hydraulic Diameter（强度与水力直径）；在Turbulent Intensity栏中输入5（来流的湍流强度）；在Hydraulic Diameter栏中输入990（进口尺寸）；选择Species选项卡，在ccl4栏中输入0，在c7h8栏中输入0，表示在入口inlet中CCl_4和C_7H_8含量均为0。

在Boundary Conditions（边界条件）命令详细信息区中，双击ccl4-inlet，打开Velocity Inlet（速度入口）控制面板。在Velocity Magnitude栏中输入1；在Specification Method栏中

选择Intensity and Hydraulic Diameter（强度与水力直径）；在Turbulent Intensity栏中输入5（来流的湍流强度）；在Hydraulic Diameter栏中输入280（进口尺寸）；单击Species选项卡，在ccl4栏中输入1，在c7h8栏中输入0。

在Boundary Conditions（边界条件）命令详细信息区中，双击c7h8-inlet，打开Velocity Inlet（速度入口）控制面板。在Velocity Magnitude栏中输入1；在Specification Method栏中选择Intensity and Hydraulic Diameter（强度与水力直径）；在Turbulent Intensity栏中输入5（来流的湍流强度）；在Hydraulic Diameter栏中输入340（进口尺寸）；单击Species选项卡，在ccl4栏中输入0，在c7h8栏中输入1。

在Boundary Conditions（边界条件）命令详细信息区中，单击outlet按钮，在Type中修改其类型为outflow。

14. 求解设置

操作：选择Solution → Methods和Controls 命令。

求解方法选用Coupled算法。

15. 流场初始化

操作：选择Solution → Initialization命令。

打开Solution Initialization（流场初始化）命令详细信息区，在Initialization Methods栏中选择Hybrid Initialization（混合初始化），单击Initialize按钮进行初始化。

16. 初始化污染物含量

操作：选择Solution → Initialization → Patch命令。

打开Patch（局部）控制面板，在Variable栏中分别选择ccl4和c7h8；在Value栏中输入0；在Zones to Patch栏中选择river；单击Patch按钮；单击Close按钮关闭控制面板。

17. 运行计算

操作：选择Solution → Run Calculation命令。

打开Run Calculation（运行计算）命令详细信息区，在Number of Iterations栏中输入300，单击Calculate按钮，开始运行计算。

18. 显示压力云图

操作：选择Results → Graphics → Contours命令。

打开Contours（等值线）控制面板，在Contours of栏中选择Pressure和Static Pressure；在Options栏中勾选Filled复选框；单击Save/Display按钮，显示图4-29所示的压力云图。

19. 显示速度云图

在Contours（等值线）控制面板中，在Contours of栏中选择Velocity和Velocity Magnitude；在Options栏中勾选Filled复选框；单击Save/Display按钮，显示图4-30所示的速度云图。

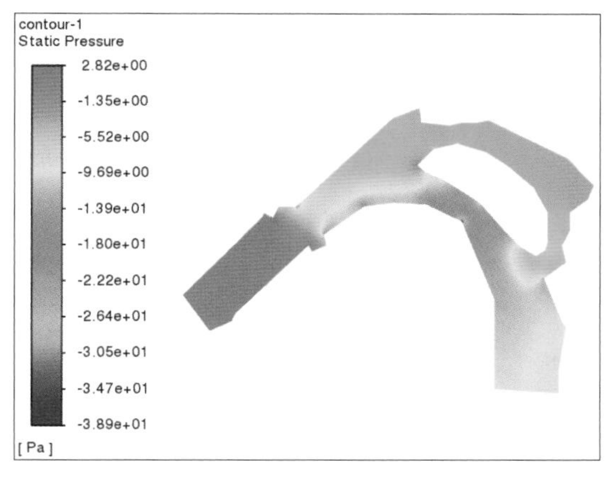

图4-29　压力云图

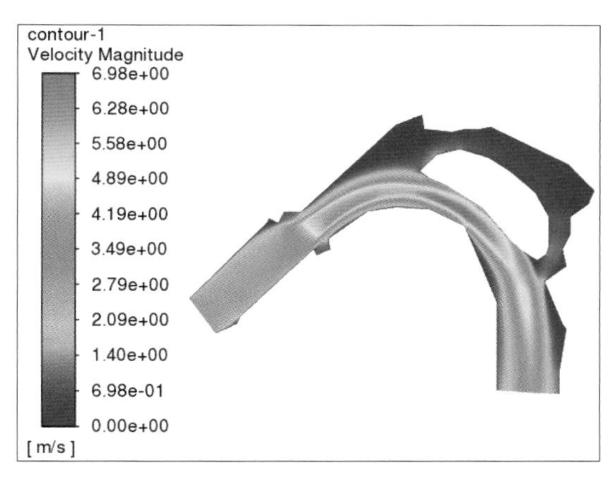

图4-30　速度云图

20.显示组分分布云图

在Contours（等值线）控制面板中，在Contours of栏中选择Species和Mass fraction of ccl4，单击Save/Display按钮，显示图4-31所示的CCl_4组分分布云图；在Contours of栏中选择Species和Mass fraction of c7h8<l>，单击Save/Display按钮，显示图4-32所示的C_7H_8组分分布云图。

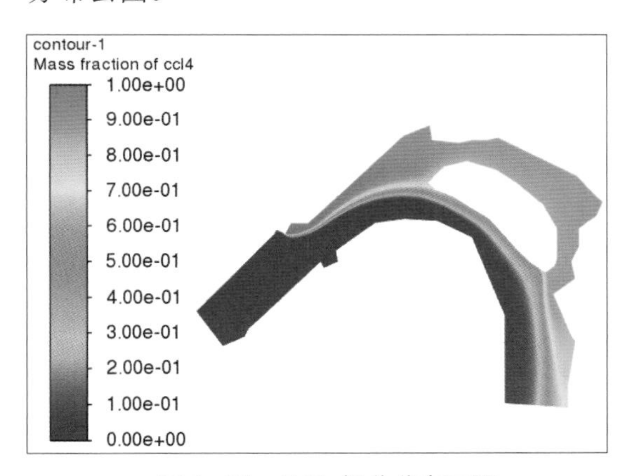

图4-31　CCl_4组分分布云图

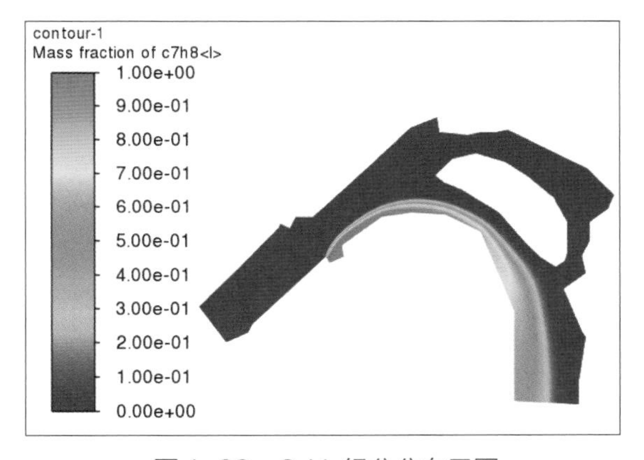

图4-32　C_7H_8组分分布云图

21.显示速度矢量图

操作：选择Results → Graphics → Vectors命令。

在Vectors（速度矢量）控制面板中，勾选Options栏中的Draw Mesh复选框，在打开的Mesh Display（网格显示）控制面板的Options栏中勾选Edges复选框，在Edge Type栏中选择Feature，在Surfaces栏中选择c7h8-inlet、ccl4-inlet、inlet、outlet、wall-river，单击Display按钮确认设置，单击Close按钮关闭Mesh Display控制面板，返回至Vectors（速度矢量）控制面板。

在Vectors（速度矢量）控制面板中，在Scale栏输入1，在Skip栏输入7，单击Save/Display按钮，显示图4-33所示的速度矢量图。

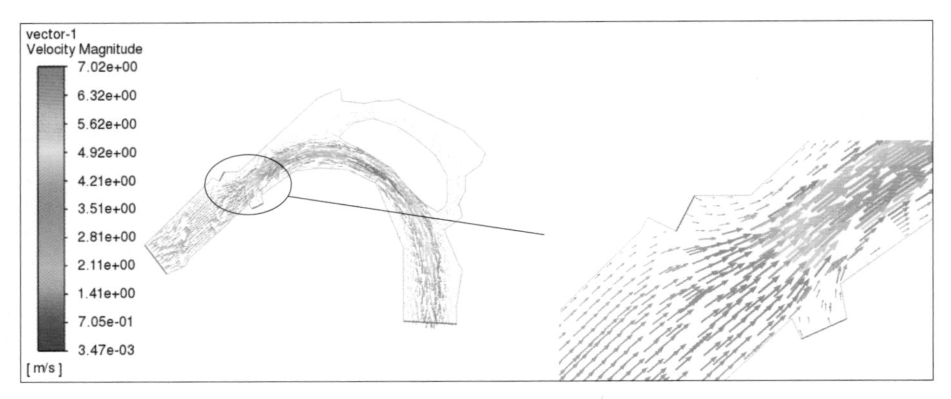

图4-33 速度矢量图

22.显示迹线图

操作：选择Results → Graphics → Pathlines命令。

打开Pathlines（迹线）控制面板，显示模型边缘，并在Scale栏中输入2，在Skip栏中输入6，在Release From Surfaces栏中选择所有面，单击Save/Display按钮，显示图4-34所示的迹线图。

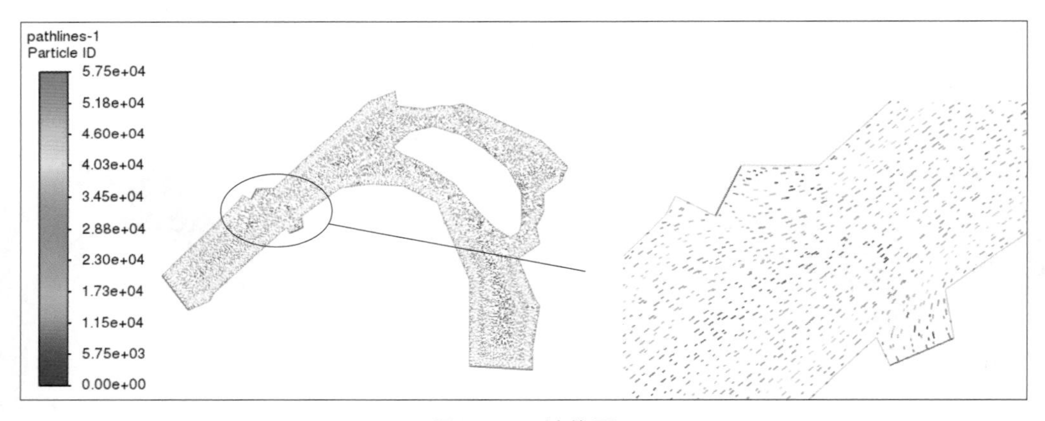

图4-34 迹线图

4.3 机翼亚音速流动分析

4.3.1 问题描述

随着航天航空技术的发展，亚音速、音速、跨音速、超音速、超高音速的速度概念便形成了，研究在不同音速下的飞机运动规律是一个至关重要的科学问题。马赫是表示速度的量词，一马赫即一倍音速，马赫数小于1为亚音速，马赫数大于等于5为超高音速。本实例模拟机翼在亚音速下旋转，其模型结构及主要尺寸如图4-35所示。机翼外有一圆形的近处流场，有一矩形的远处流场；机翼与近处流场共同沿顺时针方向旋转，旋转速度大小为0.5 rad/s；马赫数为0.6。试模拟机翼旋转后的流场变化，并绘制流场压力云图、速度云图、速度矢量图及迹线图。

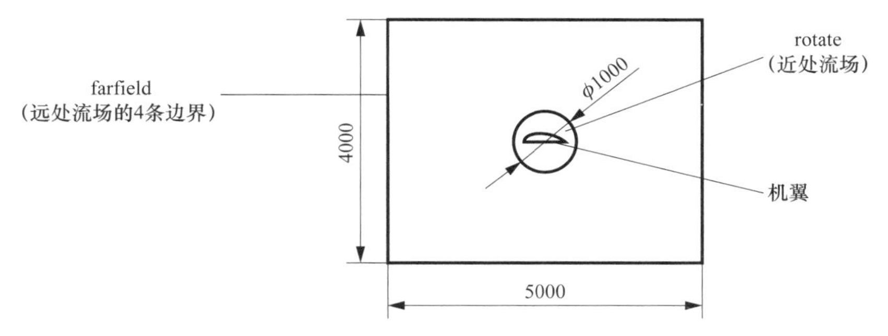

图4-35　模型结构及主要尺寸（单位：mm）

4.3.2　具体分析

1. 建立分析项目

启动ANSYS Workbench，选择Toolbox → Analysis Systems → Fluid Flow（Fluent）命令，双击Fluid Flow（Fluent）或单击并拖动Fluid Flow（Fluent）至右侧项目创建区。

2. 建模

在Fluid Flow（Fluent）项目中右击Geometry选项，在弹出的快捷菜单中选择Import Geometry命令，导入名为wing.scdoc的文件（几何模型为配套资源ch4文件夹 → wing文件夹中的wing.scdoc文件）。

3. 划分网格

在Fluid Flow（Fluent）项目中双击Mesh选项，进入Mesh模块；按图4-35所示对模型及模型边界进行命名，且远处流场与近处流场有一接触面，属于远处流场的部分命名为interface1，属于近处流场的部分命名为interface2。设置外流场网格尺寸为25 mm，设置机翼附近旋转区域网格尺寸为10 mm，设置机翼网格尺寸为5 mm。生成的网格模型如图4-36所示。

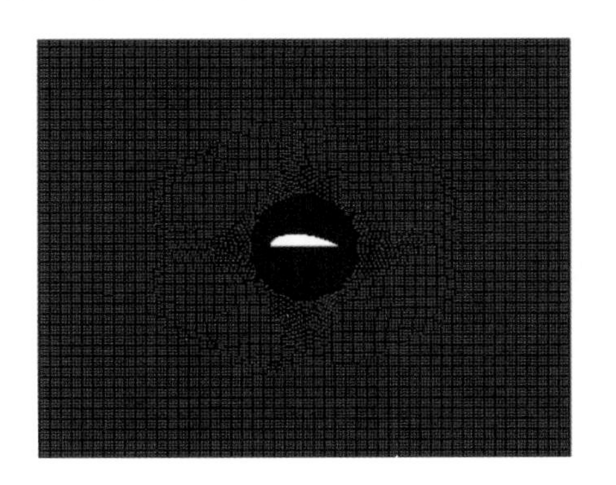
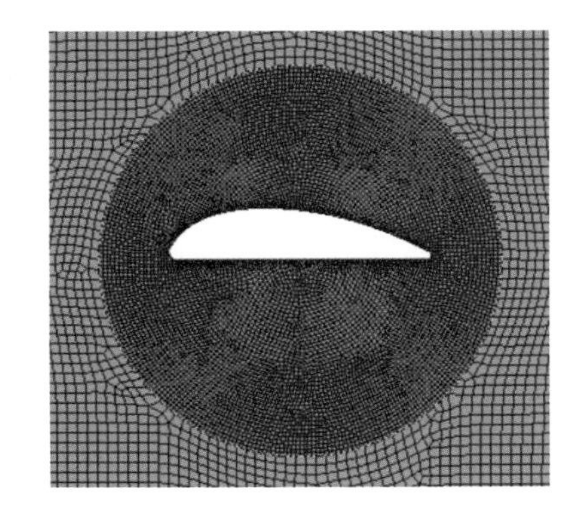

图4-36　生成的网格

生成网格后，在Fluid Flow（Fluent）项目中右击Mesh选项，在弹出的快捷菜单中选择Update命令以更新模型网格。

4. 进入Fluent模块

在Fluid Flow（Fluent）项目中双击Setup选项，弹出Fluent Launcher（Fluent启动）控制

面板，在该控制面板中，读者可以根据计算机的实际配置选择合适的线程数等；单击Start按钮从Workbench进入Fluent模块。

5. 设置接触面组

操作：选择Setup → Mesh Interfaces命令。

打开Mesh Interfaces（网格接触面组）控制面板，单击Manual Create按钮，打开Create/Edit Mesh Interfaces（创建/编辑网格接触面组）控制面板，在Mesh Interface栏输入接触面组的名称为interface；在Interface Zones Side 1栏中选择interface1，在Interface Zones Side 2栏中选择interface2。设置如图4-37所示。单击Create/Edit按钮。

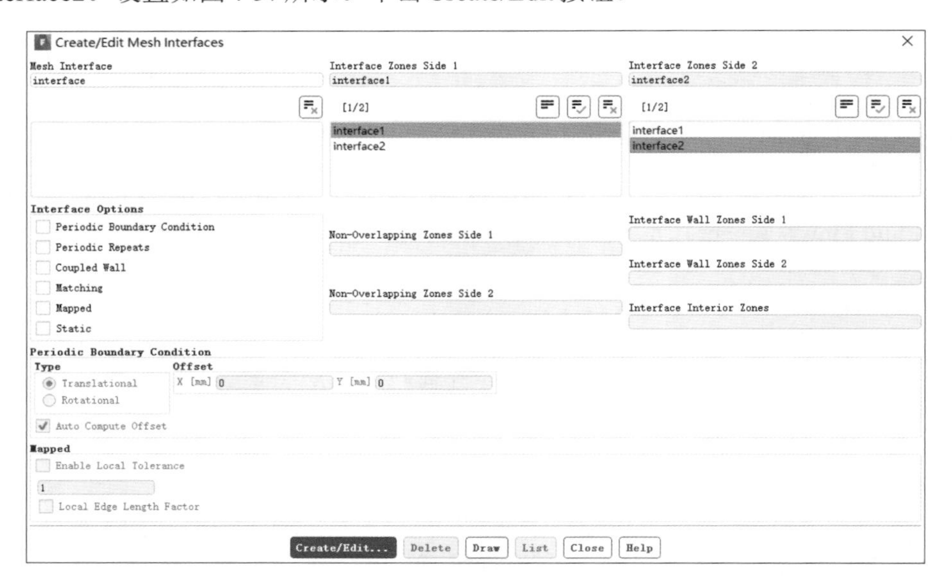

图4-37　Create/Edit Mesh Interfaces（创建/编辑网格接触面组）控制面板

6. 检查网格

操作：选择Setup → General → Mesh → Check命令。

7. 确定长度的单位

操作：选择Setup → General → Mesh → Scale命令。

打开Scale Mesh（标定网格）控制面板，在View Length Unit In栏中选择mm；此时，在Domain Extents栏中给出了区域的范围和度量的单位；单击Close按钮，完成单位转换。

8. 设置求解器

操作：选择Setup → General → Solver命令。

打开Solver（求解器）命令详细信息区，选中Time栏中的Transient单选项。

9. 选择能量方程

操作：选择Setup → Models → Energy命令。

打开Energy（能量）控制面板，勾选Energy Equation（能量方程）复选框，单击OK按钮关闭控制面板。

注意：如果Setup → Models中没有Energy命令，则单击菜单栏中的Physics，在Model中勾选Energy复选框。

10.设置湍流模型

操作：选择Setup → Models → Viscous命令。

打开Viscous Model（黏度模型）控制面板，选择k-omega模型。

11.设置流体的物理属性

操作：选择Setup → Materials → Fluid → air命令。

打开Create/Edit Materials（创建/编辑材料）控制面板，将Density修改为ideal-gas，单击Change/Create按钮。

12.流体域设置

操作：选择Setup → Cell Zone Conditions命令。

打开Cell Zone Conditions（区域条件）命令详细信息区，单击Operating Conditions按钮，打开Operating Conditions（操作条件）控制面板，在Operating Pressure栏中输入0，设置如图4-38所示。

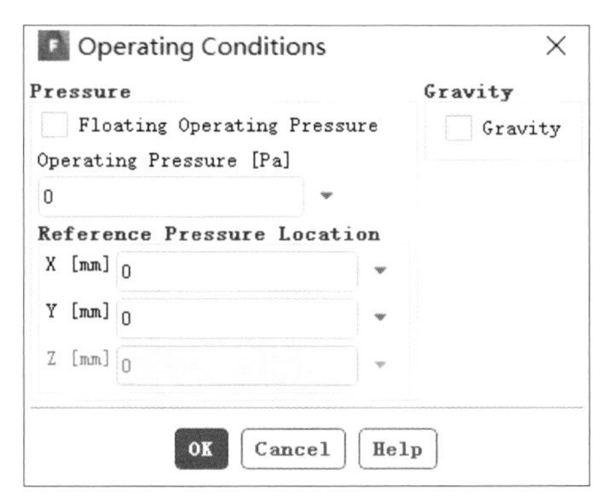

图4-38　Operating Conditions（操作条件）控制面板

双击rotate-contact_region-trg，打开Fluid（流体）控制面板，勾选Mesh Motion复选框，在Rotation-Axis Origin栏中设置X=0、Y=0，在Rotational Velocity下的Speed栏中输入–0.5，设置如图4-39所示，单击Apply按钮完成设置。

图4-39　Fluid（流体）控制面板

13.设置边界条件

操作：选择Setup → Boundary Conditions命令。

打开Boundary Conditions（边界条件）命令详细信息区，单击farfield，在Type栏中修改其类型为pressure far-field。打开Pressure Far-Field（压力远场）控制面板，在Gauge Pressure栏中输入101300；在Mach Number栏中输入0.6；在X-Component of Flow Direction栏中输入1；在Y-Component of Flow Direction栏中输入0。设置如图4-40所示。单击Apply按钮完成设置。

图4-40 Pressure Far-Field（压力远场）控制面板

14. 求解设置

操作：选择Solution → Methods和Controls 命令。

求解方法选用SIMPLE算法。

15. 流场初始化

操作：选择Solution → Initialization命令。

打开Solution Initialization（流场初始化）命令详细信息区，在Initialization Methods栏中选中Standard Initialization单选项；在Compute From栏中选择farfield；单击Initialize按钮。

16. 运行计算

操作：选择Solution → Run Calculation命令。

打开Run Calculation（运行计算）命令详细信息区，在Number of Time Steps栏中输入200，在Time Step Size栏中输入0.05，即计算模型在时长为200×0.05 s = 10 s时的状态，单击Calculate按钮，开始运行计算。同理，可在Number of Time Steps栏和Time Step Size栏中输入其他数值，计算模型在其他时间的状态。

17. 显示压力云图

操作：选择Results → Graphics → Contours命令。

打开Contours（等值线）控制面板，在Contours of栏中选择Pressure和Static Pressure，在Options栏中勾选Filled复选框，单击Save/Display按钮，显示图4-41所示的压力云图。

18. 显示速度云图

在Contours（等值线）控制面板中，在Contours of栏中选择Velocity和Velocity Magnitude，在Options栏中勾选Filled复选框，单击Save/Display按钮，显示图4-42所示的速度云图。

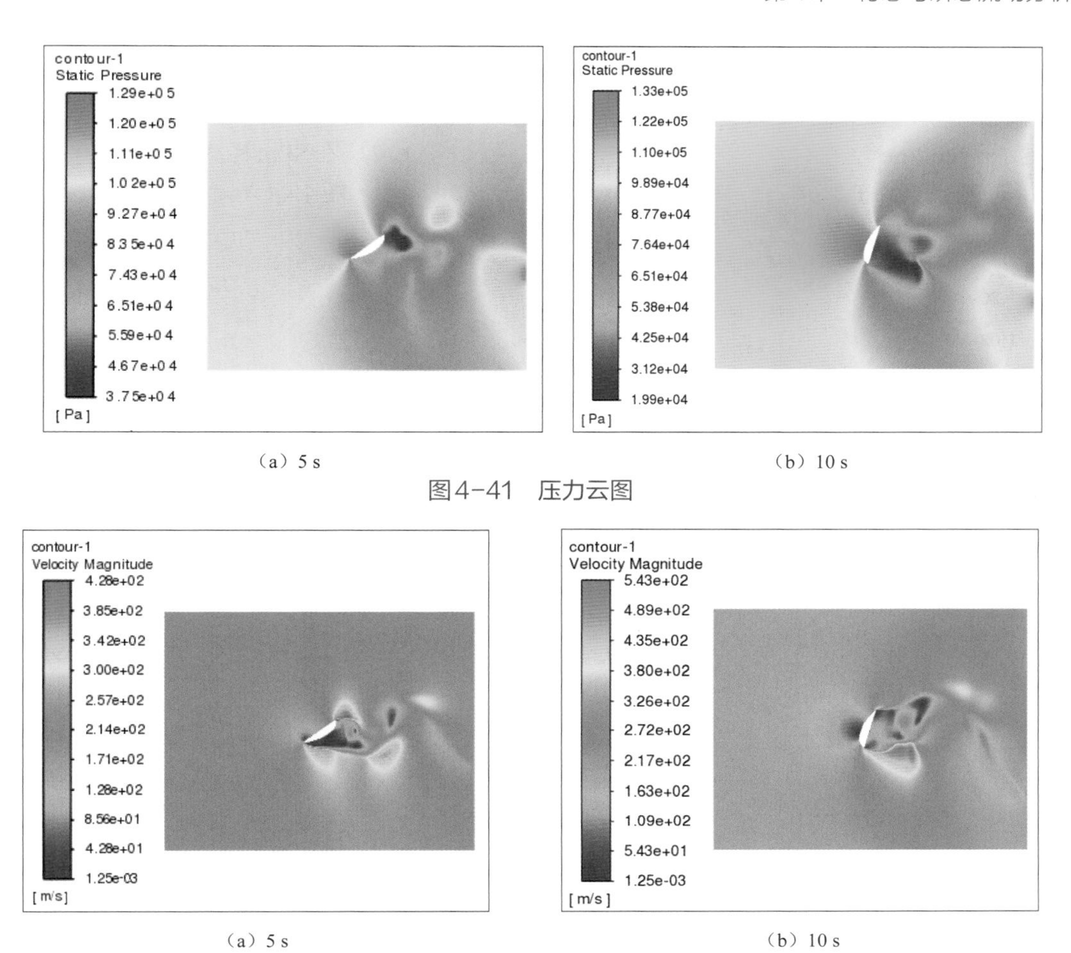

（a）5 s　　（b）10 s

图4-41　压力云图

（a）5 s　　（b）10 s

图4-42　速度云图

19.显示速度矢量图

操作：选择Results → Graphics → Vectors命令。

打开Vectors（速度矢量）控制面板，在Scale栏中输入2，在Skip栏中输入2，单击Save/Display按钮，显示图4-43所示的速度矢量图。

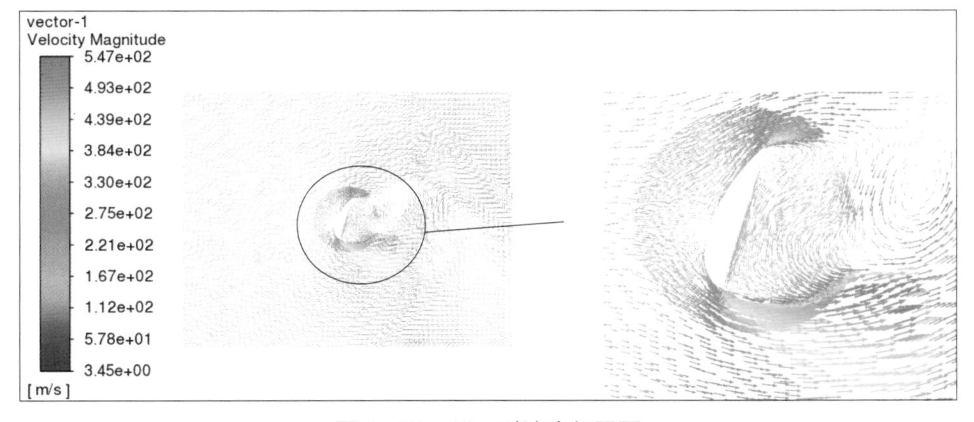

图4-43　10 s时速度矢量图

20. 显示迹线图

操作：选择Results → Graphics → Pathlines命令。

打开Pathlines（迹线）控制面板，在Scale栏中输入2，在Skip栏中输入6，在Release From Surfaces栏中选择所有面，单击Save/Display按钮，显示图4-44所示的迹线图。

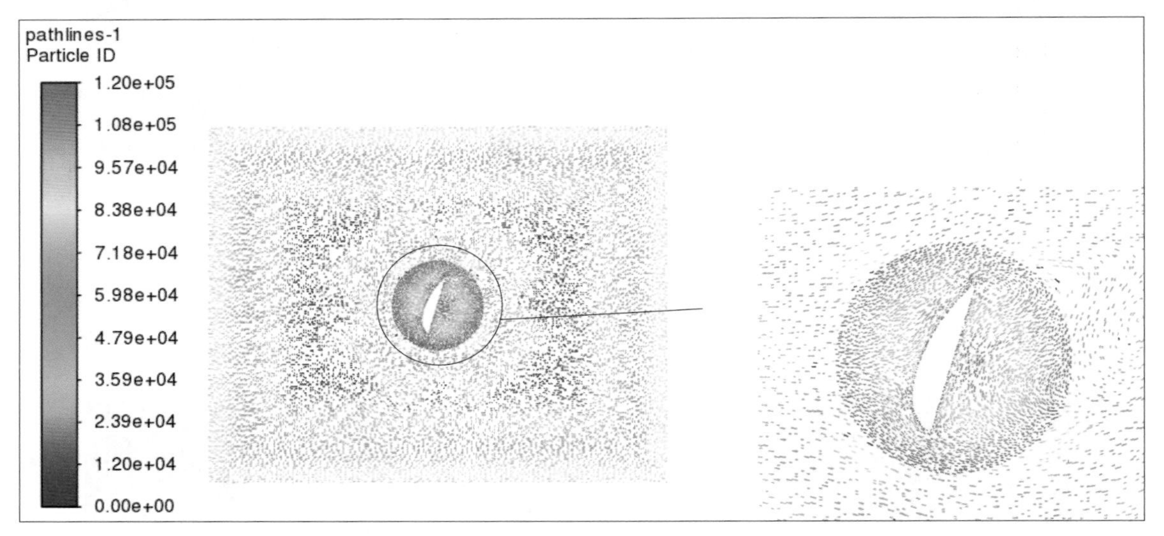

图4-44 10 s时迹线图

4.4 本章小结

本章主要内容如下。

1）通过血管机器人外流场分析、河流污染扩散分析和机翼亚音速流动分析3个实例演示了Fluent稳态与瞬态流动分析的基本操作流程。

2）展示了Fluent稳态与瞬态流动分析的异同及前、后处理操作的注意事项。

4.5 练习题

习题1. 冷热水混合水管包含冷水通道和热水通道，可将冷水和热水以不同速度、不同比例输入管内以得到不同水温的水，并将混合的冷、热水流输出，其在淋浴器、恒温阀等生活和工程领域应用广泛。一冷热水混合水管的结构及边界名称如图4-45所示。冷水水流温度为295 K，入射速度为0.4 m/s；热水水流温度为365 K，入射速度为0.5 m/s。试模拟冷热水在水管内的瞬态混合流动，并绘制水流在0.2 s和0.4 s时的压力云图、速度云图、温度云图、速度矢量图及迹线图（网格模型为配套资源ch4文件夹 → water-pipe文件夹中的water-pipe.msh文件）。

习题2. 汽车是人们日常生活中常见的交通工具。汽车在路上行驶时会受到风阻，研究汽车行驶时周围流场的情况对改善车体形状和节约能源等工程问题有着促进作用。某吉普车及外流场结构如图4-46所示，风从外流场正面以30 m/s的速度流入，从外流场4个侧面（吉普车的左、右、上、后4个面）流出。试模拟车辆迎风时外流场流动，并绘制车辆外流场的压力云图、速度云图、速度矢量图及迹线图（几何模型为配套资源ch4文件夹 → jeep文件夹中的jeep.igs文件）。

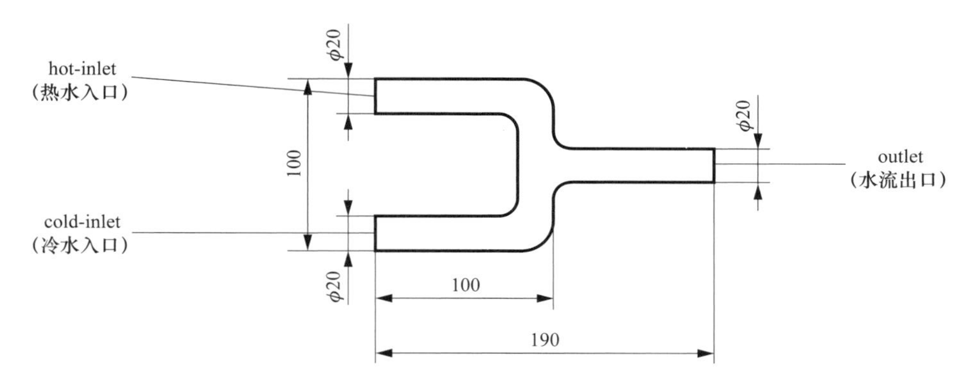

图4-45　冷热水混合水管结构及边界名称（单位：mm）

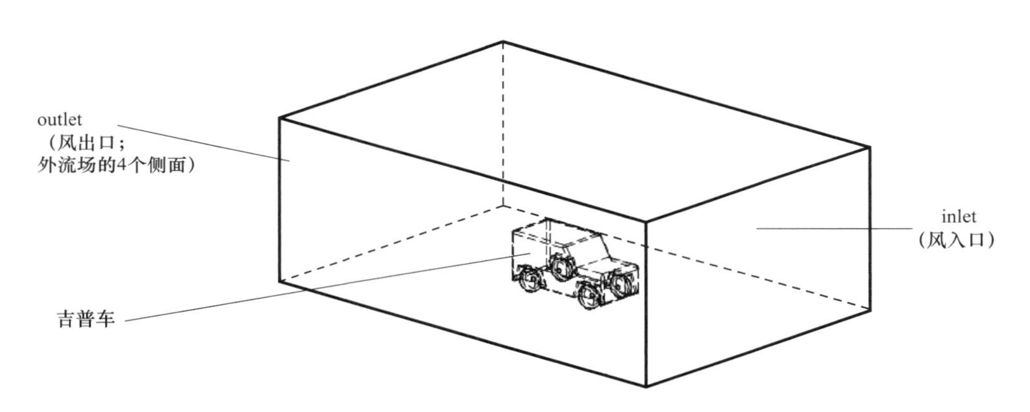

图4-46　吉普车及外流场结构

第5章

离散相流动分析

Fluent可以模拟连续相的物理场参数变化，也可以模拟离散相的物理场参数变化。离散相为球形颗粒、水滴或者气泡等离散在连续相中，其模拟是在拉格朗日坐标系中进行的。Fluent可以计算模拟出离散相的颗粒轨迹及其与连续相之间的能量和质量交换。

5.1 水雾射流冷却工件效果分析

5.1.1 问题描述

打磨工艺广泛存在于机械加工领域，但砂轮打磨工件过程中的高温会降低被加工工件的表面质量，所以在打磨过程中定时地对被加工区域降温是关键的。本例对打磨工件时，利用水雾射流撞击打磨区域以达到降温目的的这一过程进行模拟，喷嘴喷水速度为30 m/s，砂轮转速为2000 r/min，砂轮中心坐标为（0,0）。仿真中采用离散相模型分析打磨区域的压强、温度等，计算区域截面尺寸如图5-1所示。

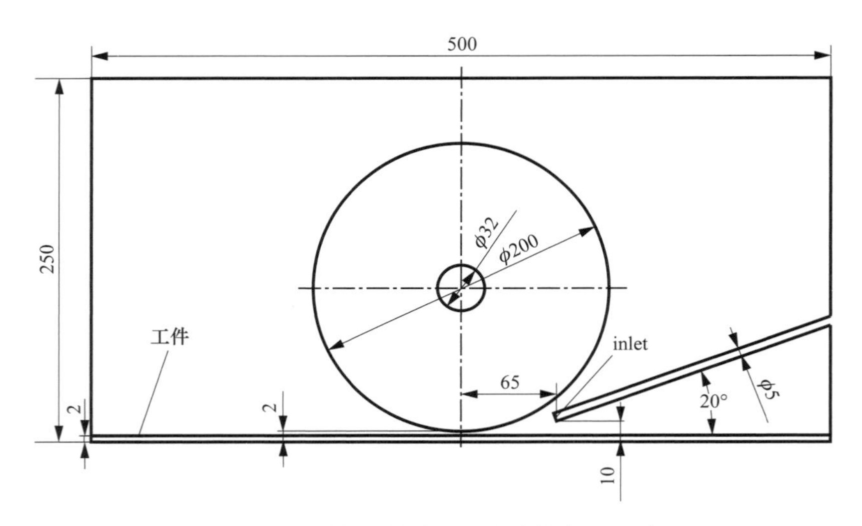

图5-1　计算区域截面尺寸（单位：mm）

5.1.2　具体分析

1. 边界的命名

将直径为5 mm的喷嘴命名为inlet；将inlet两边的边命名为wall；将模型左边、上部边和右侧分开的两边命名为outlet；将厚度为2 mm的工件命名为work-piece，将工件下部边命名为piece-bottom；将中间直径为200 mm的圆砂轮命名为grinding-wheel。

2. Fluent设置

（1）读入网格文件

操作：选择File → Read → Mesh命令。

读入grinding.msh文件（配套资源ch5文件夹 → grinding文件夹中的grinding.msh文件），并检查网格（选择General → Mesh → Check命令），注意最小体积要大于零。

（2）确定长度单位

操作：选择Setup → General → Mesh → Scale命令。

打开Scale Mesh（标定网格）控制面板，如图5-2所示。在View Length Unit In栏中选择mm；单击Close按钮，完成单位转换。

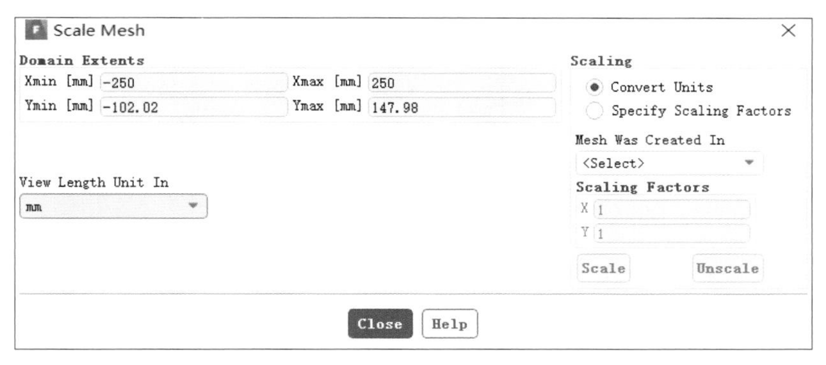

图5-2　Scale Mesh（标定网格）控制面板

（3）设置其他单位

操作：选择Setup → General → Mesh → Units命令。

打开Set Units（设置单位）控制面板，如图5-3所示。在Quantities栏中选择angular-velocity，在Units栏中选择rev/min；单击Close按钮，完成单位设置。

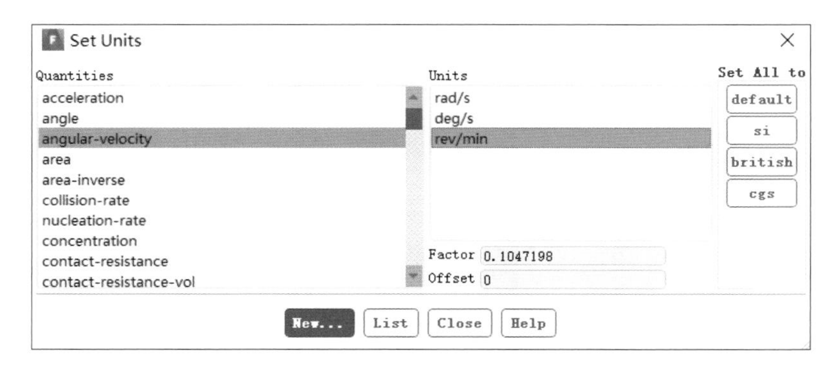

图5-3　Set Units（设置单位）控制面板

（4）显示网格

操作：选择Setup → General → Mesh → Display命令。

打开Mesh Display（网格显示）控制面板。在Surfaces栏中选择所有的表面，单击Display按钮，显示的模型网格如图5-4所示。

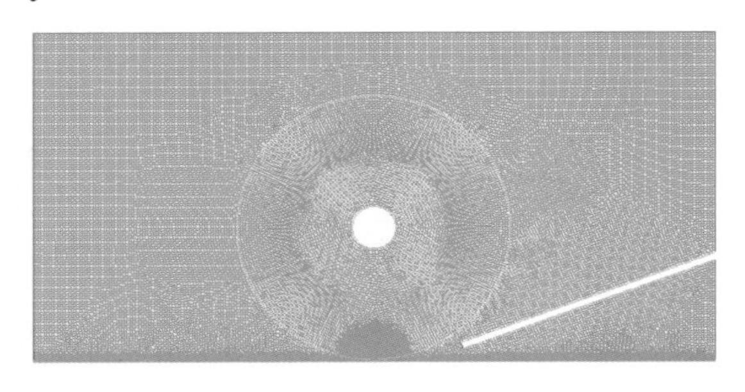
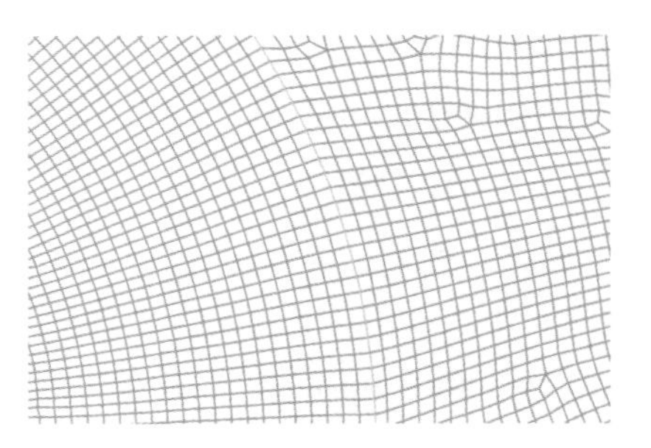

图5-4 用Mesh Display（网格显示）控制面板显示的模型网格

（5）设置重力加速度

操作：选择Setup → General → Gravity命令。

在打开的Gravity（重力）命令详细信息区中，设置重力加速度为–9.81 m/s^2：勾选Gravity复选框，在Y栏中输入–9.81。

（6）选择能量方程

操作：选择Setup → Models → Energy命令。

打开Energy（能量）控制面板，勾选Energy Equation复选框，单击OK按钮关闭该面板。

（7）设置湍流模型

操作：选择Setup → Models → Viscous命令。

打开Viscous Model（黏度模型）控制面板，选择k-epsilon模型下的重整化群模型，其余选项保持默认设置。

（8）设置离散相模型

操作：选择Setup → Models → Discrete Phase → Injections命令。

打开Injections（入射口）控制面板，如图5-5所示。

图5-5 Injections（入射口）控制面板

单击Injections（入射口）控制面板中的Create按钮，打开Set Injection Properties（设置入射口属性）命令详细信息区，在Injection Type栏中选择surface，在Release From Surfaces栏中选择inlet，在Material栏中选择water-liquid；在Diameter Distribution栏中选择rosin-rammler，勾

选控制面板左下角的Inject Using Face Normal Direction复选框，相关设置如图5-6所示。

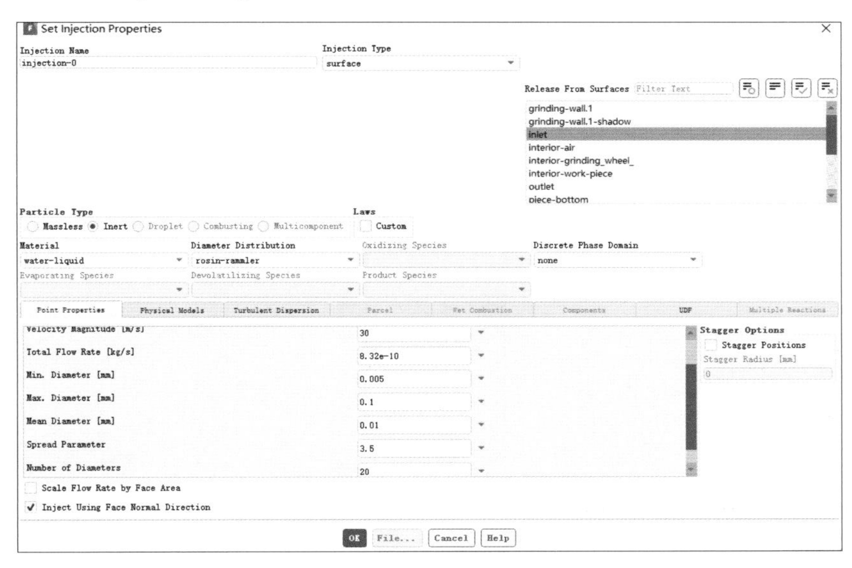

图5-6 创建射流项

单击Physical Models选项卡，在Drag Law栏中选择Stokes-Cunningham，并勾选Brownian Motion复选框。

单击OK按钮，创建injection-0射流项，返回至Injections（入射口）控制面板；单击Injections（入射口）控制面板中的Close按钮关闭Injections（入射口）控制面板。

（9）设置材料

操作：选择Setup → Materials → Solid → aluminum命令。

打开Create/Edit Materials（创建/编辑材料）控制面板，单击Fluent Database按钮打开Fluent Database Materials（Fluent数据库材料）控制面板，在Material Type栏中选择solid，在Fluent Solid Materials栏中选择steel，如图5-7所示。单击Copy按钮复制材料，单击Close按钮关闭Fluent Database Materials（Fluent数据库材料）控制面板；单击Close按钮关闭Create/Edit Materials（创建/编辑材料）控制面板。

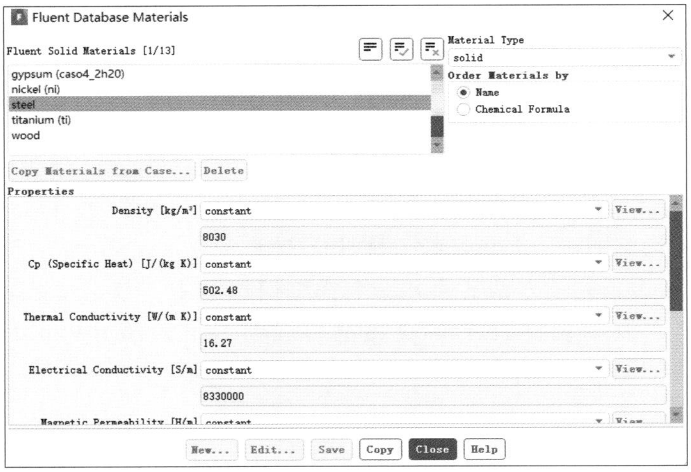

图5-7 钢材料的创建

（10）设置流体域

将grinding-wheel的Type设置为solid。

操作：选择Setup → Cell Zone Conditions → Fluid → grinding-wheel命令，右击，在弹出的快捷菜单中选择Type → solid命令。

在打开的Solid（固体）控制面板中，在Material Name栏中选择aluminum，勾选Frame Motion复选框，在Rotational Velocity下的Speed栏中输入–2000，表示grinding-wheel顺时针旋转速度为2000r/min，单击Apply按钮确认设置，如图5-8所示。单击Close按钮关闭Solid（固体）控制面板。

图5-8　砂轮转速创建

将work-piece的Type设置为solid。

操作：选择Setup → Cell Zone Conditions → Fluid → work-piece命令，右击，在弹出的快捷菜单中选择Type → solid命令。

在打开的Solid（固体）控制面板中保持默认设置，单击Apply按钮确认设置，单击Close按钮关闭Solid（固体）控制面板。

（11）设置边界条件

操作：选择Setup → Boundary Conditions命令。

打开Boundary Conditions（边界条件）命令详细信息区，双击inlet，打开Velocity Inlet（速度入口）控制面板，在Velocity Magnitude栏中输入30，在Specification Method栏中选择Intensity and Hydraulic Diameter，在Turbulent Intensity栏中输入5，在Hydraulic Diameter栏中输入5，如图5-9所示。单击Apply按钮确认设置，单击Close按钮关闭Velocity Inlet（速度入口）控制面板。

在Boundary Conditions（边界条件）命令详细信息区中，双击outlet，打开Pressure Outlet（压力出口）控制面板，各项参数保持默认设置。

在Boundary Conditions（边界条件）命令详细信息区中，双击piece-bottom，在打开的Wall（壁面）控制面板中设置Thermal（热量）选项卡下的Heat Flux为1000，在Material Name栏中选择创建的钢材料steel。

（12）求解设置

操作：选择Solution → Methods命令。

打开Solution Methods（求解方法）命令详细信息区，在Pressure-Velocity Coupling下的

Scheme栏中选择SIMPLE；在Spatial Discretization下的Gradient栏中选择Green-Gauss Cell Based；在Pressure栏中选择Standard；在Momentum栏中选择Second Order Upwind。

Velocity Inlet
Zone Name
inlet
Momentum　Thermal　Radiation　Species　DPM　Multiphase　Potential　UDS
Velocity Specification Method　Magnitude, Normal to Boundary
Reference Frame　Absolute
Velocity Magnitude [m/s]　30
Supersonic/Initial Gauge Pressure [Pa]　0
Turbulence
Specification Method　Intensity and Hydraulic Diameter
Turbulent Intensity [%]　5
Hydraulic Diameter [mm]　5
Apply　Close　Help

图5-9　Velocity Inlet（速度入口）控制面板

（13）流场初始化

操作：选择Solution → Initialization命令。

打开Solution Initialization（流场初始化）命令详细信息区，在Initialization Methods（初始化方法）栏中选中Standard Initialization单选项，在Compute From栏中选择all-zones，单击Initialize按钮。

（14）运行计算

操作：选择Solution → Run Calculation命令。

打开Run Calculation（运行计算）命令详细信息区，在Number of Iterations栏中输入500，单击Calculate按钮，开始运行计算。

3. 结果后处理

（1）显示云图

操作：选择Results → Graphics → Contours命令。

打开Contours（等值线）控制面板，在Contours of栏中选择Pressure和Static Pressure，单击Save/Display按钮，显示图5-10所示的压力云图。

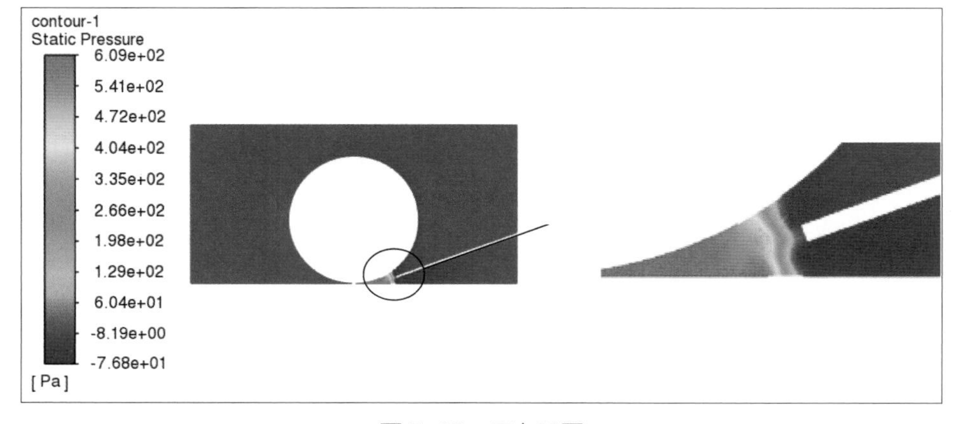

图5-10　压力云图

在Contours of栏中选择Velocity和Velocity Magnitude，单击Save/Display按钮，显示图5-11所示的速度云图。

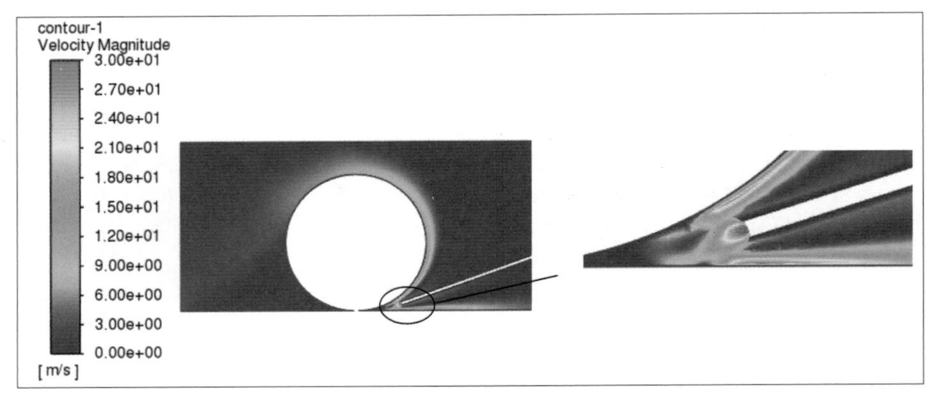

图5-11　速度云图

在Surfaces栏中只选择air，在Contours of栏中选择Temperature和Static Temperature，单击Save/Display按钮，显示图5-12所示的温度云图。

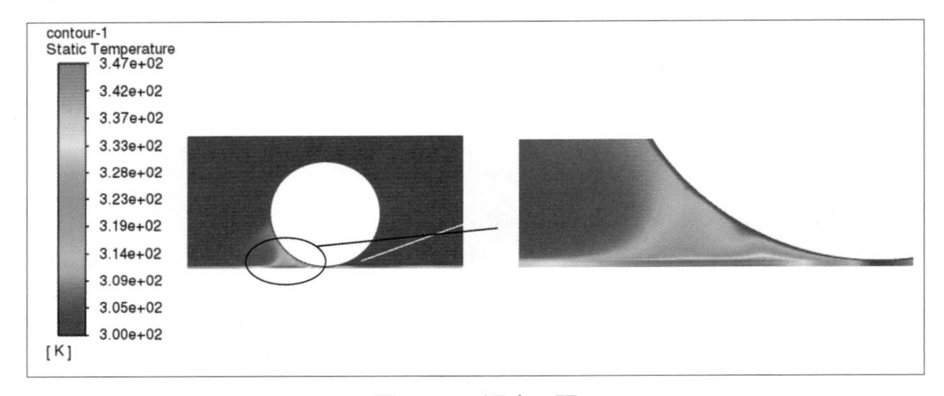

图5-12　温度云图

（2）显示矢量图

操作：选择Results → Graphics → Vectors命令。

打开Vectors（速度矢量）控制面板。为了更好地表达颗粒速度矢量，需要显示非颗粒模型边缘，在Vectors（速度矢量）控制面板中，勾选Options栏中的Draw Mesh复选框，在打开的Mesh Display（网格显示）控制面板中，在Surfaces栏中选择grinding-wall.1、inlet、outlet、piece-bottom、piece-top、piece-top.1、wall、wall-work-piece，勾选Edges复选框，单击Display按钮确认设置，单击Close按钮关闭Mesh Display（网格显示）控制面板，返回至Vectors（速度矢量）控制面板。

在Vectors（速度矢量）控制面板中，在Scale栏中输入0.03，在Skip栏中输入30，在Surfaces栏中选择air，单击Save/Display按钮，显示图5-13所示的速度矢量图。

（3）显示迹线图

操作：选择Results → Graphics → Pathlines命令。

打开Pathlines（迹线）控制面板。在Step栏中输入10，在Skip栏中输入20，在Release From Surfaces中选择air，单击Save/Display按钮，显示图5-14所示的迹线图。

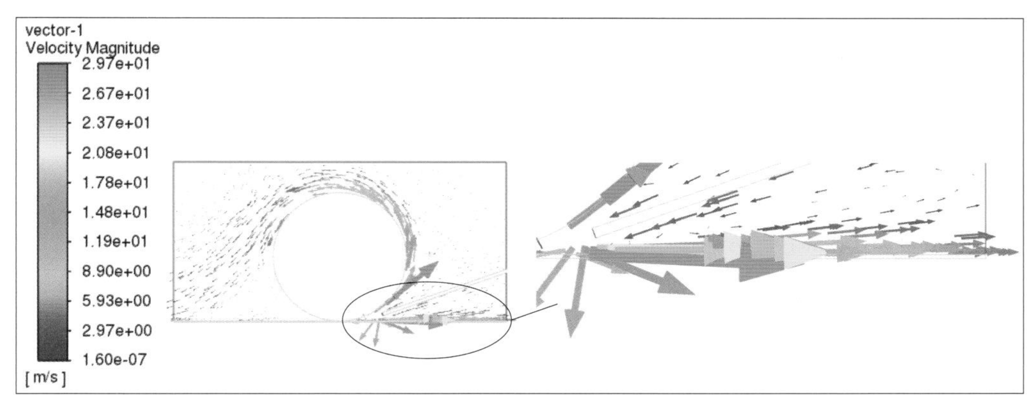

图5-13　速度矢量图

（4）显示颗粒轨迹线

操作：选择Results → Graphics → Particle Tracks命令。

为了更好地表达颗粒轨迹，需显示非颗粒模型边缘，在打开的Particle Tracks(粒子轨迹)命令详细信息区中，勾选Options栏中的Draw Mesh复选框，在打开的Mesh Display（网格显示）控制面板中，在Surfaces栏中选择grinding-wall.1、inlet、outlet、piece-bottom、piece-top、piece-top.1、wall、wall-work-piece，勾选Edges复选框，单击Display按钮确认显示，单击Close按钮关闭Mesh Display（网格显示）命令详细信息区，返回至Particle Tracks（粒子轨迹）控制面板。

在Particle Tracks（粒子轨迹）控制面板中，在Release From Injections栏中选择Injection-0，单击Save/Display按钮，显示图5-15所示的水雾轨迹线图。

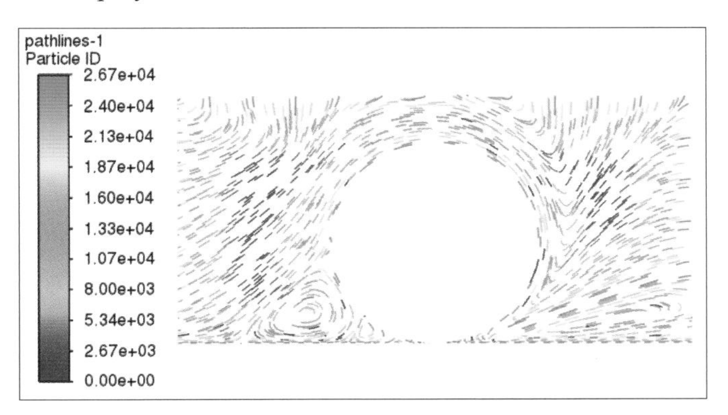

图5-14　迹线图

（5）显示XY曲线图

显示计算区域任意线段或任意面上的物理量的变化情况。在work-piece面上创建一条线段。选择Surface → Create → Line/Rake命令，打开Line/Rake Surface（直线/耙面）控制面板，如图5-16所示，在New Surface Name栏中输入line-0，在End Points栏中输入x0=–250、x1=0、y0=–102、y1=–102，单击Create按钮，创建名为line-0的线段。

选择Results → Plots → XY Plot命令，打开Solution XY Plot（XY曲线设置）控制面板。在Y Axis Function栏中选择Temperature和Static Temperature，在Surfaces栏中选择line-0，单击Save/Plot按钮，显示图5-17所示的所创建线段上的温度分布曲线图。

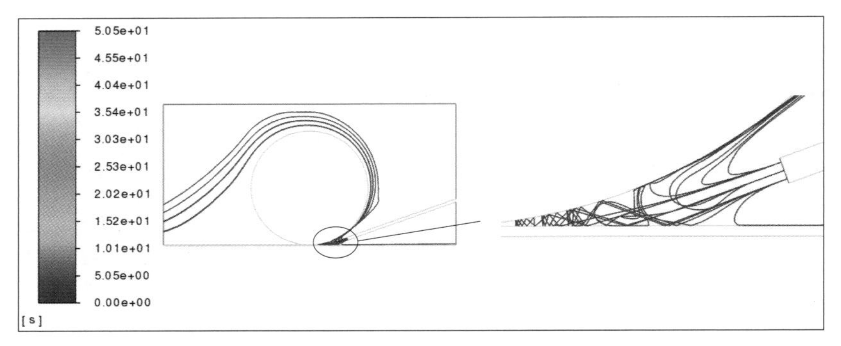

图5-15　水雾轨迹线图

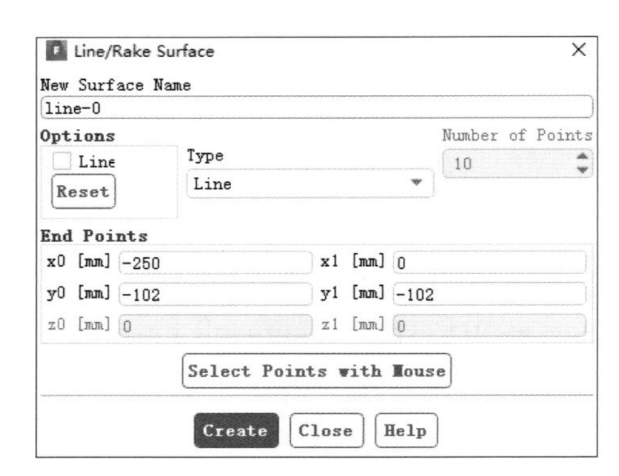

图5-16　Line/Rake Surface（直线耙面）控制面板

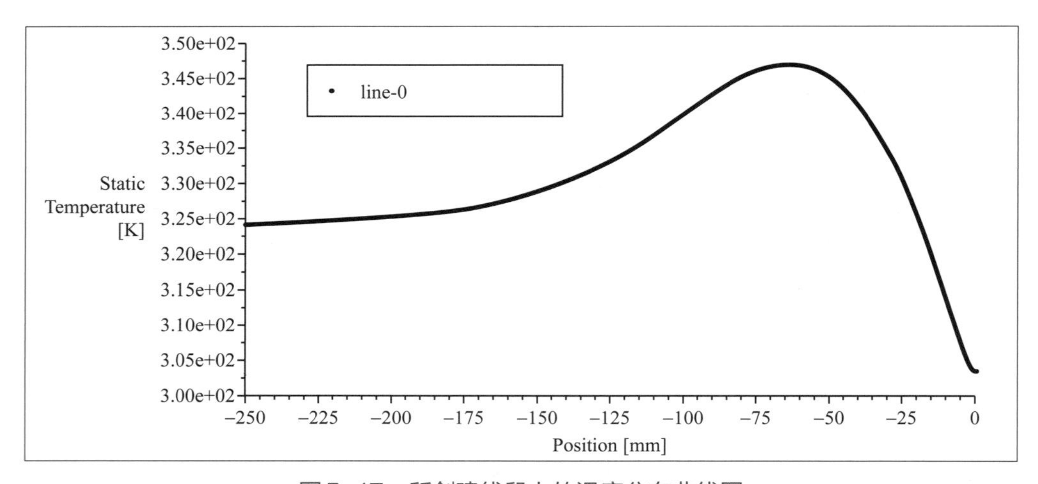

图5-17　所创建线段上的温度分布曲线图

5.2　旋流分离器内颗粒流动分析

5.2.1　问题描述

旋流分离器是利用离心沉降原理将固体颗粒从气固混合物中分离的设备，在化工、石油、环保等领域均有应用。旋流分离器的结构、主要尺寸及边界名称如图5-18所示。设备主体由上方圆柱和下方圆锥两部分构成，气固混合物沿入口切向进入圆筒，向下做螺旋形运动，固体颗粒受到离心力作用被甩向设备内壁，随向下的旋流降至圆锥底部的出口；含有微细颗粒的气体则成为上升的旋流，从顶部的出口排出。带颗粒的空气流入射速度为3 m/s，颗粒大小为0.1 mm，质量流速为10^{-20} kg/s。

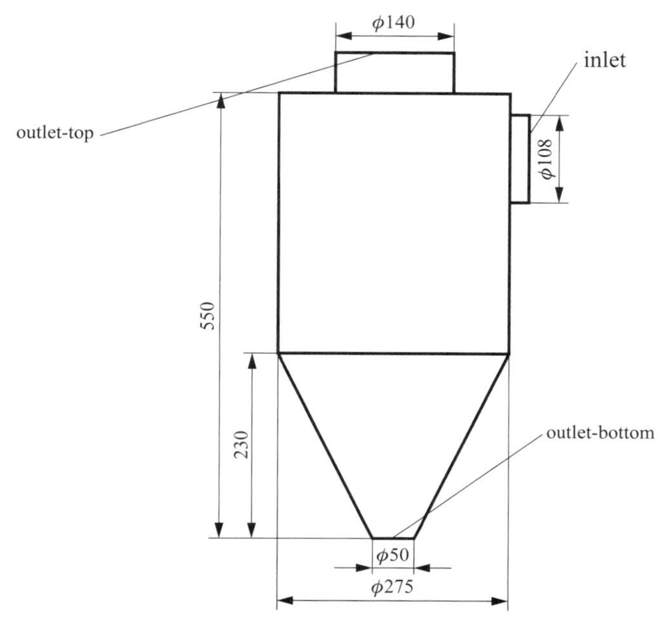

图5-18　旋流分离器的结构、主要尺寸及边界名称（单位：mm）

5.2.2　具体分析

注意：因为该实例网格模型为三维模型，所以在Fluent中，Dimension应设置为3D，如图5-19所示。

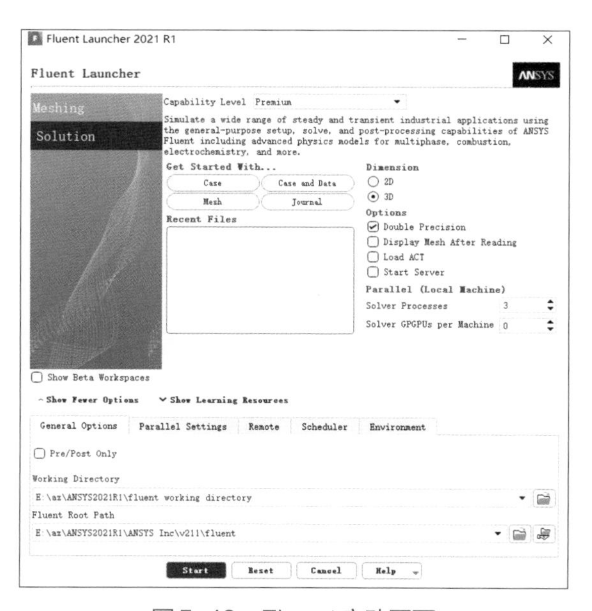

图5-19　Fluent启动页面

1. 读入网格文件

操作：选择File → Read → Mesh命令。

读入cyclone.msh文件（配套资源ch5文件夹 → cyclone文件夹中的cyclone.msh文件），并检查网格（选择General → Mesh → Check命令），注意最小体积要大于零。

2. 确定长度单位

操作：选择Setup → General → Mesh → Scale命令。

打开Scale Mesh（标定网格）控制面板，在View Length Unit In栏中选择mm；单击Close按钮，完成单位转换。

3. 显示网格

操作：选择Setup → General → Mesh → Display命令。

打开Mesh Display（网格显示）控制面板。在Options栏中勾选Edges复选框；在Surfaces栏中选择所有的表面；单击Display按钮，显示模型网格，如图5-20所示。

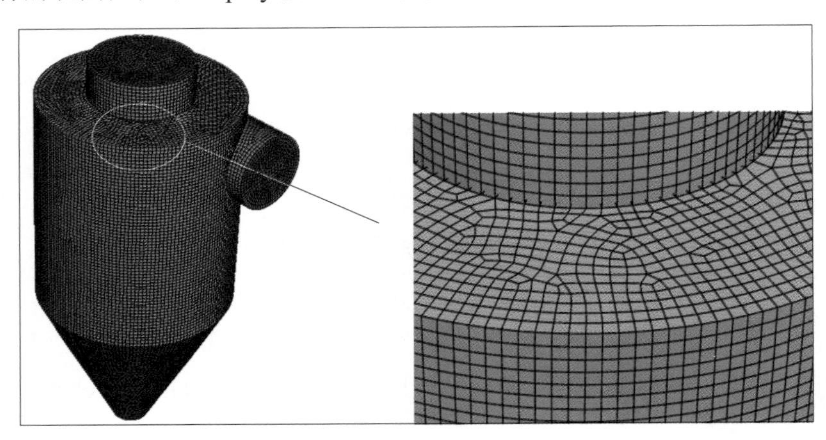

图5-20 模型网格

4. 设置重力加速度

操作：选择Setup → General → Gravity命令。

打开Gravity（重力）命令详细信息区，设置重力加速度为–9.81 m/s^2。勾选Gravity复选框，在Y栏中输入–9.81。

5. 设置湍流模型

操作：选择Setup → Models → Viscous命令。

打开Viscous Model（黏度模型）控制面板，选择k-epsilon模型下重整化群模型。

6. 设置离散相模型

操作：选择Setup → Models → Discrete Phase命令。

打开Discrete Phase Model（离散相模型）控制面板，勾选Interaction with Continuous Phase复选框，表示离散相与连续相发生相互作用，在DPM Iteration Interval栏中输入10，设置离散相与连续相发生相互作用的迭代步数周期，设置如图5-21所示。

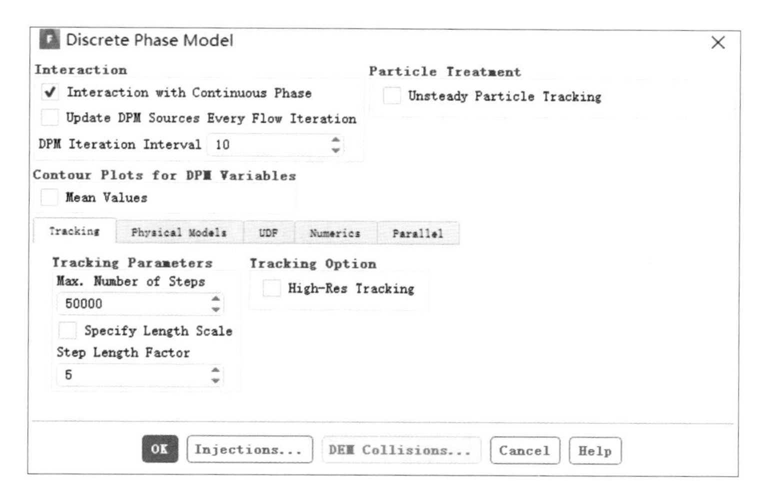

图5-21　Discrete Phase Model（离散相模型）控制面板

单击Discrete Phase Model（离散相模型）控制面板中的Injections按钮，打开Injections（入射口）控制面板，如图5-22所示。

图5-22　Injections（入射口）控制面板

单击Injections（入射口）控制面板中的Create按钮，打开Set Injection Properties（设置入射口属性）控制面板，在Injection Type栏中选择surface，在Release From Surfaces栏中选择inlet，在Material栏中选择anthracite；在Diameter Distribution栏中选择uniform，在Z-Velocity栏中输入–3，在Diameter栏中输入1e–6，在Total Flow Rate栏中输入1e–20。相关设置如图5-23所示。

单击Set Injection Properties（设置入射口属性）控制面板中的OK按钮关闭Set Injection Properties（设置入射口属性）控制面板，单击Injections（入射口）控制面板中的Close按钮关闭Injections（入射口）控制面板，单击Discrete Phase Model（离散相模型）控制面板中的OK按钮关闭Discrete Phase Model（离散相模型）控制面板。

7. 设置边界条件

操作：选择Setup → Boundary Conditions命令。

打开Boundary Conditions（边界条件）命令详细信息区，双击inlet，打开Velocity

Inlet（速度入口）控制面板，在Velocity Magnitude栏中输入3；选择DPM选项卡，在Discrete Phase BC Type栏中选择escape，如图5-24所示，单击Apply按钮确定操作；单击Close按钮关闭Velocity Inlet（速度入口）控制面板。

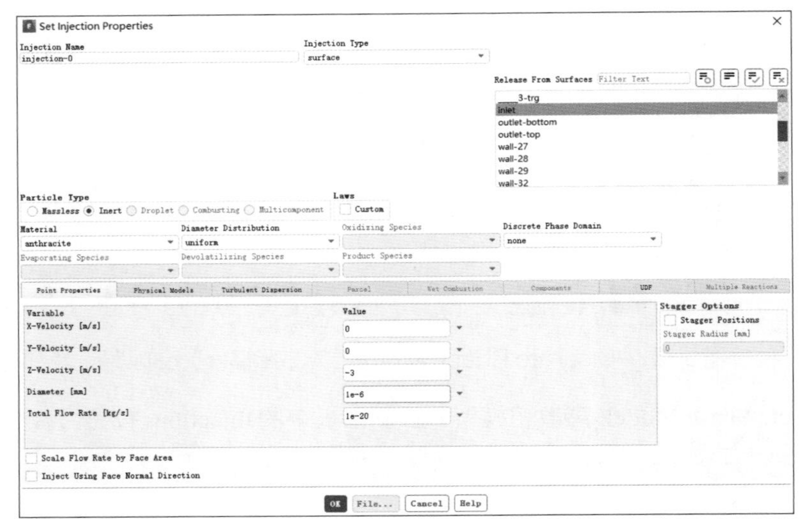

图5-23　创建射流项

图5-24　Velocity Inlet（速度入口）控制面板

在Boundary Conditions（边界条件）命令详细信息区，分别双击outlet-bottom和outlet-top，打开Pressure Outlet（压力出口）控制面板，各项参数保持默认设置。

8. 求解设置

操作：选择Solution → Methods命令。

各项参数均保持默认设置。

9. 流场初始化

操作：选择Solution → Initialization命令。

打开Solution Initialization（流场初始化）命令详细信息区。在Initialization Methods栏中

选择Hybrid Initialization，单击Initialize按钮。

10. 运行计算

操作：选择Solution → Run Calculation命令。

打开Run Calculation（运行计算）命令详细信息区，在Number of Iterations栏中输入500，单击Calculate按钮，开始运行计算。

11. 结果后处理

（1）创建云图截面

操作：选择Surface → Create → Plane命令。

打开Plane Surface（平面面板）命令详细信息区，在New Surface Name栏中将截面命名为plane-0，在Method栏中选择YZ Plane，在X栏中输入0，创建一个与*YZ*平面重合的平面，如图5-25所示；同理，在New Surface Name栏中将截面命名为plane-1，在Method栏中选择ZX Plane，在Y栏中输入–350，创建一个与*ZX*平面平行的平面。

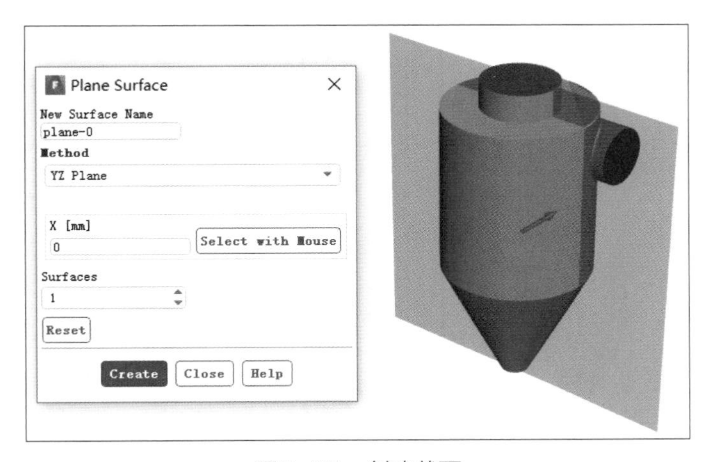

图5-25　创建截面

（2）显示云图

操作：选择Results → Graphics → Contours命令。

打开Contours（等值线）控制面板，在Contours of栏中选择Pressure和Static Pressure，在Surfaces栏中分别选择plane-0平面和plane-1平面，单击Save/Display按钮，显示图5-26所示的压力云图。

在Contours of栏中选择Velocity和Velocity Magnitude，在Surfaces栏中分别选择plane-0平面和plane-1平面，单击Save/Display按钮，显示图5-27所示的速度云图。

（3）显示颗粒轨迹线

操作：选择Results → Graphics → Particle Tracks命令。

为了更好地表达颗粒轨迹，需要显示非颗粒模型边缘，在Particle Tracks（粒子轨迹）控制面板中，勾选Options栏中的Draw Mesh复选框，在打开的Mesh Display（网格显示）控制面板中，在Options栏中勾选Edges复选框，在Edge Type栏中选择Feature，在Surfaces栏中选择所有面，单击Display按钮确定操作，单击Close按钮关闭Mesh Display（网格显示）控制面板，返回至Particle Tracks（粒子轨迹）控制面板。

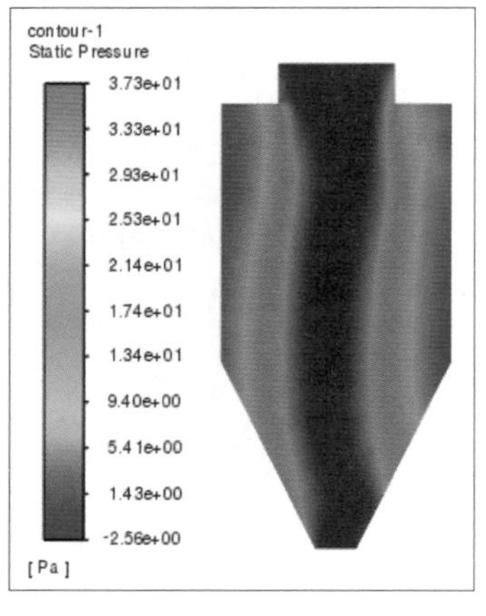

（a）plane-0平面压力云图

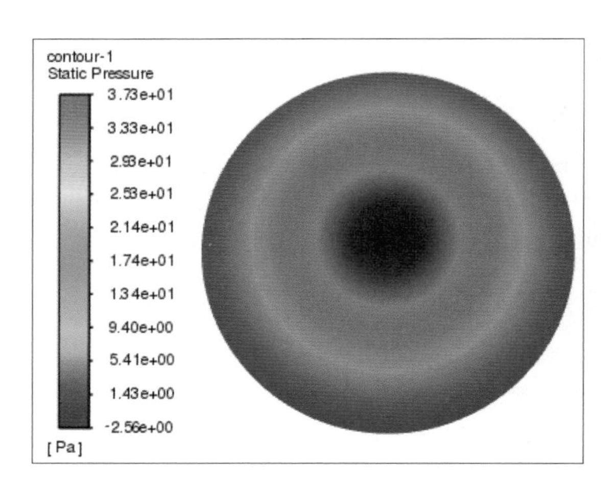

（b）plane-1平面压力云图

图5-26　压力云图

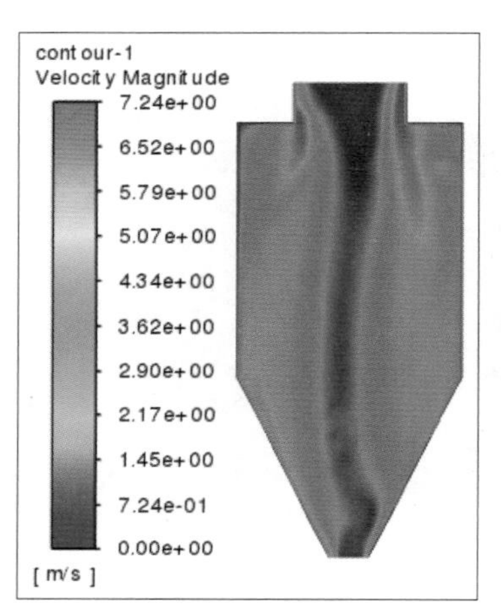

（a）plane-0平面速度云图

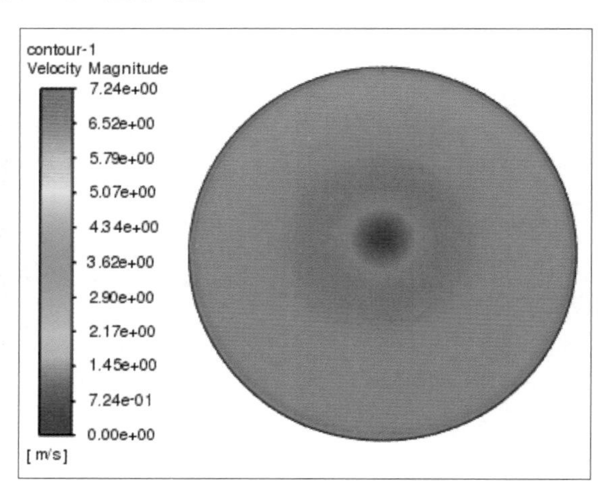

（b）plane-1平面速度云图

图5-27　速度云图

在Particle Tracks（粒子轨迹）控制面板中，在Skip栏中输入40，在Release From Injections栏中选择Injection-0，单击Save/Display按钮，显示图5-28所示的颗粒轨迹线图。

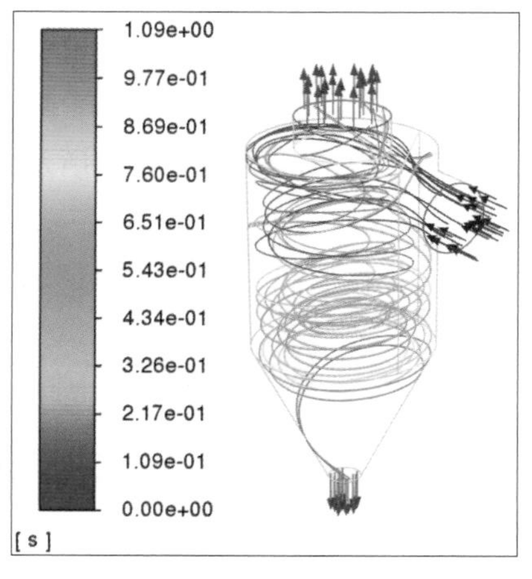

图5-28　颗粒轨迹线图

5.3　本章小结

本章主要内容如下。

1）通过水雾射流冷却工件效果分析和旋流分离器内颗粒流动分析两个实例演示了Fluent离散相模拟分析的基本操作流程。

2）分析了Fluent离散相模拟分析的基本设置。

5.4　练习题

习题1. 三通管是日常生活中水力输送的常见管件，用三通管输送水时，水中的颗粒杂物会冲蚀管壁。某三通管结构、主要尺寸及边界名称如图5-29所示；颗粒材料为anthracite（无烟煤），大小为10^{-6} mm，入射速度为10 m/s，流速为10^{-20} kg/s；水流入射速度为10 m/s。试模拟三通管管壁冲蚀，并绘制流场的压力云图、速度云图和颗粒轨迹图（网格模型为配套资源ch5文件夹 → three-way-pipe文件夹中的three-way-pipe.msh文件）。

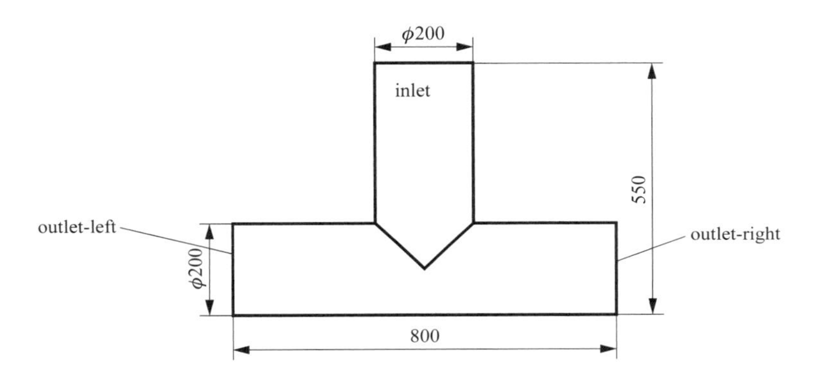

图5-29　三通管的结构、主要尺寸及边界名称（单位：mm）

习题2. 锅炉燃烧时，输送煤粉的管道中的煤粉颗粒会对管道产生冲击。某管道结构、主要尺寸及边界名称如图5-30所示；煤粉颗粒材料为coal-mv（中挥发分煤粉），大小为10^{-6} mm，入射速度为3 m/s，质量流速为10^{-20} kg/s；空气流入射速度为3 m/s。试模拟管道内煤粉气固流动，并绘制流场的压力云图、速度云图和颗粒轨迹图（网格模型为配套资源ch5文件夹 → coal-pipeline文件夹中的coal-pipeline.msh文件）。

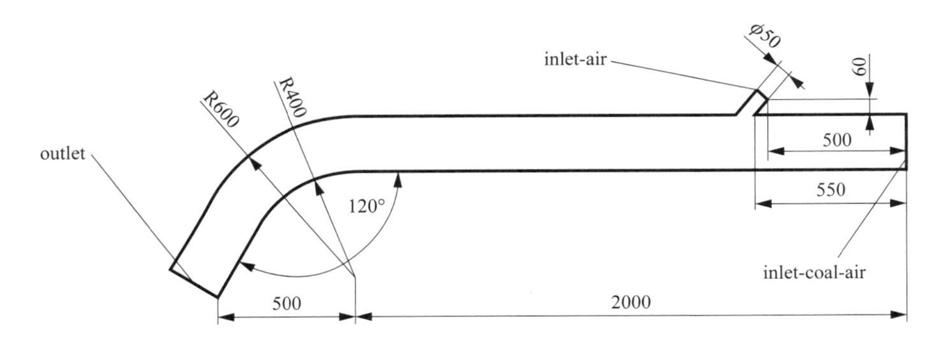

图5-30　管道的结构、主要尺寸及边界名称

第6章
传热流动分析

物质之间的热能转移称为传热现象。传热形式分为3种：热传导、热对流和热辐射。在Fluent中，通过求解不同的能量方程可以分析不同的传热现象。

6.1 冷热水混合器传热分析

6.1.1 问题描述

射流冷热水混合器的结构及尺寸如图6-1所示。混合器冷水进口处的水流速度大小为6 m/s，进口温度为298 K；热水进口处的水流温度为360 K。试模拟射流冷热水混合器内部流场温度场变化，并绘制混合器流场温度云图、压力云图、速度云图、速度矢量图及出口截面温度XY曲线图。

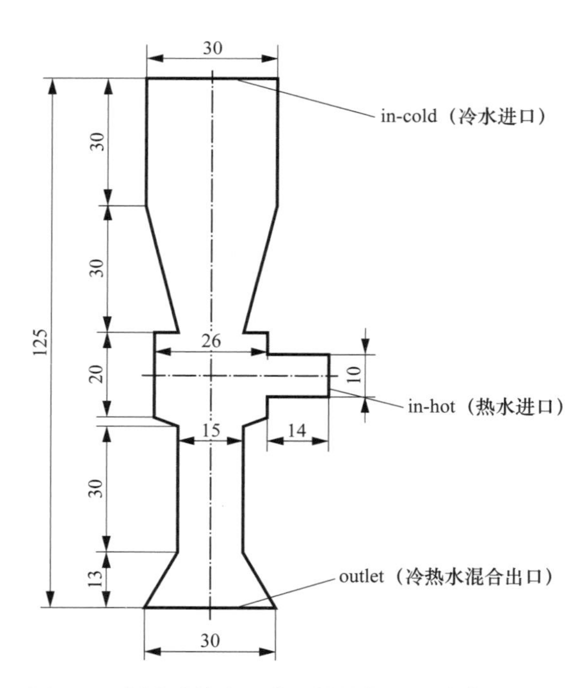

图6-1　射流冷热水混合器的结构及尺寸（单位：mm）

6.1.2　具体分析

1. 读入射流冷热水混合器网格文件

操作：选择File → Read → Mesh 命令。

读入jet-reactor.msh文件（配套资源ch6文件夹→ jet-reactor文件夹中的jet-reactor.msh文件），并检查网格（选择General → Mesh → Check命令），注意最小体积要大于零。

2. 确定长度单位

操作：选择Setup → General → Mesh → Scale命令。

打开Scale Mesh（标定网格）控制面板，如图6-2所示。在View Length Unit In栏中选择mm；单击Close按钮，完成单位转换。

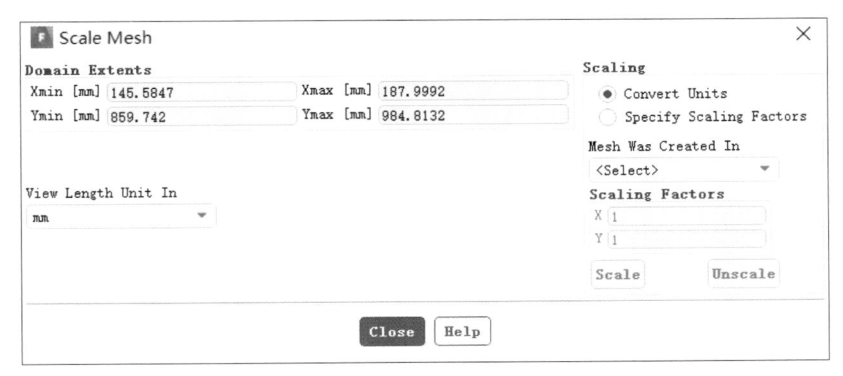

图6-2　Scale Mesh（标定网格）控制面板

3. 显示网格

操作：选择Setup → General → Mesh → Display命令。

打开Mesh Display（网格显示）控制面板，如图6-3所示。在Surfaces栏中选择所有的表面；单击Display按钮，显示的网格如图6-4所示。

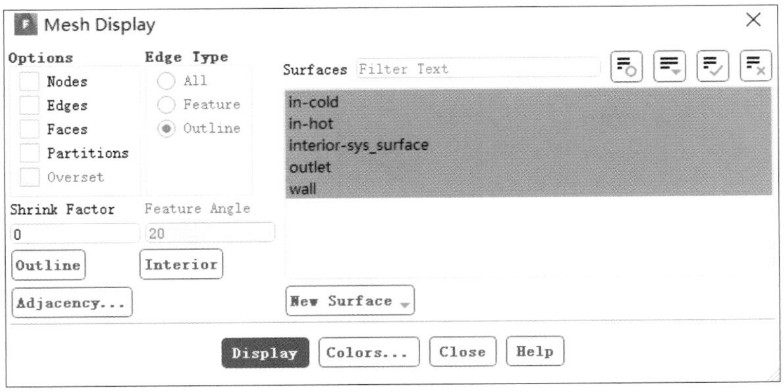

图6-3　Mesh Display（网格显示）控制面板

4. 设置求解器

操作：选择Setup → General → Solver命令。

打开Solver（求解器）命令详细信息区，如图6-5所示，保持默认设置。

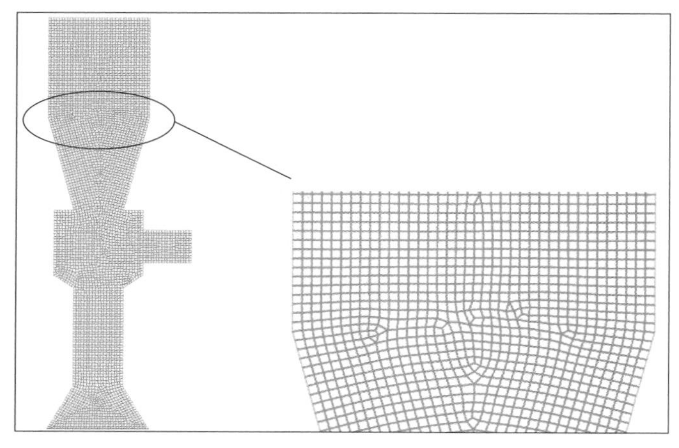

图6-4　网格图

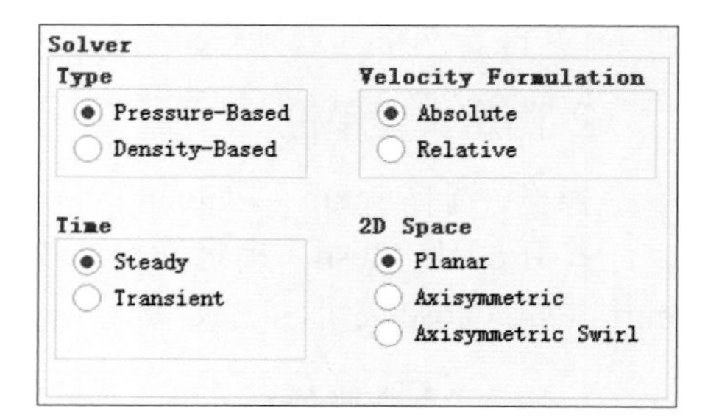

图6-5　Solver（求解器）命令详细信息区

5. 选择能量方程

操作：选择Setup → Models → Energy命令。

打开Energy（能量）控制面板，勾选Energy Equation（能量方程）复选框，单击OK按钮关闭控制面板。

6. 设置湍流模型

操作：选择Setup → Models → Viscous命令。

打开Viscous Model（黏度模型）控制面板，选择k-epsilon模型，详细界面如图6-6所示。

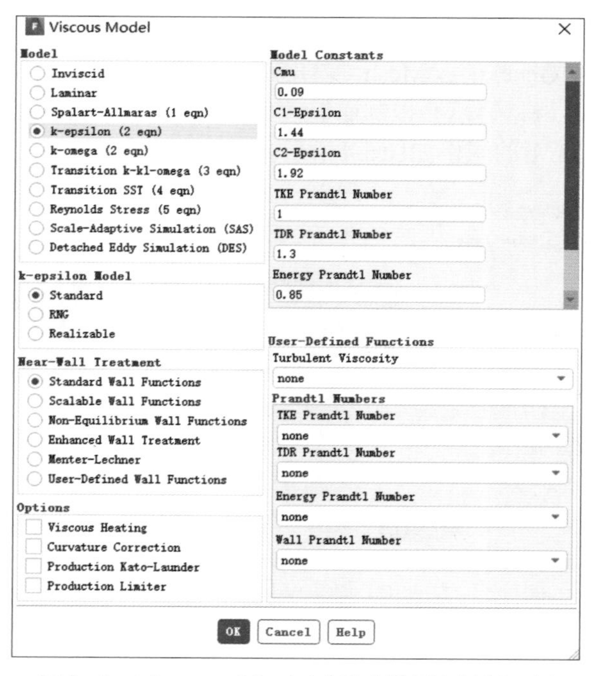

图6-6　Viscous Model（黏度模型）控制面板

7.设置流体的物理属性

从Fluent材料库中选择water流体。

操作：选择Setup → Materials → Fluid → air命令。

打开Create/Edit Materials（创建/编辑材料）控制面板，如图6-7所示，单击Fluent Database按钮，打开Fluent Database Materials（Fluent数据库材料）控制面板；选择water-liquid(h2o<l>)流体，如图6-8所示，其余选项保持默认设置，单击Copy按钮确认操作，单击Close按钮关闭Fluent Database Materials（Fluent数据库材料）控制面板。在Create/Edit Materials（创建/编辑材料）控制面板中单击Close按钮关闭面板。

图6-7 Create/Edit Materials（创建/编辑材料）控制面板

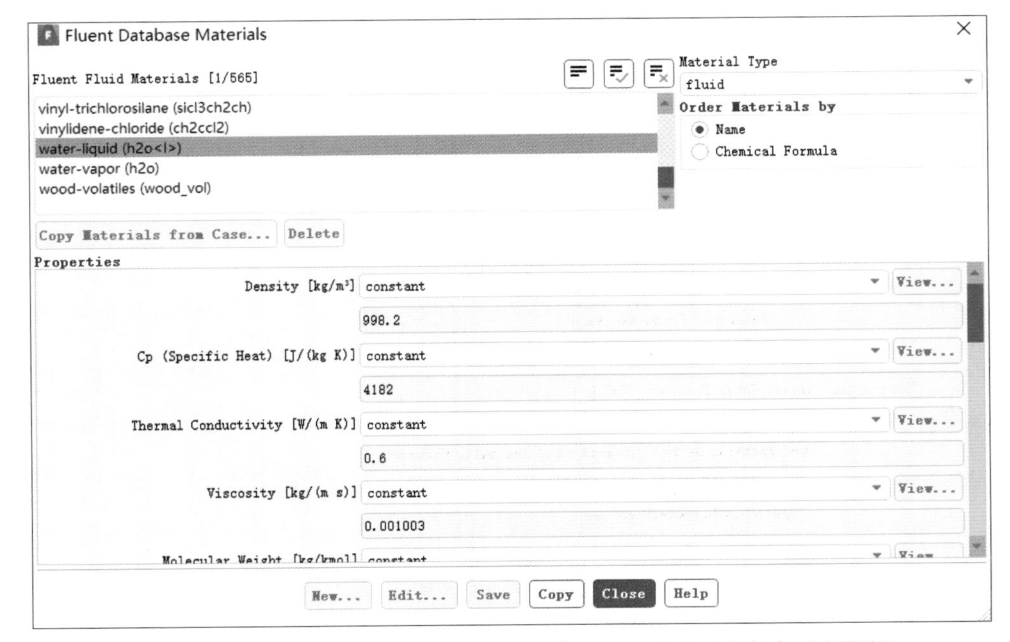

图6-8 Fluent Database Materials（Fluent数据库材料）控制面板

8.设置流体

操作：选择Setup → Cell Zone Conditions命令。

双击sys_surface打开Fluid（流体）控制面板，在Material Name（材料名称）栏中选择water-liquid。

9.设置边界条件

操作：选择Setup → Boundary Conditions命令。

1）打开Boundary Conditions（边界条件）命令详细信息区，如图6-9所示，可看到模型入口和壁面的名称。

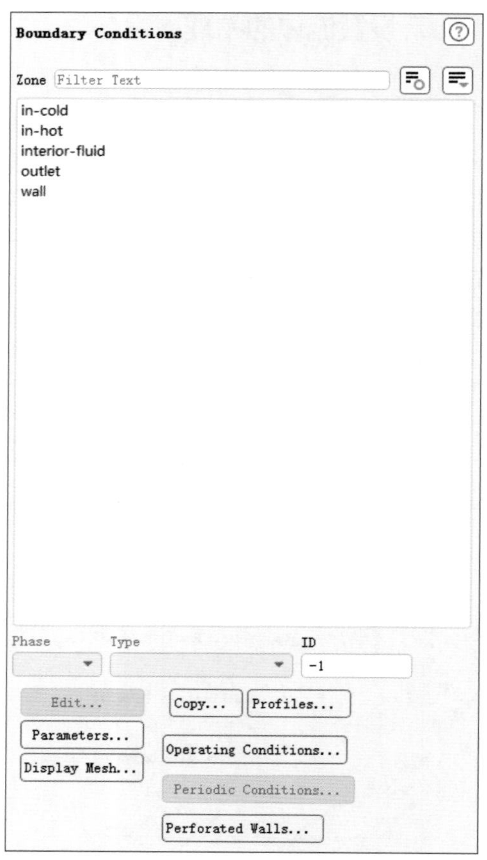

图6-9 Boundary Conditions（边界条件）命令详细信息区

2）设置冷水进口速度边界条件。

在图6-9所示的Boundary Conditions（边界条件）命令详细信息区中单击in-cold，在Type栏中选择Velocity Inlet，打开Velocity Inlet（速度入口）控制面板；如图6-10所示，在Velocity Specification Method（速度给定方式）栏中选择默认的Magnitude, Normal to Boundary（给定速度大小，速度方向垂直于边界）；在Velocity Magnitude（进口速度）栏中输入6；在Specification Method栏中选择Intensity and Hydraulic Diameter；在Turbulent Intensity栏中输入5（来流的湍流强度）；在Hydraulic Diameter栏中输入30（进口尺寸）；选择Thermal选项卡，在Thermal栏中输入298；单击Apply按钮，单击Close按钮关闭Velocity Inlet（速度入口）控制面板。

图6-10 Velocity Inlet（速度入口）控制面板

3）设置热水进口压力边界条件。

在图6-9所示的Boundary Conditions（边界条件）命令详细信息区中单击in-hot，在Type栏中选择Pressure Inlet，打开Pressure Inlet（压力进口）控制面板，如图6-11所示。Gauge Total Pressure栏中默认为0；在Supersonic/Initial Gauge Pressure栏中输入0；在Specification Method栏中选择Intensity and Hydraulic Diameter；在Turbulent Intensity栏中输入5（来流的湍流强度）；在Hydraulic Diameter栏中输入10（进口尺寸）；选择Thermal选项卡，在Thermal栏中输入360；单击Apply按钮，单击Close按钮关闭Pressure Inlet（压力进口）控制面板。

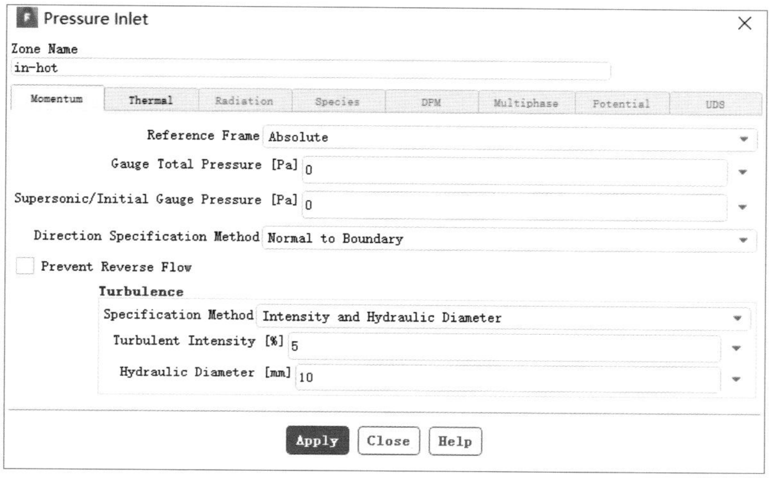

图6-11　Pressure Inlet（压力进口）控制面板

4）设置出口压力边界条件。

在图6-9所示的Boundary Conditions（边界条件）命令详细信息区中双击outlet，打开Pressure Outlet（压力出口）控制面板，如图6-12所示。Gauge Pressure栏默认为0；在

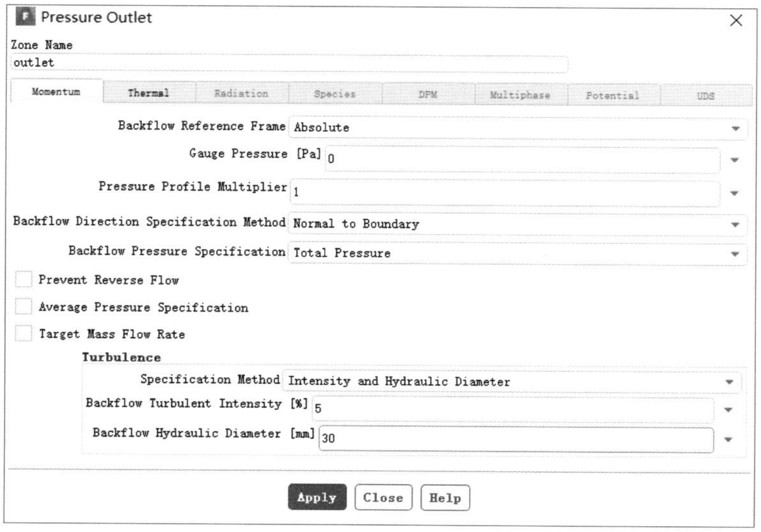

图6-12　Pressure Outlet（压力出口）控制面板

Specification Method栏中选择Intensity and Hydraulic Diameter；在Backflow Turbulent Intensity

栏中输入5（来流的湍流强度）；在Backflow Hydraulic Diameter栏中输入30（出口尺寸）；Thermal栏保持默认值；单击Apply按钮，单击Close按钮关闭Pressure Qutlet（压力出口）控制面板。

注意：对于出口未知的情况，常设边界类型为Outflow，因本例中有压力进口，不能采用Outflow边界，所以只能采用Pressure-outlet边界。

10. 求解设置

操作：选择Solution → Methods和Controls 命令。

求解方法选用SIMPLE算法。

11. 求解监视设置

操作：选择Solution → Monitors → Residual命令。

打开Residual Monitors（残差监视器）控制面板，如图6-13所示，在Options栏中可以选择监视器输出方式，Print to Console 表示在Fluent的TUI命令区中打印输出，Plot表示在图形窗口以残差曲线的形式输出；在Equations栏中可修改收敛判据，此处保持默认设置，单击OK按钮关闭控制面板。

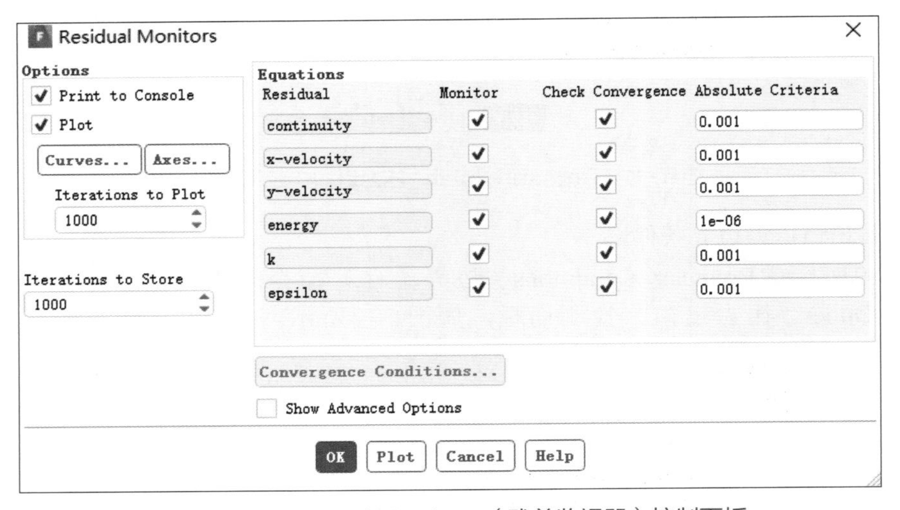

图6-13　Residual Monitors（残差监视器）控制面板

为了更好地判断计算收敛，需要对所关心的截面上的物理量进行监测。本例对出口的面积平均温度进行监测。在Solution中双击Report Definitions，打开Report Definitions（报告定义）控制面板，单击New按钮，在Surface Report（表面报告）子菜单中选择Area-Weighted Average（面积平均），如图6-14所示。将打开的Surface Report Definition（表面报告定义）控制面板中的Name 栏改为monitor-outlet-temperature；在右侧Field Variable 栏中选择Temperature和Static Temperature；在Surfaces栏中选择监测表面为outlet；勾选控制面板左下角Create栏中的Report Plot和Print to Console复选框，使得监测的温度曲线在Fluent面板中显示出来。相关设置如图6-15所示，单击OK按钮。

12. 流场初始化

操作：选择Solution → Initialization命令。

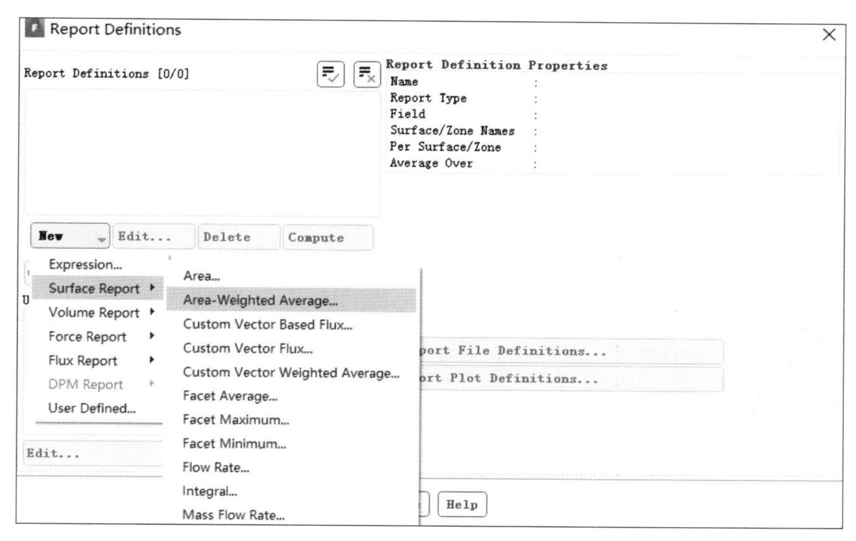

图6-14　Report Definitions（报告定义）控制面板

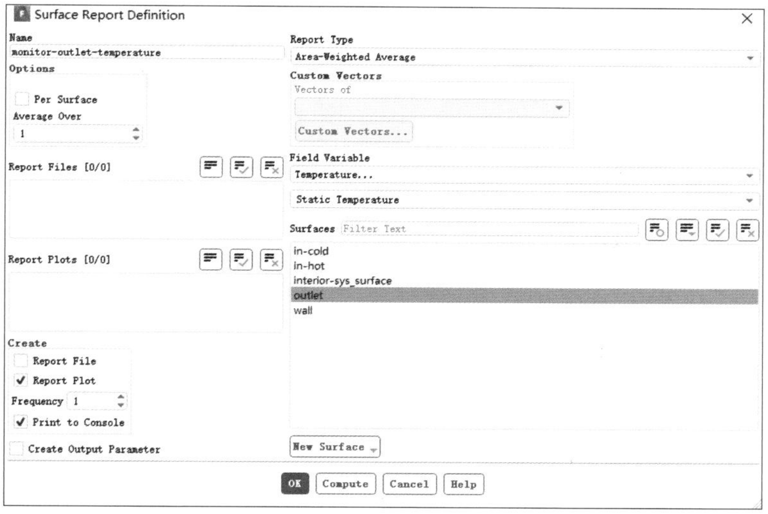

图6-15　Surface Report Definition（表面报告定义）控制面板

打开Solution Initialization（流场初始化）命令详细信息区，在Initialization Methods栏中选中Standard Initialization单选项；在Compute From列表中选择all-zones；单击Initialize按钮，对所有计算区域进行统一初始化。

13.运行计算

操作：选择Solution → Run Calculation命令。

打开Run Calculation（运行计算）命令详细信息区，在Number of Iterations栏中输入1000，单击Calculate按钮，开始运行计算。

进行1000次迭代计算后，在图形窗口选择monitor-outlet-temperature-rplot选项卡，出口截面上的平均温度监视器窗口显示的曲线如图6-16所示，可以看出最终形成了一条水平线。在稳态模型中，残差曲线中各项数据不再变化，近似认为收敛，在图形窗口选择Scaled

Residuals选项卡，残差曲线如图6-17所示。

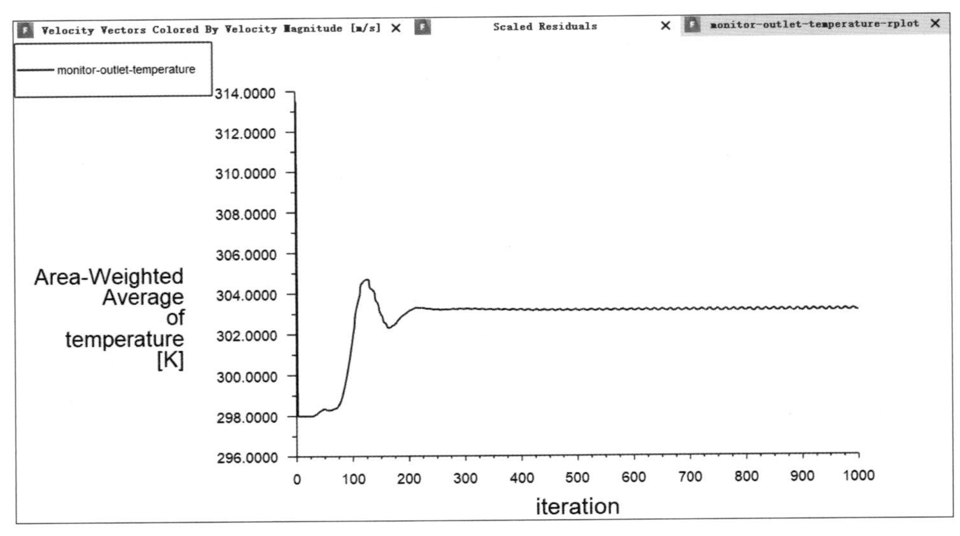

图6-16 出口温度曲线图

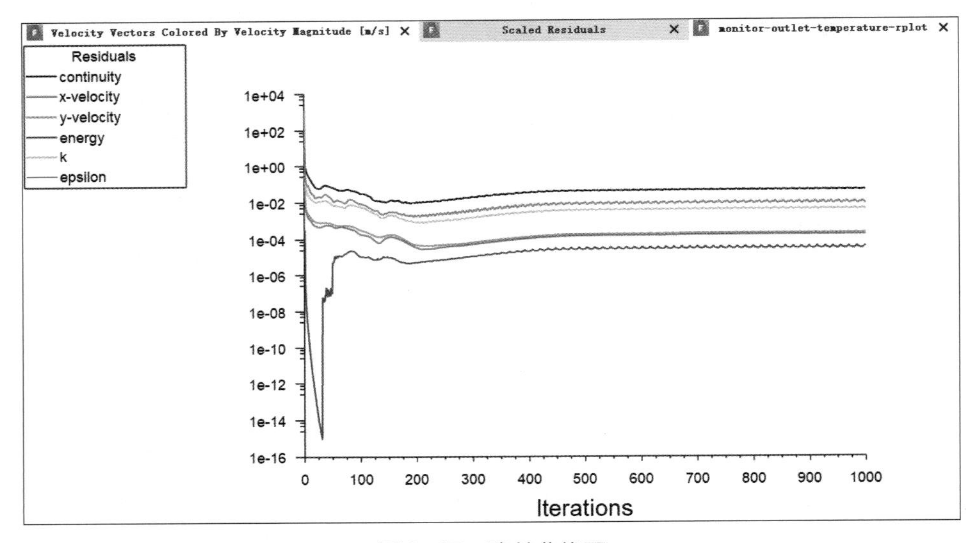

图6-17 残差曲线图

14. 显示温度云图

操作：选择Results → Graphics → Contours命令。

打开Contours（等值线）控制面板，如图6-18所示。在Contours of栏中选择Temperature和Static Temperature；在Options栏中勾选Filled复选框；单击Save/Display按钮，显示图6-19所示的温度云图。

15. 显示压力云图

在图6-18所示的Contours（等值线）控制面板的Contours of栏中选择Pressure和Static Pressure；在Options栏中勾选Filled复选框；单击Save/Display按钮，显示图6-20所示的压力

云图。

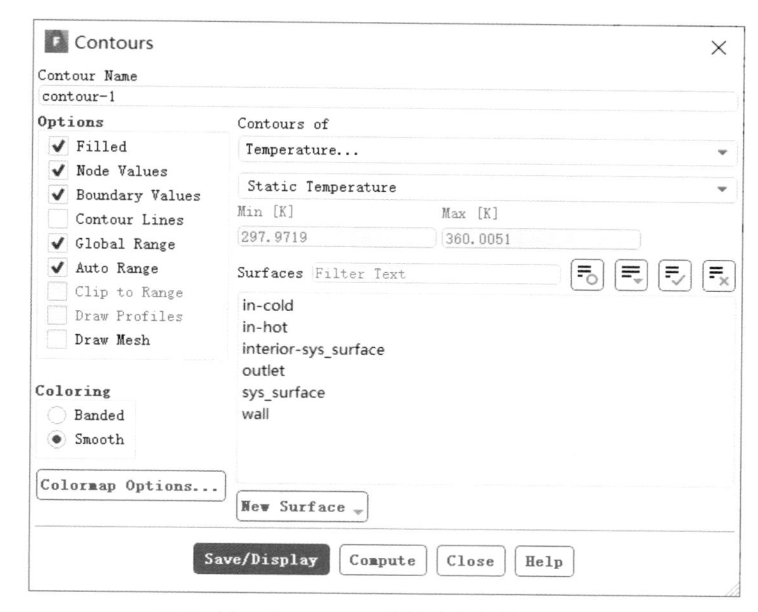

图6-18　Contours（等值线）控制面板

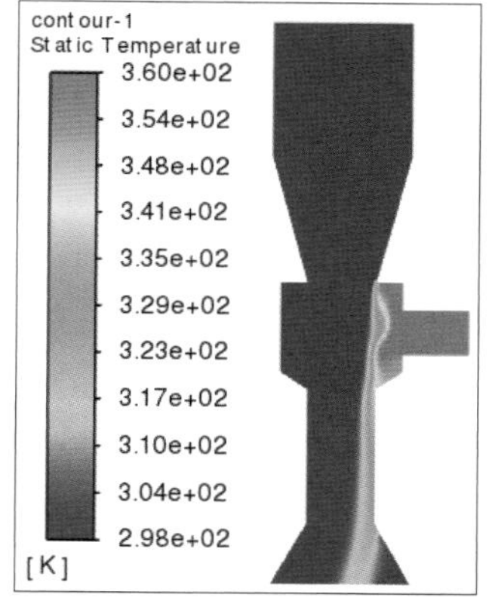

图6-19　温度云图

16. 显示速度云图

在图6-18所示的Contours（等值线）控制面板的Contours of栏中选择Velocity和Velocity Magnitude；在Options栏中勾选Filled复选框；单击Save/Display按钮，显示图6-21所示的速度云图。

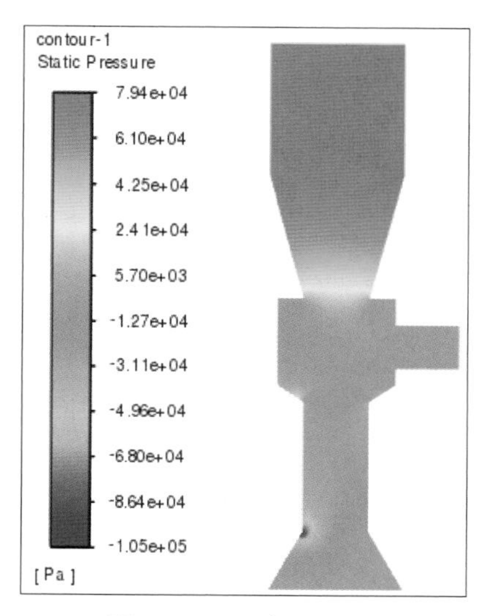

图6-20　压力云图

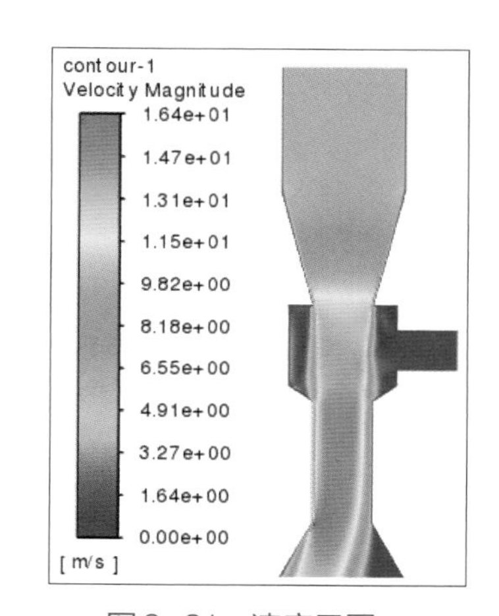

图6-21　速度云图

17. 显示速度矢量图

操作：选择Results → Graphics → Vectors命令。

打开Vectors（速度矢量）控制面板，如图6-22所示。保持默认设置，单击Save/Display按钮，显示图6-23所示的速度矢量图。

18. 显示出口截面温度XY曲线图

操作：选择Results → Plots → XY Plot命令。

图6-22 Vectors（速度矢量）控制面板

图6-23 速度矢量图

打开Solution XY Plot（XY曲线图设置）控制面板，如图6-24所示。在Y Axis Function栏中选择Temperature和Static Temperature；在Surfaces栏中选择outlet；单击Axes按钮，在打开的Axes-Solution XY Plot（轴-XY曲线图设置）控制面板中，将Number Format下坐标轴类型Type设置为general；单击Save/Plot按钮，显示图6-25所示的出口截面上的温度分布图。

图6-24 Solution XY Plot（XY曲线图设置）控制面板

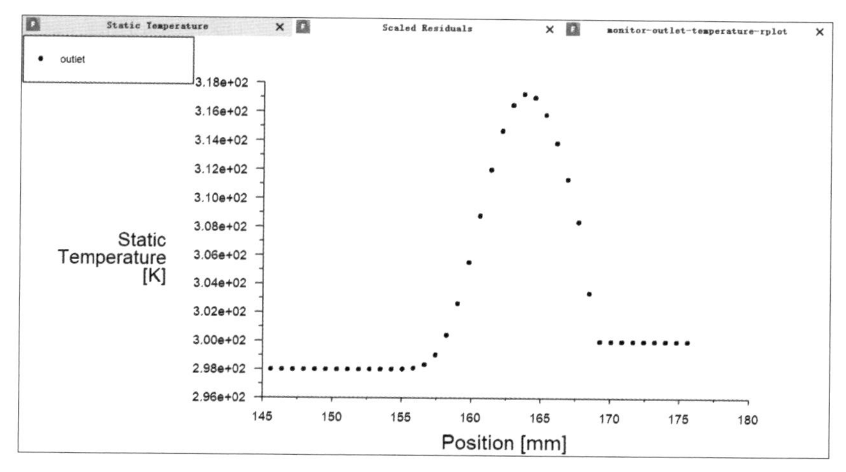

图6-25 出口截面上的温度分布图

6.2 蛇形管内水沸腾传热分析

6.2.1 问题描述

蛇形管蒸发器广泛用在各种散热系统中，如通风设备、空调、冰箱等，而在这些系统中，相变传热能快速实现热量传递。

本例模型为简单的蛇形管，模拟水在管内沸腾流动的过程。蛇形管的结构、主要尺寸及边界名称如图6-26所示，inlet左端点为原点。（注：此例三维计算极为耗时，建议读者用二维模型仿真。）

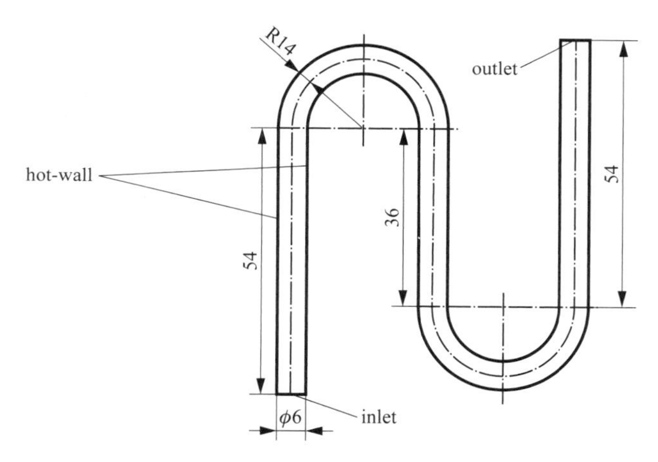

图6-26 蛇形管的结构、主要尺寸及边界名称（单位：mm）

6.2.2 具体分析

1. 读入网格文件

操作：选择File → Read → Mesh命令。

读入serpentinetube.msh文件（配套资源ch6文件夹 → serpentinetube文件夹中的serpentinetube.msh文件），并检查网格（选择General → Mesh → Check命令），注意最小体积要大于零。

2. 确定长度单位

操作：选择Setup → General → Mesh → Scale命令。

打开Scale Mesh（标定网格）控制面板，在View Length Unit In栏中选择mm；单击Close按钮，完成单位转换。

3. 显示网格

操作：选择Setup → General → Mesh → Display命令。

打开Mesh Display（网格显示）控制面板。在Surfaces栏中选择所有的表面；单击Display按钮，显示的网格如图6-27所示。

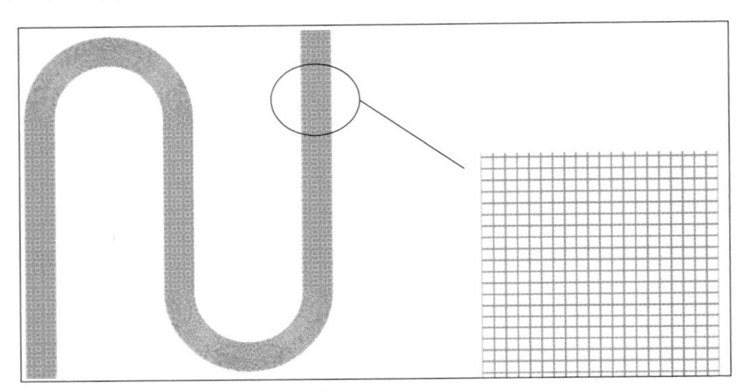

图6-27 显示的网格

4. 设置求解器

操作：选择Setup → General → Solver命令。

因为需要观察水蒸气的形成与流动过程，故属于瞬态计算，在打开的Solver（求解器）命令详细信息区中选中Time栏中的Transient（瞬态）单选项，如图6-28所示。

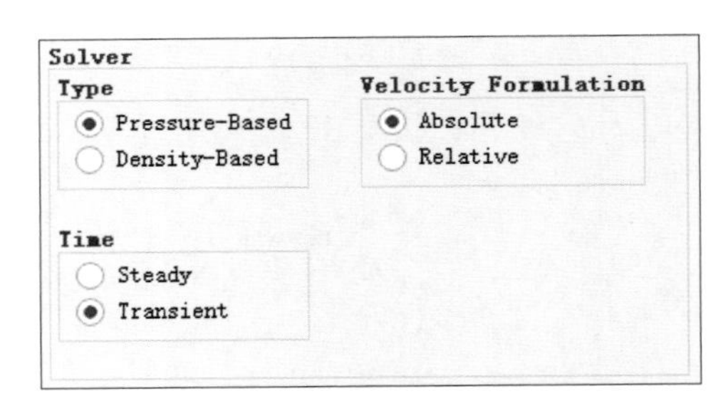

图6-28 Solver（求解器）命令详细信息区

5. 设置重力加速度

操作：选择Setup → General → Gravity命令。

打开Gravity（重力）命令详细信息区，设置重力加速度为–9.81 m/s^2，勾选Gravity复选框，在Y栏中输入–9.81。

6. 设置材料

操作：选择Setup → Materials → Fluid → air命令。

打开Create/Edit Materials（创建/编辑材料）控制面板，单击Fluent Database按钮打开Fluent Database Materials（Fluent数据库材料）控制面板，选择water-liquid和water-vapor材料。

7.设置多相流

操作：选择Setup → Models → Multiphase命令。

1）打开Multiphase Model（多相流模型）控制面板，选中Volume of Fluid单选项，将Number of Eulerian Phases设置为2，如图6-29所示，单击Apply按钮完成设置。

图6-29 Multiphase Model（多相流模型）控制面板

2）选择Phases（相）选项卡，将phases-1的Name改为water，在Phase Material栏中选择water-liquid，如图6-30所示；将phases-2的Name改为vapor，在Phase Material栏中选择water-vapor。单击Apply按钮完成设置。

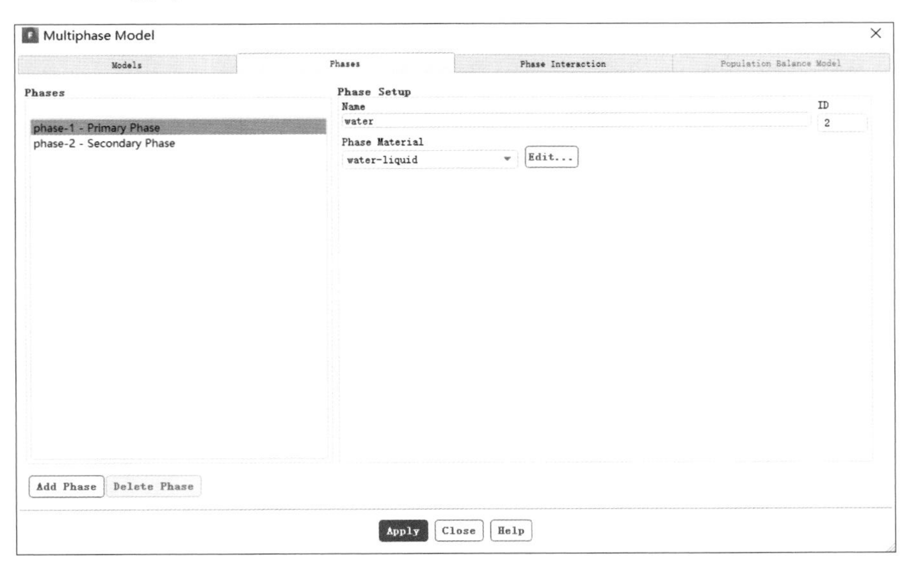

图6-30 Phases选项卡

3）选择Phase Interaction选项卡下的Heat, Mass, Reactions选项卡，设置Number of Mass Transfer Mechanisms为1，在From Phase栏中选择water，在To Phase栏中选择vapor，在Mechanism栏中选择evaporation-condensation，如图6-31所示；打开Evaporation-Condensation Model（蒸发冷凝模型）控制面板，保持默认设置，单击OK按钮，返回Heat，Mass，Reactions选项卡，单击Apply按钮完成设置。

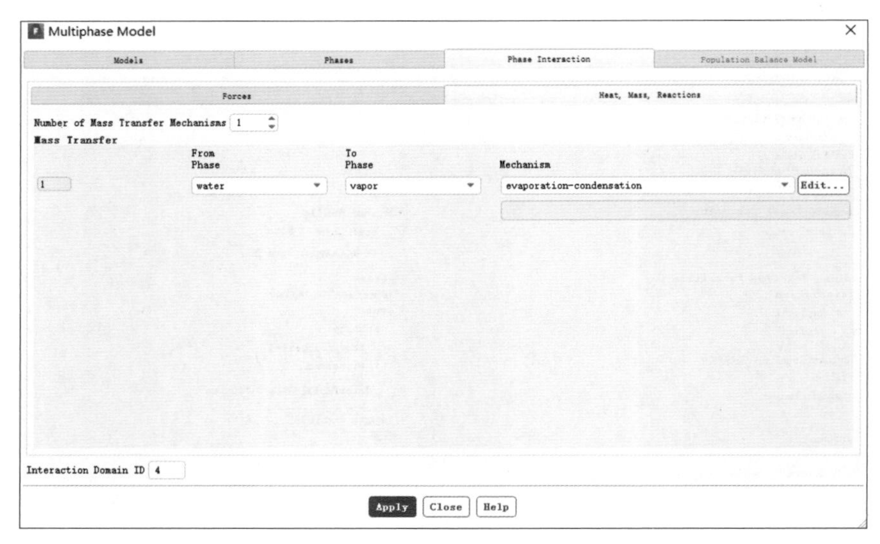

图6-31　Heat, Mass, Reactions选项卡

4）选择Models选项卡，将Volume of Fluid 模型改为Eulerian模型，勾选Multi-Fluid VOF Model复选框，在Volume Fraction Parameters栏中的Formulation栏中选中Explicit单选项，如图6-32所示，单击Apply按钮完成设置。

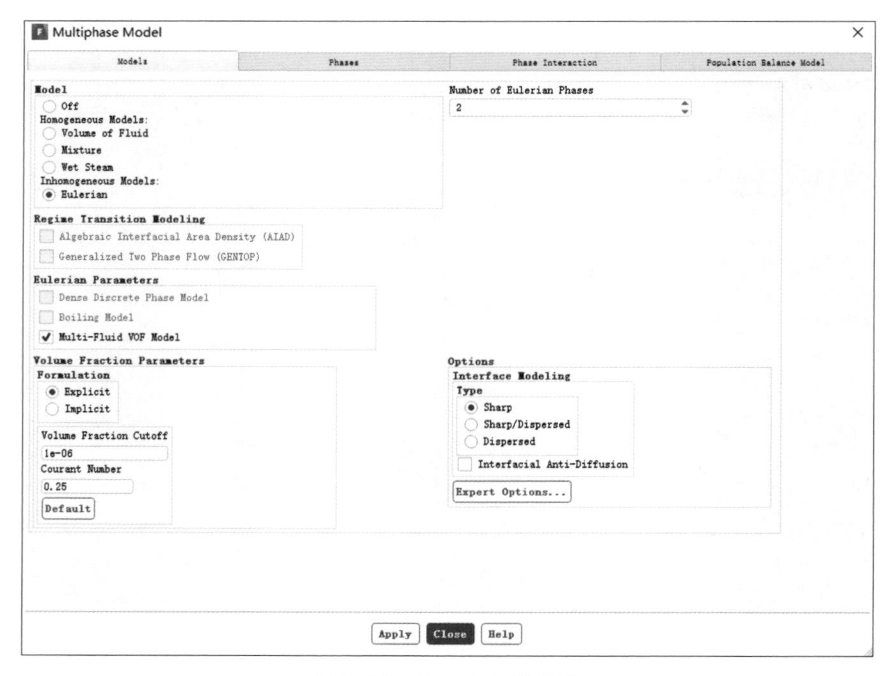

图6-32　Models选项卡

5）选择Phase Interaction选项卡下的Heat, Mass, Reactions选项卡下的Heat选项卡，在Heat Transfer Coefficient栏中选择ranz-marshall，如图6-33所示。

图6-33　Heat选项卡

6）选择Phase Interaction选项卡下的Forces选项卡。在Drag Coefficient下的Coefficient栏中选择symmetric；在Surface Tension Coefficient下的Surface Tension Coefficient栏中选择constant，数值设置为0.0725；勾选Surface Tension Force Modeling复选框，勾选Wall Adhesion复选框。设置如图6-34所示。单击Apply按钮确认设置；单击Close按钮关闭Multiphase Model（多相流模型）控制面板。

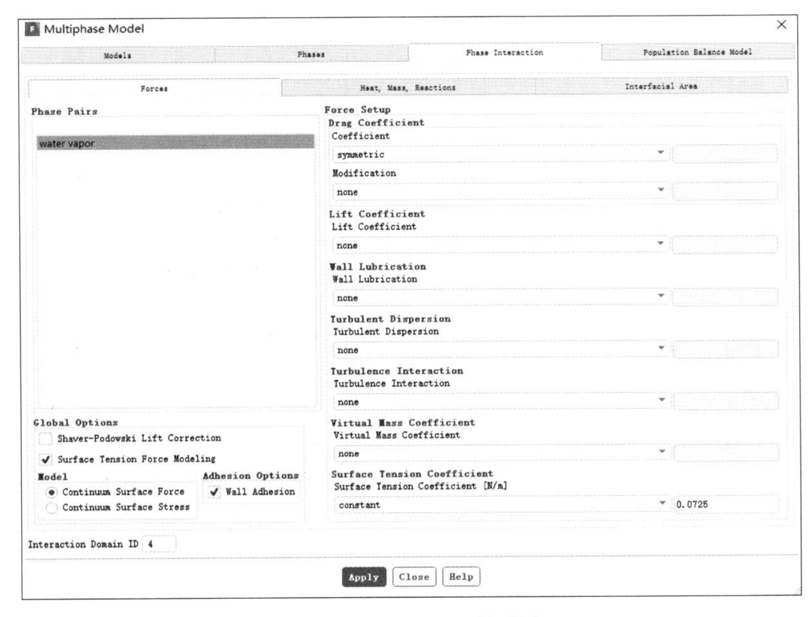

图6-34　Forces选项卡

8.选择能量方程

操作：选择Setup → Models → Energy命令。

打开Energy（能量）控制面板，勾选Energy Equation复选框，单击OK按钮关闭控制面板。

9.设置湍流模型

操作：选择Setup → Models → Viscous命令。

打开Viscous Model（黏度模型）控制面板，选择k-epsilon模型下的可实现的模型，在Near-Wall Treatment中选择Enhance Wall Treatment。

10.设置边界条件

操作：选择Setup → Boundary Conditions命令。

在Boundary Conditions（边界条件）命令详细信息区中双击hot-wall打开Wall（壁面）控制面板，选择Thermal选项卡，在Thermal Conditions栏中选择Temperature，在Temperature（K）栏中输入700。

在Boundary Conditions（边界条件）命令详细信息区中双击inlet，打开Velocity Inlet（速度入口）控制面板，设置Specification Method为Intensity and Hydraulic Diameter，设置Turbulent Intensity为5，设置Hydraulic Diameter为6。在Phase栏中设置water相的速度为0.05 m/s，入口处water相的温度为373.15 K，入口处vapor相设置保持默认。

在Boundary Conditions（边界条件）命令详细信息区中双击outlet，打开Velocity Outlet（速度出口）控制面板，设置Specification Method为Intensity and Hydraulic Diameter，设置Turbulent Intensity为5，设置Hydraulic Diameter为6；在Phase栏中设置出水口water相的温度为310 K，设置vapor相温度为373 K，设置Multiphase选项卡下的Backflow Volume Fraction为0。

11.设置求解参数

操作：选择Solution → Methods命令。

在Pressure-Velocity Coupling下的Scheme栏中选择默认的Phase Coupled SIMPLE算法，设置Volume Fraction为Geo-Reconstruct，如图6-35所示。

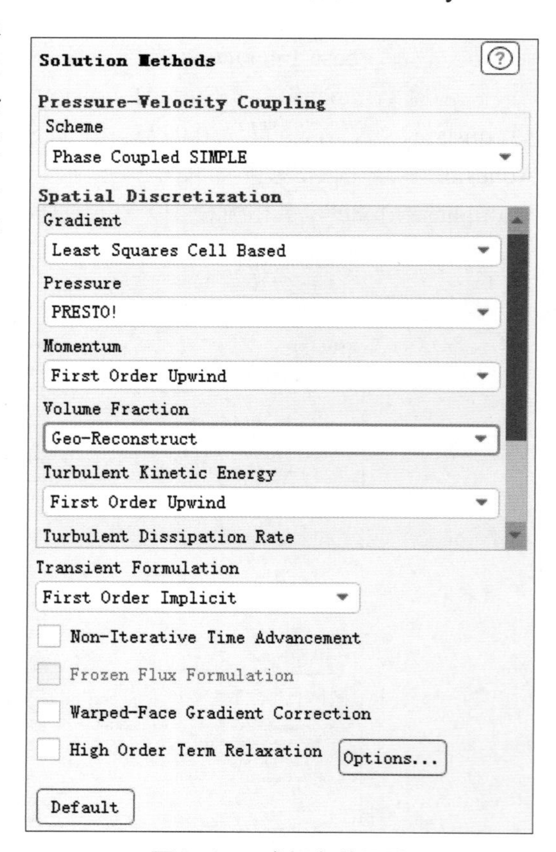

图6-35　求解参数设置

12.流场初始化

操作：选择Solution → Initialization命令。

在Initialization Methods中选择Standard Initialization，在Compute From栏中选择all-zones，单击Initialize按钮进行初始化。

13.运行计算

操作：选择Solution → Run Calculation命令。

打开Run Calculation（运行计算）命令详细信息区，在Number of Time Steps栏中输入15000，在Time Step Size栏中输入1e–5，在Max Iteration/Time Step栏中输入120，即计算模型在时长为15000×10^{-5} s = 1.5 s时的状态，单击Calculate按钮，开始运行计算。同理，可在Number of Time Steps栏和Time Step Size栏中输入其他数值，计算模型在其他时间的状态。

14. 结果后处理

（1）显示云图

选择Results → Graphics → Contours命令，打开Contours（等值线）控制面板，在Options栏中勾选Filled复选框。在Contours of栏中选择Pressure和Static Pressure，在Phase栏中选择mixture，单击Save/Display按钮，显示图6-36所示的压力云图。

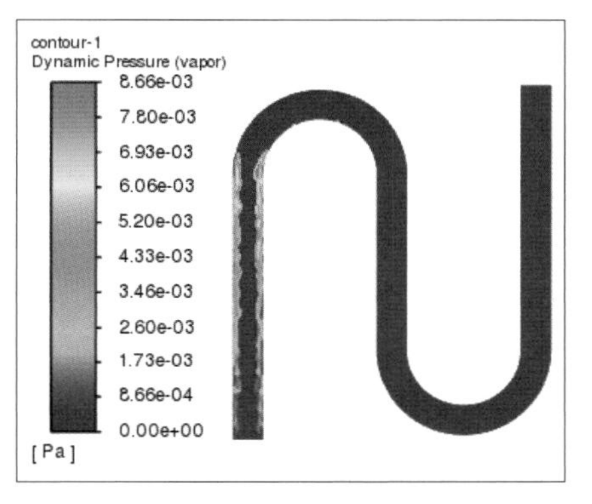

（a）0.4 s时的压力云图

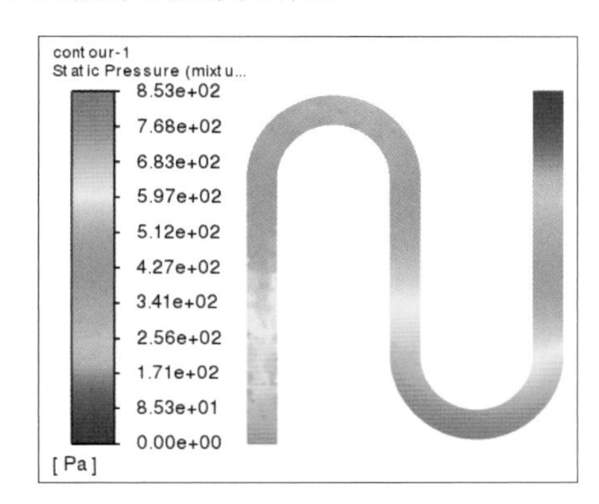

（b）1.5 s时的压力云图

图6-36　压力云图

在Contours of栏中选择Velocity和Velocity Magnitude，在Phase栏中选择vapor，单击Save/Display按钮，显示图6-37所示的速度云图。

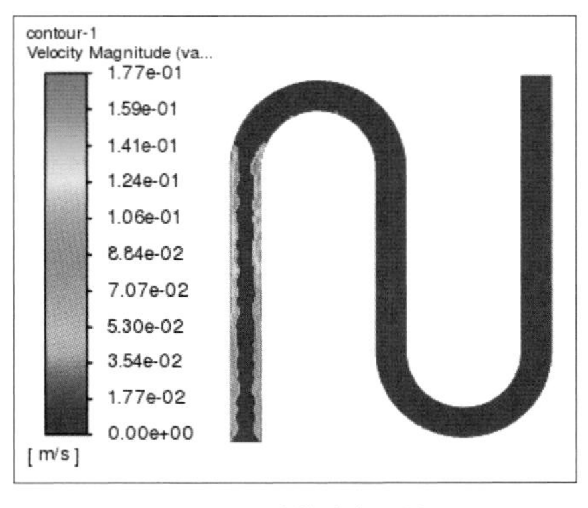

（a）0.4 s时的速度云图

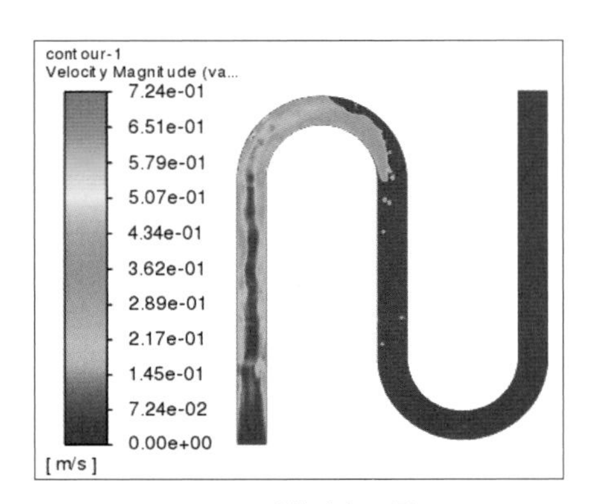

（b）1.5 s时的速度云图

图6-37　速度云图

在Contours of栏中选择Phases，在Phase栏中选择vapor，单击Save/Display按钮，显示图6-38所示的相分布云图。

在Contours of栏中选择Temperature和Static Temperature，在Phase栏中选择vapor，单击Save/Display按钮，显示图6-39所示的水相温度分布云图。

（2）显示迹线图

选择Results → Graphics → Pathlines命令。

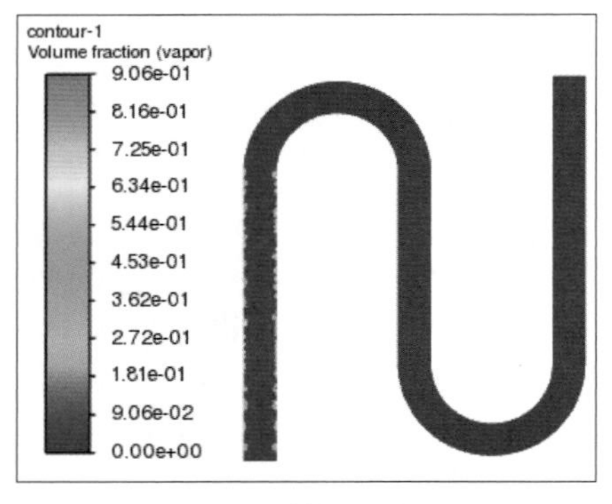

（a）0.4 s时的相分布云图

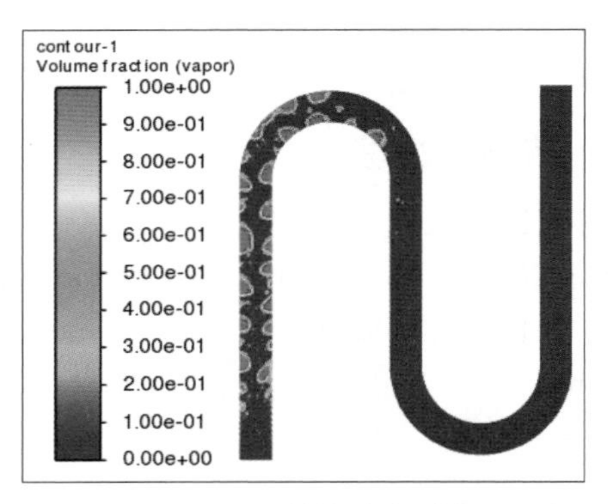

（b）1.5 s时的相分布云图

图6-38　相分布云图

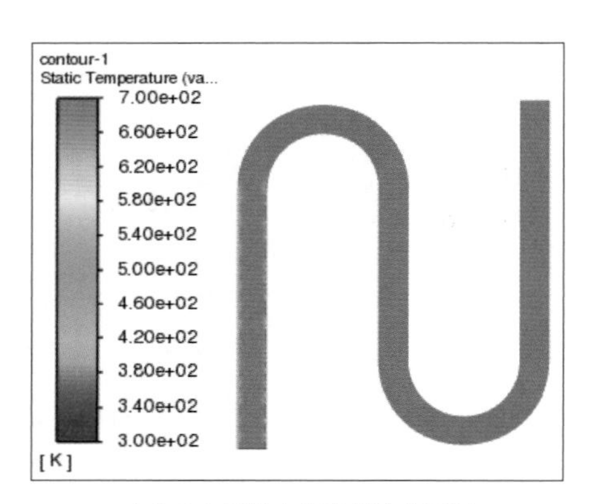

（a）0.4s时的水相温度分布云图

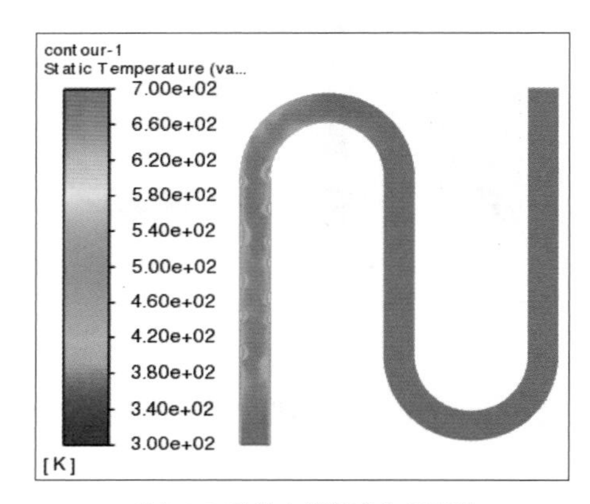

（b）1.5s时的水相温度分布云图

图6-39　水相温度分布云图

打开Pathlines（迹线）控制面板。在Step栏中输入5，在Skip栏中输入5，在Release From Surfaces栏中选择所有面，单击Display按钮，显示图6-40所示的迹线图。

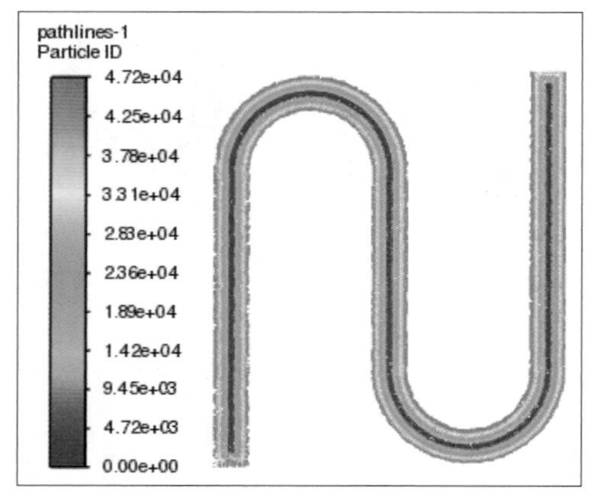

（a）0.4 s时的迹线图

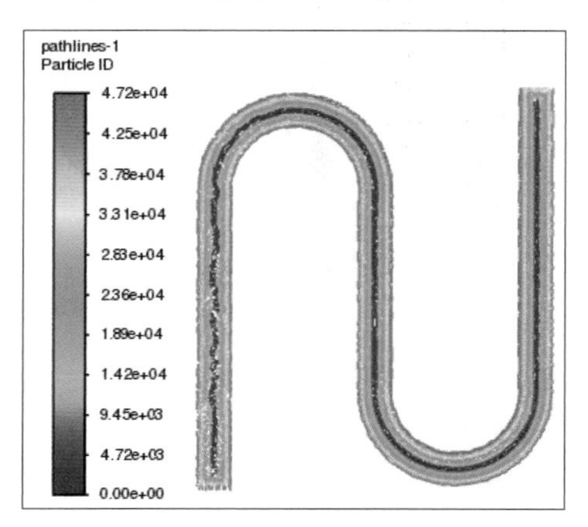

（b）1.5 s时的迹线图

图6-40　迹线图

（3）显示XY曲线图

显示计算区域任意线段或任意面上的物理量的变化情况。（注：此处坐标以二维模型示例。）选择Surface → Create → Line/Rake命令，打开Line/Rake Surface（直线/耙面）控制面板，在Name栏中输入line-0，在End Point栏中输入x0=3、x1=3、y0=0、y1=54，单击Create按钮，创建名为line-0的线段。

选择Results → Plots → XY Plot命令打开Solution XY Plot（XY曲线设置）控制面板。在Plot Direction栏下的X栏输入0，Y栏输入1，在Y Axis Function栏中选择Temperature，在Phase栏中选择water，在Surfaces栏中选择line-0，单击Plot按钮，显示图6-41所示的温度分布曲线图。

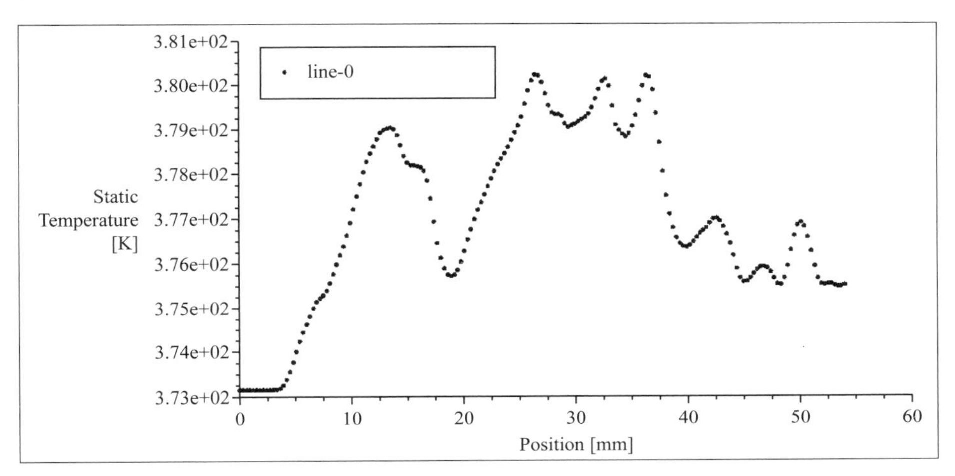

图6-41 1.5 s时左端圆柱中心线上温度分布曲线图

6.3 本章小结

本章主要内容如下。

1）通过冷热水混合器传热分析和蛇形管内水沸腾传热分析两个实例演示了Fluent传热流动分析的基本操作流程。

2）分析了Fluent不同传热流动模拟计算中注意的问题。

6.4 练习题

习题1.绝缘栅双极型晶体管（Insulated Gate Bipolar Transistor，IGBT）是能源变换与传输的核心器件，在轨道交通、智能电网等各个领域应用广泛。4个IGBT模块放置在一散热器表面，散热器（模型名称为radiator）通过内部水流动的方式带走IGBT模块产生的热量，IGBT模块和散热器的结构如图6-42所示；散热器总体大小为180 mm×110 mm×10 mm；散热器内部水流区域形状如图6-43所示；假设IGBT模块和散热器的材料为铜，IGBT模块顶面热通量为18379 W/m^2；IGBT模块侧面、散热器与空气热对流系数为5 W/(m^2·K)；水流入射速度为3 m/s。试模拟IGBT模块散热，并绘制水流的速度云图、IGBT模块顶面温度云图、散热器与水流耦合面的温度云图（网格模型为配套资源ch6文件夹 → radiator文件夹中的radiator.msh文件）。

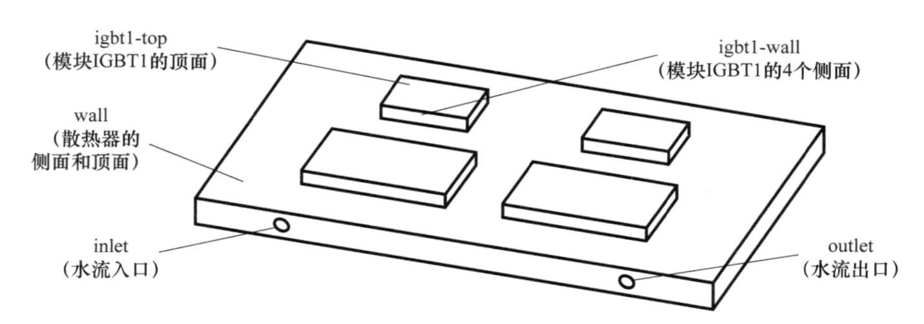

图6-42 IGBT模块和散热器的结构及边界名称

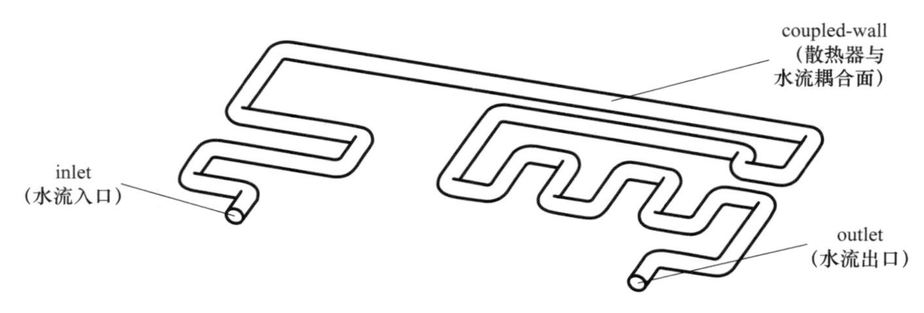

图6-43 水流区域

习题2. 随着电子商务的兴起，数据机房中心的建设越来越多，数据机房中心内部电子器件的发热情况是一个值得关注的问题。某数据机房中心（模型名称为room）内部有4个发热机箱，机箱之间有通风走廊，通风走廊顶面通入冷风，热风从机房两侧的6个热风出口流出。机房内部布局情况如图6-44所示。假设发热机箱的材料为铜，发热能量为13640 W/m^3；冷风入射速度为6 m/s。试模拟数据机房中心内部机箱发热，并绘制数据机房中心内部的温度云图（网格模型为配套资源ch6文件夹→crate文件夹中的crate.msh文件）。

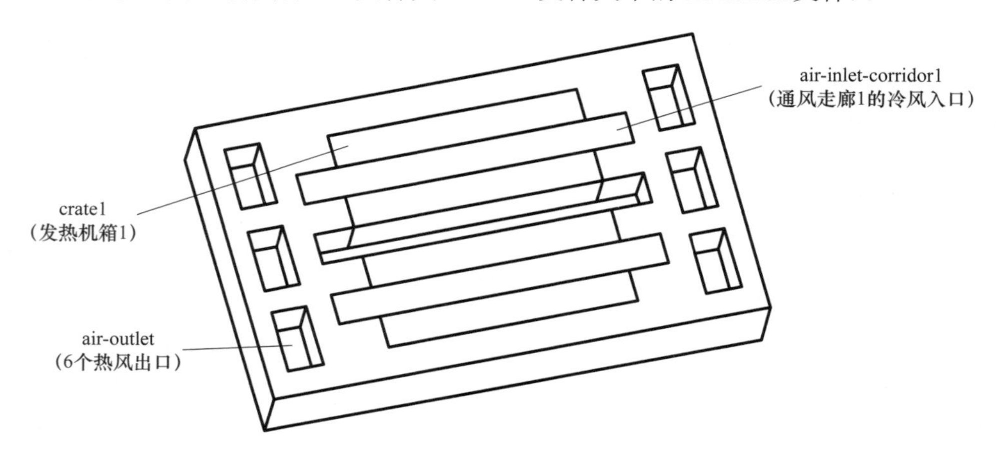

图6-44 机房内部布局情况

第7章 多孔介质流动分析

多孔介质是由多相物质所占据的共同空间，也是多相物质共存的一种组合体，没有固体骨架的那部分空间叫作空隙，由液体或气体或气液两相共同占有，相对于其中一相来说，其他相均弥散在其中，并以固相为固体骨架，构成空隙空间的某些空洞相互连通。

7.1 变截面纤维结构中树脂流动分析

7.1.1 问题描述

随着复合材料技术的发展，树脂与强化纤维结合的复合材料应用广泛，因而分析树脂液体浸渍纤维预成型体时的流动过程是对保证纤维强化树脂材料质量的重要途径。

某一变截面结构内部为纤维束，可视为多孔介质区域，这里应用多孔介质模型模拟分析，其相关几何尺寸如图7-1所示。计算中以机油模拟树脂，机油的密度为910 kg/m^3，动力黏度为0.245 Pa・s；机油入口处为压力入口，压力为930000 Pa。

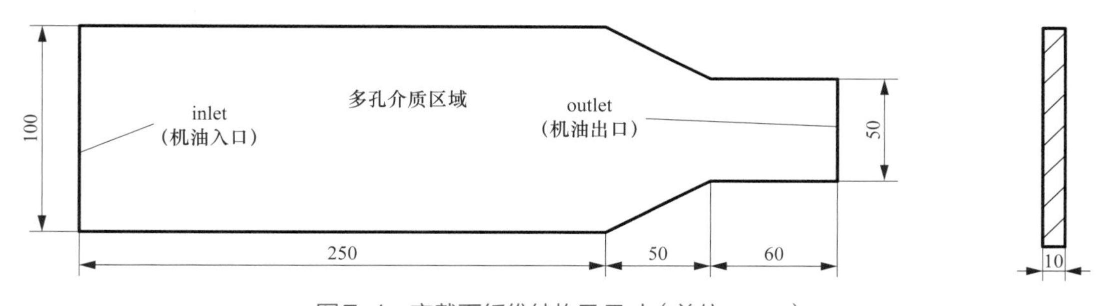

图7-1　变截面纤维结构及尺寸（单位：mm）

7.1.2 具体分析

1. 读入变截面纤维结构网格文件

操作：选择File → Read → Mesh 命令。

读入resin.msh文件（配套资源ch7文件夹 → resin文件夹中的resin.msh文件），并检查网格（选择General → Mesh → Check 命令），注意最小体积要大于零。

2. 确定长度单位

操作：选择Setup → General → Mesh → Scale命令。

打开Scale Mesh（标定网格）控制面板。在View Length Unit In栏中选择mm；单击Close按钮，完成单位转换。

3. 显示网格

操作：选择Setup → General → Mesh → Display命令。

打开Mesh Display（网格显示）控制面板。在Options栏中勾选Edges复选框；在Surfaces栏中选择所有的表面；单击Display按钮，显示的网格如图7-2所示。

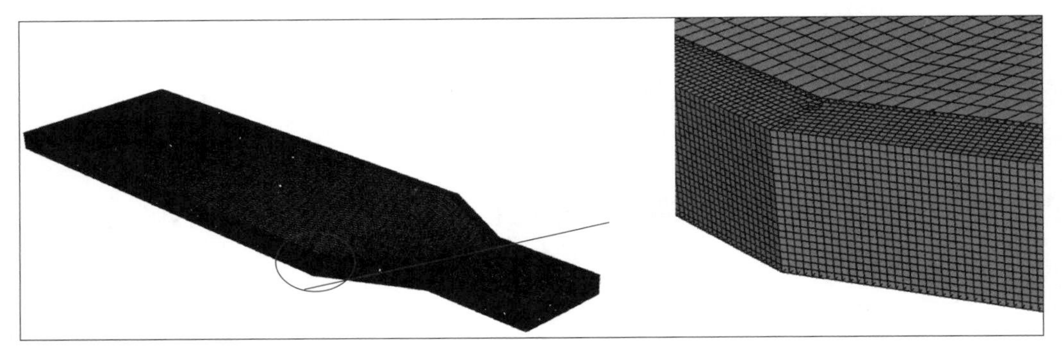

图7-2 显示的网格

4. 设置求解器

操作：选择Setup → General → Solver命令。

因需要观察树脂流动过程，属于瞬态计算，所以在打开的Solver（求解器）命令详细信息区中选中Time栏中的Transient单选项，如图7-3所示。

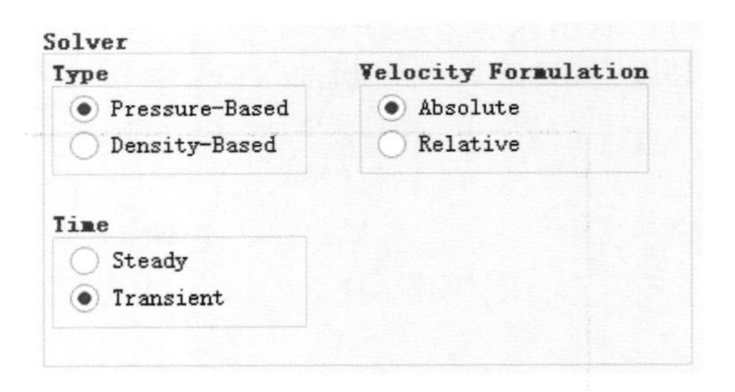

图7-3 Solver（求解器）命令详细信息区

5. 设置重力加速度

操作：选择Setup → General → Gravity命令。

打开Gravity（重力）命令详细信息区，设置重力加速度为–9.81 m/s^2。勾选Gravity复选框，在Y栏中输入–9.81。

6. 设置材料

操作：选择Setup → Materials → Fluid → air命令。

打开Create/Edit Materials（创建/编辑材料）控制面板，在Name栏中输入oil，在Properties下的Density栏中输入910，在Viscosity栏中输入0.245，设置如图7-4所示，单击Change/Create按钮，在弹出的Question对话框中单击No按钮，即不覆盖原材料并创建oil材料。

7. 设置多相流

操作：选择Setup → Models → Multiphase命令。

1）打开Multiphase Model（多相流模型）控制面板，选中Volume of Fluid单选项，将

Number of Eulerian Phases设置为2，如图7-5所示，单击Apply按钮完成设置。

图7-4　创建oil材料

图7-5　Multiphase Model（多相流模型）控制面板

2）选择Phases选项卡，将phases-1的Name改为air，在Phase Material栏中选择air，如图7-6所示；将phases-2的Name改为oil，在Phase Material栏中选择oil，单击Apply按钮。

3）选择Phase Interaction选项卡下的Forces选项卡，在Surface Tension Coefficient下的Surface Tension Coefficient栏中选择constant，数值设置为0.032；勾选Surface Tension Force Modeling复选框，勾选Wall Adhesion复选框，设置如图7-7所示。单击Apply按钮确认设置；单击Close按钮关闭Multiphase Model（多相流模型）控制面板。

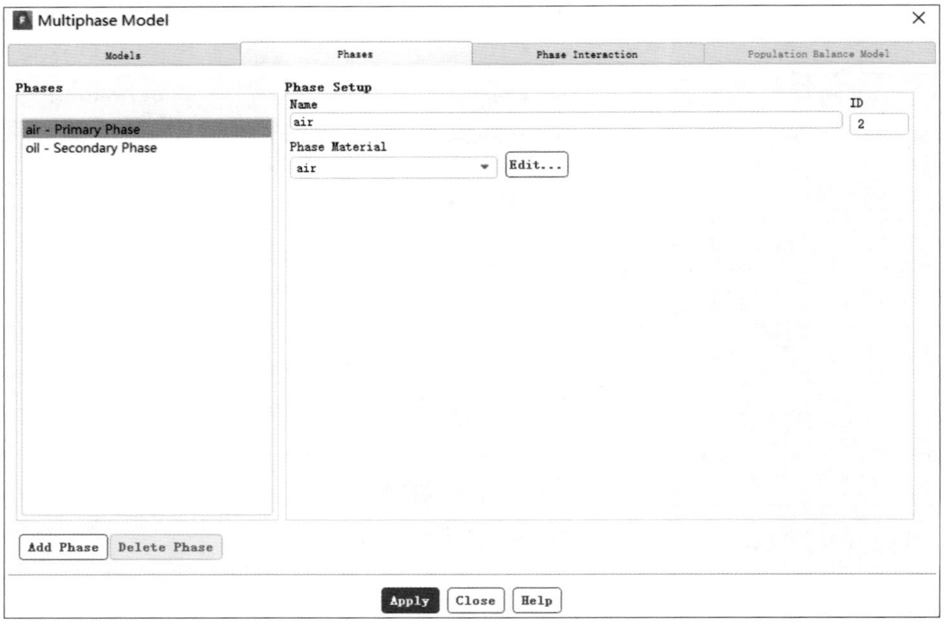

图7-6　Phases选项卡

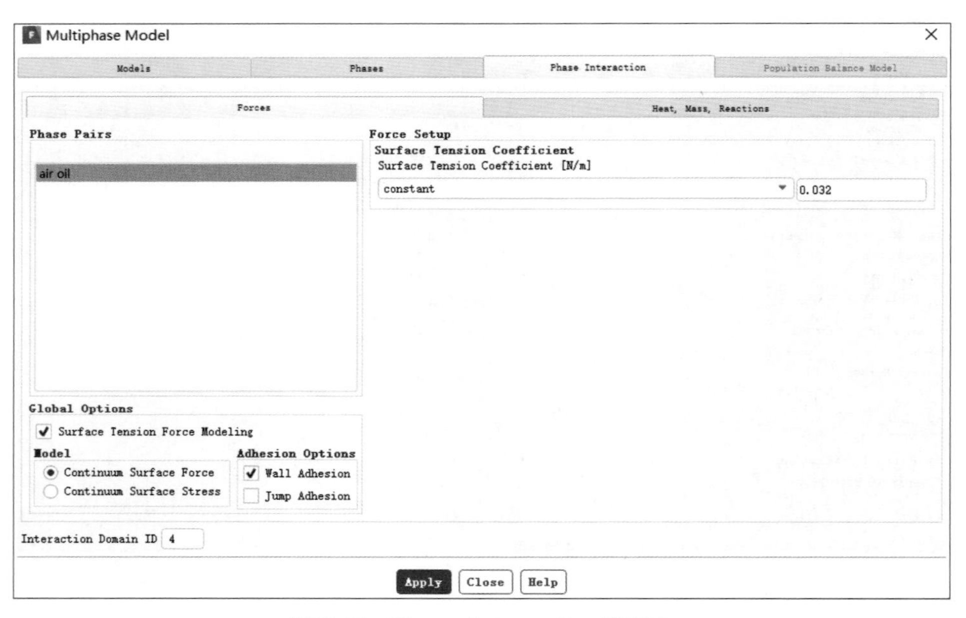

图7-7　Phase Interaction选项卡

8. 设置湍流模型

操作：选择Setup → Models → Viscous命令。

打开Viscous Model（黏度模型）控制面板，选择k-epsilon模型。

9. 设置流体域

操作：选择Setup → Cell Zone Conditions命令。

在Cell Zone Conditions（区域条件）命令详细信息区中，分别双击resin1和resin2（注：流场中的区域类型均为fluid。），在打开的Fluid（流体）控制面板中，勾选Porous Zone复选框，打开多孔介质模型，选择Porous Zone选项卡，在Fluid Porosity中的Porosity栏中输入0.403。

分别双击resin1和resin2下的air选项，打开Fluid（流体）控制面板，设置Phase为air，设置Viscous Resistance (Inverse Absolute Permeability)下的Direction值均为5.36e–10，如图7-8所示。

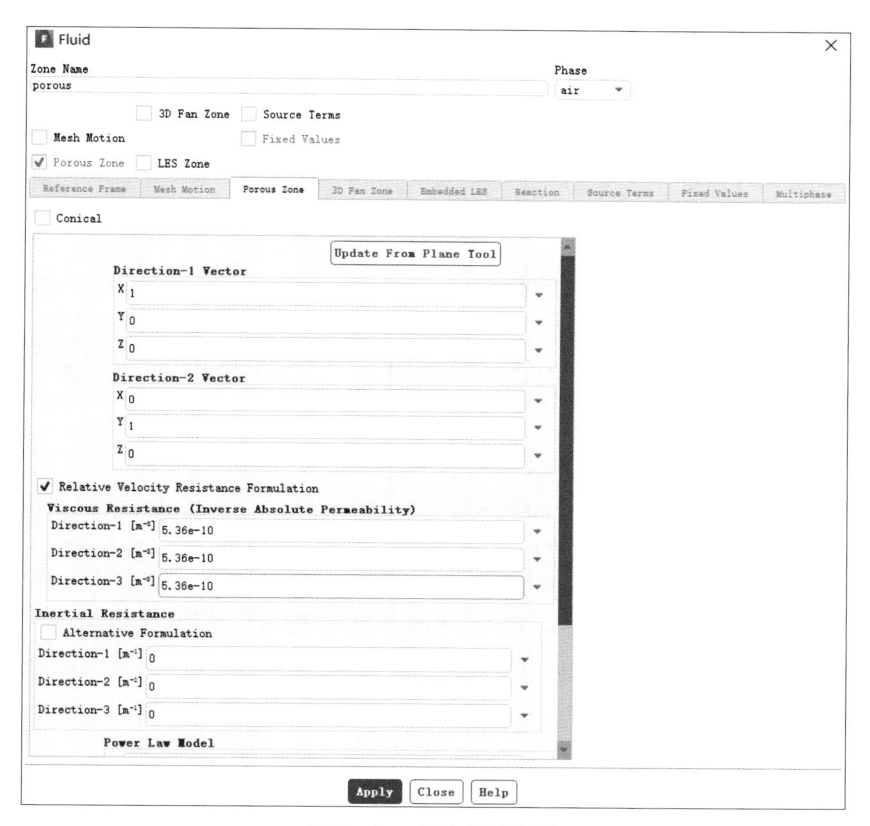

图7-8　air流体域设置

分别双击resin1和resin2下的oil选项，打开Fluid（流体）控制面板，设置Phase为oil，设置Viscous Resistance (Inverse Absolute Permeability)下的Direction-1为5.8e6、Direction-2和Direction-3为0；设置Inertial Resistance下的Direction-1为6.4、Direction-2和Direction-3为0。

10. 设置边界条件

操作：选择Setup → Boundary Conditions命令。

在打开的Boundary Conditions（边界条件）命令详细信息区中，修改inlet类型为pressure inlet，在Pressure Inlet（压力进口）控制面板中设置Gauge Total Pressure为93000，在Specification Method栏中选择Intensity and Viscosity Ratio，在Turbulent Intensity栏中输入5，在Turbulent Viscosity Ratio中输入10。

选择Setup → Boundary Conditions → Inlet → inlet → oil命令，在Pressure Inlet（压力进口）控制面板中的Multiphase选项卡下的Volume Fraction栏中输入1。

在Boundary Conditions（边界条件）命令详细信息区中，双击outlet，在Specification Method栏中选择Intensity and Viscosity Ratio，在Turbulent Intensity栏中输入5，在Turbulent Viscosity Ratio栏中输入10。

选择Setup → Boundary Conditions → Outlet → outlet → oil命令，在打开的Pressure Outlet（压力出口）控制面板Multiphase选项卡的Volume Fraction栏中输入0。

在Boundary Conditions（边界条件）命令详细信息区中，分别双击wall-resin1和wall-resin2，在打开的Wall（壁面）控制面板下的Wall Adhesion下的Contact Angles（接触角）栏中输入12。

11. 求解设置

操作：选择Solution → Methods和Controls 命令。

打开Solution Methods（求解方法）命令详细信息区，求解方法选用SIMPLE算法。

12. 流场初始化

操作：选择Solution → Initialization命令。

打开Solution Initialization（流场初始化）命令详细信息区，在Initialization Methods（初始化方法）栏中选中Standard Initialization单选项，在Compute From栏中选择inlet，将oil Volume Fraction设置为0，单击Initialize按钮。

13. 运行计算

操作：选择Solution → Run Calculation命令。

打开Run Calculation（运行计算）命令详细信息区，在Number of Time Steps栏中输入1100，在Time Step Size 栏中输入0.0002，在Max Iteration/Time Step栏中输入100，即计算模型在时长为1100 × 0.0002 s = 0.22 s时的状态，单击Calculate按钮，开始运行计算。同理，可在Number of Time Steps栏和Time Step Size栏中输入其他数值，计算模型在其他时间的状态。

14. 结果后处理

（1）创建云图截面

操作：选择Surface → Create → Plane命令。

打开Plane Surface（平面面板）控制面板，在New Surface Name栏中将截面命名为plane-0，在Method 栏中选择XY Plane，在Z栏中输入0；创建一个与*XY*平面重合的平面，如图7-9所示。

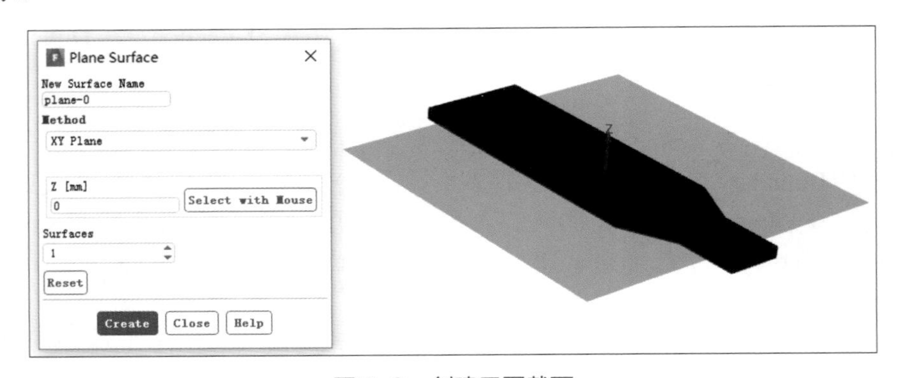

图7-9 创建云图截面

（2）显示云图

操作：选择Results → Graphics → Contours命令。

打开Contours（等值线）控制面板，在Contours of栏中选择Pressure和Static Pressure，在Surfaces栏中选择plane-0平面，单击Save/Display按钮，显示图7-10所示的压力云图。

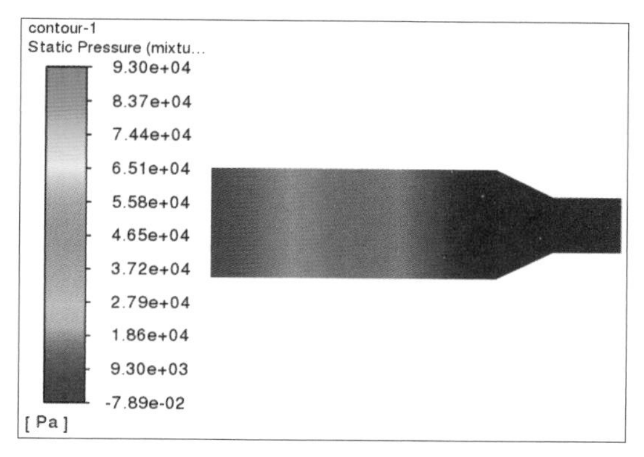

（a）0.18 s时压力云图

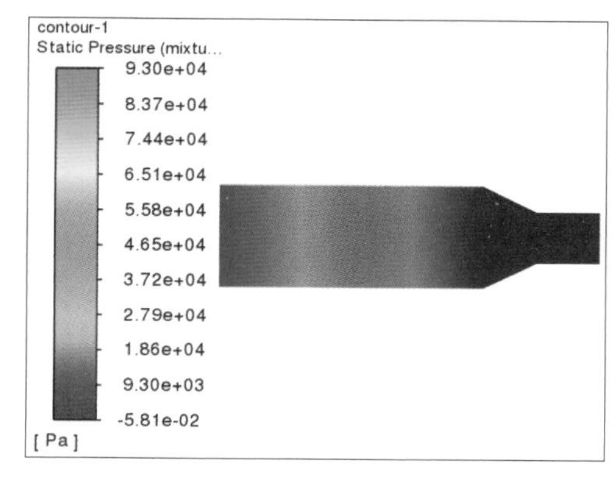

（b）0.22 s时压力云图

图7-10　压力云图

在Contours of栏中选择Phase，在Phase栏中选择oil，在Surfaces栏中选择plane-0平面，单击Save/Display按钮，显示图7-11所示的相分布云图。注意：靠近壁面处的网格需划分细密一些，否则难以形成弧形截面。

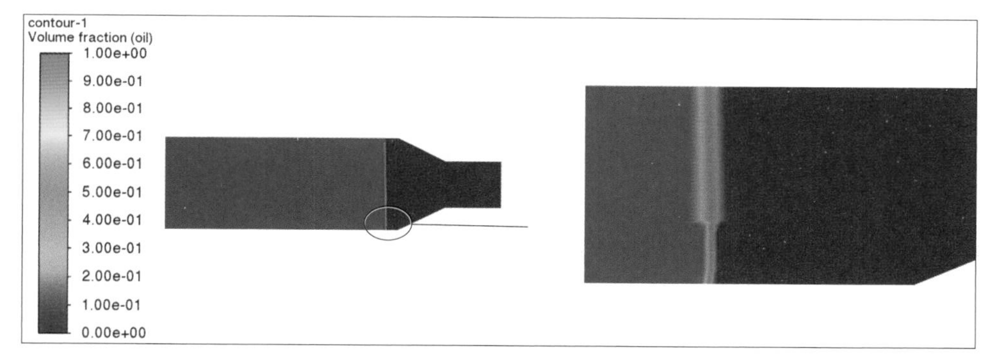

（a）0.18 s时相分布云图

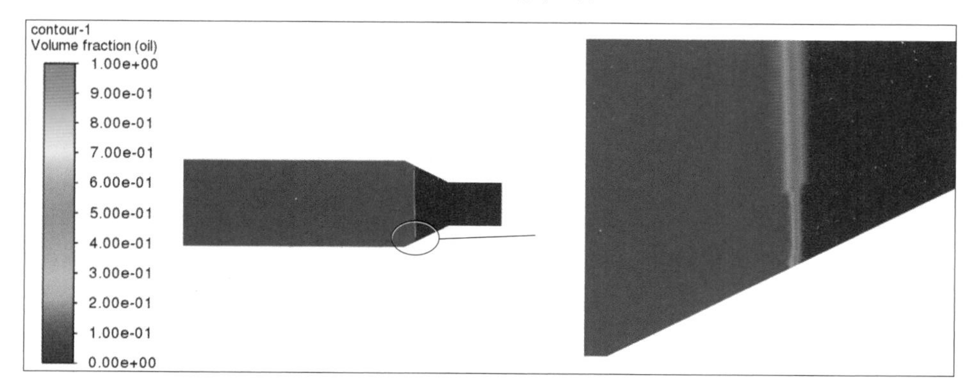

（b）0.22 s时相分布云图

图7-11　相云图

（3）显示矢量图

操作：选择Results → Graphics → Vectors命令。

打开Vectors（速度矢量）控制面板，在Scale栏中输入2，在Skip栏中输入2，在Release From Surfaces栏中选择Plane-0，单击Save/Display按钮，显示图7-12所示的速度矢量图。

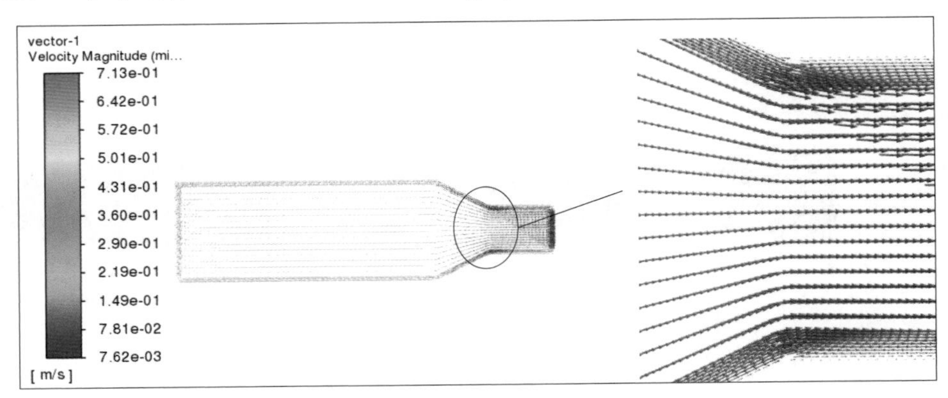

图7-12　0.22 s时速度矢量图

（4）显示迹线图

操作：选择Results → Graphics → Pathlines命令。

打开Pathlines（迹线）控制面板，在Scale栏中输入2，在Skip栏中输入2，在Release From Surfaces栏中选择Plane-0，单击Save/Display按钮，显示图7-13所示的迹线图。

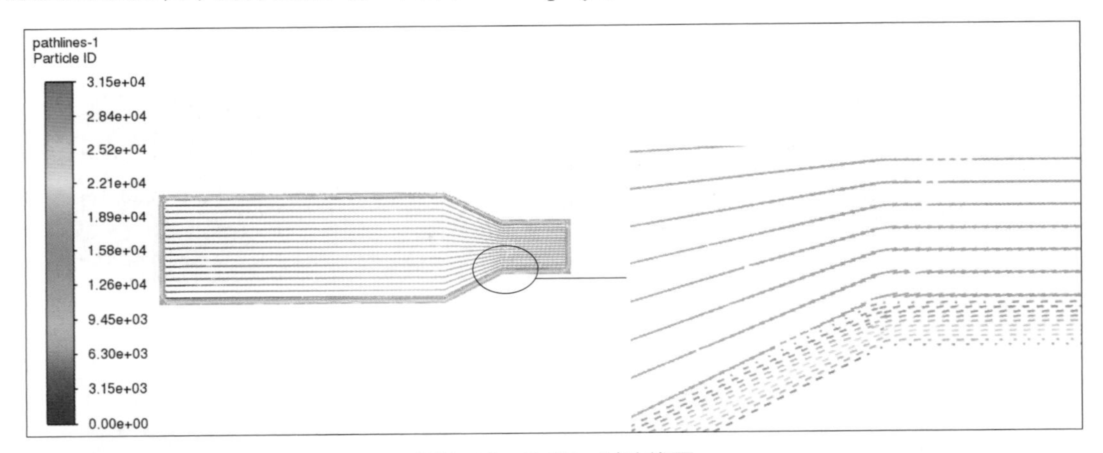

图7-13　0.22 s时迹线图

（5）显示XY曲线图及相关实验数据

在模型图中心面上创建一条线段。选择Surface → Create → Line/Rake命令，打开Line/Rake Surface（直线/耙面）控制面板，在Name栏中输入line-0，在End Point栏中输入x0=–360、x1=0、y0=0、y1=0、z0=0、z1=0，单击Create按钮，创建名为line-0的线段，该线段为机油入口和出口中心连线。

选择Results → Plots → XY Plot命令打开Solution XY Plot（XY曲线设置）控制面板。在Y Axis Function栏中选择Pressure和Static Pressure，在Surfaces栏中选择line-0，单击Plot按钮，显示图7-14（a）所示的压强分布曲线图。

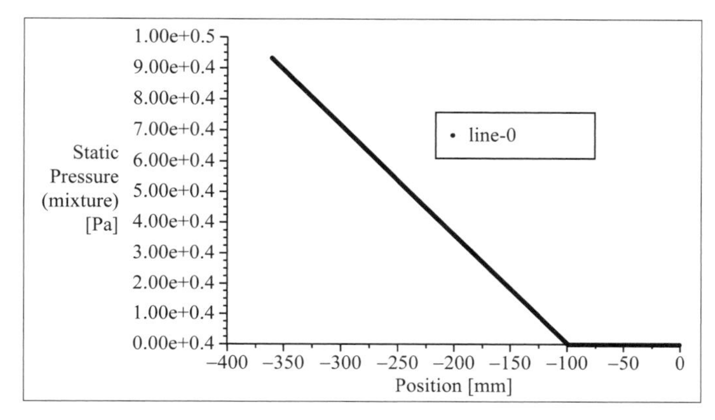

（a）进口处中心面压强分布曲线

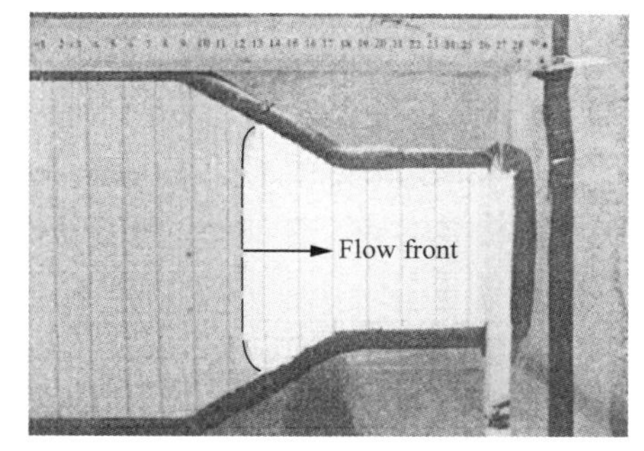

（b）变截面处流动前锋曲线照片

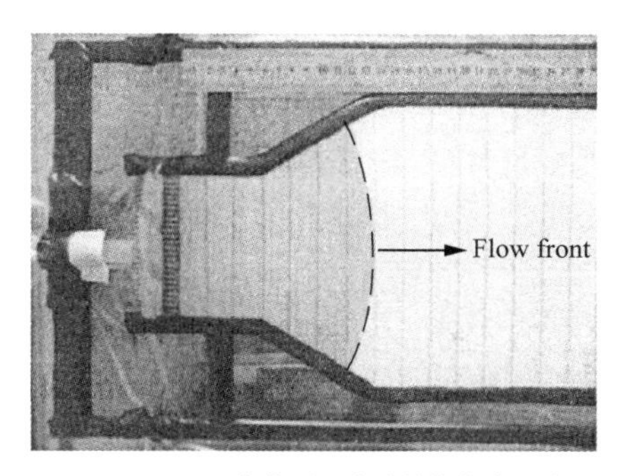

（c）变截面处流动前锋曲线照片

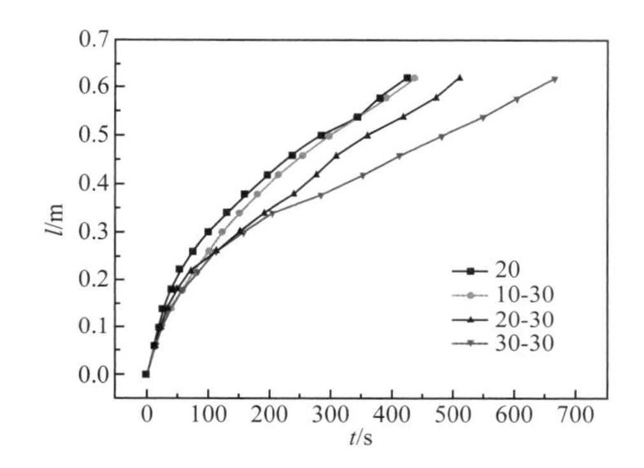

（d）变截面不同位置处流动前锋距离l与流动时间t的关系

图7-14 XY曲线图及相关实验数据

注：对多孔介质研究感兴趣的读者，看参阅名为《多墙体结构纤维预成型体中树脂浸渍与流动行为研究》的论文。

7.2 废气过滤数值分析

7.2.1 问题描述

废气中含有多种污染物，直接排放会严重污染大气环境，威胁人们的生命健康，故需要对其进行处理。废气过滤是一种重要的废气处理方式。

本例对某一变直径多孔介质圆柱管中废气过滤过程进行分析；变直径多孔介质圆柱管几何尺寸和边界名称如图7-15所示；废气的密度和动力黏度与空气的相同，入射速度为10 m/s。

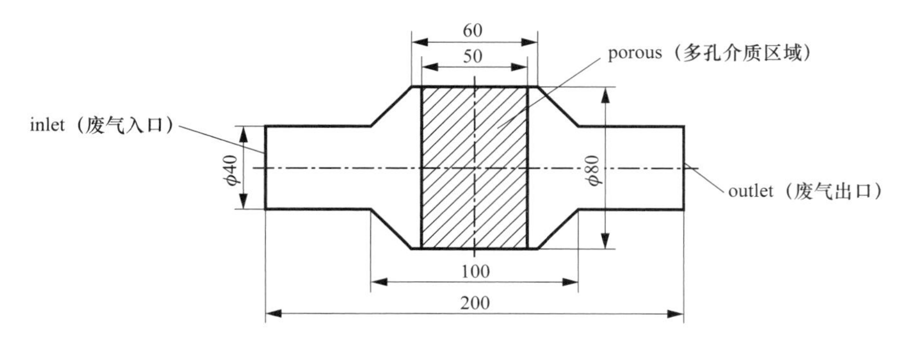

图7-15 变直径多孔介质圆柱管几何尺寸及边界名称（单位：mm）

7.2.2　具体分析

1. 读入网格文件

操作：选择File → Read → Mesh命令。

读入filter.msh文件（配套资源ch7文件夹 → filter文件夹中的filter.msh文件），并检查网格（选择General → Mesh → Check命令），注意最小体积要大于零。

2. 确定长度单位

操作：选择Setup → General → Mesh → Scale命令。

打开Scale Mesh（标定网格）控制面板，在View Length Unit In栏中选择mm；单击Close按钮，完成单位转换。

3. 显示网格

操作：选择Setup → General → Mesh → Display命令。

打开Mesh Display（网格显示）控制面板。在Options栏中勾选Edges复选框；在Surfaces栏中选择所有的表面；单击Display按钮，显示模型网格，如图7-16所示。

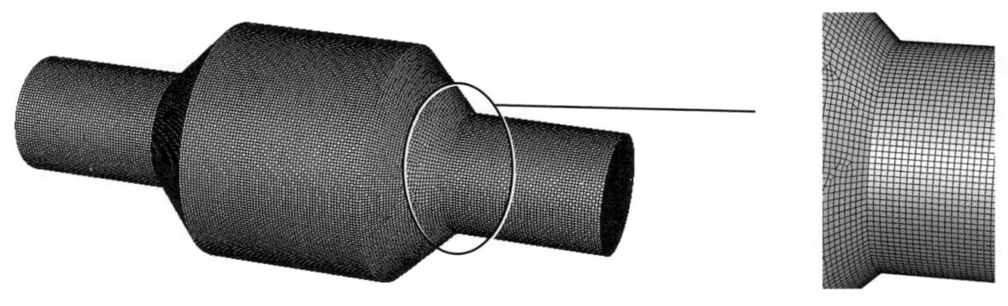

图7-16　模型网格

4. 设置流体域

操作：选择Setup → Cell Zone Conditions命令。

双击porous（注：流场中的区域类型均为fluid。），在打开的Fluid（流体）控制面板中，勾选Porous Zone复选框，选择Porous Zone选项卡，设置Viscous Resistance（Inverse Absolute Permeability）下的Direction-1为4.2e8、Direction-2为0、Direction-3为0。设置Inertial Resistance下的Direction-1为6.439、Direction-2为0、Direction-3为0。相关设置如图7-17所示。

5. 设置边界条件

操作：选择Setup → Boundary Conditions命令。

打开Boundary Conditions（边界条件）命令详细信息区，双击inlet，设置Velocity Magnitude为10，设置Specification Method为Intensity and Hydraulic Diameter，设置Turbulent Intensity 为5，设置Hydraulic Diameter 为40。

打开Boundary Conditions（边界条件）命令详细信息区，双击outlet，设置Specification Method为Intensity and Hydraulic Diameter，设置Turbulent Intensity 为5，设置Hydraulic Diameter为40。

图7-17　流体域设置

6.求解设置

操作：选择Solution → Methods和Controls命令。

求解方法选用SIMPLE算法。

7.流场初始化

操作：选择Solution → Initialization命令。

打开Solution Initialization（流场初始化）命令详细信息区，在Initialization Methods栏中选择Standard Initialization，在Compute From栏中选择all-zones，单击Initialize按钮。

8.运行计算

操作：选择Solution → Run Calculation命令。

打开Run Calculation（运行计算）命令详细信息区，在Number of Time Steps栏中输入500，单击Calculate按钮，开始运行计算。

9.结果后处理

（1）创建云图截面

操作：选择Surface → Create → Plane命令。

打开Plane Surface（平面面板）控制面板，在New Surface Name栏中将截面命名为plane-0，在Method栏中选择XY Plane，创建一个与*XY*平面重合的平面，如图7-18所示。

（2）显示云图

操作：选择Results → Graphics → Contours命令。

打开Contours（等值线）控制面板，在Contours of栏中选择Pressure和Static Pressure，在Surfaces栏中选择plane-0平面，单击Save/Display按钮，显示图7-19所示的压力云图。

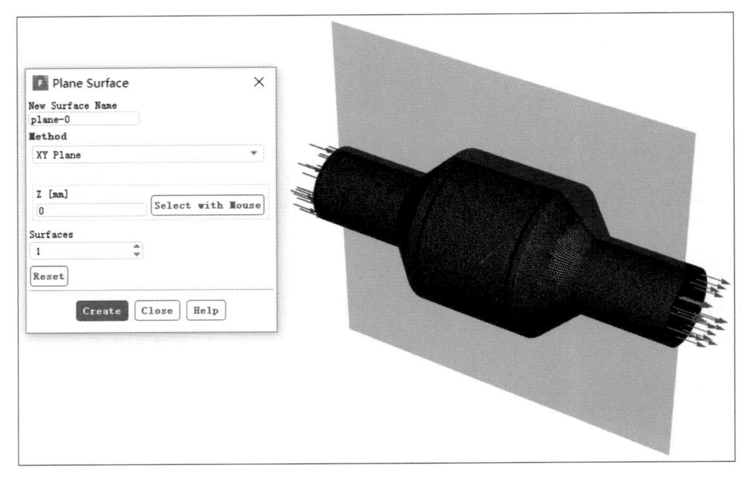

图7-18　创建截面

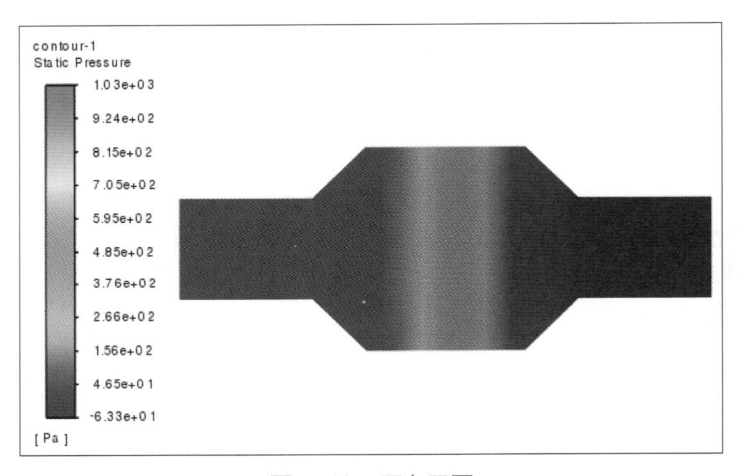

图7-19　压力云图

在Contours of栏中选择Velocity和Velocity Magnitude，在Surfaces栏中选择plane-0平面，单击Save/Display按钮，显示图7-20所示的速度云图。

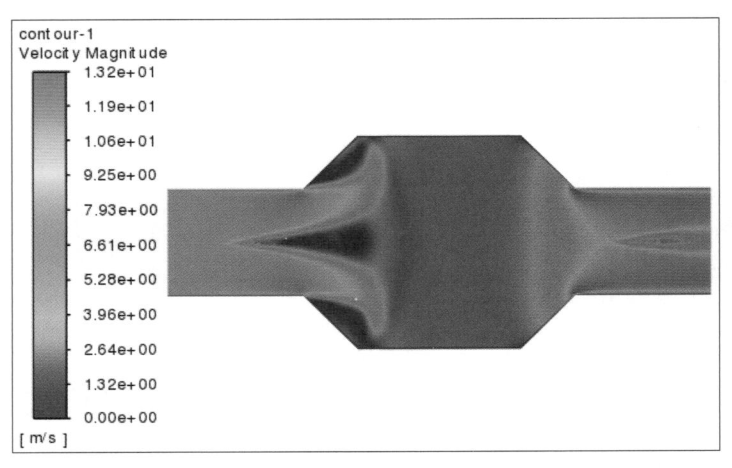

图7-20　速度云图

（3）显示矢量图

操作：选择Results → Graphics → Vectors命令。

打开Vectors（速度矢量）控制面板，在Scale栏输入3，在Skip栏输入3，在Release From Surfaces栏中选择Plane-0，单击Save/Display按钮，显示图7-21所示的速度矢量图。

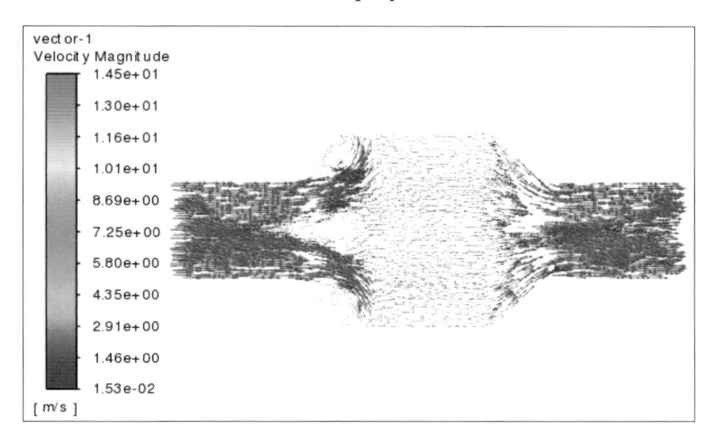

图7-21　速度矢量图

（4）显示迹线图

操作：选择Results → Graphics → Pathlines命令。

打开Pathlines（迹线图）控制面板，在Scale栏输入3，在Skip栏输入3，在Release From Surfaces栏中选择Plane-0，单击Save/Display按钮，显示图7-22所示的迹线图。

（5）显示XY曲线图

在模型图中心面上创建一条线段。选择Surface → Create → Line/Rake命令，打开Line/Rake Surface（直线/耙面）控制面板，在Name栏中输入line-0，在End Point栏中输入x0=–100、x1=100、y0=0、y1=0、z0=0、z1=0，单击Create按钮，创建名为line-0的线段。该线段为废气入口和出口中心连线。

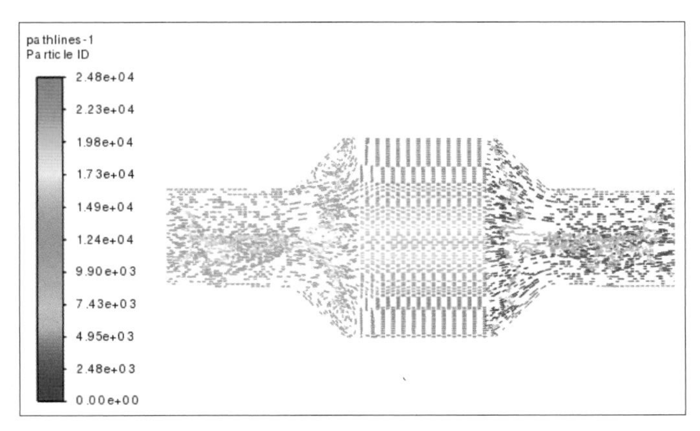

图7-22　迹线图

选择Results → Plots → XY Plot命令，打开Solution XY Plot（XY曲线设置）控制面板。在Y Axis Function栏中选择Pressure和Static Pressure，在Surfaces栏中选择line-0，单击Plot按钮，显示图7-23所示的压力分布曲线图。

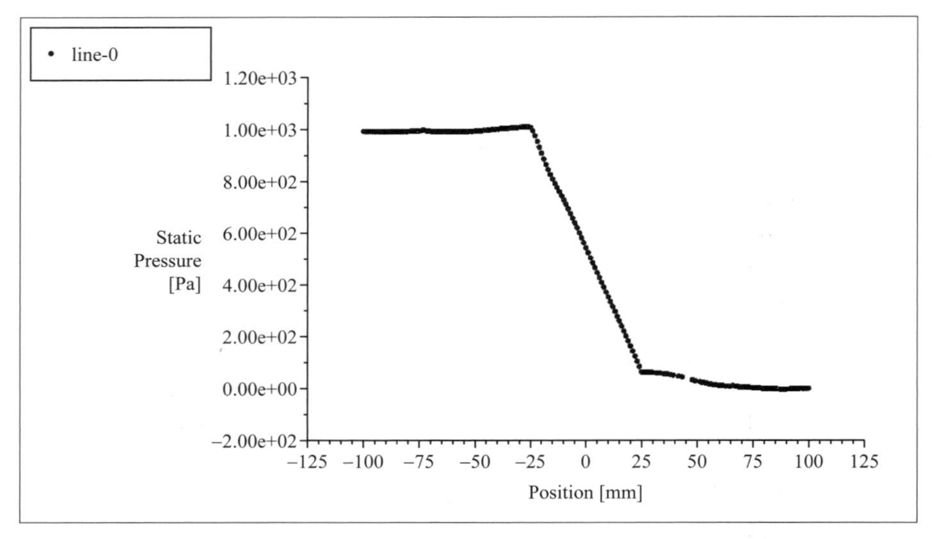

图7-23　废气过滤模型中心线上压力分布曲线

7.3　本章小结

本章主要内容如下。

1）通过变截面纤维结构中树脂流动分析和废气过滤数值分析两个实例演示了Fluent多孔介质流动分析的基本操作流程。

2）介绍了Fluent多孔介质流动分析的多孔介质区域设置要点。

7.4　练习题

习题1. 在日常生活和工业生产中，随着水管使用时间的推移，水管逐渐老化或破损，水管漏水成为人们不可忽视的问题。某水管漏水模型的结构和边界名称如图7-24所示，水管（模型名称为pipe）中的部分水泄漏至多孔介质状的土地（模型名称为ground）。假设水管中水流入射速度为1 m/s；水管水流出口为压力出口，压力值为17500 Pa；多孔介质的Viscous Resistance（Inverse Absolute Permeability）下的Direction-1、Direction-2、Direction-3均为1.2e8；Inertial Resistance下的Direction-1、Direction-2、Direction-3均为3500。试模拟水管漏水，并绘制水管漏水模型中心面的压力云图和迹线图（网格模型为配套资源ch7文件夹 → leak文件夹中的leak.msh文件）。

习题2. 在汽车中，进入发动机的空气通过空气滤清器进行过滤，得到的清洁空气可使燃料更充分地燃烧，也可使排放的汽车尾气包含的颗粒物更少。某空气滤清器的结构如图7-25所示，外层（模型名称为in）通入空气，中间层（模型名称为porous）为多孔介质，内层（模型名称为out）顶部为空气出口。假设空气入射速度为10 m/s；空气入射口直径为50 mm；多孔介质的Viscous Resistance (Inverse Absolute Permeability)下的Direction-1 为4.2e8，Direction-2和Direction-3均为0；Inertial Resistance下的Direction-1为6.439，Direction-2和Direction-3均为0。试模拟空气滤清器过滤空气，并绘制空气滤清器模型内部的压力云图和速度云图（网格模型为配套资源ch7文件夹 → air-cleanera文件夹中的air-cleanera.msh

文件）。

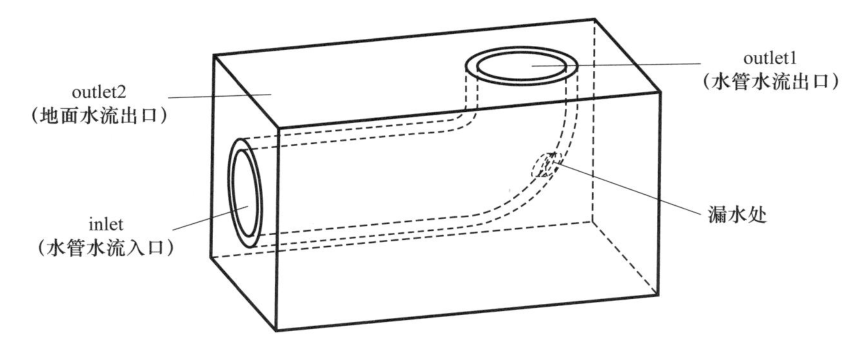

图7-24　水管漏水模型结构和边界名称

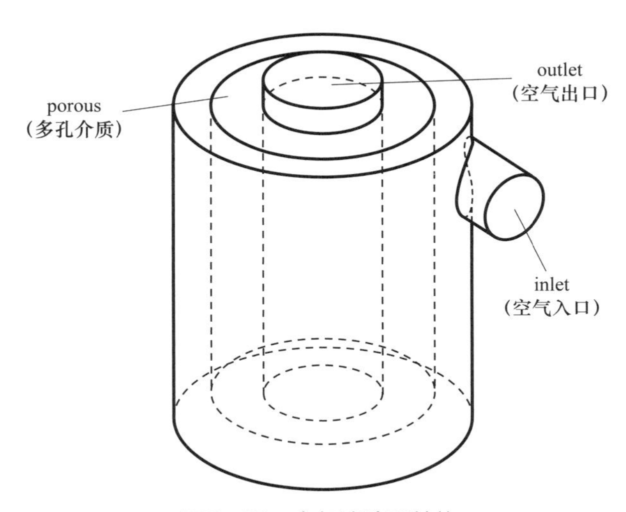

图7-25　空气滤清器结构

第8章

多相流动分析

多相流是指有两种或者两种以上不同相的物质同时存在的一种流体运动。多相流广泛存在于日常生活和工业生产中，自然和工程中多数流动现象都是多相的混合流动。Fluent软件可以对复杂的多相流动问题进行模拟分析，有助于降低工程研发的时间及成本等。

8.1 U形管油水环状流分析

8.1.1 问题描述

随着石油资源不断开发，如今只有高黏度的稠油储量还比较丰富，但稠油管道输送阻力大、能耗高。于是有学者提出了通过水润滑输送黏性流体，即低黏水相贴壁形成环状润滑层包裹在核心油流外部，形成稠油-水中心环状流（Core Annular Flow, CAF），这样可以大幅降低输送能耗，但油水环状流的稳定性是保障稠油稳定输送的关键，因而需要利用数值模拟方法研究管道油水环状流的流动情况。

本例对某U形管油水环状流进行数值模拟分析，其相关几何尺寸如图8-1所示，圆弧圆心为原点；油的密度为960 kg/m^3，动力黏度为0.22 Pa • s，进口处油相速度为1.35 m/s，水相速度为1.26 m/s。

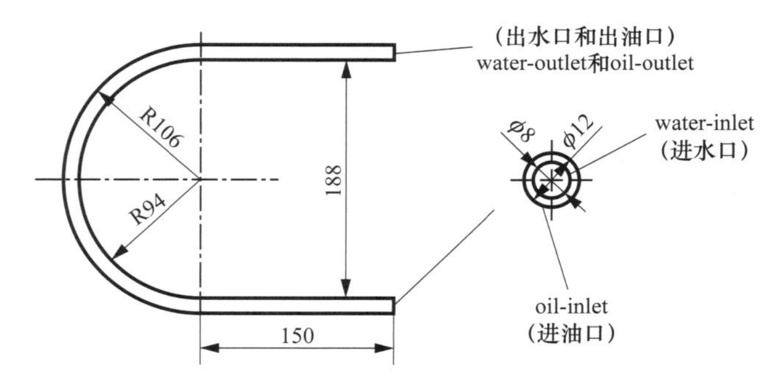

图8-1 计算区域截面尺寸（单位：mm）

8.1.2 具体分析

1. 读入网格文件

操作：选择File → Read → Mesh 命令。

读入water-oil.msh文件（配套资源ch8文件夹 → water-oil文件夹中的water-oil.msh文件），并检查网格（选择General → Mesh → Check命令），注意最小体积要大于零。

2.确定长度单位

操作：选择Setup → General → Mesh → Scale命令。

打开Scale Mesh（标定网格）控制面板，在View Length Unit In栏中选择mm；单击Close按钮，完成单位转换。

3.显示网格

操作：选择Setup → General → Mesh → Display命令。

打开Mesh Display（网格显示）控制面板。在Options栏中勾选Edges复选框；在Surfaces栏中选择所有表面；单击Display按钮，显示模型网格，如图8-2所示。

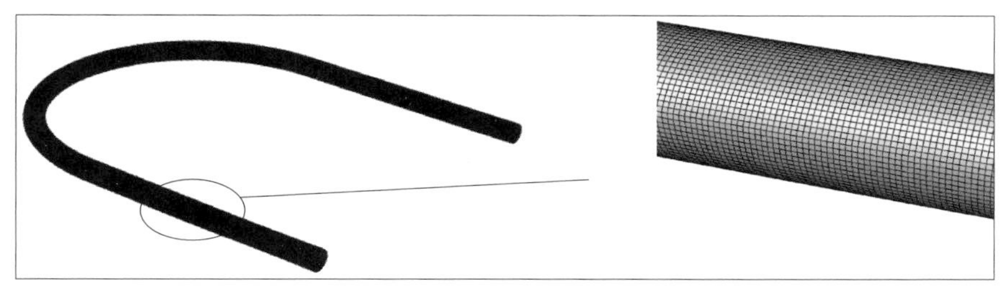

图8-2　模型网格

4.设置求解器

操作：选择Setup → General → Solver命令。

因需要观察环状流的形成过程，属于瞬态计算，所以在打开的Solver（求解器）命令详细信息区中选中Time栏中的Transient单选项，如图8-3所示。

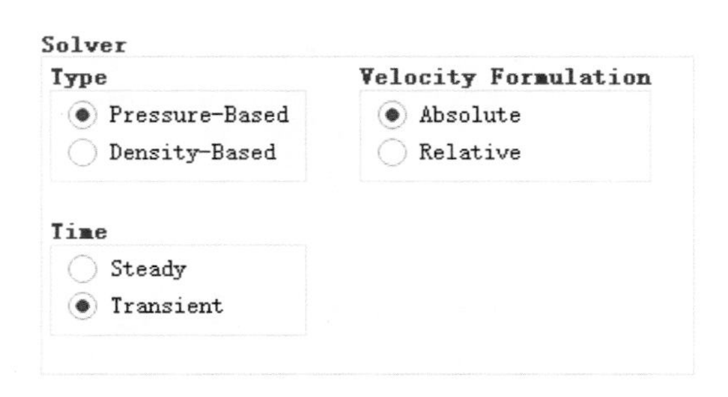

图8-3　Solver（求解器）命令详细信息区

5.设置重力加速度

操作：选择Setup → General → Gravity命令。

打开Gravity（重力）命令详细信息区，设置重力加速度为–9.81 m/s^2，勾选Gravity复选框，在Y栏中输入–9.81。

6.设置材料

操作：选择Setup → Materials → Fluid → air命令。

打开Create/Edit Materials（创建/编辑材料）控制面板，在Name栏中输入oil，在Properties下的Density栏中输入960，在Viscosity栏中输入0.22，设置如图8-4所示，单击Change/Create按钮创建oil材料。

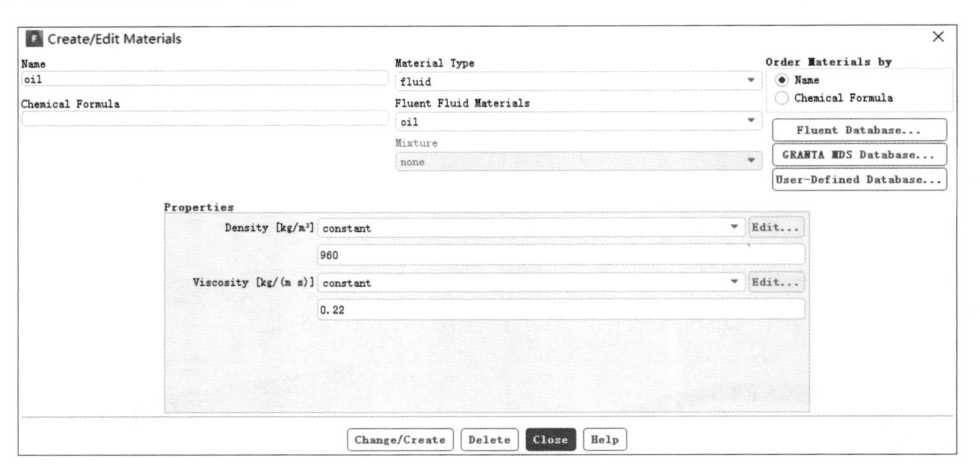

图8-4　创建oil材料

单击Fluent Database按钮打开Fluent Database Materials（Fluent数据库材料）控制面板，创建water-liquid材料。

7.设置多相流

操作：选择Setup → Models → Multiphase命令。

1）打开Multiphase Model（多相流模型）控制面板，选中Volume of Fluid单选项，设置Number of Eulerian Phases为2，勾选Implicit Body Force复选框，如图8-5所示，单击Apply按钮。

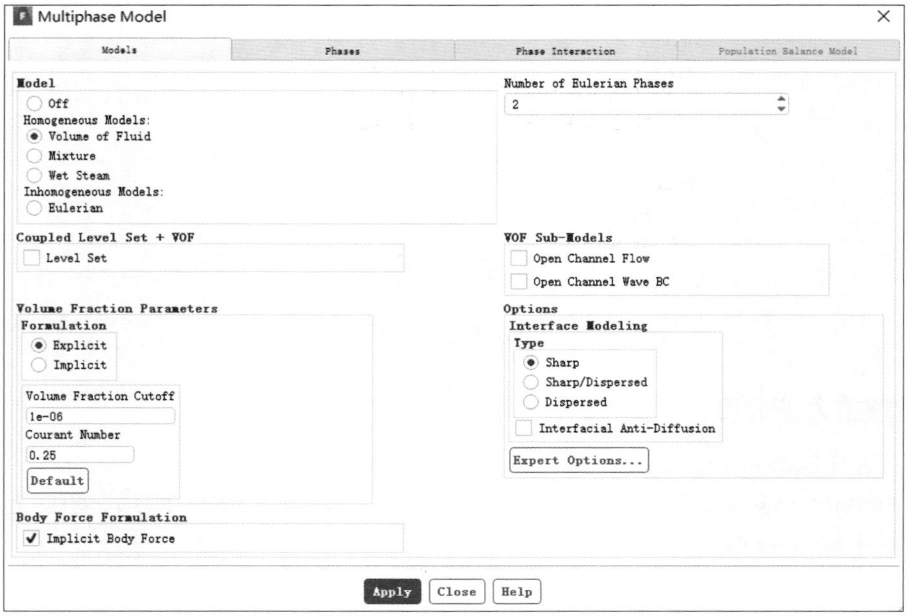

图8-5　Multiphase Model（多相流模型）控制面板

2）选择Phases选项卡，将phases-1的Name改为oil，在Phase Material栏中选择oil；将phases-2的Name改为water，在Phase Material栏中选择water-liquid，如图8-6所示；单击Apply按钮。

图8-6　Phases选项卡

3）选择Phase Interaction选项卡下的Forces选项卡，将Surface Tension Coefficient下的Surface Tension Coefficient设置为constant，数值设置为0.07275；勾选Surface Tension Force Modeling复选框，勾选Wall Adhesion复选框。设置如图8-7所示。单击Apply按钮，单击Close按钮关闭Multiphase Model（多相流模型）控制面板。

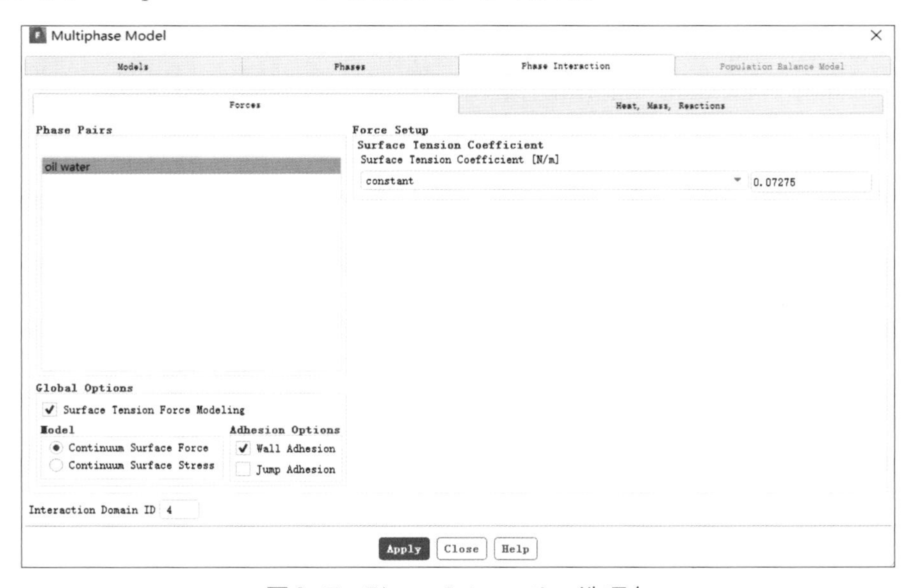

图8-7　Phase Interaction选项卡

8. 设置湍流模型

操作：选择Setup → Models → Viscous命令。

打开Viscous Model（黏度模型）控制面板，选择k-epsilon模型。

9. 设置边界条件

操作：选择Setup → Boundary Conditions命令。

打开Boundary Conditions（边界条件）命令详细信息区，双击oil-inlet，在Velocity Inlet栏中输入1.35，在Specification Method栏中选择Intensity and Hydraulic Diameter，在Turbulent Intensity栏中输入5，在Hydraulic Diameter（水力直径一般选取进出口处管直径）栏中输入8。

选择Setup → Boundary Conditions → Inlet → oil-inlet → water命令，在Velocity Inlet（速度入口）控制面板Multiphase选项卡的Volume Fraction栏中输入0，即设置进油口处水的体积分数为0。

打开Boundary Conditions（边界条件）命令详细信息区，双击water-inlet，在Velocity Inlet栏输入1.26，在Specification Method栏中选择Intensity and Hydraulic Diameter，在Turbulent Intensity栏中输入5，在Hydraulic Diameter栏中输入2。

选择Setup → Boundary Conditions → Inlet → water-inlet → water命令，在Velocity Inlet（速度入口）控制面板Multiphase选项卡的Volume Fraction栏中输入1，即设置进水口处水的体积分数为1。

打开Boundary Conditions（边界条件）命令详细信息区，双击oil-outlet，在Specification Method栏中选择Intensity and Hydraulic Diameter，在Turbulent Intensity栏中输入5，在Backflow Hydraulic Diameter栏中输入8（对于任意截面形状的边界，可以使用当量直径计算，当量直径按截面积的4倍和截面周长之比计算）。

打开Boundary Conditions（边界条件）命令详细信息区，双击water-outlet，在Specification Method栏中选择Intensity and Hydraulic Diameter，在Turbulent Intensity栏中输入5，在Backflow Hydraulic Diameter栏中输入2。

打开Boundary Conditions（边界条件）命令详细信息区中，双击wall，在Wall（壁面）控制面板Wall Adhesion的Contact Angles栏中输入27。

10. 求解设置

操作：选择Solution → Methods和Controls命令。

求解方法选用PISO算法，Volume Fraction选用CICSAM方案。

11. 流场初始化

操作：选择Solution → Initialization命令。

打开Solution Initilization（流场初始化）命令详细信息区，在Initialization Methods栏中选中Standard Initialization单选项，在Compute From栏中选择water-inlet，单击Initialize按钮。

12. 运行计算

操作：选择Solution → Run Calculation命令。

打开Run Calculation（运行计算）命令详细信息区，在Number of Time Steps栏中输

入7500，在Time Step Size栏中输入0.0001，在Max Iteration/Time Step栏中输入100，单击Calculate按钮，开始运行计算。

13. 结果后处理

（1）创建云图截面

操作：选择Surface → Create → Plane命令。

打开Plane Surface（平面面板）控制面板，在New Surface Name栏中将截面命名为plane-0，在Method栏中选择ZX Plane，在Y栏中输入0，创建一个与*ZX*平面重合的平面，如图8-8所示。

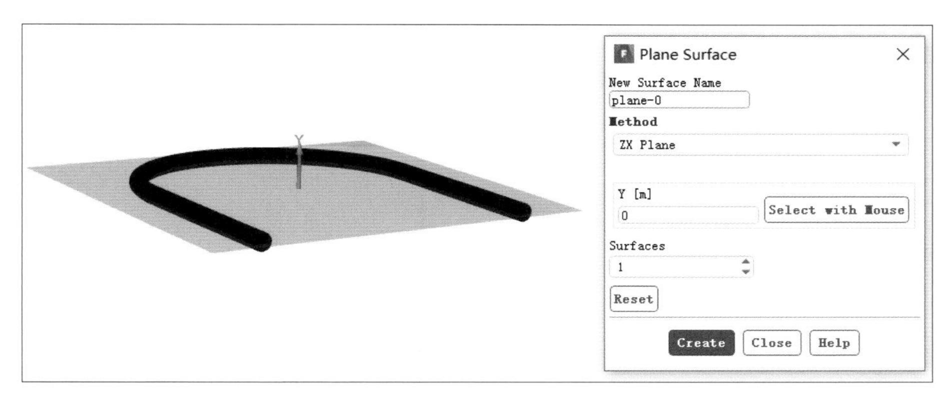

图8-8　创建截面

（2）显示云图

操作：选择Results → Graphics → Contours命令。

打开Contours（等值线）控制面板，在Contours of栏中选择Pressure和Static Pressure，在Surfaces栏中选择plane-0平面，单击Save/Display按钮，显示图8-9所示的压力云图。

在Contours of栏中选择Velocity和Velocity Magnitude，在Surfaces栏中选择plane-0平面，单击Save/Display按钮，显示图8-10所示的速度云图。

在Contours of栏中选择Phase，在Phase栏中选择oil，在Surfaces栏中选择plane-0平面，单击Save/Display按钮，显示图8-11所示的相云图。

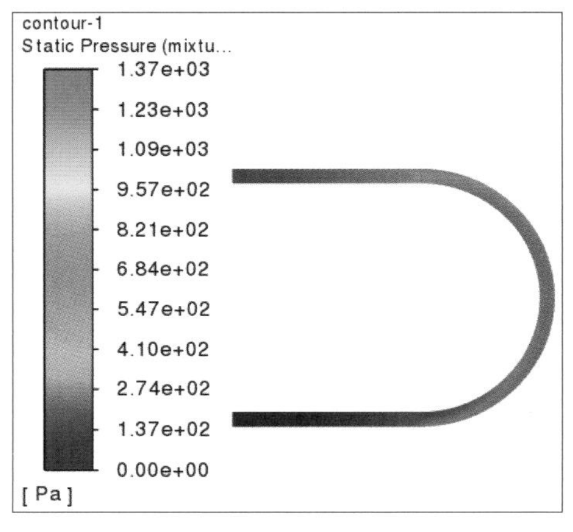

（a）0.1 s时压力云图

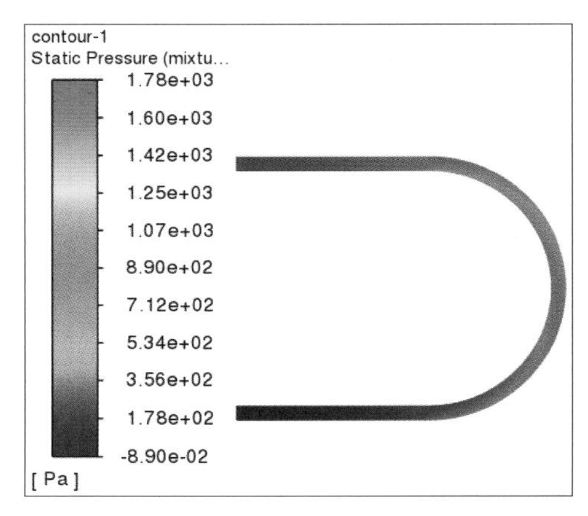

（b）0.25 s时压力云图

图8-9　压力云图

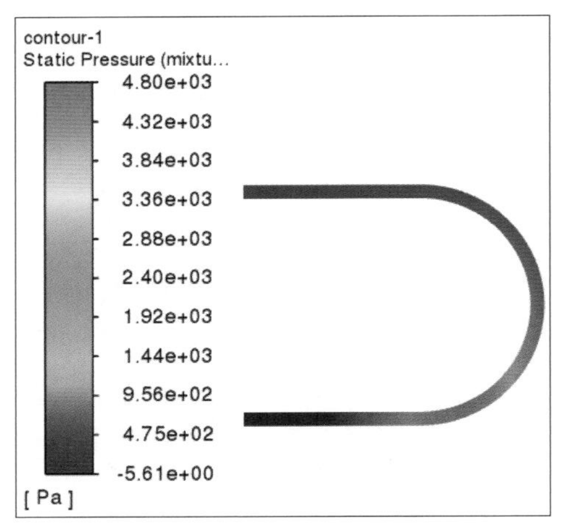

（c）0.45 s时压力云图

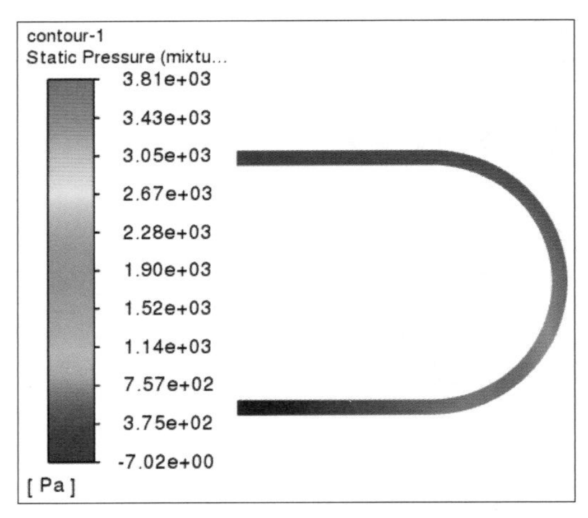

（d）0.75 s时压力云图

图8-9　压力云图（续）

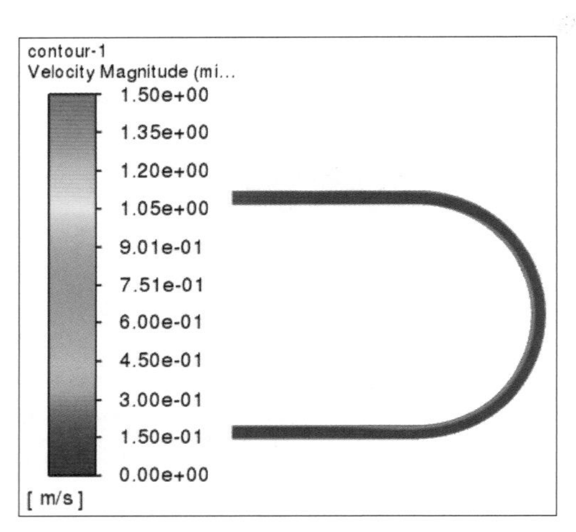

（a）0.1 s时速度云图

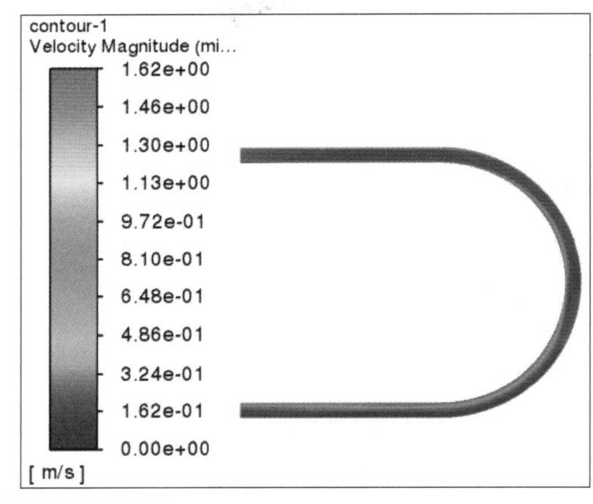

（b）0.25 s时速度云图

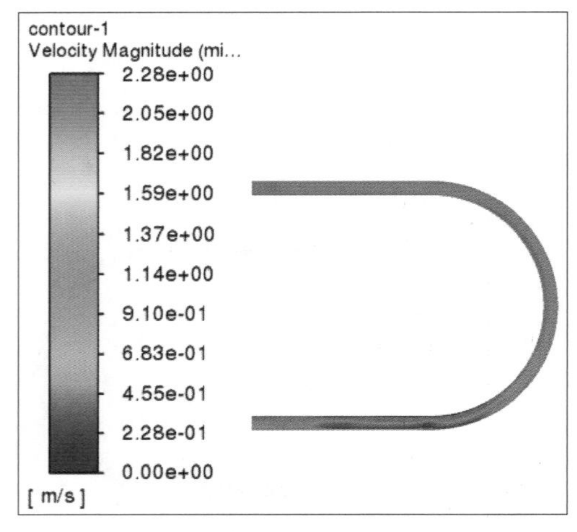

（c）0.45 s时速度云图

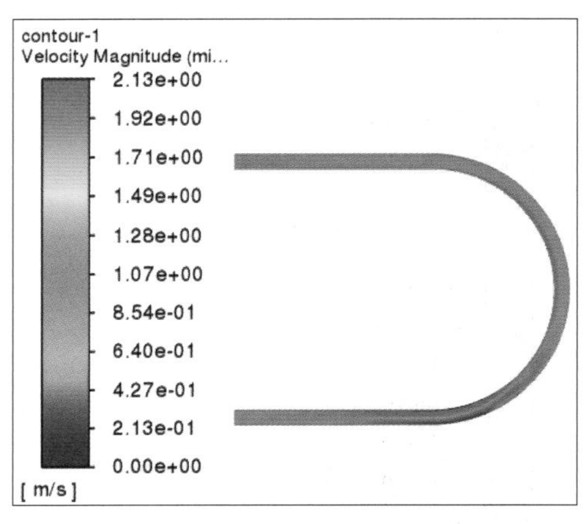

（d）0.75 s时速度云图

图8-10　速度云图

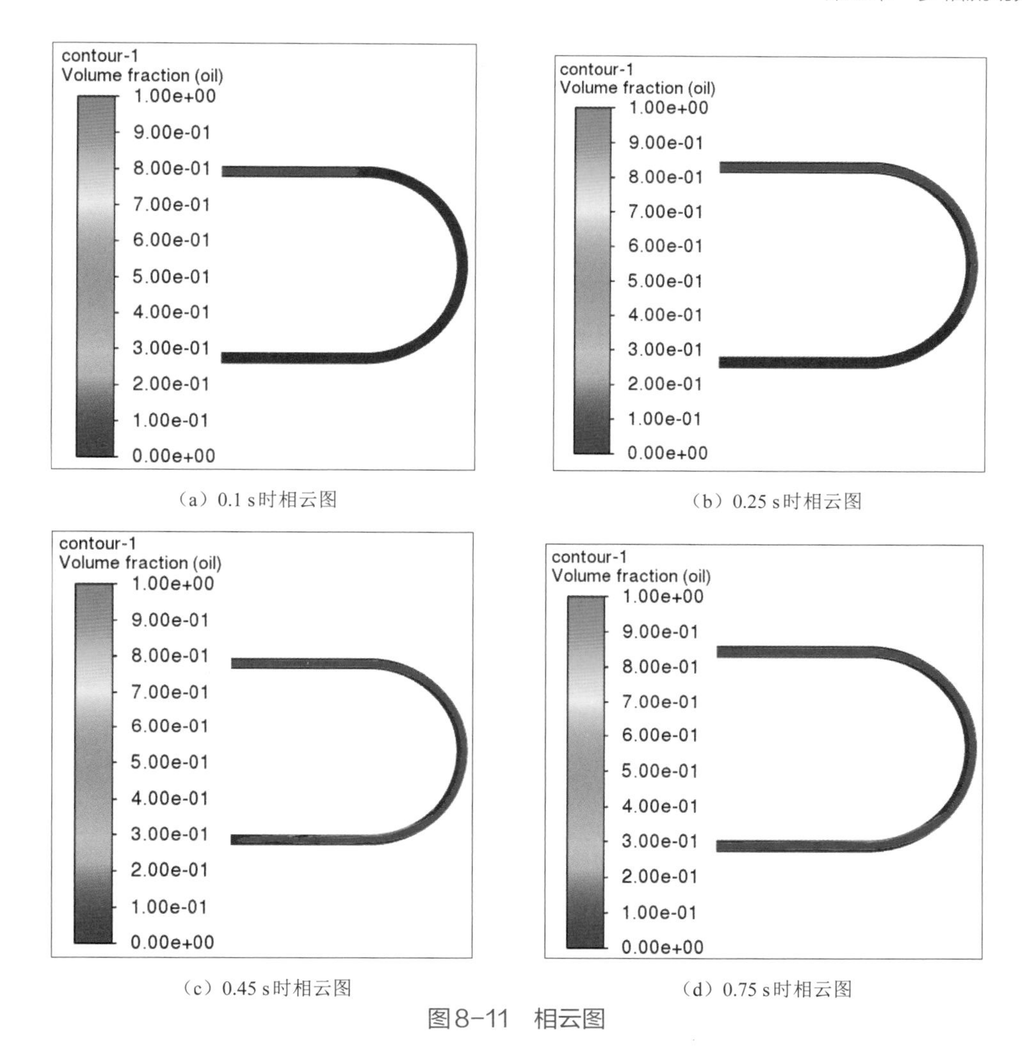

（a）0.1 s时相云图　（b）0.25 s时相云图

（c）0.45 s时相云图　（d）0.75 s时相云图

图8-11 相云图

印度研究人员Sharma等人，对油水环状流所做的相关实验结果如图8-12所示，对比图8-11与图8-12，可以发现环状流形状是相似的。

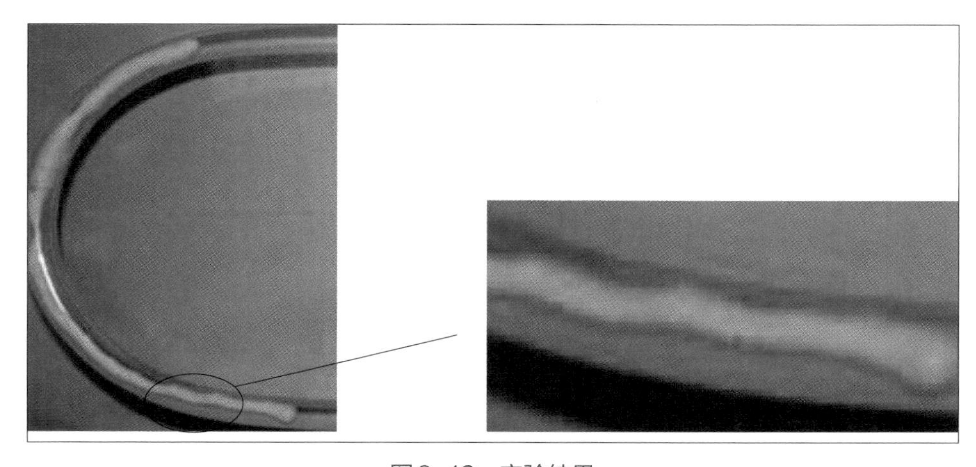

图8-12 实验结果

注：本实验结果所附图源于Sharma等人的论文“Hydrodynamics of lube oil-water flow through 180° return bends”。

（3）显示矢量图

操作：选择Results → Graphics → Vectors命令。

打开Vectors（速度矢量）控制面板，勾选Options栏中的Draw Mesh复选框，在打开的Mesh Display（网格显示）控制面板中，在Options栏中勾选Edges复选框，在Edge Type栏中选择Feature，在Surfaces栏中选择oil-inlet、oil-outlet、wall、water-inlet、water-outlet，单击Display按钮，单击Close按钮关闭Mesh Display（网格显示）控制面板，返回至Vectors（速度矢量）控制面板。

在Vectors（速度矢量）控制面板中，在Scale栏输入4，在Skip栏输入20，在Release From Surfaces栏中选择Plane-0，单击Save/Display按钮，显示图8-13所示的速度矢量图。

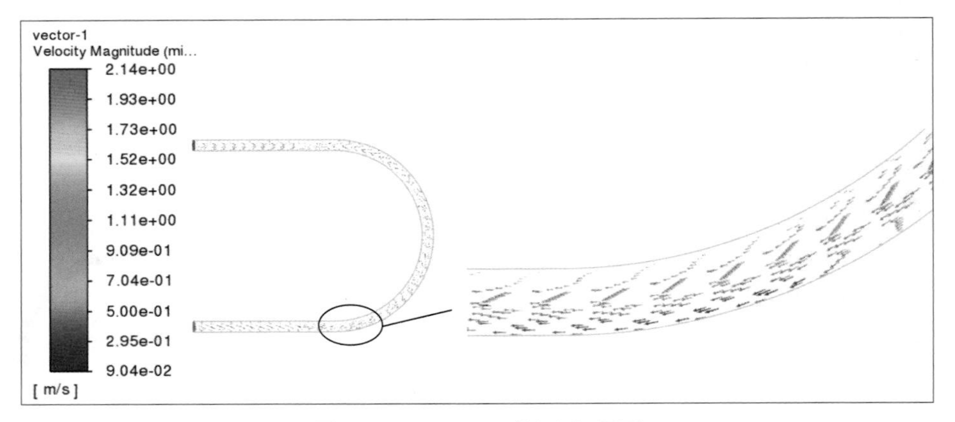

图8-13　0.75 s时速度矢量图

（4）显示迹线图

操作：选择Results → Graphics → Pathlines命令。

打开Pathlines（迹线）控制面板，显示模型边缘，并在Scale栏输入2，在Skip栏输入6，在Release From Surfaces栏中选择Plane-0，单击Save/Display按钮，显示图8-14所示的迹线图。

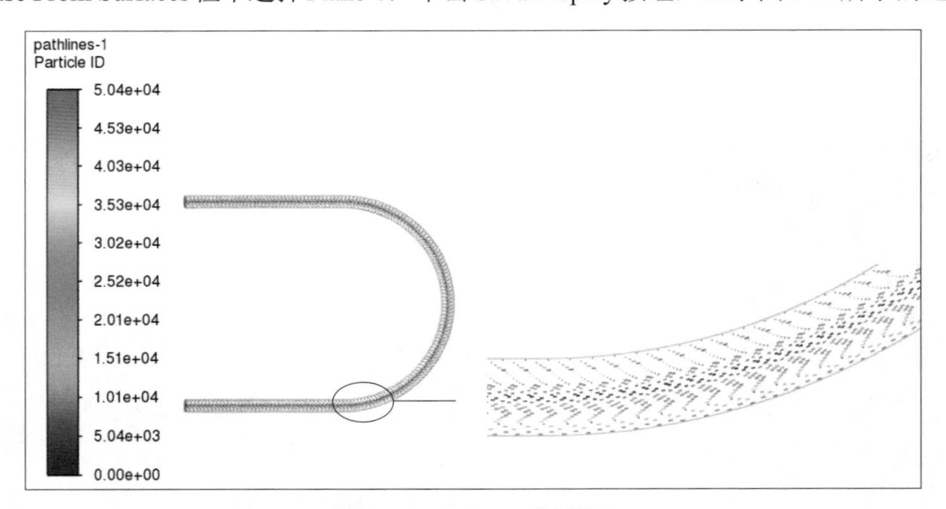

图8-14　0.75 s时迹线图

（5）显示XY曲线图

在模型图中心面上创建一条线段。选择Surface Create Line/Rake命令，打开Line/Rake

Surface（直线/耙面）控制面板，在Name栏中输入line-0，在End Point栏中输入x0=75、x1=75、y0=0、y1=0、z0=94、z1=106，单击Create按钮，创建名为line-0的线段，该直线在U形圆管水平对称面上，且距离入口75 mm。

选择Results → Plots → XY Plot命令，打开Solution XY Plot（XY曲线设置）控制面板。在Plot Direction栏下的X栏输入0、Y栏输入0、Z栏输入1，在Y Axis Function栏中选择Phase，在Phase栏中选择oil，在Surfaces栏中选择line-0，单击Plot按钮，显示图8-15所示的相分布图。

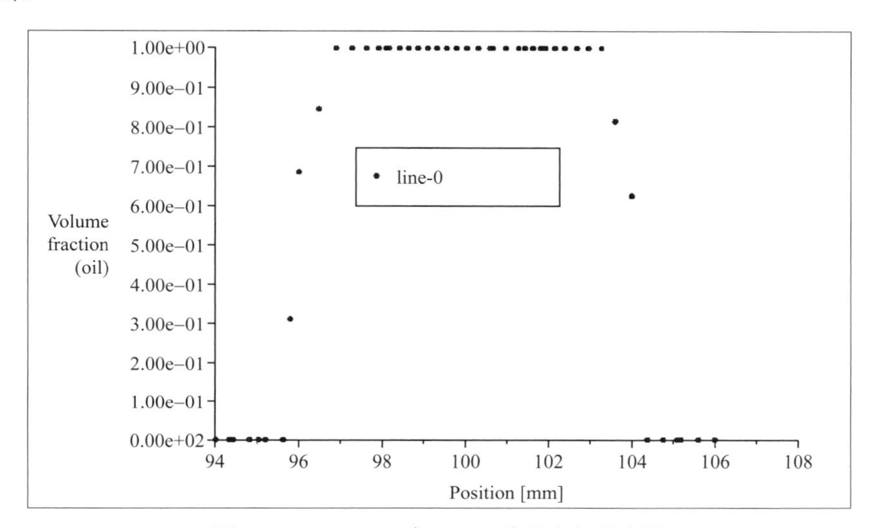

图8-15　0.75 s时line-0线段上相分布图

8.2　沉淀池活性污泥沉降分析

8.2.1　问题描述

二次沉淀池是污水处理过程中重要的组成部分，其中的流动情况及悬浮活性污泥在池内的浓度分布受沉淀池的结构和入口水流流速的影响，而通过实验研究获得这些参数有一定困难，数值模拟技术随着计算技术的发展而逐渐成熟，能为沉淀池设计中的不确定因素确定提供依据。

沉淀池的数值模拟起源于20世纪80年代初，Schamber、Larock与Imam等人及Adams,和Rodi等应用湍流模型对初沉池的速度场进行模拟计算及实验研究。我国的曾光明等利用涡量-流函数法建立二次沉淀池的控制方程，以控制容积法对方程进行离散，求出了其中的速度分布场及浓度分布场；蔡金傍等采用有限元方法对平流式沉淀池进行了数值模拟分析。但实质上，二次沉淀池中有污水和悬浮活性污泥，其流动为液固两相流，上述数值计算分析仅局限于流动和近似的浓度计算，无法真实模拟池中的两相流动情况，屈强等采用液固两相流模拟了辐流式二沉池的污泥和水的流动，本例也采用液固两相流来计算辐流式二次沉淀池的活性污泥的沉降情况。

某辐流式二次沉淀池中心深4 m，周边深2 m，泥斗设在池中央，池底向中心倾斜，一块垂直挡板用于把来流引向池底，一块水平挡板用于防止进水和污泥回流之间的短流。本模型属轴对称图形，其几何尺寸及边界名称如图8-16和图8-17所示。其中，water-in为清水、污水和污泥混合液入口；sediment-out为污水出口和污泥沉积区域；freeface为沉淀池的圆形侧面；water-in平面中心为原点。（注：图中尺寸为区分方便，间距小处以细实线显示。）

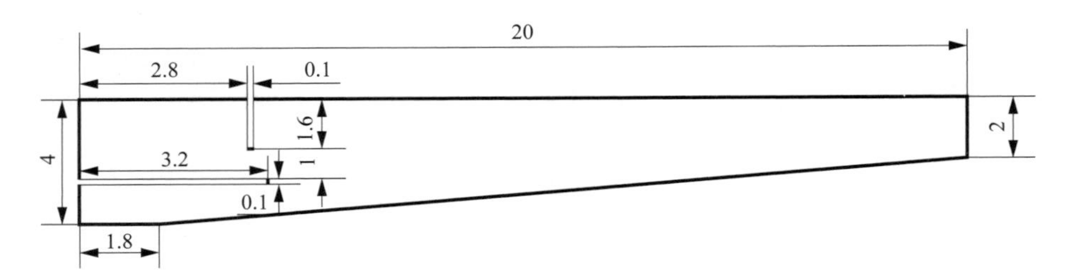

图8-16　计算区域截面尺寸（单位：m）

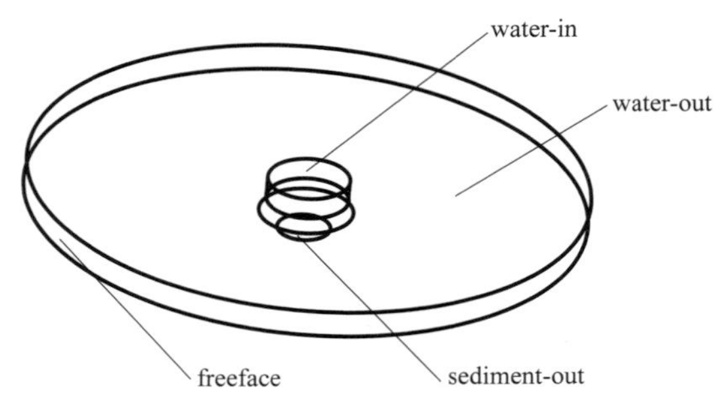

图8-17　边界名称

污水的密度为1000.35 kg/m^3，动力黏度为1.005×10^{-3} Pa·s，进口速度为0.019 m/s；污泥的密度为1051 kg/m^3，动力黏度为2.001×10^{-2} Pa·s，污泥中颗粒物直径为0.001 m，颗粒物在污泥中所占比例为0.5，进口速度为0.018 m/s。

8.2.2　具体分析

1. 读入网格文件

操作：选择File → Read → Mesh 命令。

读入sedimentation.msh文件（配套资源ch8文件夹 → sedimentation文件夹中的sedimentation.msh文件），并检查网格（选择General → Mesh → Check命令），注意最小体积要大于零。

2. 确定长度单位

操作：选择Setup → General → Mesh → Scale命令。

打开Scale Mesh（标定网格）控制面板，在View Length Unit In栏中选择m；单击Close按钮，完成单位转换。

3. 显示网格

操作：选择Setup → General → Mesh → Display命令。

打开Mesh Display（网格显示）控制面板，在Options栏中勾选Edges复选框；在Surfaces

栏中选择所有的表面；单击Display按钮，显示模型网格，如图8-18所示。

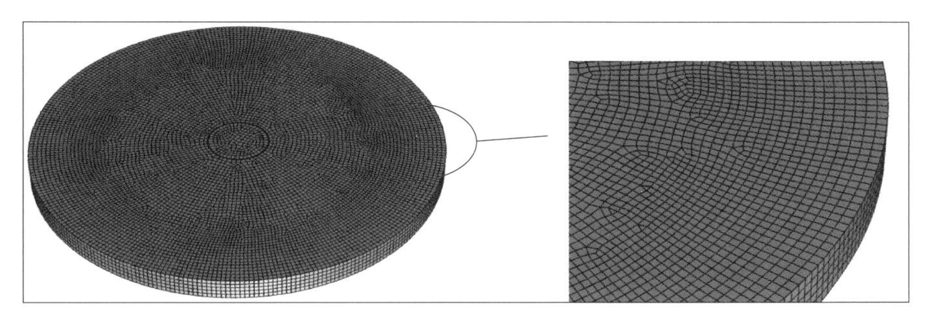

图8-18　模型网格

4.设置重力加速度

操作：选择Setup → General → Gravity命令。

打开Gravity（重力）命令详细信息区，设置重力加速度。注意此处重力加速度方向与Z轴正向相同；勾选Gravity复选框，在Z栏中输入9.81。

5.设置材料

操作：选择Setup → Materials → Fluid → air命令。

打开Create/Edit Materials（创建/编辑材料）控制面板，在Name栏中输入sewage，在Properties下的Density栏中输入1000.35，在Viscosity栏中输入0.001005，设置如图8-19所示，单击Change/Create按钮创建sewage（污水）材料。

图8-19　创建sewage材料

同理，打开Create/Edit Materials（创建/编辑材料）控制面板，在Name栏中输入sediments，在Properties下的Density栏中输入1051，在Viscosity栏中输入0.02001，单击Change/Create按钮创建sediments（污泥）材料。

6.设置多相流

操作：选择Setup → Models → Multiphase命令。

1）打开Multiphase Model（多相流模型）控制面板，选中Mixture单选项，设置Number

of Eulerian Phases为2，设置如图8-20所示，单击Apply按钮。

2）选择Phases选项卡，将phases-1的Name改为sewage，在Phase Material栏中选择sewage；将phases-2的Name改为sediments，在Phase Material栏中选择sediments，勾选Granular复选框，在Diameter栏中输入0.001，在Granular Viscosity栏中输入0.02001，在Packing Limit栏中输入0.5。设置如图8-21所示，单击Apply按钮。

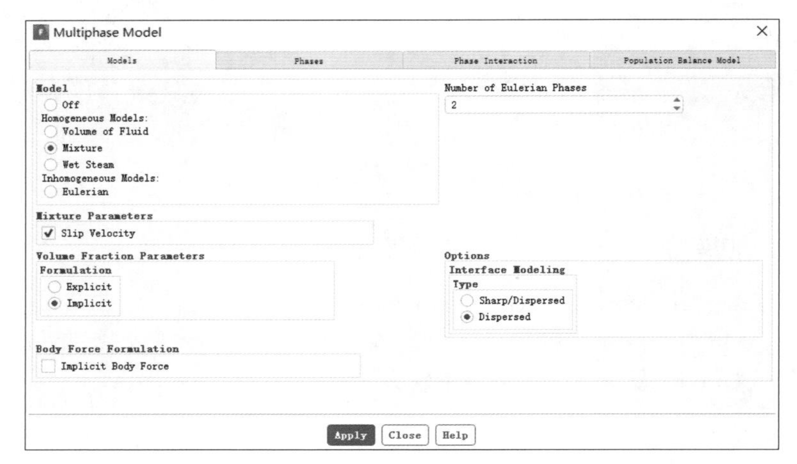

图8-20　Multiphase Model（多相流模型）控制面板

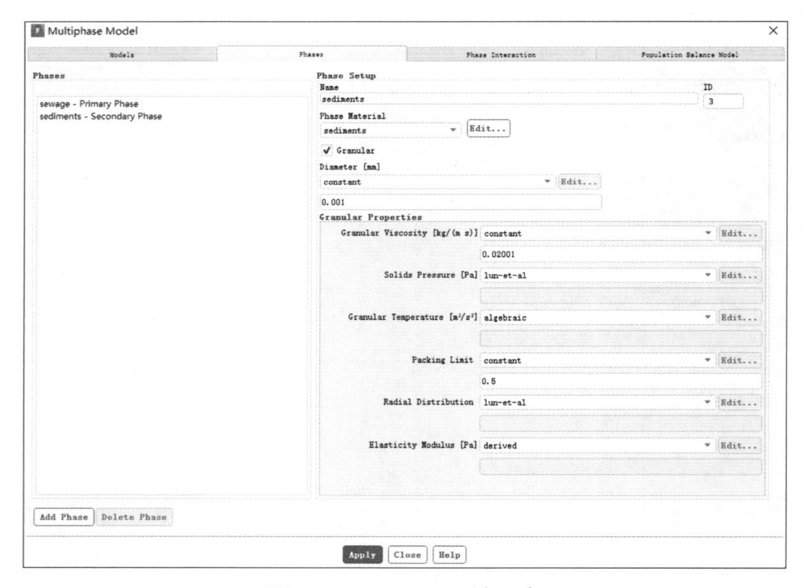

图8-21　Phases选项卡

7. 设置湍流模型

操作：选择Setup → Models → Viscous命令。

打开Viscous Model（黏度模型）控制面板，选择k-epsilon模型。

8. 设置边界条件

操作：选择Setup → Boundary Conditions命令。

打开Boundary Conditions（边界条件）命令详细信息区，修改water-in的类型为velocity inlet，在Specification Method栏中选择Intensity and Hydraulic Diameter，在Turbulent Intensity栏中输入5，在Hydraulic Diameter栏中输入5.6。

选择Setup → Boundary Conditions → Inlet → water-in → sewage命令，在打开的Velocity Inlet（速度入口）控制面板中的Velocity Magnitude栏中输入0.18 m/s。

选择Setup → Boundary Conditions → Inlet → water-in → sediments命令，在Velocity Magnitude栏中输入0.18 m/s；选择Multiphase选项卡，在Volume Fraction栏中输入0.034。

打开Boundary Conditions（边界条件）命令详细信息区，修改water-out的类型为pressure outlet，在Specification Method栏中选择Intensity and Hydraulic Diameter，在Turbulent Intensity栏中输入5，在Hydraulic Diameter栏中输入0.8（对于任意截面形状的边界，可用当量直径，按截面面积的4倍和截面周长之比计算）。

选择Setup → Boundary Conditions → Outlet → water-out → sediments命令，在Backflow Volume Fraction栏中输入0.1。

打开Boundary Conditions（边界条件）命令详细信息区，修改sediment-out的类型为pressure outlet，在Specification Method栏中选择Intensity and Hydraulic Diameter，在Turbulent Intensity栏中输入5，在Hydraulic Diameter栏中输入3.6。

选择Setup → Boundary Conditions → Outlet → sediment-out → sediments命令，在Backflow Volume Fraction栏中输入0.9。

打开Boundary Conditions（边界条件）命令详细信息区，双击freeface，由于本例中freeface这个面是自由表面，因此以表面没有剪切力为自由表面，在Shear Condition栏中选中Specified Shear单选项，其余3个分量都保持默认的0值，如图8-22所示。

图8-22 Wall（壁面）控制面板

9.求解设置

操作：选择Solution → Methods和Controls命令。

求解方法选用SIMPLE算法。

10.流场初始化

操作：选择Solution → Initialization命令。

打开Solution Initialization（流场初始化）命令详细信息区，在Initialization Methods栏中选中Standard Initialization单选项，在Compute From栏中选择all-zones，将sediments Volume Fraction设置为0，单击Initialize按钮对计算域初始化。

11.运行计算

操作：选择Solution → Run Calculation命令。

打开Run Calculation（运行计算）命令详细信息区，在Number of Iterations栏中输入357，单击Calculate按钮，开始运行计算。

12.结果后处理

（1）创建云图截面

操作：选择Surface → Create → Plane命令。

打开Plane Surface（平面面板）控制面板，在New Surface Name栏中将截面命名为plane-0，在Method 栏中选择YZ Plane，创建一个与*YZ*平面重合的平面，如图8-23所示。同理，在New Surface Name栏中将截面命名为plane-1，在Method栏 中选择ZX Plane，创建一个与*ZX*平面重合的平面。

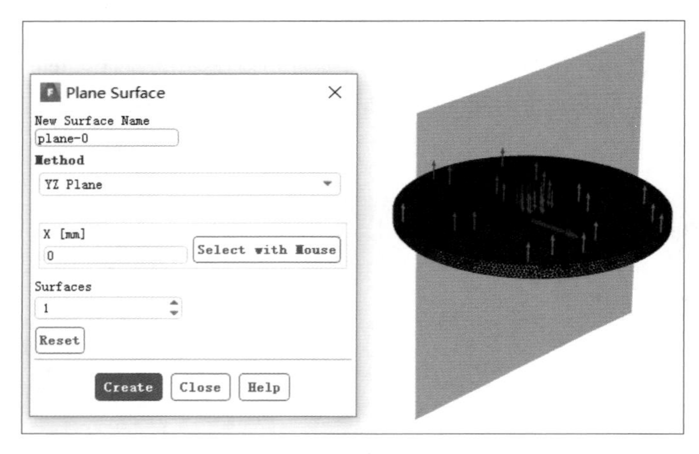

图8-23 创建截面

（2）显示云图

操作：选择Results → Graphics → Contours命令。

打开Contours（等值线）控制面板，在Contours of栏中选择Pressure和Static Pressure，在Surfaces栏中选择plane-0和plane-1，单击Save/Display按钮，显示图8-24所示的压力云图。

在Contours of栏中选择Velocity Morgnitude，在Surfaces栏中选择plane-0和plane-1，单击Save/Display按钮，显示图8-25所示的速度云图。

在Contours of栏中选择Phase，在Phase栏中选择sediments，在Surfaces栏中选择plane-0和plane-1，单击Save/Display按钮，显示图8-26所示的相分布云图，可看到污泥在池内的分布情况。

（3）显示迹线图

操作：选择Results → Graphics → Pathlines命令。

打开Pathlines（迹线）控制面板，在Scale栏输入3，在Skip栏输入0，在Release From Surfaces栏中选择Plane-0和plane-1，单击Save/Display按钮，显示图8-27所示的迹线图。

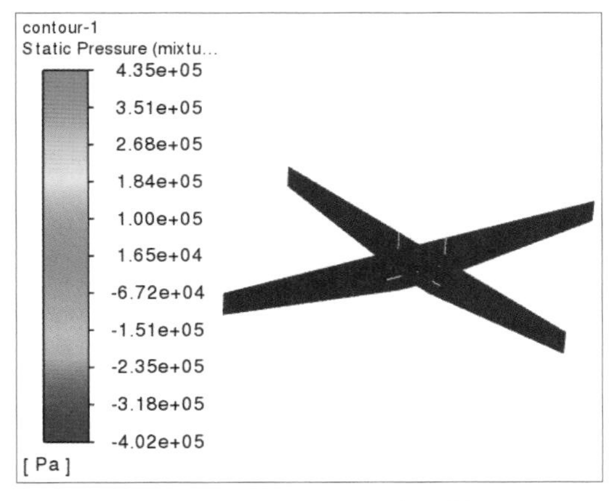

图8-24　压力云图

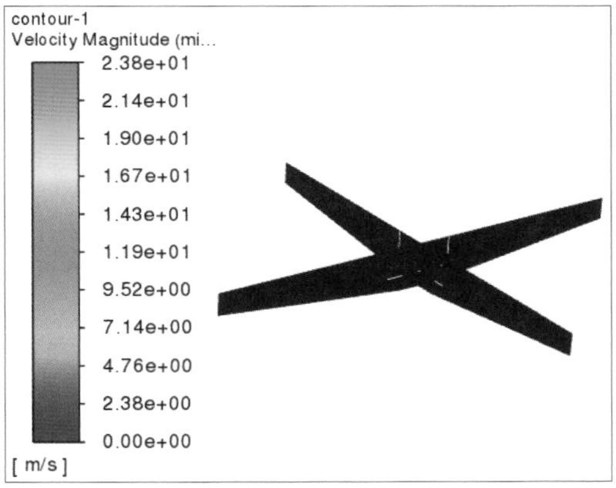

图8-25　速度云图

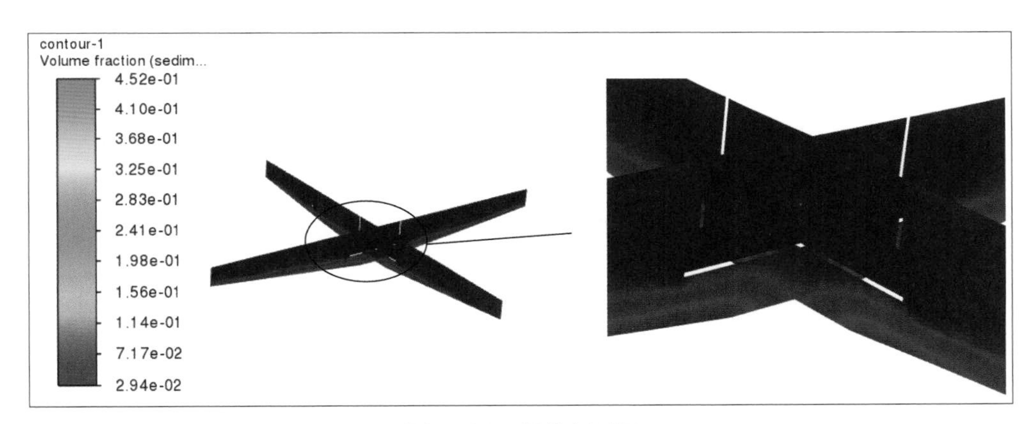

图8-26　相分布云图

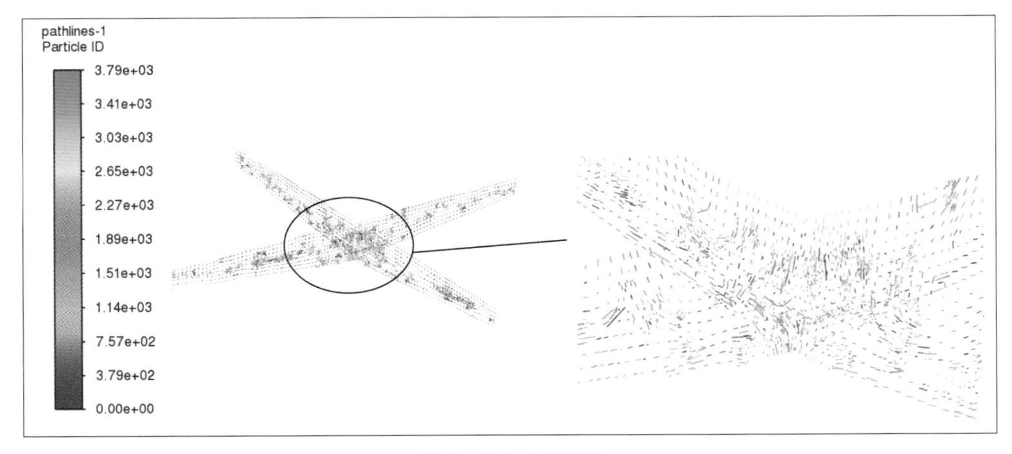

图8-27　迹线图

（4）显示XY曲线图

在模型图中心面上创建一条线段。选择Surface Create Line/Rake命令，打开Line/Rake

Surface（直线/耙面）控制面板，在Name栏中输入line-0，在End Point栏中输入x0=0、x1=0、y0=0、y1=0、z0=0、z1=4，单击Create按钮，创建名为line-0的线段，该直线为water-in平面中心与sediments-out平面中心的连线。

选择Results → Plots → XY Plot命令打开Solution XY Plot（XY曲线设置）控制面板。在Plot Direction下的X栏中输入0、Y栏中输入0、Z栏中输入1，在Y Axis Function栏中选择Phase，在Phase栏中选择sediments，在Surfaces栏中选择line-0，单击Plot按钮，显示图8-28所示的相分布曲线图。

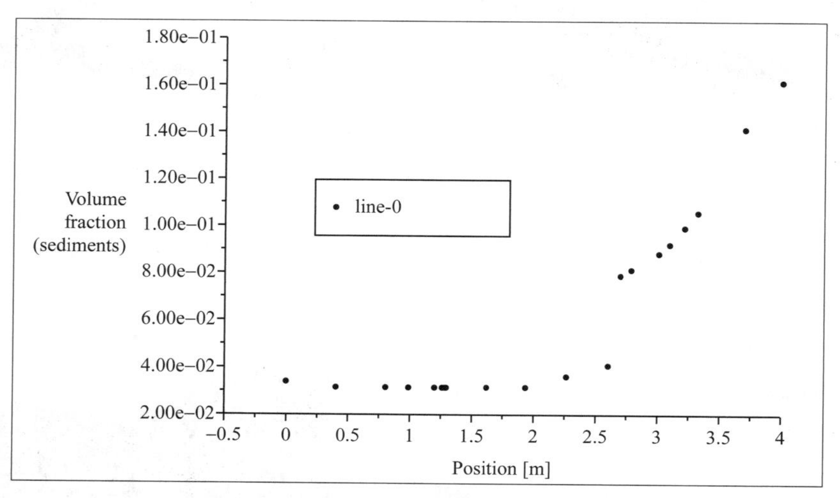

图8-28　line-0线段上的相分布曲线

8.3 液滴撞击液膜数值分析

8.3.1 问题描述

液滴碰撞水膜热壁产生较高的热传递效率，这种散热方法在很多场合都有重要的应用，如涡轮机的叶片的散热、冶金过程中铸块的冷却、电子芯片的冷却等。

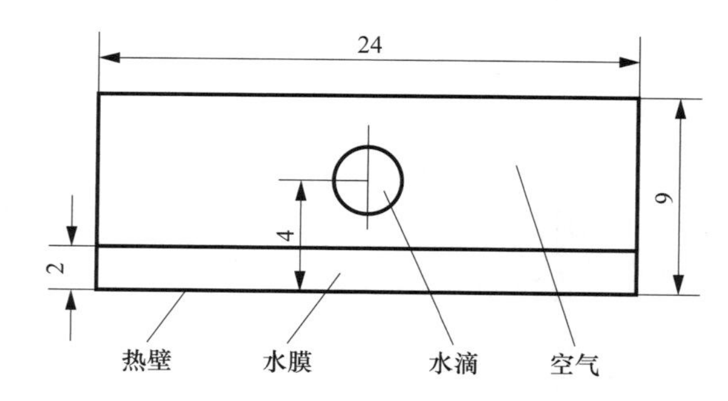

图8-29　计算区域截面尺寸（单位：mm）

本例为简单的二维液滴入水膜的模拟，模拟区域长24 mm、高9 mm，左边、右边以及上边的边为压力入口（inlet），水膜高度2 mm，此例中相关几何尺寸如图8-29所示，底部边中点为原点。

8.3.2 具体分析

1. 读入网格文件

操作：选择File → Read → Mesh 命令。

读入droplet.msh文件（配套资源ch8文件夹→ droplet文件夹中的droplet.msh文件），并检查网格（选择General → Mesh → Check命令），注意最小体积要大于零。

2. 确定长度单位

操作：选择Setup → General → Mesh → Scale命令。

打开Scale Mesh（标定网格）控制面板，在View Length Unit In栏中选择mm；单击Close按钮，完成单位转换。

3. 显示网格

操作：选择Setup → General → Mesh → Display命令。

打开Mesh Display（网格显示）控制面板，单击Display按钮，显示模型网格，如图8-30所示。

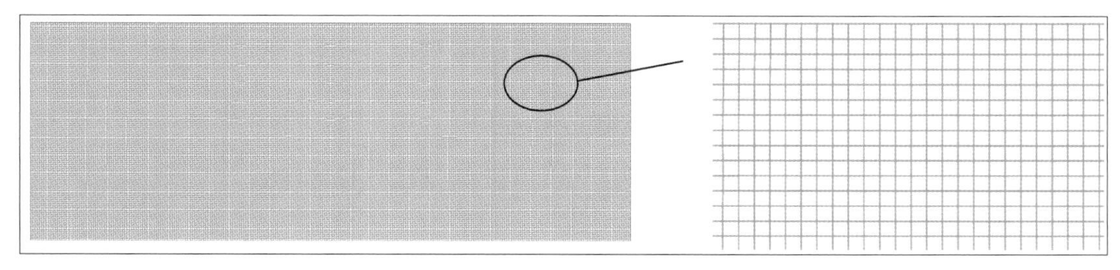

图8-30　模型网格

4. 设置求解器

操作：选择Setup → General → Solver命令。

因需要观察水滴撞击液膜的过程，属于瞬态计算，所以在打开的Solver（求解器）命令详细信息区中选中Time栏中的Transient单选项，如图8-31所示。

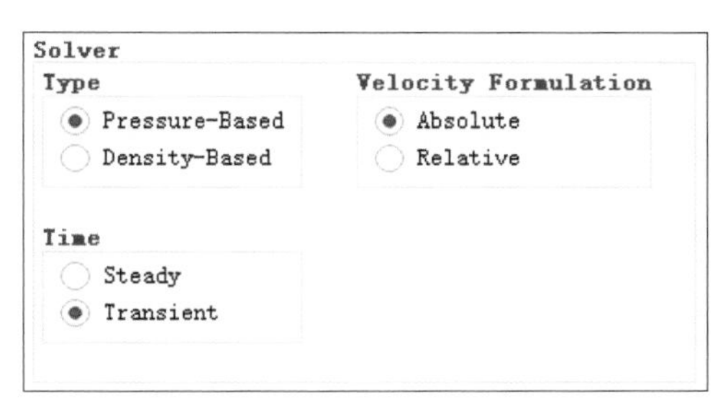

图8-31　Solver（求解器）命令详细信息区

5. 设置重力加速度

操作：选择Setup → General → Gravity命令。

打开Gravity（重力）命令详细信息区，设置重力加速度为–9.81 m/s^2，勾选Gravity复选框，在Y栏中输入–9.81。

6. 设置材料

操作：选择Setup → Materials → Fluid → air命令。

打开Create/Edit Materials（创建/编辑材料）控制面板，单击Fluent Database按钮打开Fluent Database Materials（Fluent数据库材料）控制面板，创建water-liquid材料。

7. 设置多相流

操作：选择Setup → Models → Multiphase命令。

1）打开Multiphase Model（多相流模型）控制面板，选中Volume of Fluid单选项，将Number of Eulerian Phases设为2，如图8-32所示，单击Apply按钮。

2）选择Phases选项卡，将phases-1的Name改为air，在Phase Material栏中选择air，如图8-33所示；将phases-2的Name改为water，在Phase Material栏中选择water-liquid。单击Apply按钮。

图8-32 Multiphase Model（多相流模型）控制面板

图8-33 Phases选项卡

3）选择Phase Interaction选项卡下的Forces选项卡，将Surface Tension Coefficient下的Surface Tension Coefficient设置为constant，数值设置为0.072；勾选Surface Tension Force Modeling复选框。设置如图8-34所示。单击Apply按钮；单击Close按钮关闭Multiphase Model（多相流模型）控制面板。

8.选择能量方程

操作：选择Setup → Models → Energy命令。

打开Energy（能量）控制面板，勾选Energy Equation复选框，单击OK按钮关闭控制面板。

9.设置边界条件

操作：选择Setup → Boundary Conditions命令。

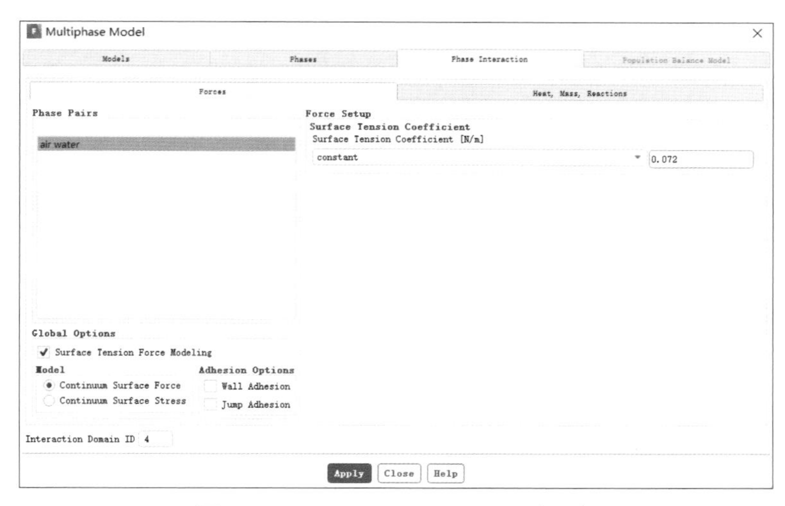

图8-34 Phase Interaction选项卡

打开Boundary Conditions（边界条件）命令详细信息区，修改inlet类型为pressure inlet（压力进口）。

10. 求解设置

操作：选择Solution → Methods和Controls 命令。

求解方法选用SIMPLE算法，Volume Fraction选择CICSAM。

11. 建立局部初始化区域

操作：选择Solution → Cell Registers命令，右击，在弹出的快捷菜单中选择New → Region命令。

打开Region Register（建立局部初始化区域）控制面板，在Name栏中输入region_0，在Input Coordinates下的X Min栏中输入–12，X Max栏中输入12，Y Min栏中输入0，Y Max栏中输入2，单击Save/Display按钮显示新建的区域，如图8-35所示；将Shapes设为Circle，在Name栏中输入region_1，在Input Coordinates下的X Center栏中输入0，Y Center栏中输入4，Radius 栏中输入1.5。单击Save/Display按钮。

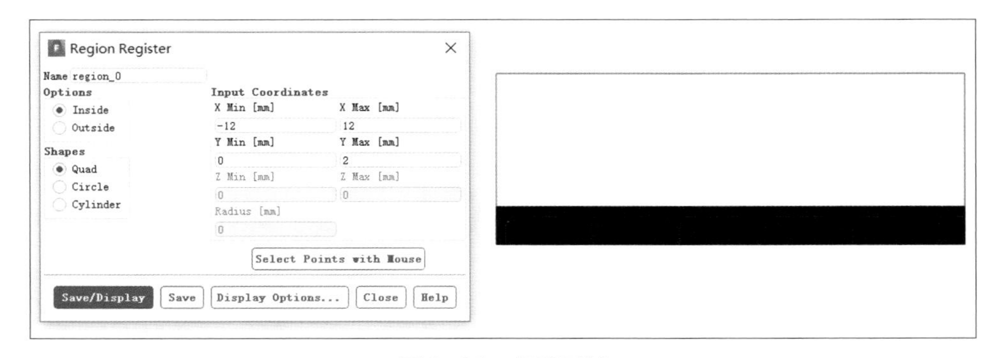

图8-35 新建区域

12. 流场初始化

操作：选择Solution → Initialization命令。

打开Solution Initialization（流场初始化）命令详细信息区，在Initialization Methods栏中选中Standard Initialization单选项，在Compute From栏中选择all- zones，单击Initialize按钮，完成全域初始化。

单击Patch按钮，打开Patch（局部）控制面板，在Phase栏中选择water，在Variable栏中选择Volume Fraction，在Value栏中输入1，在Zones to Patch栏中选择surface_body，在Registers to Patch栏中分别选择region_0和region_1，单击Patch按钮。

在Phase栏中选择mixture，在Variable栏中选择Y Velocity，在Value栏中输入–1.2304，在Zones to Patch栏中选择surface_body，在Registers to Patch栏中选择region_1，单击Patch按钮，完成局部区域初始化。

13. 运行计算

操作：选择Solution → Run Calculation命令。

打开Run Calculation（运行计算）命令详细信息区，在Number of Time Steps栏输入6000，在Time Step Size栏 中输入1e–6，在Max Iteration/Time Step 栏中输入80，即计算模型在时长为6000×10^{-6} s = 6×10^{-3} s = 6 ms时的状态，单击Calculate按钮，开始运行计算。同理，可在Number of Time Steps栏和Time Step Size栏中输入其他数值，计算模型在其他时间的状态。

14. 结果后处理

（1）显示云图

操作：选择Solution → Results → Graphics → Contours命令。

打开Contours（等值线）控制面板，在Contours of栏中选择Pressure和Static Pressure，在Surfaces栏中选择所有面，单击Save/Display按钮，显示图8-36所示的压力云图。

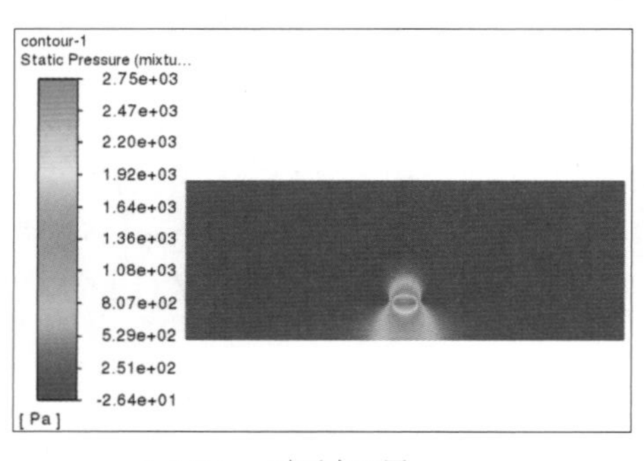

（a）0.4 ms时压力云图

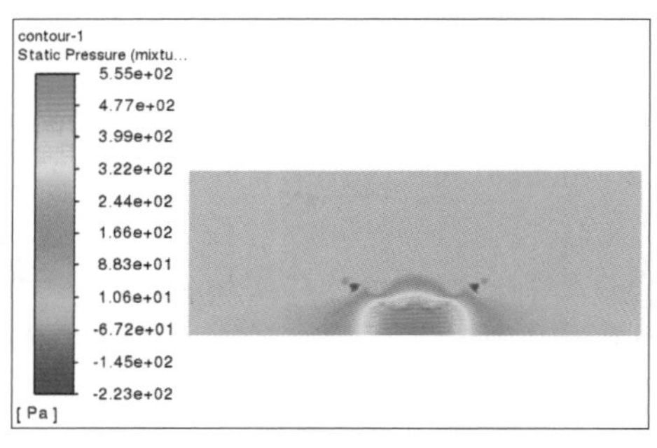

（b）2 ms时压力云图

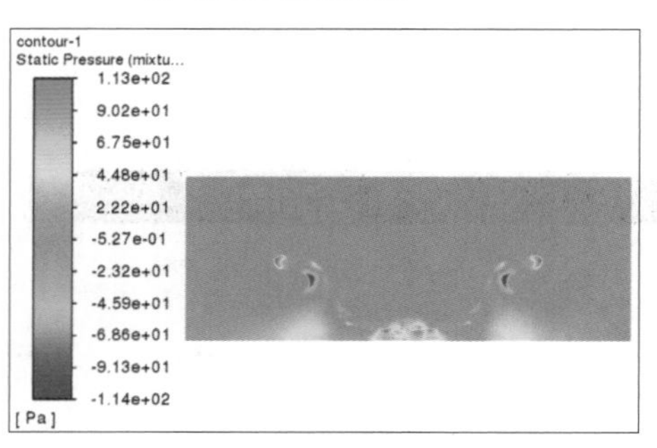

（c）6 ms时压力云图

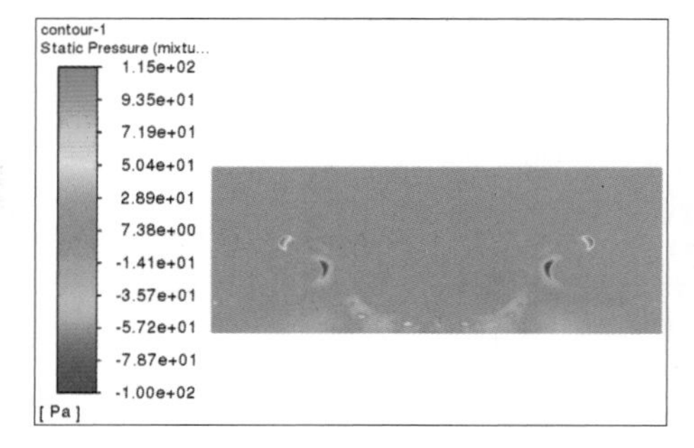

（d）8 ms时压力云图

图8-36 压力云图

在Contours of栏中选择Velocity，在Surfaces栏中选择所有面，单击Save/Display按钮，显示图8-37所示的速度云图。

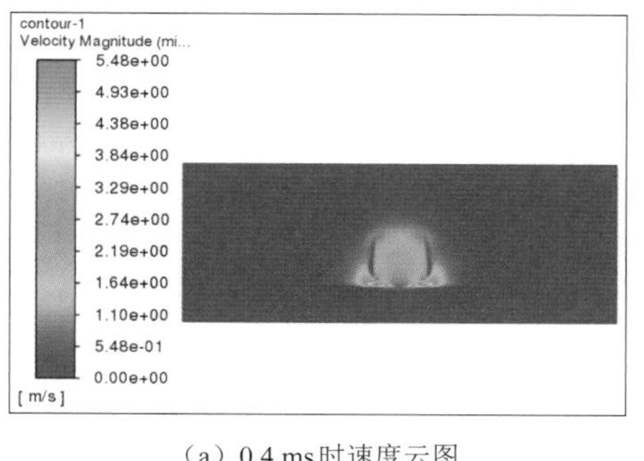

（a）0.4 ms时速度云图

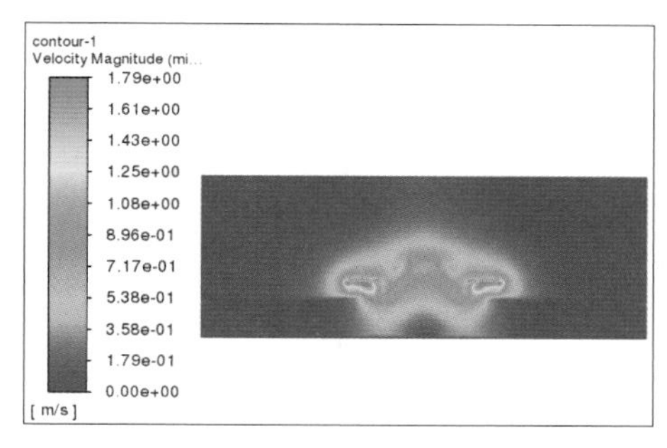

（b）2 ms时速度云图

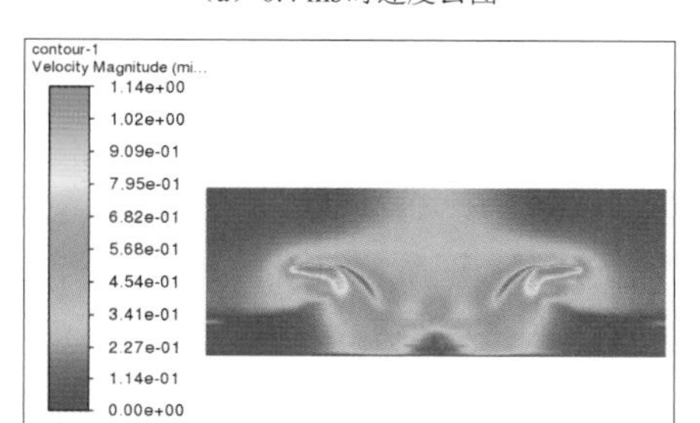

（c）6 ms时速度云图

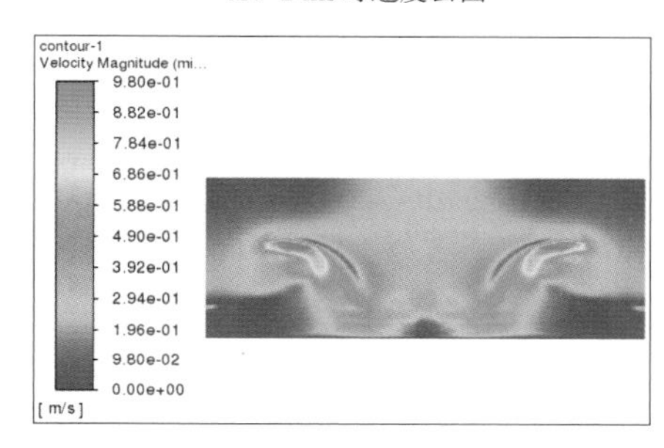

（d）8 ms时速度云图

图8-37　速度云图

在Contours of栏中选择Phase，在Phase栏选择water，在Surfaces栏中选择所有面，单击Save/Display按钮，显示图8-38所示的相分布云图。

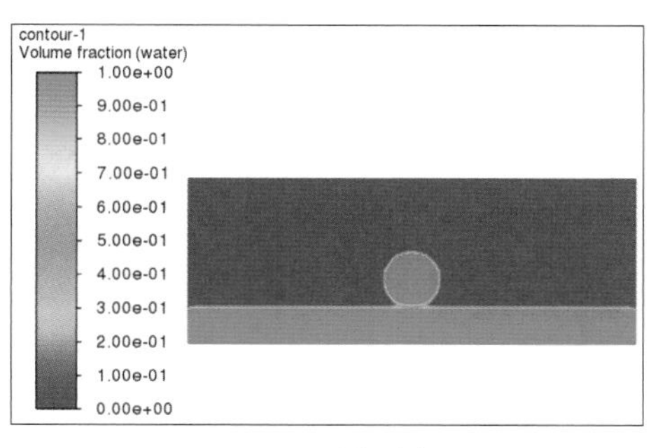

（a）0.4 ms时相分布云图

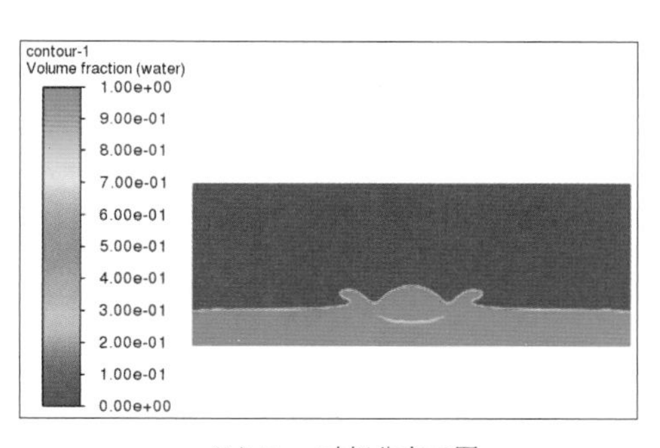

（b）2 ms时相分布云图

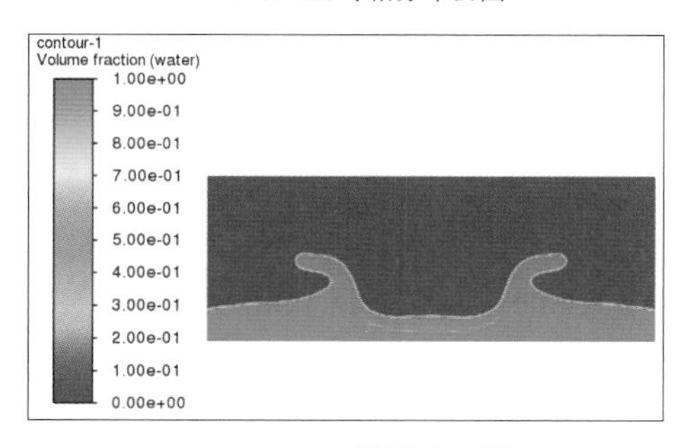

（c）6 ms时相分布云图

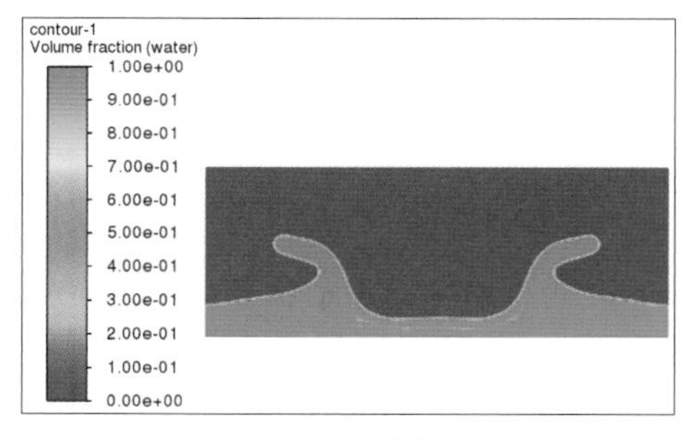

（d）8 ms时相分布云图

图8-38　相分布云图

在相分布云图中，可以看到液滴撞击液膜后的飞溅行为。研究人员Manzello等人，对液滴撞击液膜所做的相关实验结果如图8-39所示。

（a）2 ms时

（b）4 ms时

（c）8 ms时

图8-39 实验结果

注：本实验结果所附图源于Manzello等人的论文“An experimental study of a water droplet impinging on a liquid surface”。

（2）显示矢量图

操作：选择Results → Graphics → Vectors命令。

打开Vectors（速度矢量）控制面板，显示模型轮廓，并在Scale栏输入1，在Skip栏输入15，在Surfaces栏中选择所有面，单击Save/Display按钮，显示图8-40所示的速度矢量图。

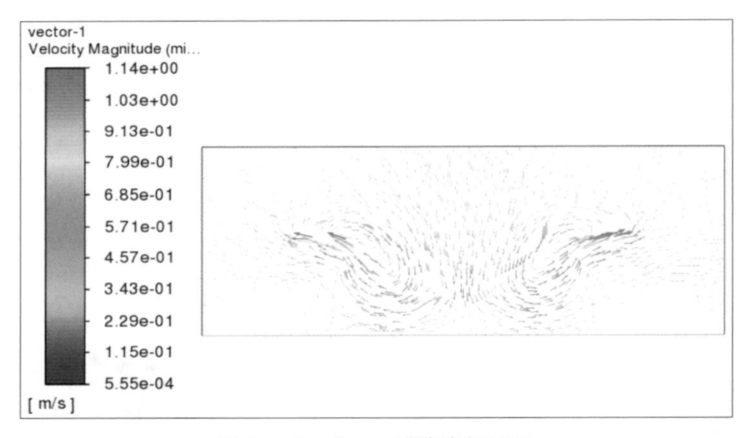

图8-40 6 ms时速度矢量图

（3）显示迹线图

操作：选择Results → Graphics → Pathlines命令。

打开Pathlines（迹线）控制面板，显示模型轮廓，并在Scale栏输入2，在Skip栏输入8，在Release From Surfaces栏中选择所有面，单击Save/Display按钮，显示图8-41所示的迹线图。

（4）显示XY曲线图

在模型水膜等高面上创建一条线段。选择Surface Create Line/Rake命令，打开Line/Rake Surface（直线/耙面）控制面板，在Name栏中输入line-0，在End Point栏中输入x0=–12、x1=12、y0=2、y1=2，单击Create按钮，创建名为line-0的线段。

选择Results → Plots → XY Plot命令，打开Solution XY Plot（XY曲线设置）控制面板。在Plot Direction（绘图方向）下的X栏输入1，Y栏输入0，在Y Axis Function栏中选择Velocity，在Surfaces栏中选择line-0，单击Plot按钮，显示图8-42所示的曲线图。

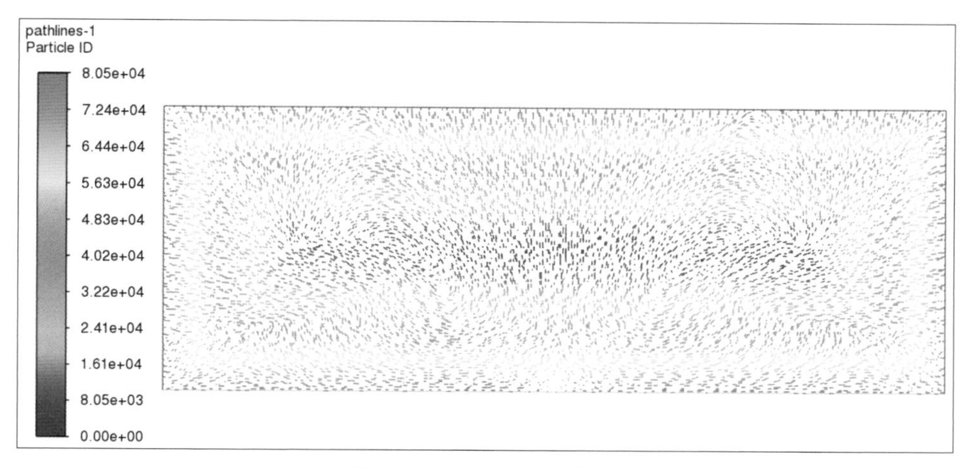

图8-41　6 ms时迹线图

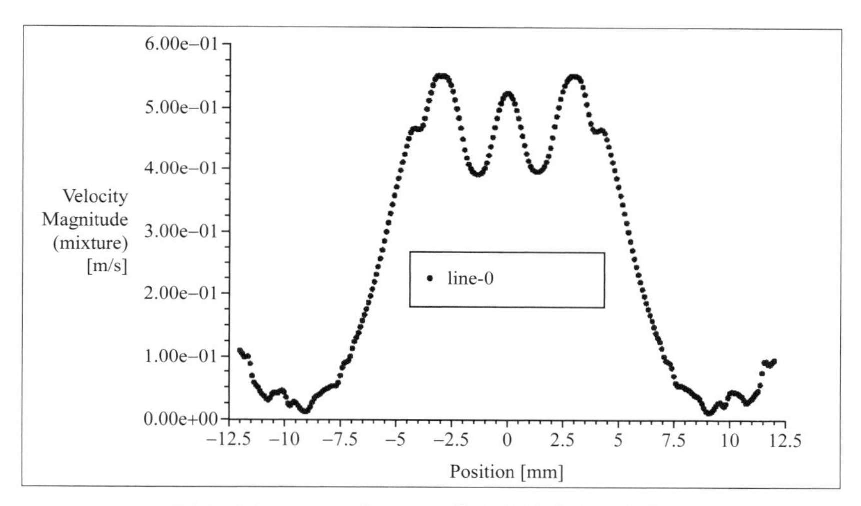

图8-42　6 ms时line-0线段上的速度分布曲线

8.4　本章小结

本章主要内容如下。

1）通过U形管油水环状流分析、沉淀池活性污泥沉降分析和液滴撞击液膜数值分析3个实例演示了Fluent多相流分析的基本操作流程及与部分实验结果对比情况。

2）给出了Fluent多相流分析的一些注意事项。

8.5　练习题

习题1. 直拉法是沿垂直方向从熔体拉制单晶的方法；电子学和光学等现代技术所用的单晶都可以用直拉法生成。本实例使用二维轴对称的碗状模型，碗内有液态金属，碗的底部和侧面被加热到液相线温度之上，液态金属通过晶种向外损失热量从而凝固；待液态金属凝固后，以0.001 m/s的速度和500 K的温度将其从计算域中拉出；在碗的底部以0.00101 m/s的速度和1300 K的温度稳定向计算域内补充液态金属。模型边界名称及主要尺寸如图8-43所示。试模拟稳态情况下单晶的直拉生成过程，并绘制模型的温度云图和液态金属分布云图。（网格模型为配套资源ch8文件夹→freezing文件夹中的freezing.msh文件。）

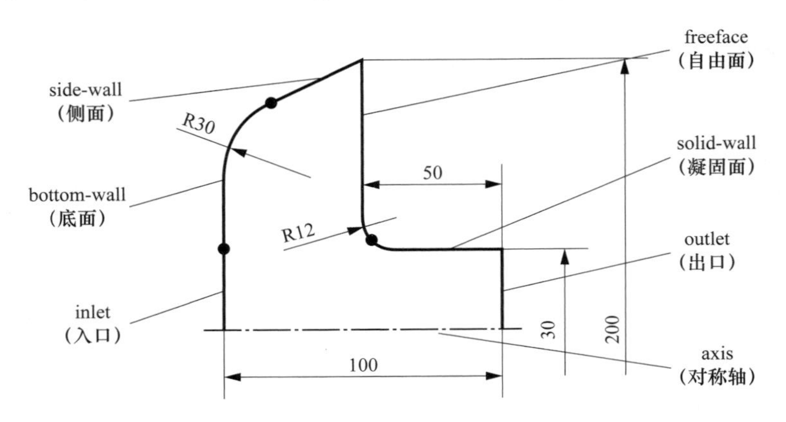

图8-43　模型边界名称及主要尺寸（单位：mm）

习题2. 空化是指液体内局部压力降低时，液体内部或液固交界面上蒸汽或气体的空穴的形成、发展和溃灭的过程。本实例模拟空化水流流动问题，水流从直径为4 mm、压力为250×10^{6} Pa的入口流入；从直径为1.4 mm、压力为95000 Pa的出口流出；模型边界名称及主要尺寸如图8-44所示。试模拟空化水流流动，并绘制空化水流的压力云图、速度云图、水相云图和速度矢量图。（网格模型为配套资源ch8文件夹 →cavitation文件夹中的cavitation.msh文件。）

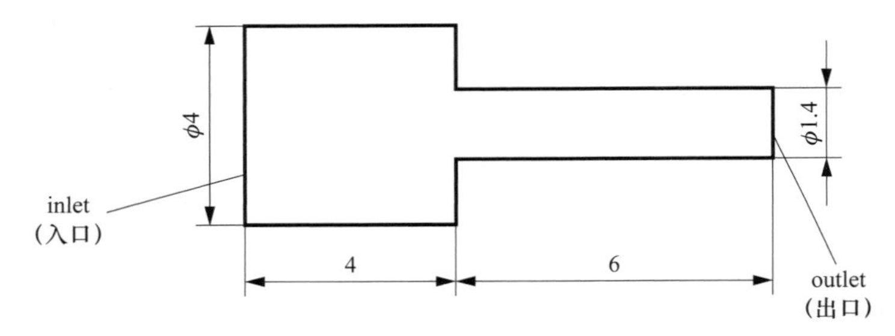

图8-44　模型边界名称及主要尺寸（单位：mm）

第9章

动网格流动分析

9.1 塑料圆柱体落入水中的模拟

9.1.1 问题描述

物体入水问题在许多军事与民用领域广泛存在，其重要性引起众多学者的关注。魏照宇和胡长洪对圆柱水平入水进行了详细的实验研究，研究论文题目为“An experimental study on water entry of horizontal cylinders”。本例采用动网格方法，结合VOF多相流模型，计算塑料圆柱体自空气中坠入水中的过程。观察圆柱体坠落过程中流场的变化情况，为分析物体入水所受的冲击力及优化物体结构提供参考数据。

流场为二维模型，其计算区域模型如图9-1所示。塑料圆柱体密度为0.91 g/cm^3；圆柱体直径为50 mm，高为200 mm；外部流场长为800 mm，高为900 mm。圆柱体初始时刻速度为1 m/s，重力加速度为9.81 m/s^2。

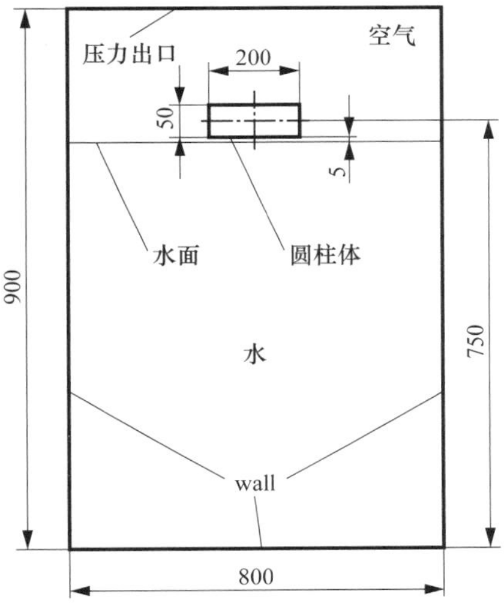

图9-1　计算区域模型（单位：mm）

9.1.2 具体分析

1. 运动文件的编写

本例编写Profile文件来指定圆柱体在下落及入水过程的速度变化。

```
((v 7 points)
(time 0 0.005 0.016 0.026 0.036 0.046 0.8)
(v_y -1 -1.05 -1.14 -1.2 -1.22 -1.21 -0.54)
)
```

2. 读入塑料圆柱体网格文件

操作：选择File → Read → Mesh 命令。

读入cylinder.msh文件（配套资源ch9文件夹 → cylinder文件夹中的cylinder.msh文件），

并检查网格（选择General → Mesh → Check命令），注意最小体积要大于零。

3. 确定长度单位

操作：选择Setup → General → Mesh → Scale命令。

打开Scale Mesh（标定网格）控制面板，在View Length Unit In栏中选择mm；单击Close按钮，完成单位转换。

4. 显示网格

操作：选择Setup → General → Mesh → Display命令。

打开Mesh Display（网格显示）控制面板，在Options栏中勾选Edges复选框与Faces复选框；在Surfaces栏中选择所有的表面；单击Display按钮，显示模型网格，如图9-2所示。

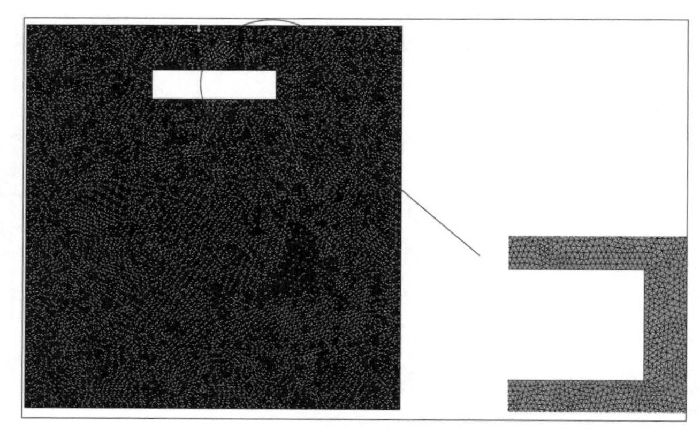

图9-2 模型网格

5. 设置求解器

操作：选择Setup → General → Solver命令。

打开Solver（求解器）命令详细信息区，因为分析圆柱体运动属于瞬态计算，故选中Time栏中的Transient单选项。

6. 设置材料

操作：选择Setup → Materials → Fluid → air命令。

打开Create/Edit Materials（创建/编辑材料）控制面板，单击Fluent Database按钮导入water-liquid材料，如图9-3所示。

7. 设置多相流

操作：选择Setup → Models → Multiphase命令。

1）打开Multiphase Model（多相流模型）控制面板，选中Volume of Fluid单选项，设置Number of Phases为2，勾选Coupled Level Set + VOF栏中的Level Set复选框，单击Apply按钮。

2）选择Phases选项卡，将phases-1的Name改为air，在Phase Material栏中选择air，将phases-2的Name改为water，在Phase Material栏中选择water-liquid，单击Apply按钮。

3）选择Phase Interaction选项卡下的Forces选项卡，勾选Surface Tension Force Modeling复选框，设置 Surface Tension Coefficient下的Surface Tension Coefficient为constant，数值设置为0.0725；单击Apply按钮；单击Close按钮关闭Multiphase Model（多相流模型）控制面板。

图9-3　water材料创建

8. 设置湍流模型

操作：选择Setup → Models → Viscous命令。

打开Viscous Model（黏度模型）控制面板，选择k-epsilon模型。

9. 设置操作条件

操作：选择Physics → Solver → Operating Conditions命令。

打开Operating Conditions（操作条件）控制面板，设置Reference Pressure Location下的X为0，Y为10（参考点宜选密度较小的相区域），勾选Gravity复选框，设置*Y*方向的重力加速度为-9.81m/s^2。

10. 设置边界条件

操作：选择Setup → Boundary Conditions命令。

打开Boundary Conditions（边界条件）命令详细信息区，在Boundary Conditions（边界条件）命令详细信息区中选中outlet，在Type栏中选择pressure outlet，打开Pressure Outlet（压力出口）控制面板，在Specification Method栏中选择Intensity and Hydraulic Diameter，在Backflow Turbulent Intensity栏中输入5，在Backflow Hydraulic Diameter栏中输入800，单击Apply按钮。在右上方的Phase栏中选择water，在Multiphase栏中设置Backflow Volume Fraction为0，表示出口全是空气，单击Apply按钮完成设置。

11. 设置动网格

操作：选择File → Read → Profile命令。

打开Select File（选择文件）控制面板，选择需要导入的运动文件v.txt，单击OK按钮将其导入，如图9-4所示。TUI命令区中显示Reading profile file... 7 "v" point-profile points, time, v_y.提示，表示Profile运动文件导入成功。

操作：选择Setup → Dynamic Mesh命令。

1）打开Dynamic Mesh（动态网格）命令详细信息区，如图9-5所示，勾选Smoothing复选框和Remeshing复选框。单击Mesh Methods栏中的Settings按钮，打开Mesh Method Settings（网格方法设置）控制面板，在Smoothing选项卡下的Method栏中选中Spring/Laplace/Boundary Layer单选项。选择Remeshing选项卡，勾选Sizing Function 复选框，如图

9-6所示，Parameters下方参数根据Mesh Scale Info（网格范围信息）控制面板中的内容填写，如图9-7所示。

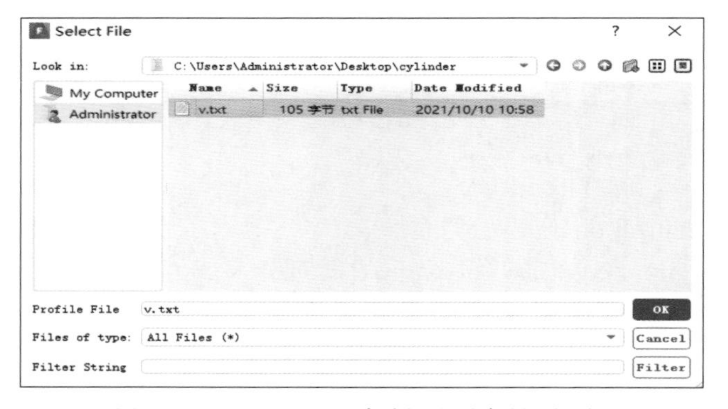

图9-4　Select File（选择文件）控制面板

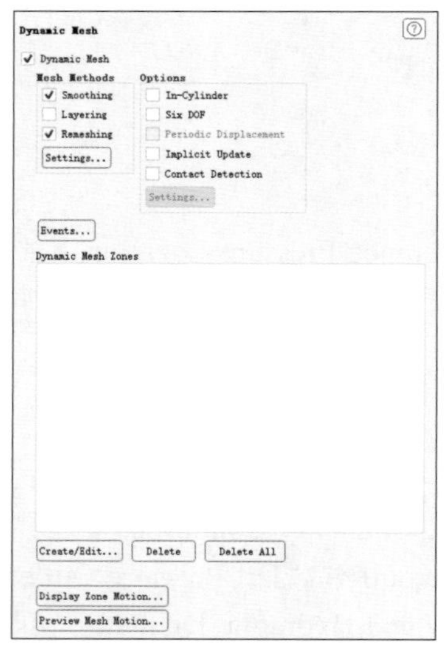

图9-5　Dynamic Mesh（动态网格）命令详细信息区

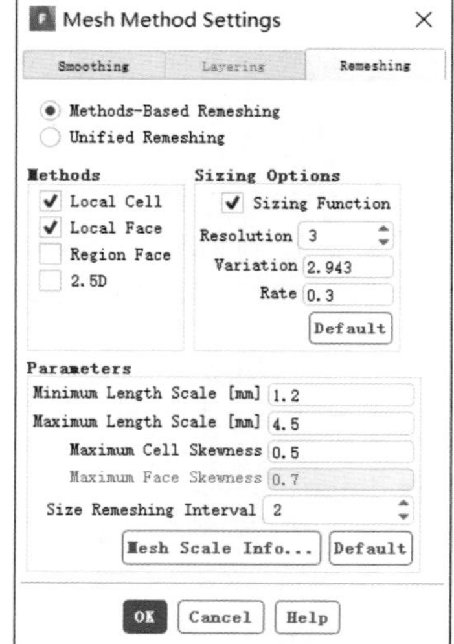

图9-6　Remeshing参数设置

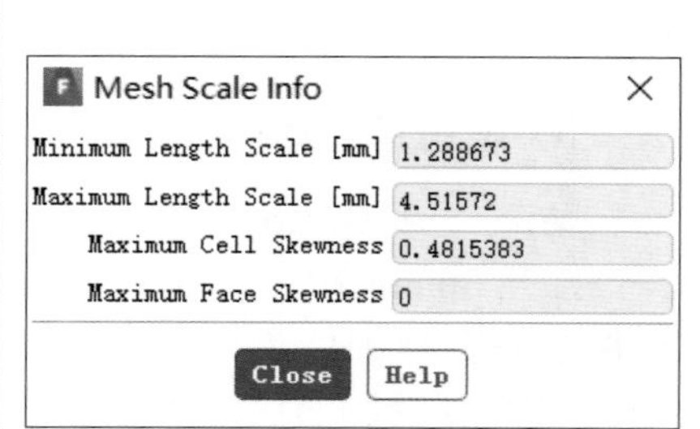

图9-7　网格范围信息

2）单击Dynamic Mesh Zones栏下的Create/Edit按钮，打开Dynamic Mesh Zones（动网格区域）控制面板，在Zone Names栏中选择cylinder，在Type栏中选中Rigid Body单选项，在Motion UDF/Profile栏中加载名为v的运动文件，在Center of Gravity Location栏中根据模型重心实际位置输入相应坐标，本例设置X=0、Y=0。选择Meshing Options选项卡，在Cell Height栏中输入2，单击Create按钮创建名为cylinder的刚体运动区域，单击Close按钮关闭Dynamic Mesh Zones（动网格区域）控制面板。

12. 求解设置

操作：选择Solution → Methods命令。

打开Solution Methods（求解方法）命令详细信息区，在Scheme栏中选择PISO，在Spatial Discretization栏中，将Momentum、Turbulent Kinetic Energy、Turbulent Dissipation Rate设为Second Order Upwind；在Volume Fraction栏中选择CICSAM。

13. 流场初始化

操作：选择Solution → Cell Registers命令，右击，在弹出的快捷菜单中选择New → Region命令。

打开Region Adaption（区域适应）控制面板，在X Min栏中输入–400，在X Max栏中输入400，在Y Min栏中输入–750，在Y Max栏中输入–30，单击Save按钮，标记一个区域（名字为region_0），单击Close按钮关闭控制面板。

操作：选择Solution → Initialization命令。

打开Solution Initialization（流场初始化）命令详细信息区，在Initialization Methods栏中选中Standard Initialization单选项，在Compute From栏中选择all-zones，单击Initialize按钮，对所有计算区域进行统一初始化。

操作：选择Solution → Initialization → Patch命令。

打开Patch（局部）控制面板，在Registers to Patch栏中选择刚标记的region_0，在Phase栏中选择water，在Variable栏中选择Volume Fraction，在Value栏中输入1，单击Patch按钮，为该区域预充填水。

14. 运行计算

操作：选择Solution → Calculation Activities → Autosave命令。

打开Autosave（自动保存）控制面板，在Save Data File Every栏输入100，表示100步后自动保存一次Case和Data文件，单击OK按钮关闭该控制面板。

操作：选择Solution → Calculation Activities → Run Calculation命令。

打开Run Calculation（运行计算）命令详细信息区，在Time Step Size栏中填入0.0002，在Number of Time Steps栏中输入4000，在Max Iterations/Time Step栏中输入100，单击Calculate按钮，开始运行计算。

15. 结果后处理

（1）显示云图

操作：选择Results → Graphics → Contours命令。

打开Contours（等值线）控制面板，在Contours of栏中选择Pressure和Static Pressure，在Phase栏中选择mixture，在Surfaces栏中选择interior-surface-body，单击Save/Display按钮，显示图9-8所示的压力云图。

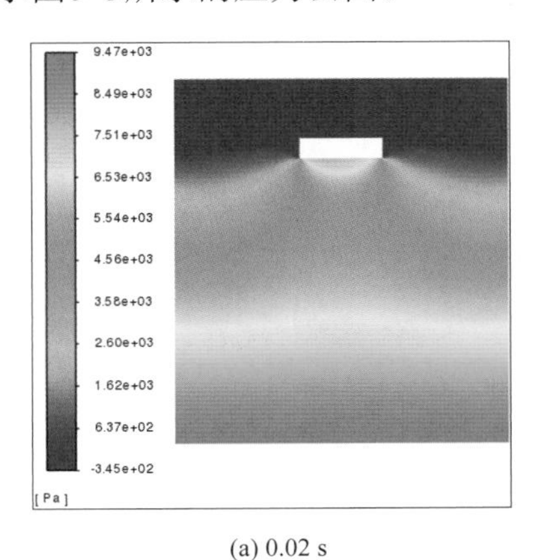

(a) 0.02 s

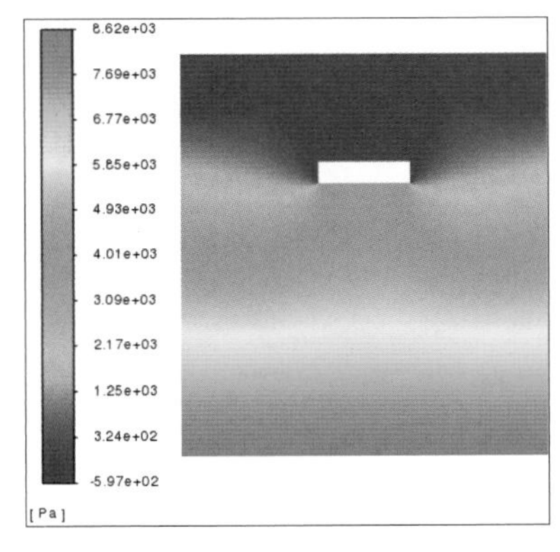

(b) 0.1 s

图9-8　压力云图

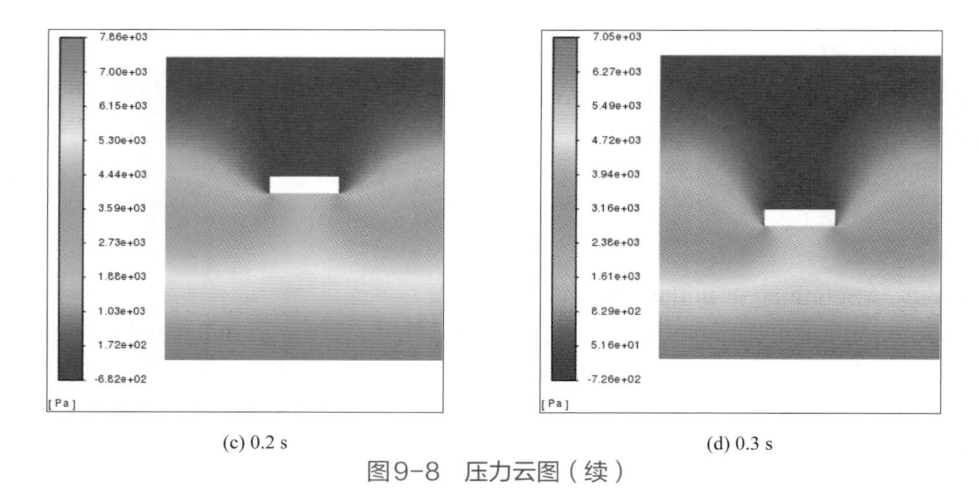

(c) 0.2 s　　(d) 0.3 s

图9-8　压力云图（续）

在Contours of栏中选择Velocity和Velocity Magnitude，在Phase栏中选择mixture，在Surfaces栏中选择interior-surface-body，单击Save/Display按钮，显示图9-9所示的速度云图。

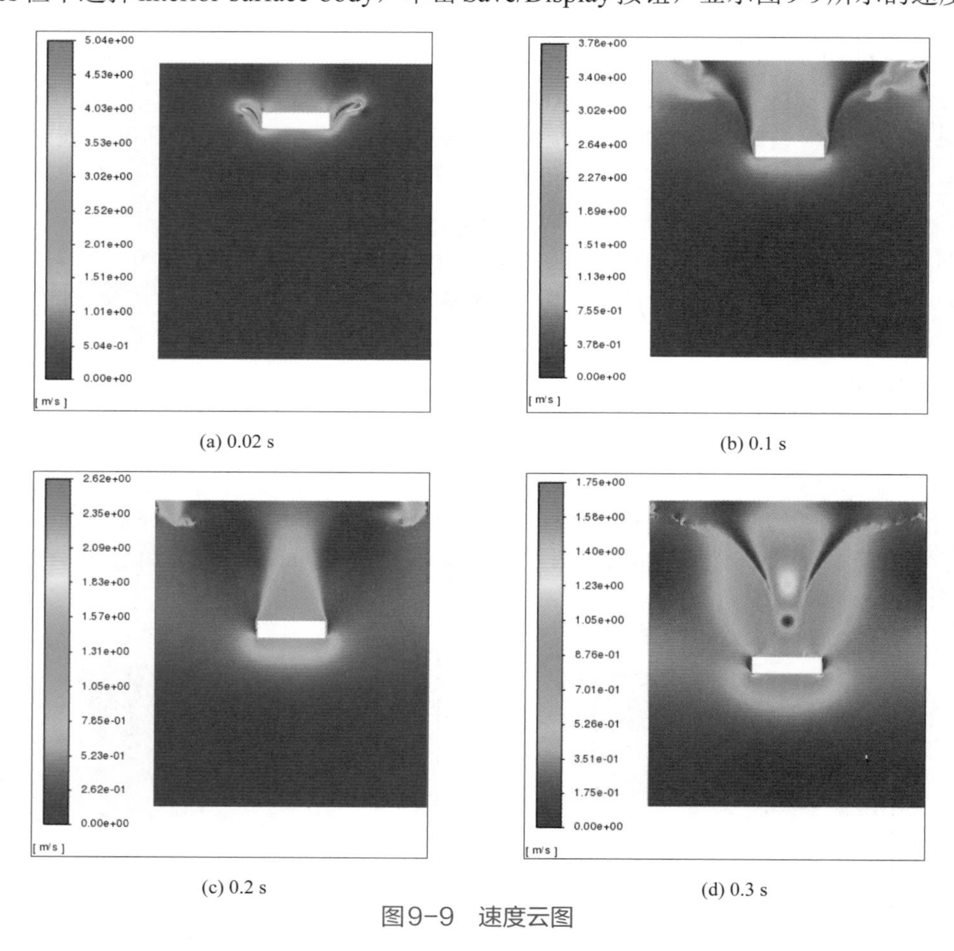

(a) 0.02 s　　(b) 0.1 s

(c) 0.2 s　　(d) 0.3 s

图9-9　速度云图

在Contours of栏中选择Phases，在Phase栏中选择air，在Surfaces栏中选择interior-surface-body，单击Save/Display按钮，显示图9-10（a）所示的相分布云图。

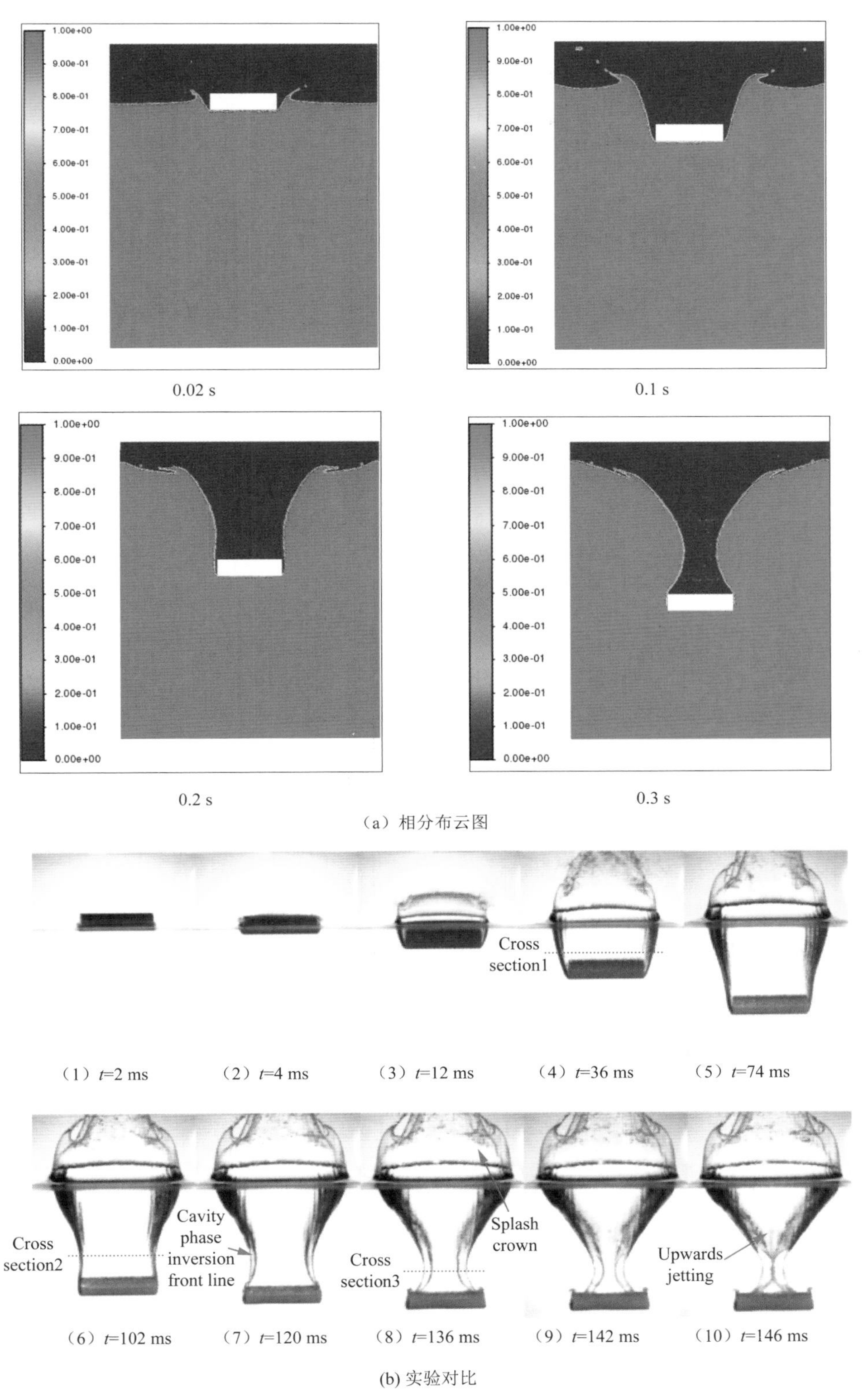

（a）相分布云图

(b) 实验对比

图9-10　相分布云图及与实验对比

注：对实验结果感兴趣的读者可参考魏照宇和胡长洪的论文“An experimental study on water entry of horizontal cylinders”，读者可根据实验条件增加初始速度重新仿真。

（2）显示矢量图

操作：选择Results → Graphics → Vectors命令。

打开Vectors（速度矢量）控制面板，在Style栏中选择arrow，在Scale栏中输入0.2，在Skip栏中输入4，单击Save/Display按钮，显示图9-11所示的速度矢量图。

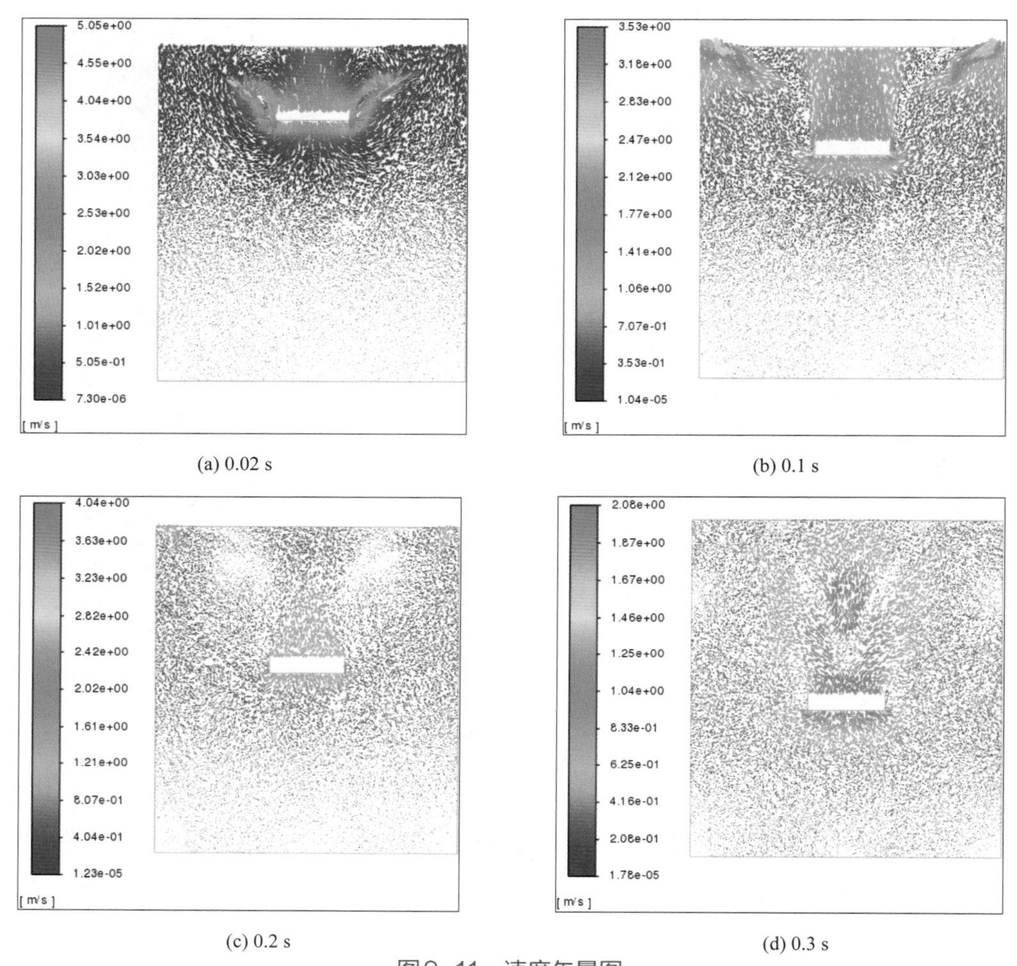

(a) 0.02 s　(b) 0.1 s

(c) 0.2 s　(d) 0.3 s

图9-11　速度矢量图

（3）显示XY曲线图

操作：选择Domain → Surface → Create → Line/Rake命令。

打开Line/Rake Surface（直线/耙面）控制面板，输入x0=–400、x1=400、y0=–450、y1=–450，单击Create按钮，创建名为line-1（该名称根据实际的情况命名）的线段，此处在水面处创建一条线段。

操作：选择Results → Plots → XY Plot命令。

打开Solution XY Plot（XY曲线设置）控制面板，在Y Axis Function栏中选择Phases，在Phase栏中选择mixture，在Surfaces栏中选择line-1。单击Curves按钮，显示图9-12所示的Curves-Solution XY Plot控制面板，在Pattern栏中选择线，单击Apply按钮确定设置后单击Close按钮关闭该控制面板。在Solution XY Plot（XY曲线设置）控制面板中单击Save/Plot按钮，显示图9-13所示的计算区域直线line-1上的压力分布曲线图［图9-13（a）与图9-13（b）中横坐标代表位置，单位为mm；纵坐标代表静态压力，单位为Pa]。

图9-12 Curves-Solution XY Plot控制面板

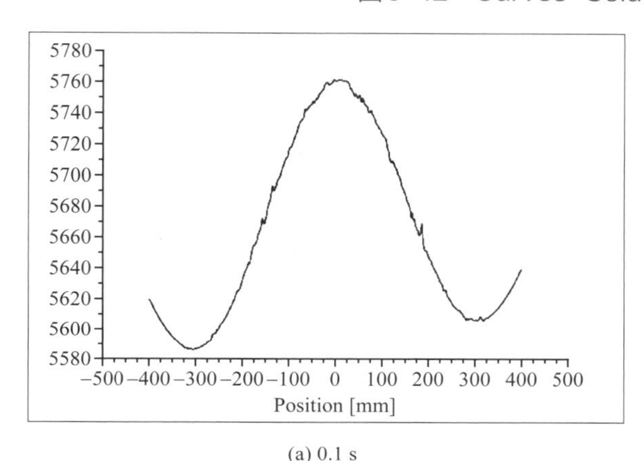

(a) 0.1 s

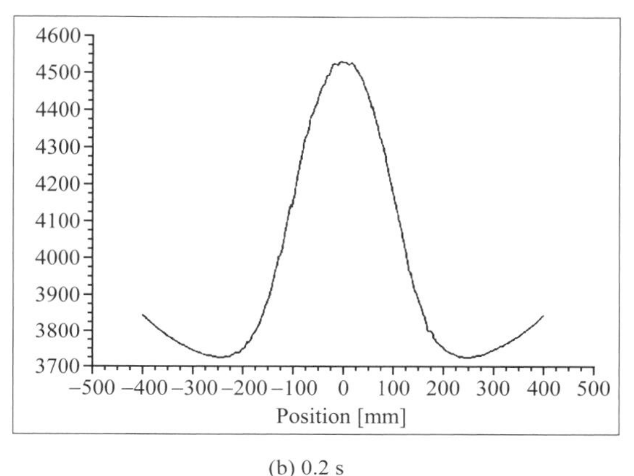

(b) 0.2 s

图9-13 计算区域直线line-1上的压力分布曲线图

9.1.3 动网格模型与重叠网格模型的比较

本例也可以采用重叠网格进行数值模拟。重叠网格划分的网格如图9-14所示。

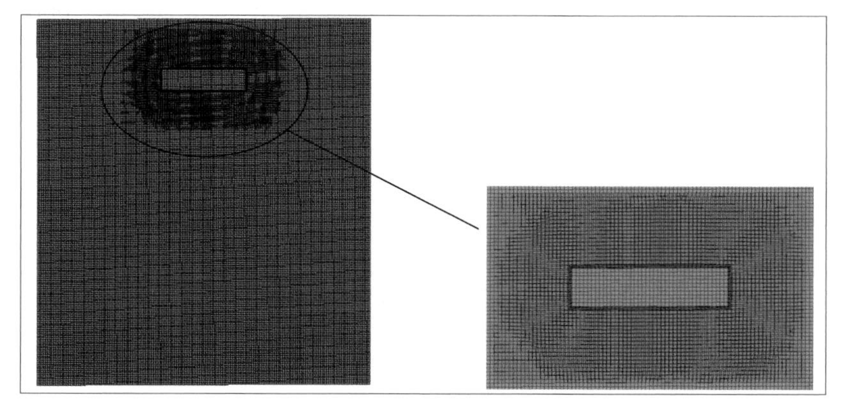

图9-14 重叠网格划分的网格

1. 读入塑料圆柱体网格文件

操作：选择File → Read → Mesh 命令。

读入cylinder-overset.msh文件（配套资源ch9文件夹 → cylinder文件夹中的cylinder-overset.msh文件）。

2. 确定长度单位

操作：选择Setup → General → Mesh → Scale命令。

打开Scale Mesh（标定网格）控制面板，在View Length Unit In栏中选择mm；单击Close按钮，完成单位转换。

3. 显示网格

操作：选择Setup → General → Mesh → Display命令。

打开Mesh Display（网格显示）控制面板，在Options栏中勾选Edges复选框与Faces复选框；在Surfaces栏中选择所有的表面；单击Display按钮，显示模型网格。

4. 设置求解器

操作：选择Setup → General → Solver命令。

打开Solver（求解器）命令详细信息区，因为分析圆柱体运动属于瞬态计算，故选中Time栏中的Transient单选项。

5. 设置材料

操作：选择Setup → Materials → Fluid → air命令。

打开Create/Edit Materials（创建/编辑材料）控制面板，单击Fluent Database按钮导入water-liquid材料。

6. 设置多相流

操作：选择Setup → Models → Multiphase命令。

1）打开Multiphase Model（多相流模型）控制面板，选中Volume of Fluid单选项，设置Number of Phases为2，单击Apply按钮。

2）选择Phases选项卡，将phases-1的Name改为air，在Phase Material栏中选择air；将phases-2的Name改为water，在Phase Material栏中选择water-liquid，单击Apply按钮。

7. 设置湍流模型

操作：选择Setup → Models → Viscous命令。

打开Viscous Model（黏度模型）控制面板，选择k-epsilon模型。

8. 设置操作条件

操作：选择Physics → Solver → Operating Conditions命令。

打开Operating Conditions（操作条件）控制面板，设置Reference Pressure Location下的X为0、Y为10，勾选Gravity复选框，设置Y方向的重力加速度为–9.81 m/s^2。

9. 设置边界条件

操作：选择Setup → Boundary Conditions命令。

打开Boundary Conditions（边界条件）命令详细信息区，选中outlet，在Type栏中选择pressure outlet，打开Pressure Outlet（压力出口）控制面板，在Specification Method栏中选择Intensity and Hydraulic Diameter，在Backflow Turbulent Intensity栏中输入5，在Backflow Hydraulic Diameter栏中输入800，单击Apply按钮。在右上方的Phase栏中选择water，在

Multiphase栏中设置Backflow Volume Fraction为0，表示出口全是空气，单击Apply按钮。

在Boundary Conditions（边界条件）命令详细信息区中选择overset，在Type栏中选择overset。

10. 设置重叠网格交界面

操作：选择Setup → Overset Interface命令。

打开Create/Edit Overset Interface（设置重叠网格交界面）控制面板，在Background Zones栏中选中b-contact_region-src，在Component Zones栏中选中c-contact_region-trg，如图9-15所示，创建名为o1的重叠网格交界面。

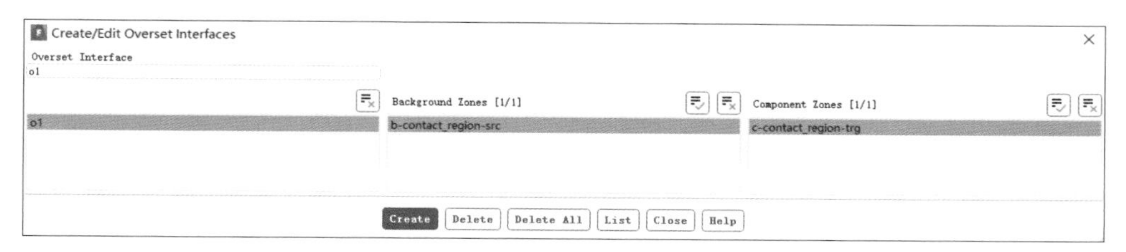

图9-15 重叠网格交界面的创建

11. 设置动网格

操作：选择File → Read → Profile命令。

打开Select File（选择文件）控制面板，选择需要导入的运动文件v.txt，单击OK按钮。

操作：选择Setup → Dynamic Mesh命令。

1）打开Dynamic Mesh（动态网格）命令详细信息区，取消勾选Smoothing复选框（重叠网格不需要开启Smoothing、Layering与Remeshing）。

2）单击在Dynamic Mesh Zones栏下面的Create/Edit按钮，打开Dynamic Mesh Zones（动网格区域）控制面板，在Zone Names栏中选择component-cylinder，在Type栏中选中Rigid Body单选项，在Motion UDF/Profile栏中加载名为v的运动文件；在Center of Gravity Location栏中设置X=0、Y=0，单击Create按钮创建名为component-cylinder的刚体运动区域；同样创建名为interior-c-contact_region-trg与overset的刚体运动区域，单击Close按钮关闭Dynamic Mesh Zones（动网格区域）控制面板。

12. 求解设置

操作：选择Solution → Methods命令。

打开Solution Methods（求解方法）命令详细信息区，在Scheme栏中选择Coupled，在Spatial Discretization栏中，将Momentum、Turbulent Kinetic Energy、Turbulent Dissipation Rate设为Second Order Upwind；在Volume Fraction栏中选择CICSAM。

13. 流场初始化

操作：选择Solution → Cell Registers命令，右击，在弹出的快捷菜单中选择New → Region命令。

打开Region Adaption（区域适应）控制面板，在X Min栏中输入–400，在X Max栏中输入400，在Y Min栏中输入–750，在Y Max栏中输入–30，单击Save按钮，标记一个区域（名字为region_0），单击Close按钮结束。

操作：选择Solution → Initialization命令。

打开Solution Initialization（流场初始化）命令详细信息区，在Initialization Methods栏中选中Standard Initialization单选项，在Compute From栏中选择all-zones，单击Initialize按钮，对所有计算区域进行统一初始化。

操作：选择Solution → Initialization → Patch命令。

打开Patch（局部）控制面板，在Registers to Patch栏中选择刚标记的region_0，在Phase栏中选择water，在Variable栏中选择Volume Fraction，在Value栏中输入1，单击Patch按钮，为该区域预充填水。

14.运行计算

操作：选择Solution → Calculation Activities → Autosave命令。

打开Autosave（自动保存）控制面板，在Save Data File Every栏输入100，表示100步后自动保存一次Case和Data文件，单击OK按钮关闭该控制面板。

操作：选择Solution → Calculation Activities → Run Calculation命令。

打开Run Calculation（运行计算）命令详细信息区，在Time Step Size栏中填入0.0002，在Number of Time Steps栏中输入4000，在Max Iterations/Time Step栏中输入100，单击Calculate按钮，开始运行计算。

15.结果后处理

由于重叠网格的后处理与前面的动网格后处理步骤一样，因此只列出部分结果。

压力云图如图9-16所示。

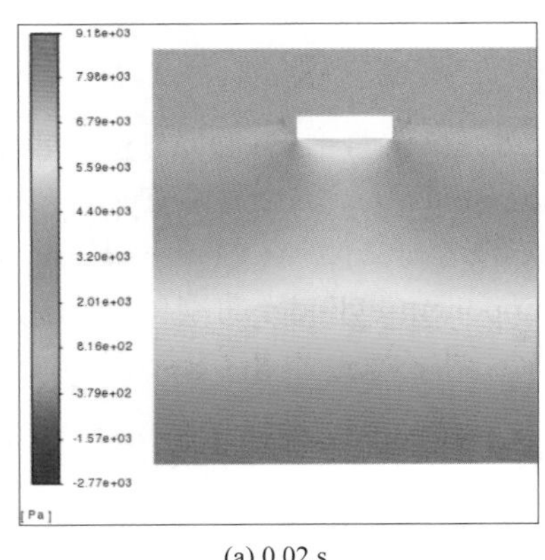

(a) 0.02 s

(b) 0.1 s

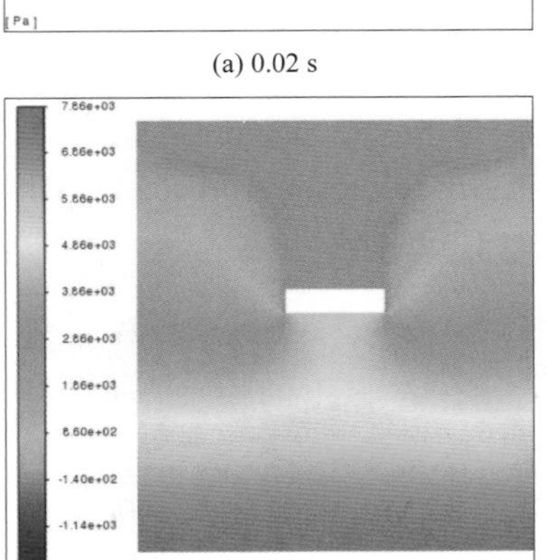

(c) 0.2 s

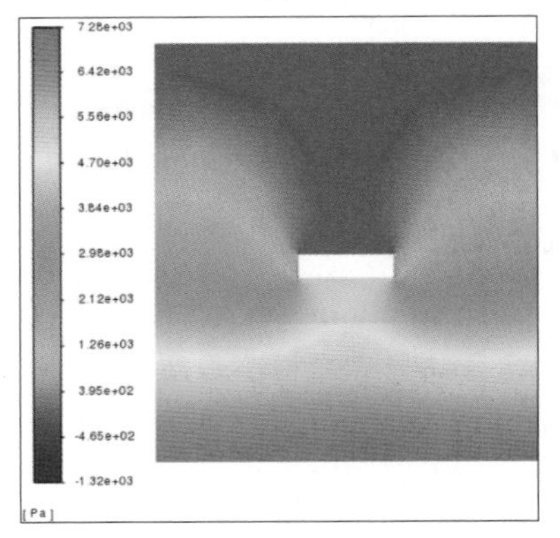

(d) 0.3 s

图9-16 压力云图

速度云图如图9-17所示。

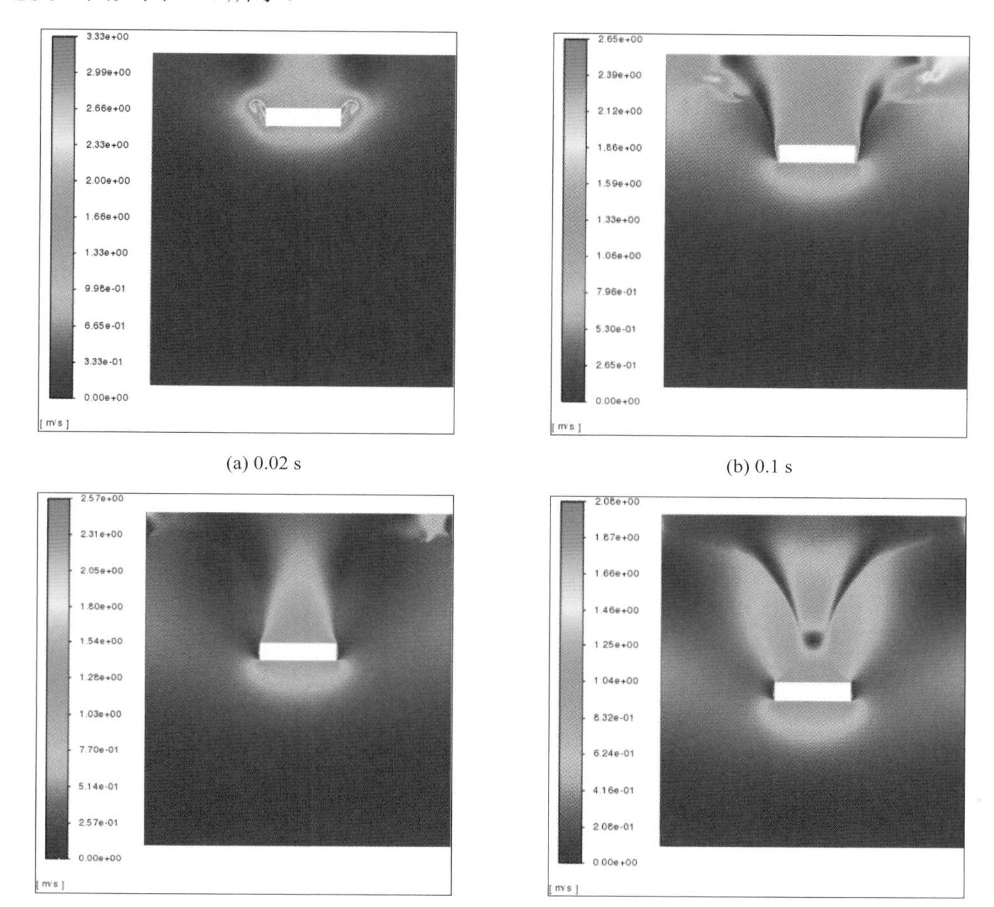

(a) 0.02 s　　(b) 0.1 s

(c) 0.2 s　　(d) 0.3 s

图9-17　速度云图

相分布云图如图9-18所示。

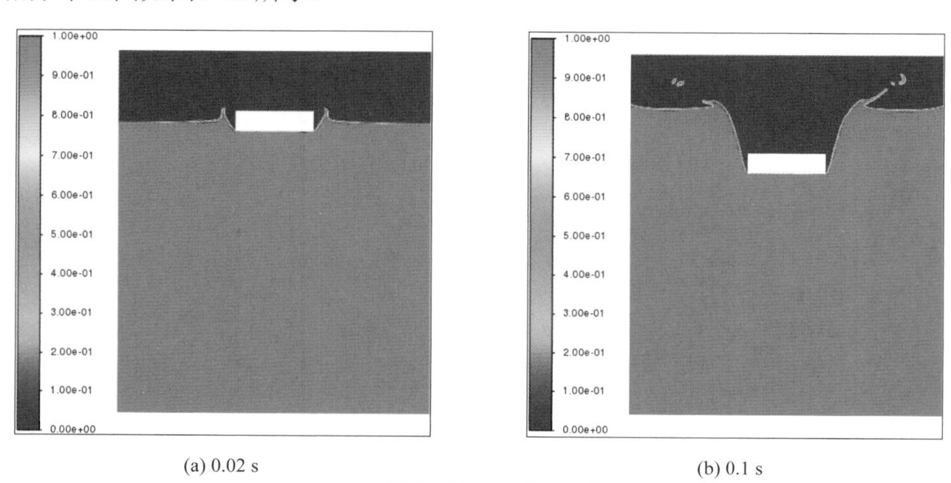

(a) 0.02 s　　(b) 0.1 s

图9-18　相分布云图

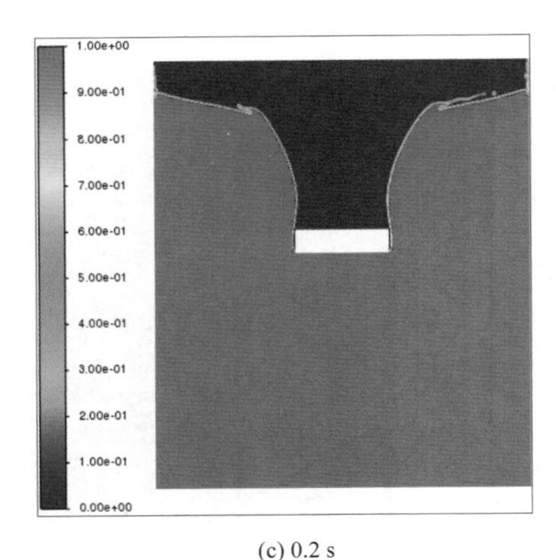

(c) 0.2 s

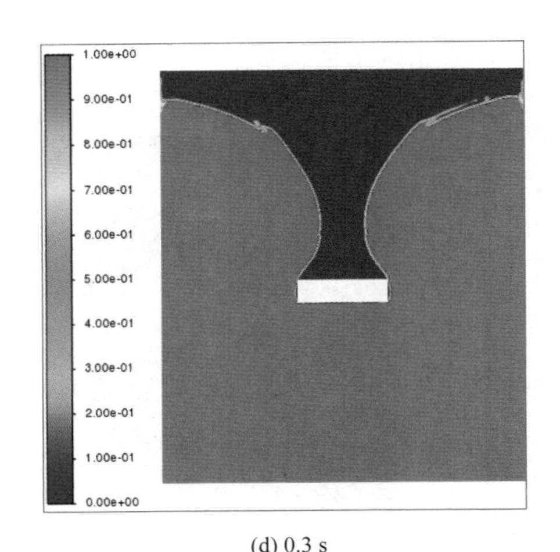

(d) 0.3 s

图9-18 相分布云图（续）

9.2 齿轮泵的动态模拟

9.2.1 问题描述

齿轮泵内齿轮运动及工作介质流动复杂，进行齿轮泵内部动态模拟有助于真实地反映泵内流体流动的变化，为结构参数优化提供参考。本例采用动网格技术模拟柴油机润滑用齿轮泵的转动过程中的动态流动，为齿轮泵的结构优化及新型齿轮泵的设计提供参考。

齿轮泵模型如图9-19所示，齿轮泵齿轮的模数为5，齿数为10，变位系数为0，压力角为20°，齿轮转速为460 r/min。计算流体密度为880 kg/m^3，黏性系数为0.04048 N • s/m^2。

113
51
6
5
62
oilin
movewall_left oilout movewall_right

图9-19 齿轮泵模型（单位：mm）

9.2.2 具体分析

1. 文件的编写

齿轮泵中齿轮的旋转运动比较简单，就是绕轴中心转动，有两种方式实现：编写轮廓文件或UDF。下面分别介绍。

1）轮廓文件（Profile）的编写。因为该齿轮是恒速转动，速度点可任意取，所以本例采用3段速度，每段速度都一样，为48.276 r/s。

左边齿轮的Profile文件如下。

```
((rotating_left  3 point)
(time 0  1  60)
(omega_z  48.276  48.276  48.276))
```

右边齿轮的Profile文件如下。

```
((rotating_right  3 point)
(time 0  1  60)
(omega_z  -48.276  -48.276  -48.276))
```

分别编写上述Profile文件，存储成文本文档roting_left.txt和roting_right.txt，并分别读入Fluent中，可以在相应的控制面板中看到这两个速度。

2）UDF的编写与编译。利用Visual Studio进行齿轮旋转运动UDF文件的编写与编译，本例只需一个旋转语句，omega[2]是绕Z轴选择的变量，给定该值即可。具体程序如下。

```
#include "stdafx.h"
//write your include header here......
#include "udf.h"
extern "C"{
DEFINE_CG_MOTION(roting_left, dt, vel, omega, time, dtime)
{
omega[2]= 48.276;
}
DEFINE_CG_MOTION(roting_right, dt, vel, omega, time, dtime)
{
omega[2]=-48.276;
}
}
```

编写好上述UDF文件，在Fluent中选择User-Defined → Functions → Compiled命令，将其编译导入使用。

2. 读入齿轮泵网格文件

操作：选择File → Read → Mesh命令。

读入gear.msh文件（配套资源ch9文件夹 → gear文件夹中的gear.msh文件），并检查网格（选择General → Mesh → Check命令），注意最小体积要大于零。

3. 确定长度单位

操作：选择Setup → General → Mesh → Scale命令。

打开Scale Mesh（标定网格）控制面板，在View Length Unit In栏中选择mm，单击Close按钮，完成单位转换。

4. 显示网格

操作：选择Setup → General → Mesh → Display命令。

打开Mesh Display（网格显示）控制面板，在Options栏中勾选Edges复选框与Faces复选框；在Surfaces栏中选择所有的表面；单击Display按钮，显示模型网格，如图9-20所示。

5. 设置求解器

操作：选择Setup → General → Solver命令。

打开Solver（求解器）命令详细信息区，因为分析齿轮泵运动属于瞬态计算，所以选中

Time栏中的Transient单选项。

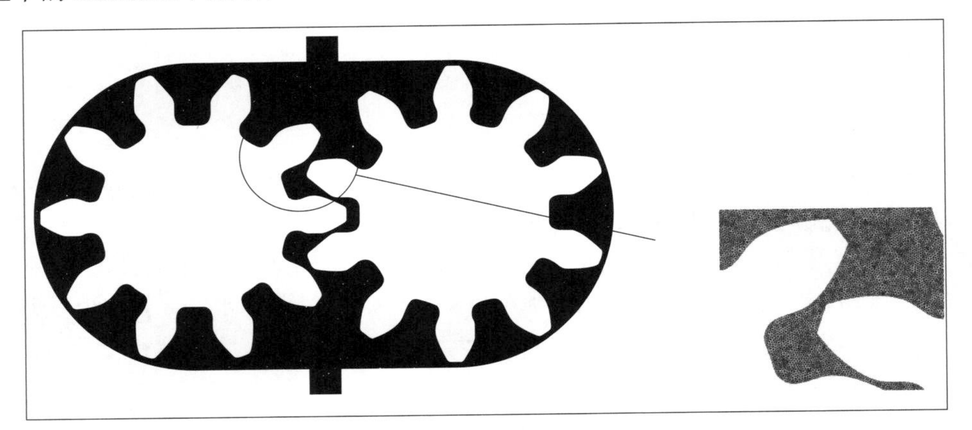

图9-20　模型网格

6. 设置材料

操作：选择Setup → Materials → Fluid → air命令。

打开Create/Edit Materials（创建/编辑材料）控制面板，在Name栏中输入oil，在Properties下的Density栏中输入880，在Viscosity栏中输入0.04048，设置如图9-21所示，单击Change/Create按钮后，单击Yes按钮覆盖原有创建的材料。（单击No按钮则不覆盖，另外创建新材料oil）。

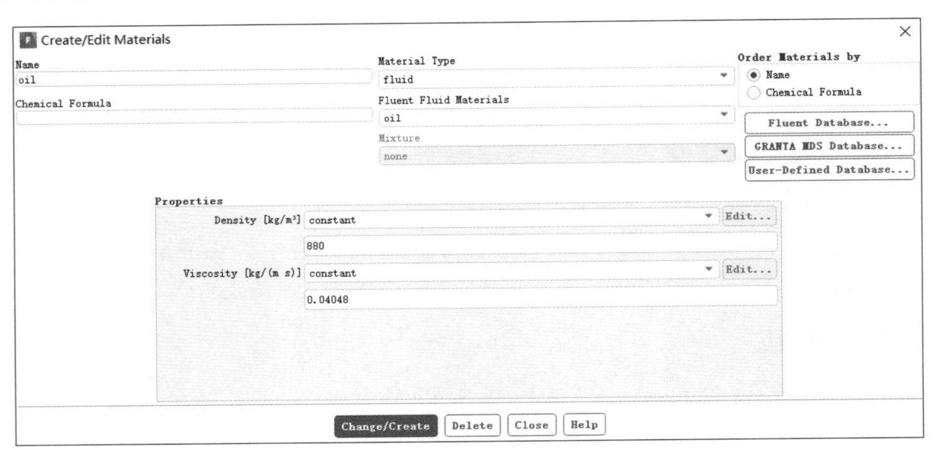

图9-21　oil材料创建

7. 设置湍流模型

操作：选择Setup → Models → Viscous命令。

打开Viscous Model（黏度模型）控制面板，选择k-epsilon模型。

8. 设置操作条件

操作：选择Physics → Solver → Operating Conditions命令。

打开Operating Conditions（操作条件）控制面板，设置Reference Pressure Location下的

X为20.5、Y为40。

9.设置边界条件

操作：选择Setup → Boundary Conditions命令。

打开Boundary Conditions（边界条件）命令详细信息区，选择oilin，在Type（边界条件）中选择pressure inlet，打开Pressure Inlet（压力进口）控制面板，在Specification Method栏中选择Intensity and Hydraulic Diameter，在Turbulent Intensity栏中输入5，在Hydraulic Diameter栏中输入6，单击Apply按钮。

在Boundary Conditions（边界条件）命令详细信息区中选择oilout，在Type栏中选择pressure outlet，打开Pressure Outlet（压力出口）控制面板，在Specification Method栏中选择Intensity and Hydraulic Diameter，在Backflow Turbulent Intensity栏中输入5，在Backflow Hydraulic Diameter栏中输入6，单击Apply按钮。

10.设置动网格

操作：选择File → Read → Profile命令。

打开Select File（选择文件）控制面板选择需要加载的左右齿轮profile文件。

操作：选择Setup → Dynamic Mesh命令。

1）打开Dynamic Mesh（动态网格）命令详细信息区，勾选Smoothing复选框和Remeshing复选框，单击Mesh Methods栏中的Settings按钮，打开Mesh Method Settings（网格方法设置）控制面板，在Smoothing选项卡下的Method栏中选中Spring/Laplace/Boundary Layer单选项。单击Remeshing选项卡下的Mesh Scale Info按钮，打开Mesh Scale Info（网格范围信息）控制面板，根据相应值填写Dynamic Mesh（动态网格）命令详细信息区下Parameters相应内容。本例在Minimum Length Scale栏中输入0.1，在Maximum Length Scale栏中输入0.35，在Maximum Cell Skewness栏中输入0.6。

2）单击Dynamic Mesh Zones栏下面的Create/Edit按钮，打开Dynamic Mesh Zones（动网格区域）控制面板，在Zone Names栏中选择movewall_left，在Type栏中选中Rigid Body单选项；在Motion UDF/Profile栏中选择加载的rotating_left文件，在Center of Gravity Location栏中输入左齿轮的重心，本例中左齿轮为X=0、Y=0，单击Create按钮完成左齿轮的设置；在Zone Names栏中选择movewall_right，在Type栏中选中Rigid Body单选项；在Motion UDF/Profile栏中选择加载的rotating_right文件，在Center of Gravity Location栏中输入右齿轮的重心，本例中右齿轮为X=51、Y=0，单击Create按钮完成右齿轮的设置。单击Close按钮退出动网格区域的设置。

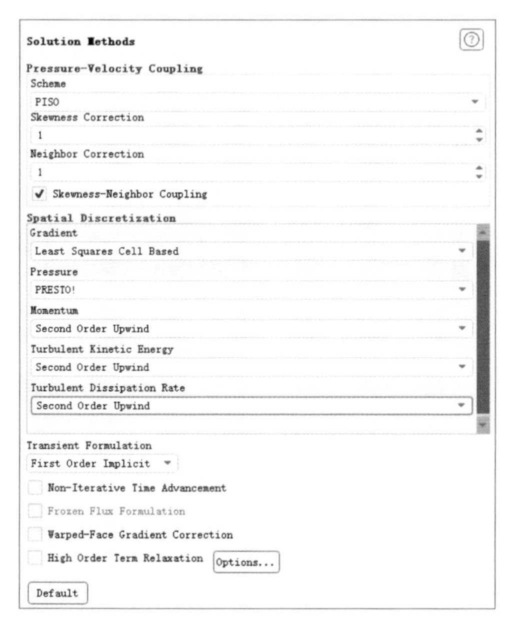

图9-22　求解设置

11.求解设置

操作：选择Solution → Methods命令。

打开Solution Methods（求解方法）命令详细信息区，在Scheme栏中选择PISO，在Spatial

Discretization栏中，将Momentum、Turbulent Kinetic Energy、Turbulent Dissipation Rate设为Second Order Upwind，在Pressure栏中选择PRESTO!，设置如图9-22所示。

12. 流场初始化

操作：选择Solution → Initialization命令。

打开Solution Initialization（流场初始化）命令详细信息区，在Initialization Methods栏中选中Standard Initialization单选项，在Compute From栏中选择all-zones，在Turbulent Kinetic Energy栏中填入0.01，在Turbulent Dissipation Rate栏中输入0.01，其余设为0，单击Initialize按钮，对所有计算区域进行统一初始化。

13. 运行计算

操作：选择Solution → Calculation Activities → Autosave命令。

打开Autosave（自动保存）控制面板，在Save Data File Every栏中输入200，表示200步后自动保存一次Case和Data文件，单击OK按钮关闭该控制面板。

操作：选择Solution → Calculation Activities → Run Calculation命令。

打开Run Calculation（运行计算）命令详细信息区，在Time Step Size栏中填入0.0001，在Number of Time Steps栏中输入2000，在Max Iterations/Time Step栏中输入80，单击Calculate按钮，开始运行计算。

14. 结果后处理

（1）显示云图

操作：选择Results → Graphics → Contours命令。

打开Contours（等值线）控制面板，在Contours of栏中选择Pressure和Static Pressure，在Surfaces栏中选择interior-gear_gear，单击Save/Display按钮，显示图9-23所示的压力云图。

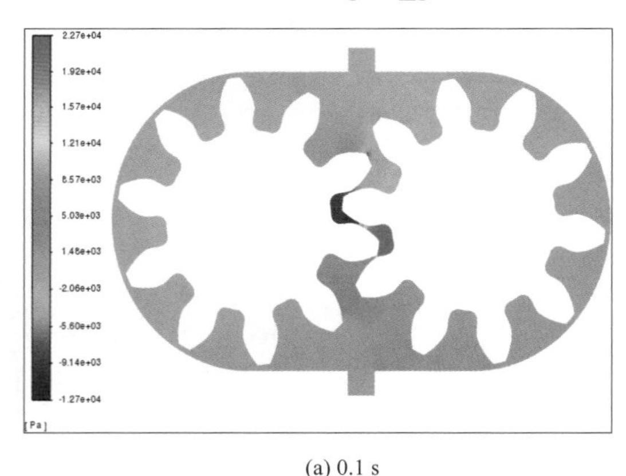

(a) 0.1 s

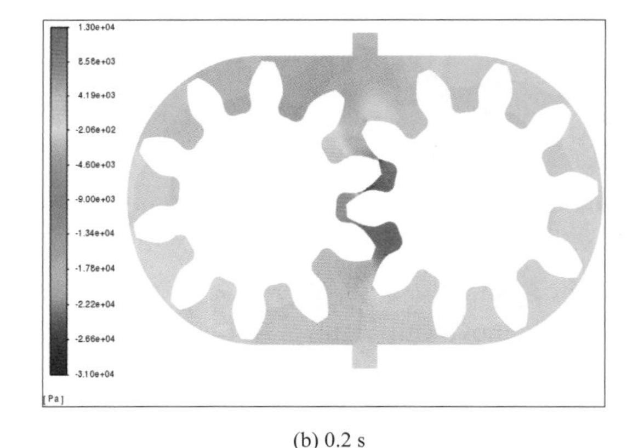

(b) 0.2 s

图9-23 压力云图

在Contours of栏中选择Velocity和Velocity Magnitude，在Surfaces栏中选择interior-gear_gear，单击Save/Display按钮，显示图9-24所示的速度云图。

（2）显示矢量图

操作：选择Results → Graphics → Vectors命令。

打开Vectors（速度矢量）控制面板，在Style栏中选择arrow，在Scale栏中输入2，在Skip栏中输入8，单击Save/Display按钮，显示图9-25所示的速度矢量图。

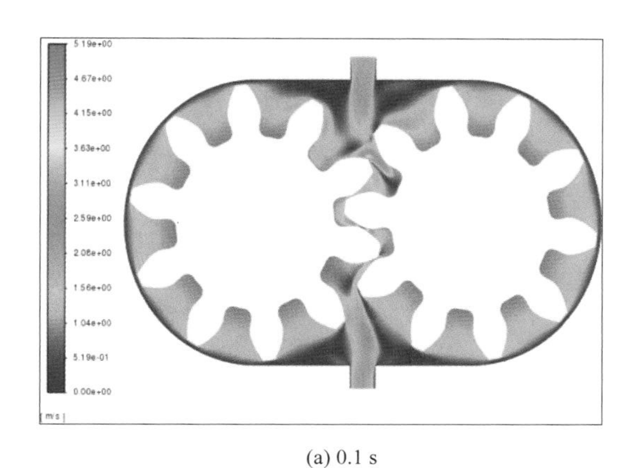

(a) 0.1 s

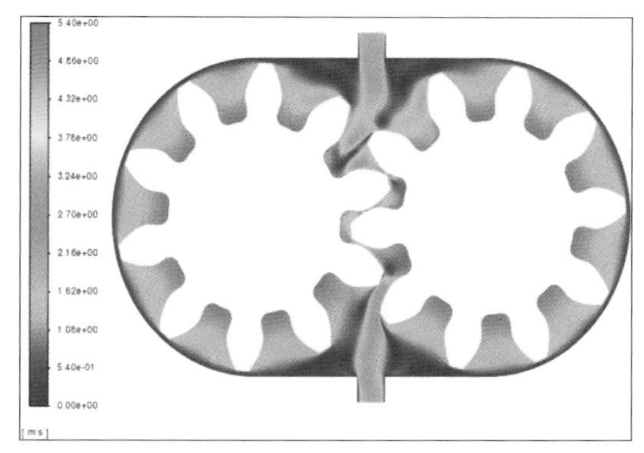

(b) 0.2 s

图9-24　速度云图

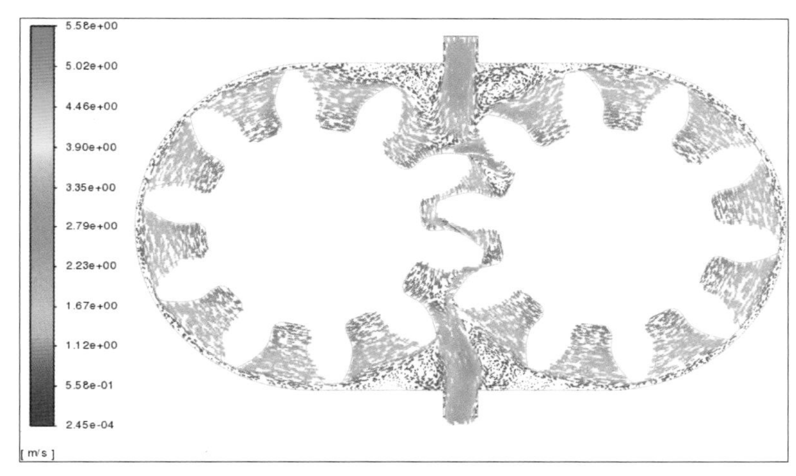

(a) 0.1 s

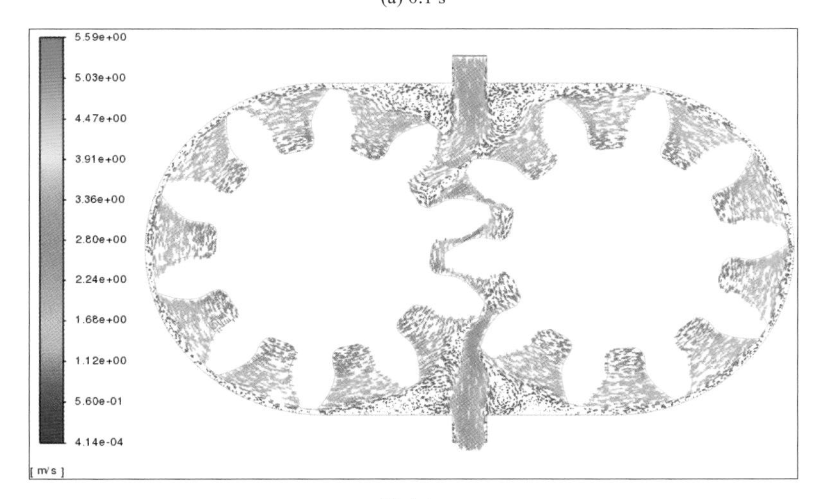

(b) 0.2 s

图9-25　速度矢量图

（3）显示迹线图

操作：选择Results → Graphics → Pathlines命令。

打开Pathlines（迹线图）控制面板，在Step栏中输入500，在Skip栏中输入1，在Release From Surfaces栏中选择oilin、movewall_left、movewall_right，单击Save/Display按钮，显示图9-26所示的迹线图。

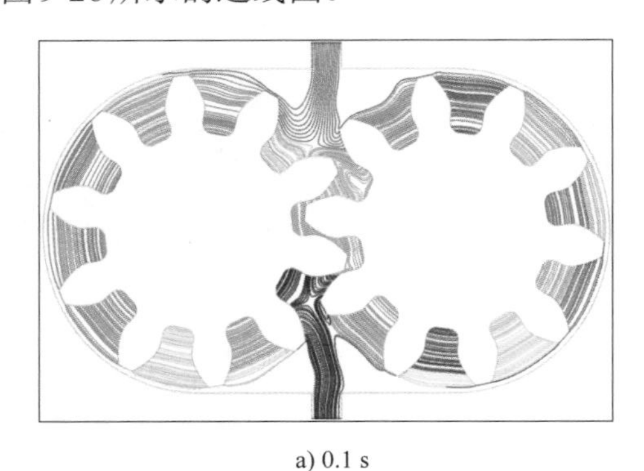

a) 0.1 s

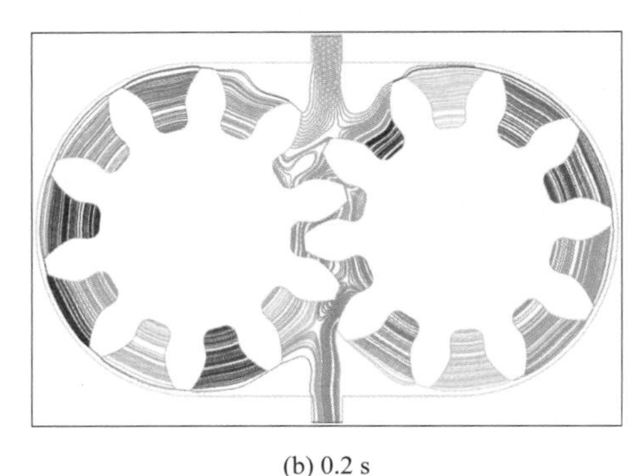

(b) 0.2 s

图9-26　迹线图

（4）显示XY曲线图

操作：选择Results → Plots → XY Plot命令。

打开Solution XY Plot（XY曲线设置）控制面板，在Y Axis Function栏中选择Pressure和Static Pressure，在Surfaces栏中选择oilin，单击Save/Plot按钮，显示图9-27（a）所示的曲线图；在Y Axis Function栏中选择Velocity和Velocity Magnitude，在Surfaces栏中选择oilin，单击Save/Plot按钮，显示图9-27（b）所示的曲线图。[图（a）中横坐标代表位置，单位为mm；纵坐标代表静态压力，单位为Pa图（b）中的横坐标同样代表位置，单位为mm；纵坐标代表速度的大小，单位为m/s]。

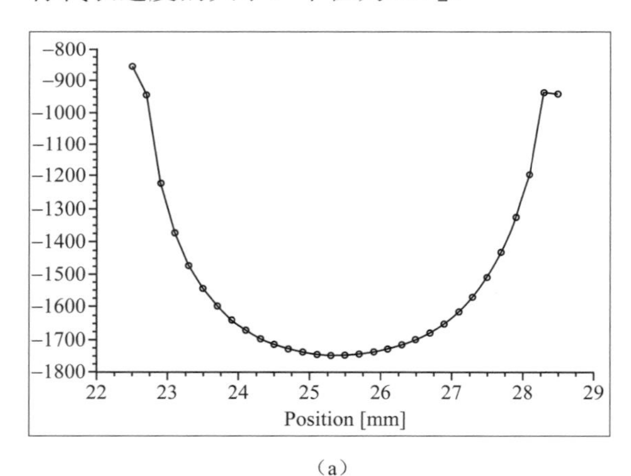

（a）

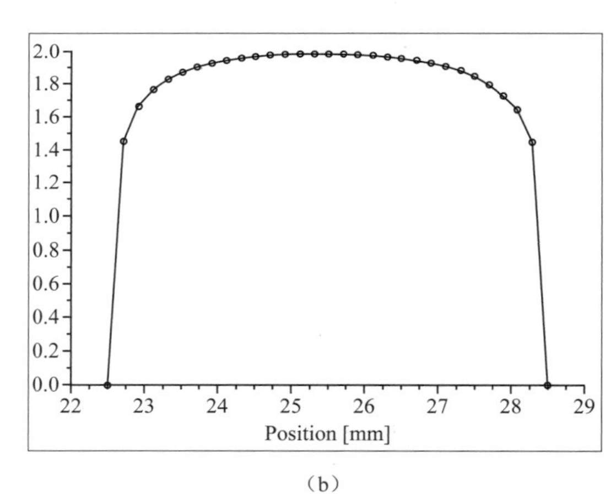

（b）

图9-27　进口线段上压力和速度曲线

9.3　本章小结

本章主要内容如下。

1）通过塑料圆柱体坠入水中的模拟和齿轮泵的动态模拟两个实例演示了Fluent动网格的基本操作流程。

2）分析了Fluent动网格模拟所要注意的事项。

9.4 练习题

习题1. 涡轮是一种将流动工质的能量转换为机械功的旋转式动力机械，它是航空发动机、燃气轮机和蒸汽轮机的主要部件之一。某涡轮叶片二维模型如图9-28所示，速度入口速度大小用函数2.5[m/s]*(1–exp(–20*Time/1[s]))表达，压力出口采用默认设置。动网格设置开启Smoothing与Remeshing，创建名为turbine的6DOF（开启单个旋转，质量为1 kg，惯性矩为0.015 kg/m^2），在动网格区域创建刚体运动区域（turbine为主动，inter与interface2均为被动），创建变形区域（interface1），图中interface表示interface1和interface2（外部为interface1，内部为interface2）。试模拟涡轮叶片运动，并绘制相应的压力云图与速度云图（网格模型为配套资源ch9文件夹 → turbine文件夹中的turbine.msh文件）。

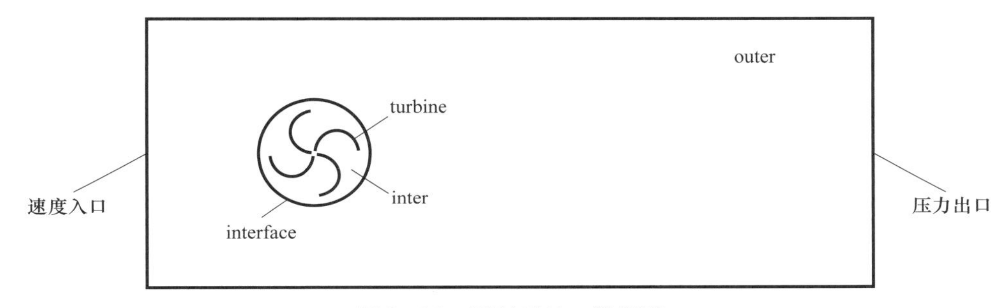

图9-28　涡轮叶片二维模型

习题2. 子弹是由枪械发射出的，子弹的发射是通过击针激发底火，底火迅速燃烧引燃发射弹药，产生高温和高压将子弹从枪膛中射出。图9-29所示为枪膛几何模型，压力出口（out和out2）表压为101325 Pa，子弹发射区域（inpress_fluid）压力为6013250 Pa，温度为1000 K。动网格设置开启层铺（Layering）的方法，创建名为bullet的6DOF（开启单个平移，质量设置为0.012 kg，方向沿着X轴正方向），在动网格区域创建静止区域（top与out2），创建刚起运动区域（bullet-bullet-fluid与bullet-inpress-fluid为主动，bullet-fluid与inpress-fluid为被动）。由于计算区域过大，out、top、out2未在图中标注，请参见操作视频或模型文件。试模拟子弹在初始高温、高压气体膨胀的推动下飞出枪膛的运动，并绘制相应压力云图、速度云图、密度云图（网格模型为配套资源ch9文件夹 → bullet文件夹中的bullet.msh文件）。

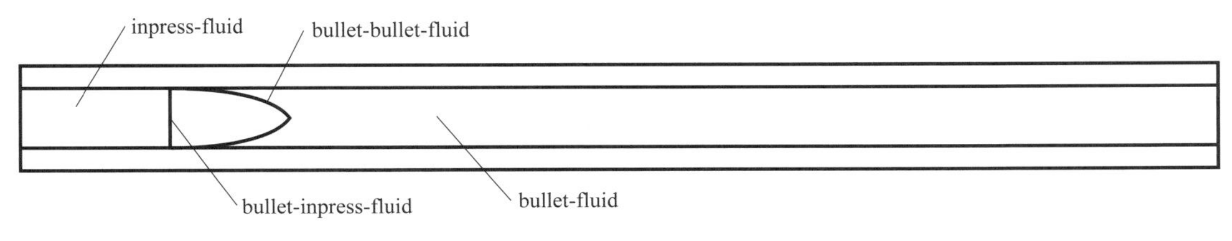

图9-29　枪膛几何模型

第10章
滑移网格流动分析

10.1 转笼生物反应器的内部流场计算

10.1.1 问题描述

转笼生物反应器是根据动态流化床的机理研制的新型生物反应器，其结构如图10-1所示，其内部流场对其污水处理效果产生直接影响。因其内部流动的复杂性和实验条件的限制，所以需要采用CFD方法对其内部流场进行模拟，得到内部流场的详细参数，为转笼生物反应器工艺参数的确定、内部结构的优化提供参考数据。

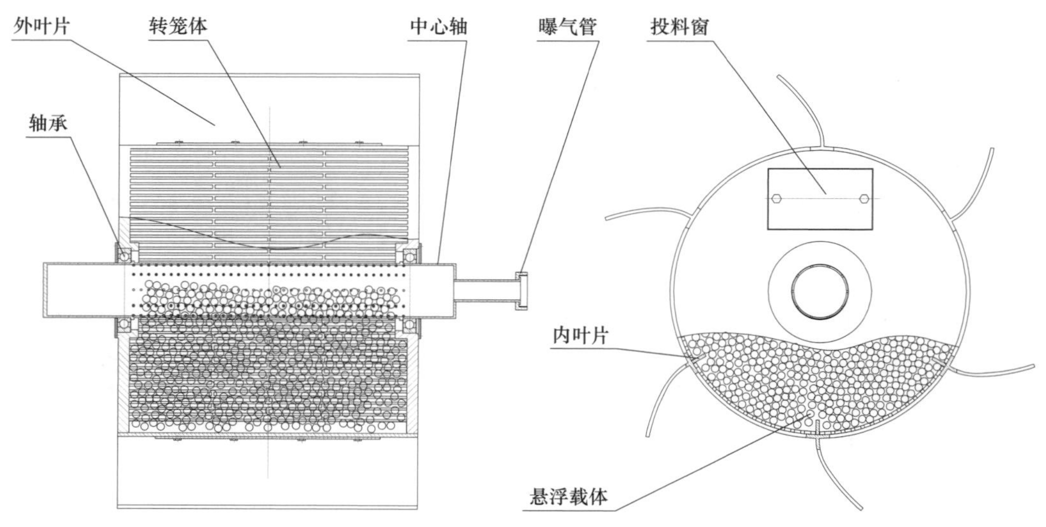

图10-1 转笼生物反应器结构

转笼生物反应器内部流场比较复杂，为了计算简便，本例选取单个转笼及其附近的区域作为计算区域，将转笼生物反应器内部流场计算简化为二维问题，即求解图10-2所示的二维计算区域的滑移网格和两相流问题。

在计算区域的左边设置污水入口边界，在右边设置污水出口边界；中心轴开有孔，为曝气进口边界，左右两边界的上部和顶边界为空气出口边界；计算区域预先充满一定深度的污水作为计算的初始条件。计算步长根据最小网格计算确定，计算时间（2 s）以曝气流到达自由液面为止。

左边线段命名为waterin；右边线段命名为waterout；中心轴上间隔取小段命名为airin；上面线段命名为airout；内交界面有两个圆，圆周线分别命名为z1-in和z1-out；外交界面也有两个圆，圆周线分别命名为在z2-in和z2-out；从内到外分别命名fluid区域为fluid1、fluid2、fluid3。计算区域几何模型如图10-3所示。

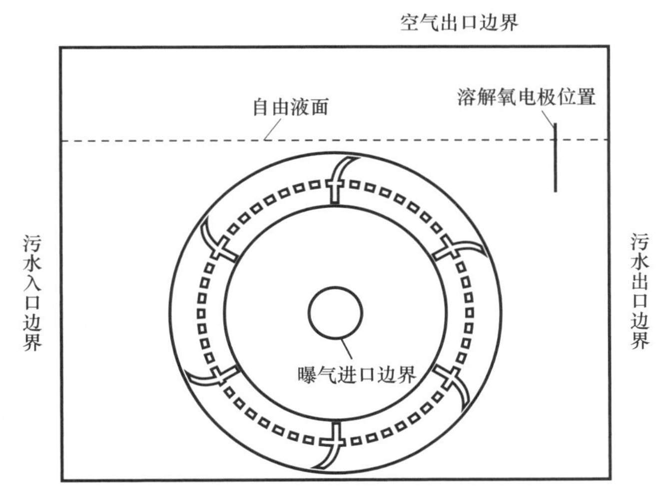

图10-2　转笼反应器的计算区域

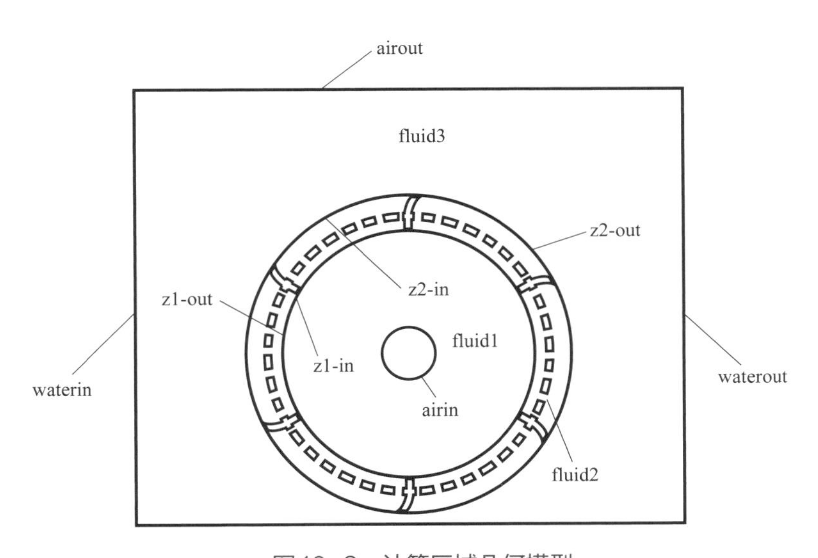

图10-3　计算区域几何模型

其几何参数如表10-1所示，计算中取空气和污水作为气液两相，其物性参数如表10-2所示。边界条件为：进水速度0.12 m/s，曝气速度0.66 m/s，转笼转速1.5 r/min。

表10-1　计算区域几何参数　单位：mm

长度	800	外叶片最大直径	470
高度	650	内叶片长度	30
转笼内壁直径	368	曝气轴直径	75
转笼壁厚	8	转笼中心高度	250

表10-2　物性参数

物理量	取值	物理量	取值
气相密度	1.225 kg/m^3	液相密度	1000.35 kg/m^3
气相动力黏度	1.7894×10^{-5} Pa・s	液相动力黏度	1.005×10^{-3} Pa・s

10.1.2　具体分析

1. 读入转笼反应器网格文件

操作：选择File → Read → Mesh命令。

读入sg.msh文件（配套资源ch10文件夹 → sg文件夹中的sg.msh文件），并检查网格（选择General → Mesh → Check命令），注意最小体积要大于零。

2. 确定长度单位

操作：选择Setup → General → Mesh → Scale命令。

打开Scale Mesh（标定网格）控制面板。在View Length Unit In栏中选择mm；单击Close按钮，完成单位转换。

3. 显示网格

操作：选择Setup → General → Mesh → Display命令。

打开Mesh Display（网格显示）控制面板。在Options栏中勾选Edges复选框与Faces复选框；在Surfaces栏中选择所有的表面。单击Display按钮，显示模型网格，如图10-4所示。

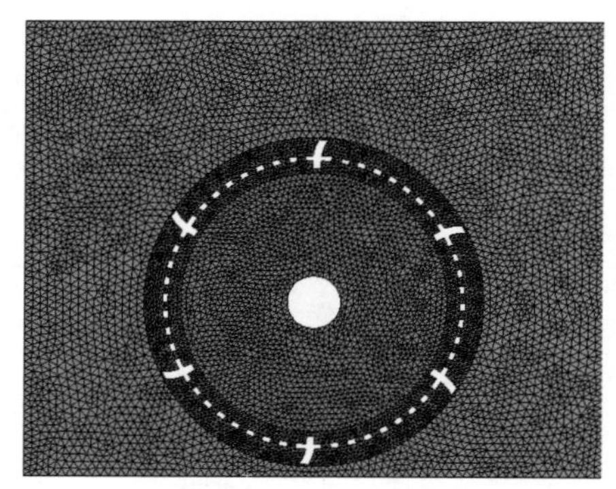

图10-4　计算区域网格划分

4. 设置转笼转速

操作：选择Setup → General → Units命令。

打开Set Units（设置单位）控制面板，在Quantities栏中选择angular-velocity，在Units栏中选择rev/min，如图10-5所示，单击Close按钮，完成转速单位的变换。

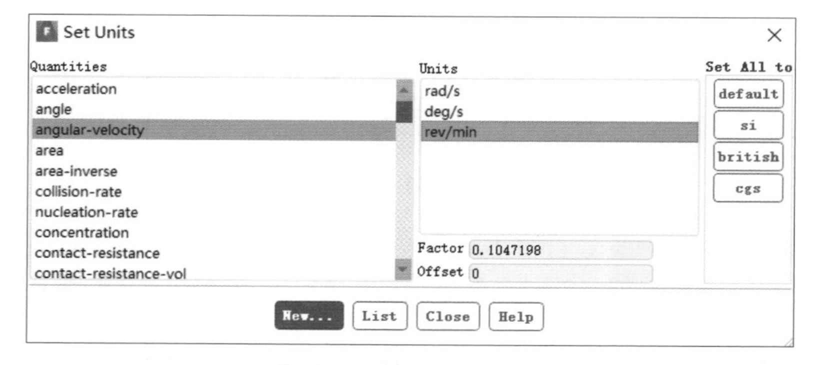

图10-5　转速单位的变换

5. 设置求解器

操作：选择Setup → General → Solver命令。

打开Solver（求解器）命令详细信息区，因为分析转笼转动属于瞬态计算，故选中Time栏中的Transient单选项。

6.设置材料

操作：选择Setup → Materials → Fluid → air命令。

打开Create/Edit Materials（创建/编辑材料）控制面板，根据表10-2所示的物性参数创建sewage材料。在Name栏中输入sewage，在Properties下的Density栏中输入1000.35，在Viscosity栏中输入0.001005，设置如图10-6所示，单击Change/Create按钮，弹出Question对话框，单击No按钮创建sewage材料。

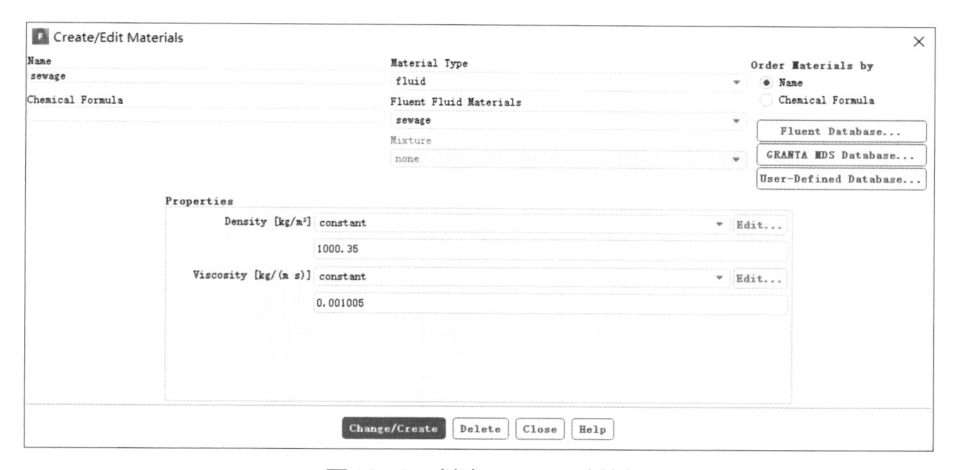

图10-6 创建sewage材料

7.设置多相流

操作：选择Setup → Models → Multiphase命令。

1）打开Multiphase Model（多相流模型）控制面板，选中Eulerian单选项，设置Number of Phases为2，单击Apply按钮。

2）选择Phases选项卡，将phases-1的Name改为air，在Phase Material栏中选择air，将phases-2的Name改为sewage，在Phase Material栏中选择sewage，单击Apply按钮。

8.设置湍流模型

操作：选择Setup → Models → Viscous命令。

打开Viscous Model（黏度模型）控制面板，选择k-epsilon模型。

9.设置操作条件

操作：选择Physics → Solver → Operating Conditions命令。

打开Operating Conditions（操作条件）控制面板，勾选Gravity复选框，设置Y方向的重力加速度为–9.81 m/s^2。

10.设置边界条件

操作：选择Setup → Boundary Conditions命令。

打开Boundary Conditions（边界条件）命令详细信息区，选择airin，在Type栏中选择

velocity inlet，打开Velocity Inlet（速度入口）控制面板，在Specification Method栏中选择Intensity and Hydraulic Diameter，在Turbulent Intensity栏中输入5，在Hydraulic Diameter栏中输入2，单击Apply按钮。在Phase栏中选择air，在Velocity Magnitude栏中输入0.66，单击Apply按钮。

在Boundary Conditions（边界条件）命令详细信息区中选择waterin，在Type栏中选择velocity inlet，打开Velocity Inlet（速度入口）控制面板，在Specification Method栏中选择Intensity and Hydraulic Diameter，在Turbulent Intensity栏中输入5，在Hydraulic Diameter栏中输入133.33，单击Apply按钮。在右上方的Phase栏中选择sewage，在Velocity Magnitude栏中输入0.12，在Volume Fraction栏中输入1，单击Apply按钮。

在Boundary Conditions（边界条件）命令详细信息区中选择waterout，在Type栏中选择velocity inlet，打开Velocity Inlet（速度入口）控制面板，在Specification Method栏中选择Intensity and Hydraulic Diameter，在Turbulent Intensity栏中输入5，在Hydraulic Diameter栏中输入133.33，单击Apply按钮。在Phase栏中选择sewage，在Velocity Magnitude栏中输入–0.12，在Volume Fraction栏中输入1，单击Apply按钮。

在Boundary Conditions（边界条件）命令详细信息区中选择airout，在Type栏中选择pressure outlet，打开Pressure Outlet（压力出口）控制面板，在Specification Method栏中选择Intensity and Hydraulic Diameter，在Turbulent Intensity栏中输入5，在Hydraulic Diameter栏中输入111.11，单击Apply按钮。

在Boundary Conditions（边界条件）命令详细信息区中选择z1-in，在Type栏中选择interface，打开Interface（交界面）控制面板，单击Apply按钮，采用同样的步骤修改z1-out、z2-in、z2-out的边界类型。

11. 设置滑移面交界面

操作：选择Setup → Mesh Interfaces命令。

打开Mesh Interfaces（网格接触面）控制面板，单击Manual Create按钮，打开Create/Edit Mesh Interfaces（创建/编辑网格接触面组）控制面板，在Mesh Interface栏中输入界面名z1，在Interface Zones Side 1栏中选择z1-in，在Interface Zones Side 2栏中选择z1-out，单击Create/Edit按钮，如图10-7所示，设置z1滑移面，用同样的步骤设置z2滑移面。

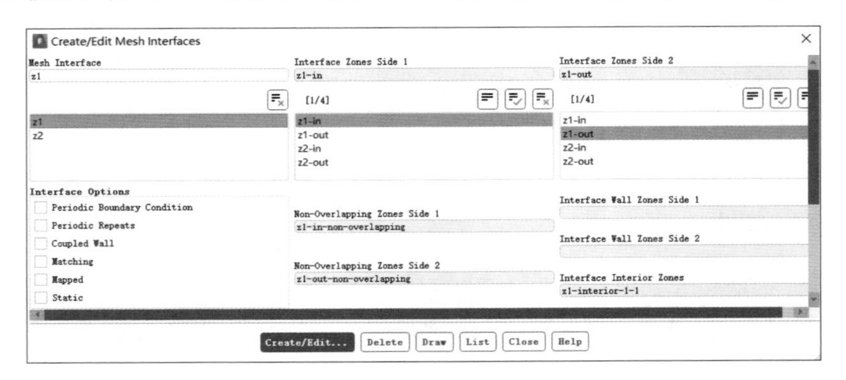

图10-7 滑移面设置

12. 设置流体域

操作：选择Setup → Cell Zone Conditions命令。

打开Cell Zone Conditions（区域条件）命令详细信息区，双击fluid2-contact_region-src，打开Fluid（流体）控制面板，如图10-8所示。勾选Mesh Motion复选框，在Rotation-Axis Origin栏中输入转动中心的坐标，本例的中心是原点，所以设置X、Y为0。（注：在Design Modeler中可查看坐标值。）选择Mesh Motion选项卡，在Rotational Velocity下的Speed栏中输入1.5，没有平移速度，所以Translational Velocity保持默认设置。

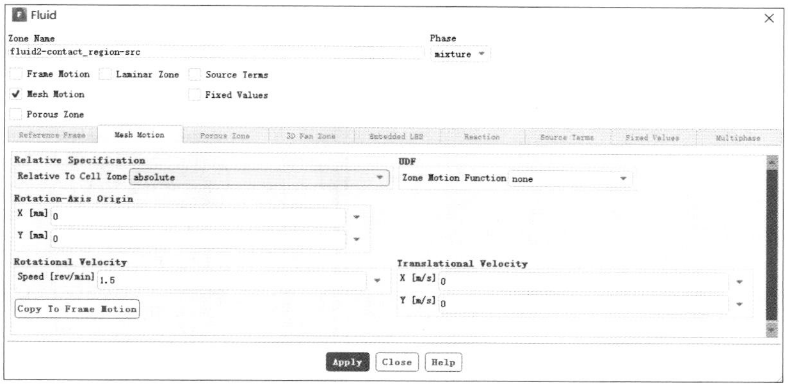

图10-8 转速设置

13. 求解设置

操作：选择Solution → Methods命令。

打开Solution Methods（求解方法）命令详细信息区，在Spatial Discretization栏中，将Momentum、Turbulent Kinetic Energy、Turbulent Dissipation Rate设为Second Order Upwind。

14. 流场初始化

操作：选择Solution → Cell Registers命令，右击，在弹出的快捷菜单中选择New → Region命令。

打开Region Adaption（区域适应）控制面板，在X Min栏中输入–400，在X Max栏中输入400，在Y Min栏中输入–250，在Y Max栏中输入250，单击Save按钮，标记一个区域（名字为region_0），单击Close按钮关闭控制面板。

操作：选择Solution → Initialization命令。

打开Solution Initialization（流场初始化）命令详细信息区，在Initialization Methods栏中选中Standard Initialization单选项，在Compute From栏中选择all zones，在Turbulent Kinetic Energy栏中输入6.703989e–05，在Turbulent Dissipation Rate栏中输入0.001791256，其余设为0，单击Initialize按钮，对所有计算区域进行统一初始化。

操作：选择Solution → Initialization → Patch命令。

打开Patch（局部）控制面板，在Registers to Patch栏中选择刚标记的region-0，在Phase栏中选择sewage，在Variable栏中选择Volume Fraction，在Value栏中输入1，单击Patch按钮，为该区域预充填污水。

15. 动画记录

操作：选择Solution → Calculation Activities → Solution Animations命令。

打开Animation Definition（动画设置）控制面板，如图10-9所示，在Name栏中输入

Phases，在Record after every栏中输入10，表示动画每10步记录一次，单击New Object按钮，在弹出的下拉列表中选择Contours，打开Contours（等值线）控制面板，在Contours of栏中选择Phases，在Phase栏中选择sewage，单击Save/Display按钮，图形窗口出现计算区域初始相分布，如图10-10所示。

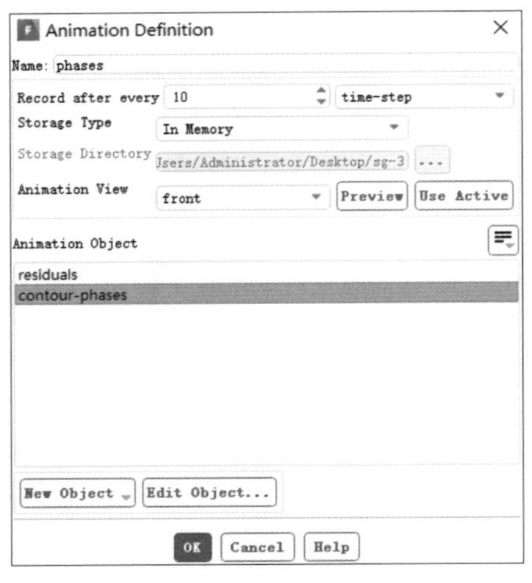

图10-9　Animation Definition（动画设置）控制面板

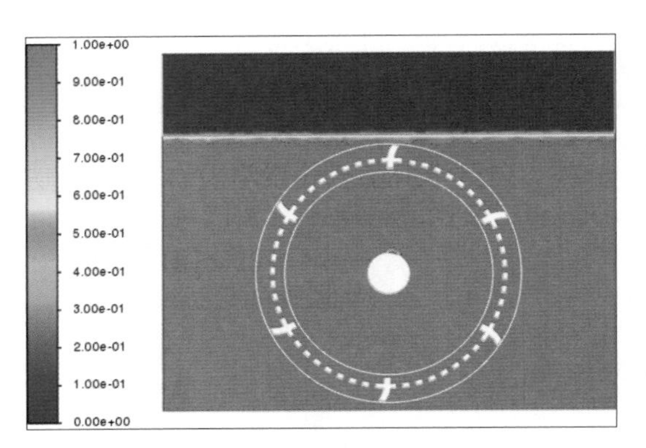

图10-10　初始相分布

单击Close按钮关闭Contours（等值线）控制面板，在Animation Definition（动画设置）控制面板的Record after every栏中输入10，在Storage Type栏中选择In Memory，在Animation Object栏中选择刚创建的Phases云图，单击Use Active，激活动画，单击OK按钮关闭Animation Definition（动画设置）控制面板。

16.运行计算

操作：选择Solution → Calculation Activities → Autosave命令。

打开Autosave（自动保存）控制面板，在Save Data File Every栏中输入200，表示200步后自动保存一次Case和Data文件，单击OK按钮关闭该控制面板。

操作：选择Solution → Calculation Activities → Run Calculation命令。

打开Run Calculation（运行计算）命令详细信息区，在Time Step Size栏中输入0.0002，在Number of Time Steps栏中输入10000，在Max Iterations/Time Step栏中输入80，单击Calculate按钮，开始运行计算。

17.结果后处理

（1）显示云图

操作：选择Results → Graphics → Contours命令。

打开Contours（等值线）控制面板，在Contours of栏中选择Pressure和Static Pressure，在Phase栏中选择mixture，在Surfaces栏中选择fluid1、fluid2与fluid3，单击Save/Display按钮，显示图10-11所示的压力云图。

在Contours of栏中选择Velocity和Velocity Magnitude，在Phase栏中选择air，在Surfaces栏中选择fluid1、fluid2与fluid3，单击Save/Display按钮，显示图10-12所示的速度云图。

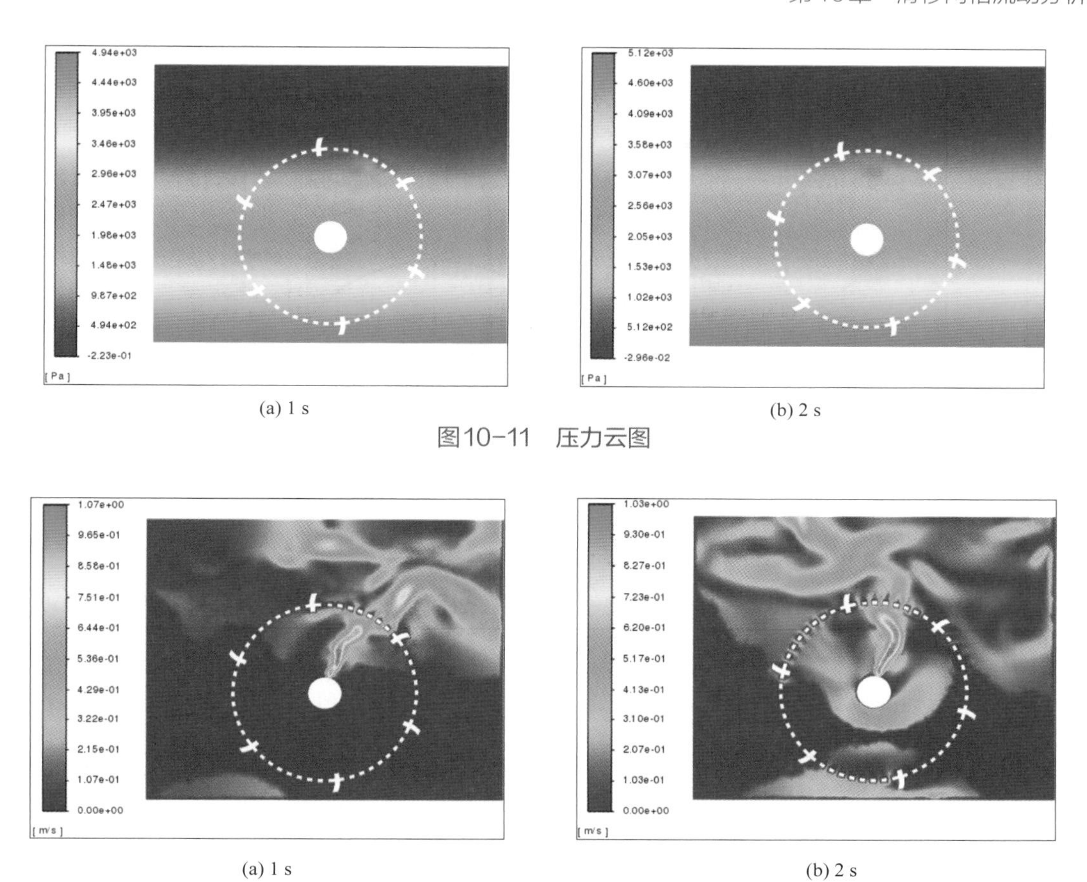

(a) 1 s　　(b) 2 s

图10-11　压力云图

(a) 1 s　　(b) 2 s

图10-12　速度云图

在Contours of栏中选择Phase，在Phase栏中选择air，在Surfaces栏中选择fluid1、fluid2与fluid3，单击Save/Display按钮，显示图10-13所示的相分布云图。

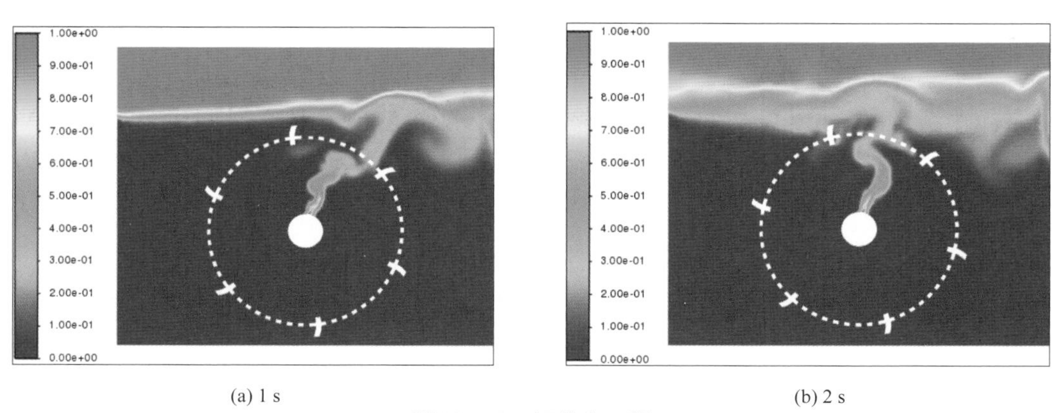

(a) 1 s　　(b) 2 s

图10-13　相分布云图

（2）显示矢量图

操作：选择Results → Graphics → Vectors命令。

打开Vectors（速度矢量）控制面板，在Style栏中选择arrow，在Scale栏中输入2，在Skip栏中输入3，在Phase栏中选择sewage，在Surfaces栏中选择fluid1、fluid2与fluid3，单击Save/Display按钮，显示图10-14所示的速度矢量图。

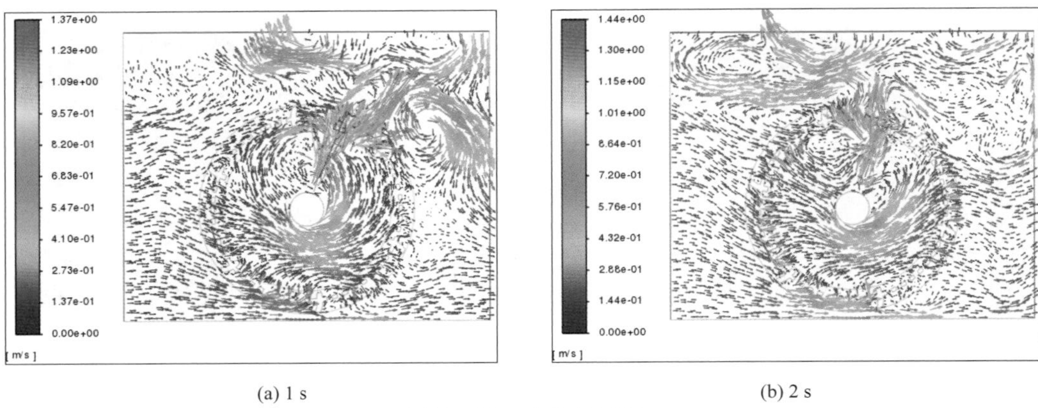

(a) 1 s　　(b) 2 s

图10-14　速度矢量图

（3）显示迹线图

操作：选择Results → Graphics → Pathlines命令。

打开Pathlines（迹线）控制面板，在Step栏中输入50，Skip栏中输入10，在Release From Surfaces栏中选择fluid1、fluid2与fluid3，单击Save/Display按钮，显示图10-15所示的迹线图。

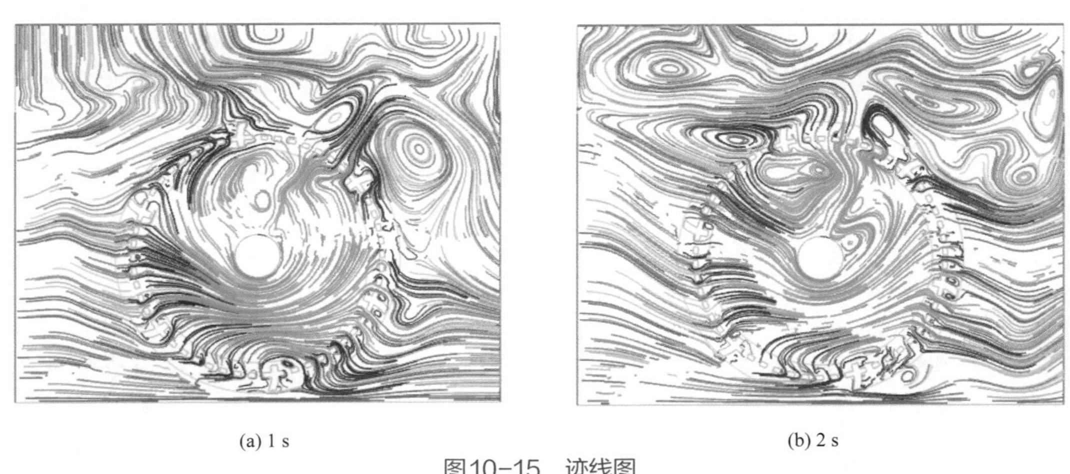

(a) 1 s　　(b) 2 s

图10-15　迹线图

（4）显示XY曲线图

操作：选择Domain → Surface → Create → Line/Rake命令。

打开Line/Rake Surface（直线/耙面）控制面板，输入x0=–400、x1=400、y0=180、y1=180，单击Create按钮，创建名为line-1的线段。

操作：选择Results → Plots → XY Plot命令。

打开Solution XY Plot（XY曲线设置）控制面板，在Y Axis Function栏中选择Pressure和Static Pressure，在Phase栏中选择mixture，在Surfaces栏中选择line-1。单击Save/Plot按钮，显示图10-16所示的计算区域直线line-1上的压力分布曲线图（图中横坐标代表位置，单位为mm；纵坐标代表静态压力，单位为Pa）。

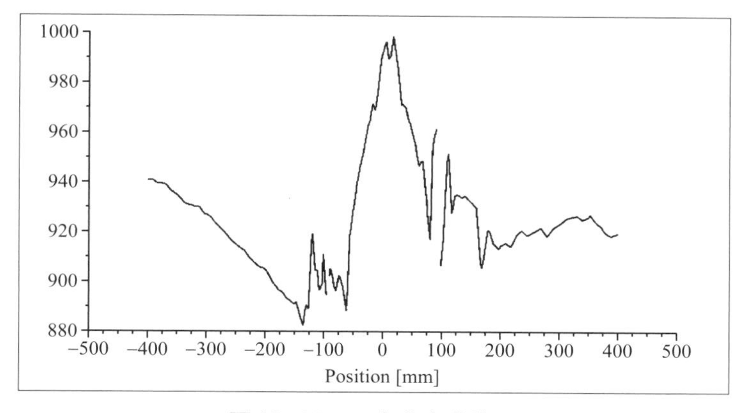

图10-16　压力分布曲线图

10.2　车辆交会的动态模拟

10.2.1　问题描述

近几年来，随着高速公路的建设，汽车的行驶速度也得到提升，在穿越狭窄隧道时，两车交会时会产生较大压力波，对行车安全产生影响，本例研究外形如图10-17所示的汽车模型，车长3.87 m，车高1.435 m，车宽1.66 m，地面离汽车底盘高度为0.124 m。本例中汽车截面取汽车俯视图最大轮廓线，车宽方向截面不变，不考虑轮胎（即下面悬空），两辆汽车相向在隧道交会，计算区域尺寸如图10-18所示，分析交会时汽车表面压力的变化，采用滑移网格计算，其计算区域几何模型如图10-19所示（为完整地显示整个计算区域，部分图形未按比例绘制）。

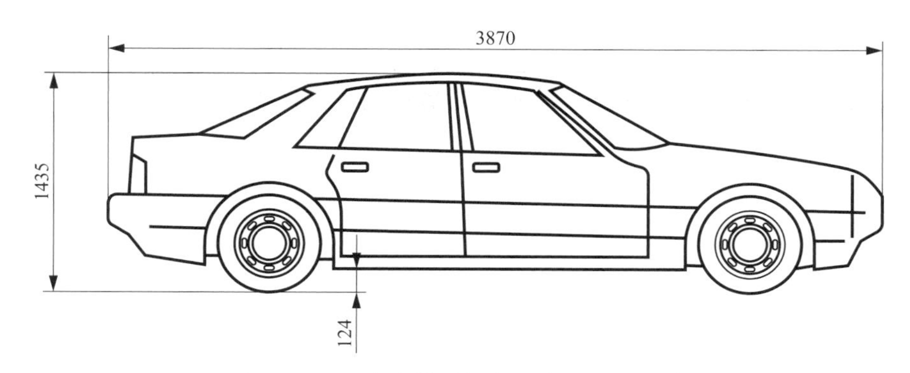

图10-17　汽车外形轮廓图（单位：mm）

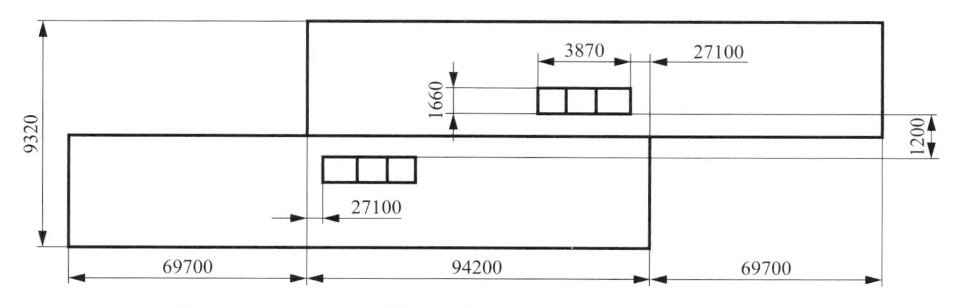

图10-18　汽车在隧道交会的计算区域尺寸（单位：mm）

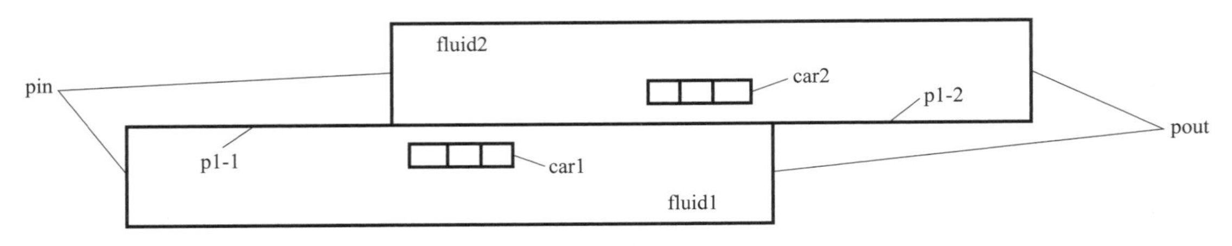

图10-19　计算区域几何模型

10.2.2　具体分析

1. 读入汽车外流场网格文件

操作：选择File → Read → Mesh命令。

读入car.msh文件（配套资源ch10文件夹 → car文件夹中的car.msh文件），并检查网格（选择General → Mesh → Check命令），注意最小体积要大于零。

2. 确定长度单位

操作：选择Setup → General → Mesh → Scale命令。

打开Scale Mesh（标定网格）控制面板，在View Length Unit In栏中选择m，单击Close按钮，完成单位转换。

3. 显示网格

操作：选择Setup → General → Mesh → Display命令。

打开Mesh Display（网格显示）控制面板，在Options栏中勾选Edges复选框与Faces复选框，在Surfaces栏中选择所有的表面，单击Display按钮，显示模型网格，如图10-20所示。

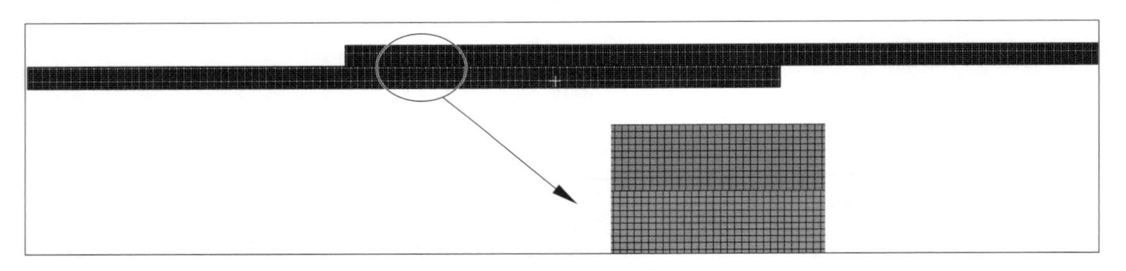

图10-20　模型网格

4. 设置求解器

操作：选择Setup → General → Solver命令。

打开Solver（求解器）命令详细信息区，因为分析汽车运动属于瞬态计算，选中Time栏中的Transient单选项。

5. 设置湍流模型

操作：选择Setup → Models → Viscous命令。

打开Viscous Model（黏度模型）控制面板，选择k-epsilon模型。

6.设置材料

因属于空气动力学的计算，计算介质是空气，故保持默认设置。

7.设置流体域

操作：选择Setup → Cell Zone Conditions命令。

打开Cell Zone Conditions（区域条件）命令详细信息区，双击fluid1，打开Fluid（流体）控制面板，勾选Mesh Motion复选框，在Translational Velocity下的X栏中输入40，表示平移速度沿*X*正方向且大小为40 m/s，单击Apply按钮保存，单击Close按钮退出控制面板。

双击fluid2，打开Fluid（流体）控制面板，勾选Mesh Motion复选框，在Translational Velocity下的X栏中输入–40，表示平移速度沿*X*负方向且大小为40 m/s，单击Apply按钮保存，并单击Close按钮退出控制面板。

8.设置边界条件

操作：选择Setup → Boundary Conditions命令。

打开Boundary Conditions（边界条件）命令详细信息区，选择pin-fluid1，在Type栏中选择pressure inlet，打开Pressure Inlet（压力进口）控制面板，在Specification Method栏中选择K and Epsilon，单击Apply按钮。

在Boundary Conditions（边界条件）命令详细信息区中选择pin-fluid2，在Type栏中选择pressure inlet，打开Pressure Inlet（压力进口）控制面板，在Specification Method栏中选择K and Epsilon，单击Apply按钮。

在Boundary Conditions（边界条件）命令详细信息区中选择pout-fluid1，在Type栏中选择pressure outlet，打开Pressure Outlet（压力出口）控制面板，在Specification Method栏中选择K and Epsilon，单击Apply按钮。

在Boundary Conditions（边界条件）命令详细信息区中选择pout-fluid2，在Type栏中选择pressure outlet，打开Pressure Outlet（压力出口）控制面板，在Specification Method栏中选择K and Epsilon，单击Apply按钮。

9.设置滑移面交界面

操作：选择Setup → Mesh Interfaces命令。

打开Mesh Interfaces（网格接触面）控制面板，单击Manual Create按钮，打开Create/Edit Mesh Interfaces（创建/编辑网格接触面组）控制面板，在Mesh Interface栏中输入界面名p1，在Interface Zones Side 1栏中选择p1-1，在Interface Zones Side 2栏中选择p1-2，单击Create/Edit按钮，在Mesh Interface下面的框中会出现p1滑移面。

10.求解设置

操作：选择Solution → Methods命令。

打开Solution Methods（求解方法）命令详细信息区，在Scheme栏中选择SIMPLE。

11.流场初始化

操作：选择Solution → Initialization命令。

打开Solution Initialization（流场初始化）命令详细信息区，在Initialization Methods栏中选中Standard Initialization单选项，在Compute From栏中选择all-zones，单击Initialize按钮，

对所有计算区域进行统一初始化。

12. 动画设置

操作：选择Solution → Calculation Activities → Solution Animations命令。

打开Animation Definition（动画设置）控制面板，在Name栏中输入Pressure和Static Pressure，单击New Object按钮，在弹出的下拉列表中选择Contours，打开Contours（等值线）控制面板，在Contours of栏中选择Pressure和Static Pressure，在Surfaces栏中选择car1和car2，单击Save/Display按钮，图形窗口出现两车表面的压力分布。

单击Close按钮关闭Contours（等值线）控制面板，在Record after every栏中输入5，在Storage Type中选择In Memory，在Animation Object栏中选择刚创建的压力云图，单击Use Active按钮，激活动画，单击OK按钮关闭Animation Definition（动画设置）控制面板。

13. 运行计算

操作：选择Solution → Calculation Activities → Autosave命令。

打开Autosave（自动保存）控制面板，在Save Data File Every栏中输入100，表示100步后自动保存一次Case和Data文件，单击OK关闭该控制面板。

操作：选择Solution → Calculation Activities → Run Calculation命令。

打开Run Calculation（运行计算）命令详细信息区，在Time Step Size栏中输入0.0002，在Number of Time Steps栏中输入2600，在Max Iterations/Time Step栏中输入100，单击Calculate按钮，开始运行计算。

14. 结果后处理

（1）显示云图

操作：选择Results → Graphics → Contours命令。

打开Contours（等值线）控制面板，在Contours of栏中选择Pressure和Static Pressure，在Surfaces栏中选择car1和car2，单击Save/Display按钮，显示图10-21所示的压力云图。

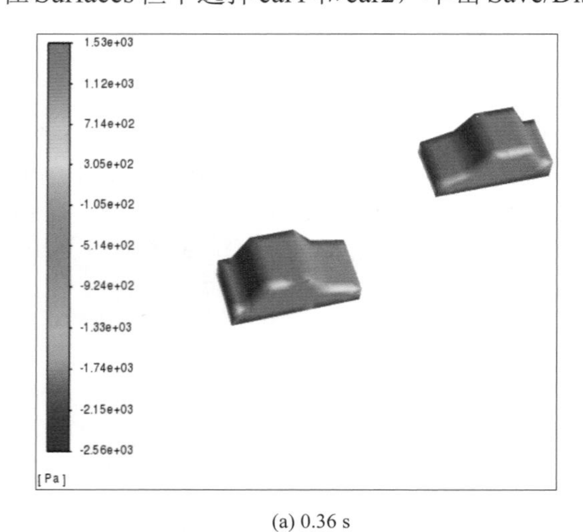

(a) 0.36 s

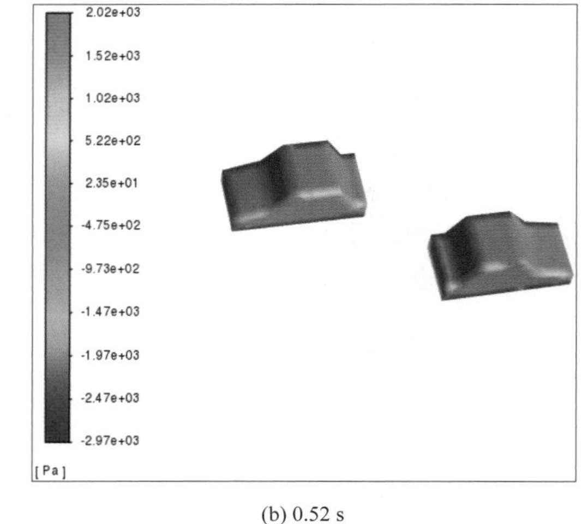

(b) 0.52 s

图10-21　压力云图

打开Contours（等值线）控制面板，在Contours of栏中选择Velocity和Velocity Magnitude，在Surfaces栏中选择car1和car2，单击Save/Display按钮，显示图10-22所示的速度云图。

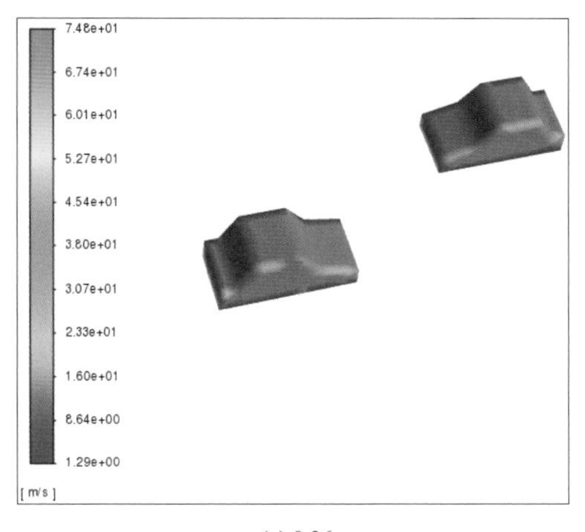

(a) 0.36 s

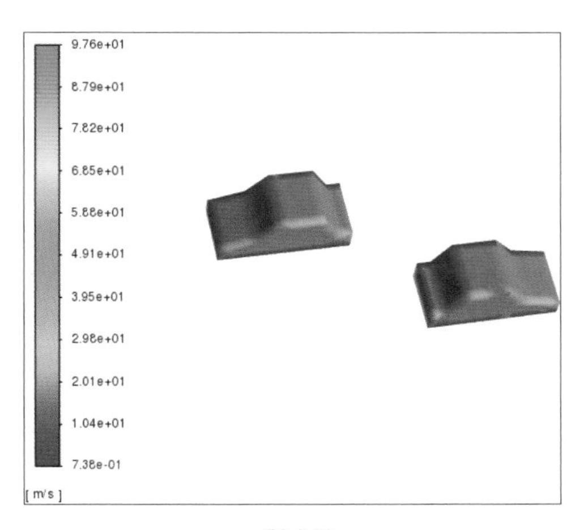

(b) 0.52 s

图10-22　速度云图

（2）显示矢量图

操作：选择Results → Graphics → Vectors命令。

打开Vectors（速度矢量）控制面板，在Style栏中选择arrow，在Scale栏中输入1，在Skip栏中输入0，在Surfaces栏中选择car1和car2，单击Save/Display按钮，显示图10-23所示的速度矢量图。

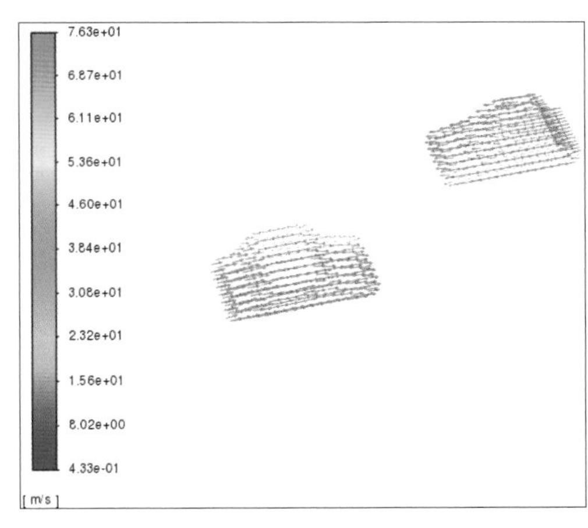

(a) 0.36 s

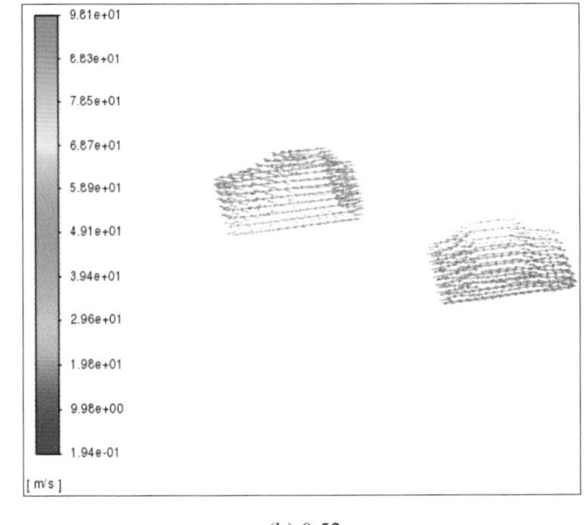

(b) 0.52 s

图10-23　速度矢量图

（3）显示迹线图

操作：选择Results → Graphics → Pathlines命令。

打开Pathlines（迹线）控制面板，在Step栏中输入2000，在Skip栏中输入20，在Release From Surfaces栏中选择car1和car2，单击Save/Display按钮，显示图10-24所示的迹线图。

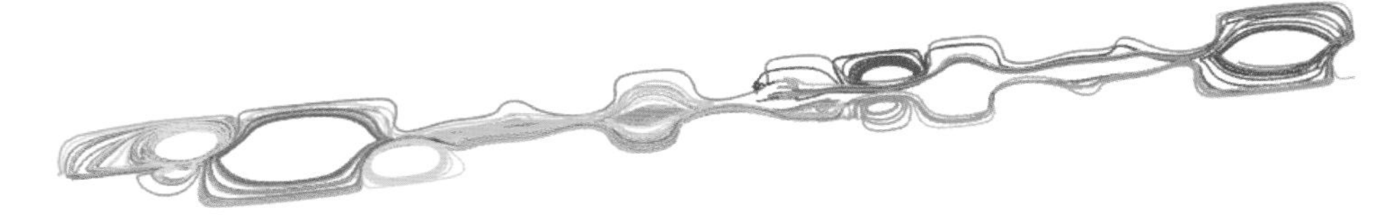

图10-24　迹线图

（4）显示XY曲线图

操作：选择Domain → Surface → Create → Line/Rake命令。

打开Line/Rake Surface（直线/耙面）控制面板。输入x0=24670、x1=20800、y0=1312、y1=1312、z0= 830、z1=830，单击Create按钮，创建名为line-car1的线段。同样输入x0=19200、x1=15330、y0=1312、y1=1312、z0=–1430、z1=–1430，单击Create按钮，创建名为line-car2的线段。

操作：选择Results → Plots → XY Plot命令。

打开Solution XY Plot（XY曲线设置）控制面板，在Y Axis Function栏中选择Pressure和Static Pressure，在Surfaces栏中选择line-car1，单击Save/Plot按钮，显示图10-25（a）所示的直线line-car1上的压力分布曲线图；在Y Axis Function栏中选择Pressure和Static Pressure，在Surfaces栏中选择line-car2，单击Save/Plot按钮，显示图10-25（b）所示的直线line-car2上的压力分布曲线图［图（a）与图（b）中横坐标代表位置，单位为mm；纵坐标代表静态压力，单位为Pa］。

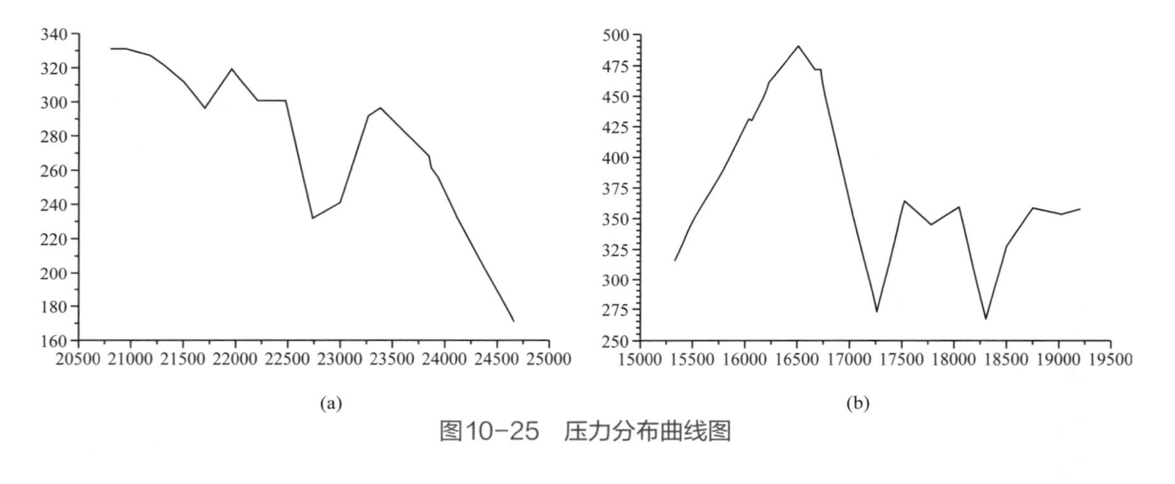

图10-25　压力分布曲线图

10.3　本章小结

本章主要内容如下。

1）通过转笼反应器的内部流场计算和车辆交会的动态模拟两个实例演示了Fluent滑移网格的基本操作流程。

2）分析了Fluent滑移网格计算中应注意的事项。

10.4　练习题

习题1. 离心泵具有结构简单、体积小、流量稳定、易于制造及便于维护等一系列优点，在化工生产过程中被广泛采用，是必不可少的流体输送设备。离心泵工作时，叶轮由电机等原动机驱动做高速旋转运动，迫使叶片间的液体做接近等角速度旋转运动，使液体由叶轮中心向外缘做径向运动。某离心泵结构如图10-26所示，速度入口的流体速度大小为0.3 m/s，压力出口表压为20000 Pa，本例叶轮绕着*Y*轴旋转，旋转速度为1800 r/min。试模拟离心泵工作，并绘制相应的速度云图和压力云图（网格模型为配套资源ch10文件夹 → centrifugalpump文件夹中的centrifugal-pump.msh文件）。

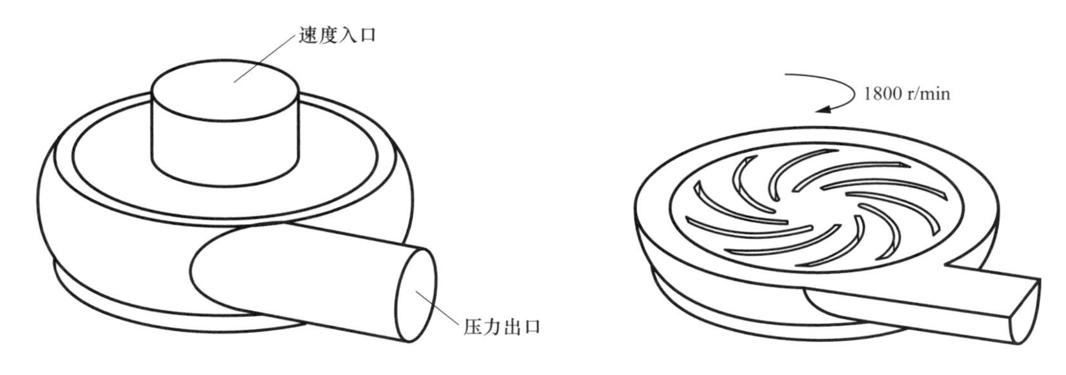

图10-26 离心泵结构

习题2. 阀门是控制流体介质的流量、流向、压力、温度等的机械装置，是管道系统中基本的部件，在工业领域和生活领域中都有非常广泛的运用。图10-27所示为阀门二维几何模型，pipe为管道，value为阀门，水流速度入口处的速度大小为2 m/s，入射口直径为0.21 m，压力出口回流直径为0.21 m。本例阀门旋转速度为5 rad/s，试使用滑移网格将阀门关闭，并绘制相应的速度云图和压力云图（网格模型为数字资源ch10 → value文件夹中的value.msh文件）。

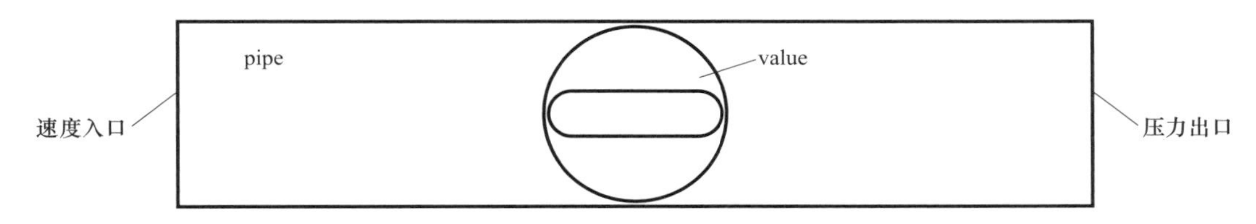

图10-27 阀门二维几何模型

第11章
流固耦合分析

11.1　河水冲击闸板的分析

11.1.1　问题描述

在桥梁、港口等工程建筑中，墩柱结构和水坝是常用的建筑形式之一。在受到水流突然冲击时，它们的整体结构会产生一定的形变，为此，常需要通过物理模型实验和数值模拟来了解这种影响。数值模拟中将结构体与流体耦合起来考虑，需要利用流固耦合分析。本例采用数值模拟的方法，探究河水冲击闸门时，水流使闸门变形和闸门在形变过程中对水流运动的相关影响，本例属于双向流固耦合问题。

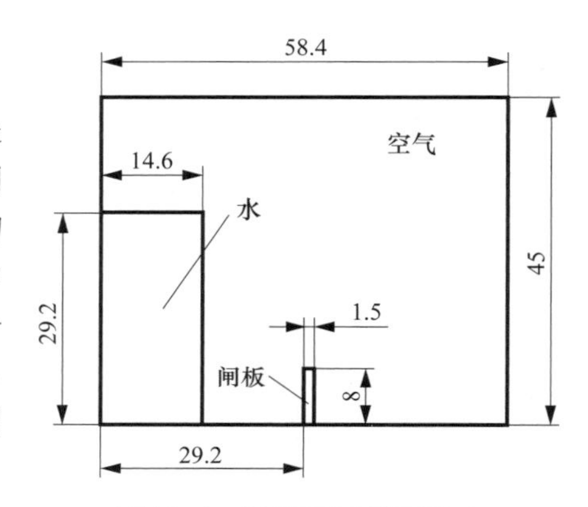

图11-1　计算区域截面尺寸（单位：mm）

为节省计算机的计算时间，本例将仿真区域缩小，缩小后的某河道中水流和闸门的相对位置和尺寸如图11-1所示。

进水密度为998.2 kg/m^3，动力黏度为1.003×10^{-3} Pa·s；本例由于流域体积所限，所示闸板材质为橡胶，密度为1000 kg/m^3，杨氏模量为1 MPa，泊松比为0.4。

11.1.2　具体分析

1.Workbench设置

1）操作：启动ANSYS Workbench 2021 R1，选择Toolbox → Analysis Systems → Fluid Flow（Fluent）命令，双击生成Fluid Flow（Fluent）模块；选择Toolbox → Analysis Systems → Transient Structural命令，双击生成Transient Structural模块；选择Toolbox → Component Systems → System Coupling命令，双击生成System Coupling模块。

2）操作：将Fluid Flow（Fluent）模块下的Geometry（A2）拖至Transient Structural模块下的Geometry（B3）上；将Fluid Flow（Fluent）模块下的Setup（A4）拖至System Coupling模块下的Setup（C2）上；将Transient Structural模块下的Setup（B5）拖至System Coupling模块下的Setup（C2）上，如图11-2所示。

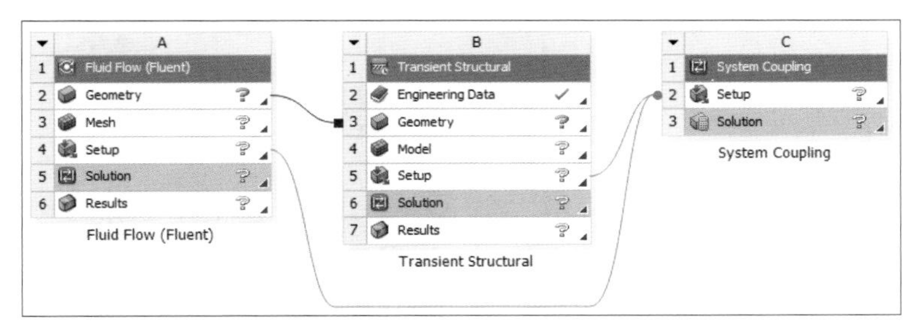

图11-2　双向耦合界面

2.Fluent设置

（1）读入几何文件

操作：选择Fluid Flow（Fluent）模块中的Geometry（A2）后右击，在弹出的快捷菜单中选择Import Geometry → Browse → dam.agdb命令（配套资源ch11文件夹 → dam文件夹中的dam.agdb文件）。

（2）划分网格

操作：选择Fluid Flow（Fluent）模块中的Mesh（A3），双击进入Mesh模块。

选择Model → Geometry → Solid命令，右击，在弹出的快捷菜单中选择Suppress Body命令。（注：流场分析中不需要划分闸板网格。）选择Model → Mesh命令，右击，在弹出的快捷菜单中选择Insert → Sizing命令，设定网格大小为0.5 mm，单击Generate按钮生成网格。

在Mesh模块中单击面选择工具。选择左右两面，并命名为wall；选择顶部的面，并命名为outlet；选择主视角前面，并命名为side1；选择主视角后面，并命名为side2；选择与闸板接触的3个面，并命名为fs。

选择Model → Mesh命令，右击，在弹出的快捷菜单中选择Update命令。

（3）进入Fluent

操作：选择Fluid Flow（Fluent）模块中的Setup（A4），双击进入Fluent模块。

（4）确定长度单位

操作：选择Setup → General → Mesh → Scale命令。

打开Scale Mesh（标定网格）控制面板，在View Length Unit In栏中选择mm，单击Close按钮，完成单位转换。

（5）显示网格

操作：选择Setup → General → Mesh → Display命令。

打开Mesh Display（网格显示）控制面板，在Options栏中勾选Edges复选框与Faces复选框，在Surfaces栏中选择所有的表面，单击Display按钮，显示模型网格，如图11-3所示。

（6）设置重力

操作：选择Setup → General → Gravity命令。

打开Gravity（重力）命令详细信息区，设置Y方向的重力加速度为–9.81 m/s^2。

（7）设置求解器

操作：选择Setup → General → Solver命令。

打开Solver（求解器）命令详细信息区，因为分析水流冲击闸板属于瞬态计算，故选中Time栏中的Transient单选项。

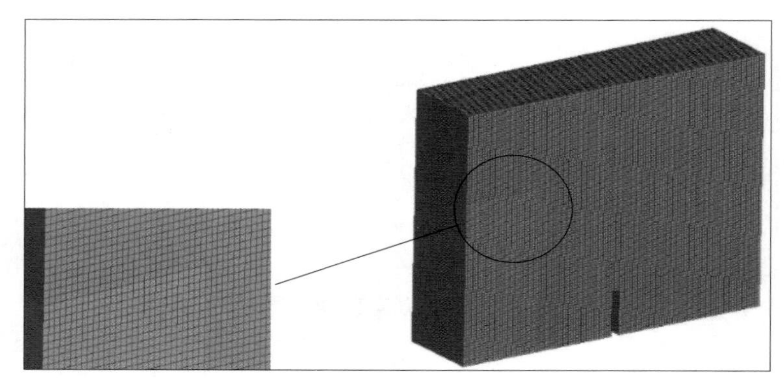

图11-3　模型网格

（8）设置材料

操作：选择Setup → Materials → Fluid → air命令。

打开Create/Edit Materials（创建/编辑材料）控制面板，单击Fluent Database按钮导入water-liquid材料，如图11-4所示。

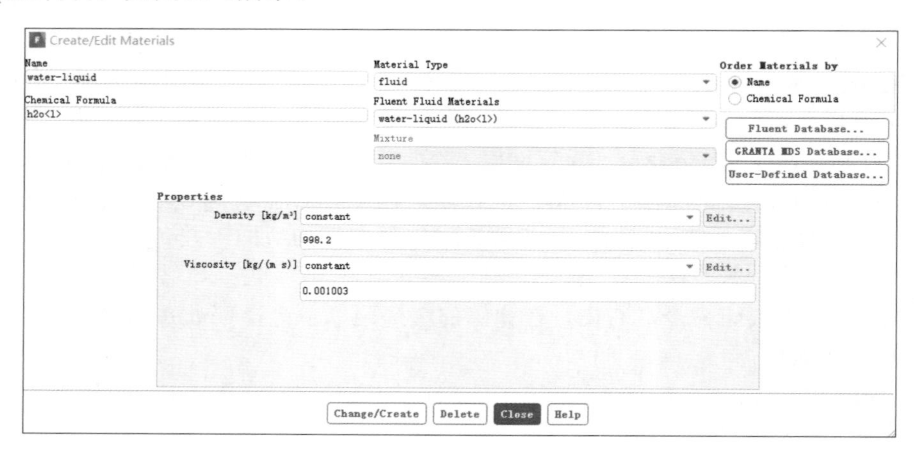

图11-4　液态水的创建

（9）设置多相流

操作：选择Setup → Models → Multiphase命令。

1）打开Multiphase Model（多相流模型）控制面板，选中Volume of Fluid单选项，设置Number of Phases为2，单击Apply按钮。

2）选择Phases选项卡，将phases-1的Name改为air，在Phase Material栏中选择air；将phases-2的Name改为water，在Phase Material栏中选择water-liquid，单击Apply按钮。

（10）设置湍流模型

操作：选择Setup → Models → Viscous命令。

打开Viscous Model（黏度模型）控制面板，选择k-epsilon模型。

（11）设置边界条件

操作：选择Setup → Boundary Conditions命令。

打开Boundary Conditions（边界条件）命令详细信息区，选择outlet，在Type栏中选择pressure outlet，打开Pressure Outlet（压力出口）控制面板，保持默认设置，单击Apply按钮。

（12）设置动网格

操作：选择Setup → Dynamic Mesh命令。

1）打开Dynamic Mesh（动态网格）命令详细信息区，勾选Smoothing、Layering和Remeshing复选框。单击Mesh Methods栏中的Settings按钮，打开Mesh Method Settings（网格方法设置）控制面板，在Smoothing选项卡的Method栏中选中Spring/Laplace/Boundary Layer单选项，单击Advanced按钮，打开Mesh Smoothing Parameters（网格光滑参数）控制面板，将Spring Constant Factor改为0.1，如图11-5所示，单击OK按钮关闭控制面板。选择Remeshing选项卡，勾选Sizing Function复选框，Parameters下方参数根据Mesh Scale Info（网格范围信息）控制面板中的内容填写，如图11-6所示。

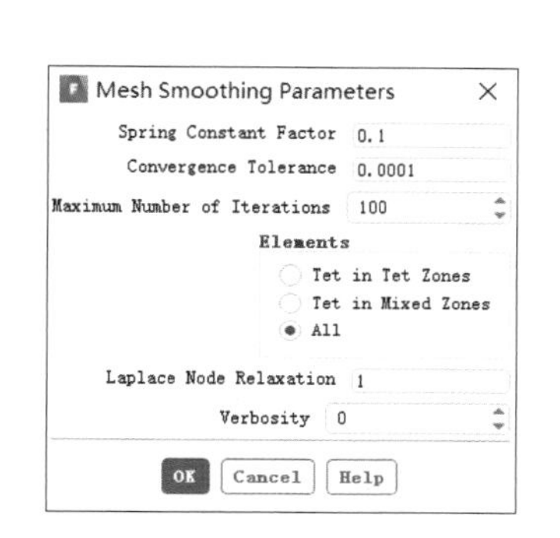

图11-5 Mesh Smoothing Parameters（网络光滑参数）控制面板

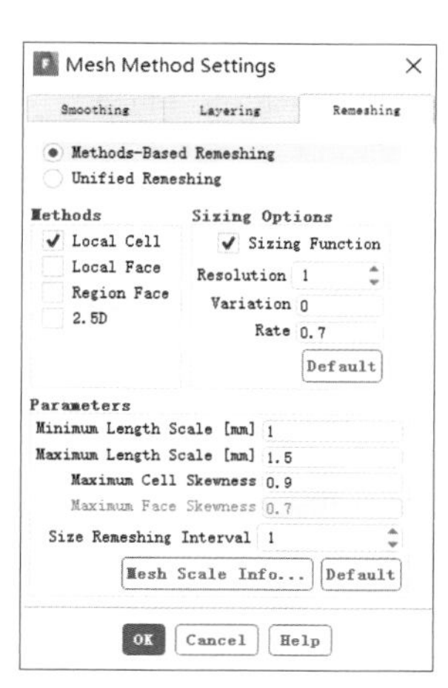

图11-6 Remeshing选项卡

2）单击Dynamic Mesh Zones栏下面的Create/Edit按钮，打开Dynamic Mesh Zones（动网格区域）控制面板，在Zone Names栏中选择fs，在Type栏中选中System Coupling单选项，在Meshing Options选项卡下的Cell Height栏中输入0.5，单击Create按钮创建名为fs 的耦合面，如图11-7所示；在Zone Names栏中选择side1-fluid-air，在Type栏中选中Deforming单选项，取消勾选Global Setting复选框，参数根据Zone Scale Info填写，如图11-8所示，单击Close按钮关闭Dynamic Mesh Zones（动网格区域）控制面板（变形域side2-fluid-air的创建同理）。

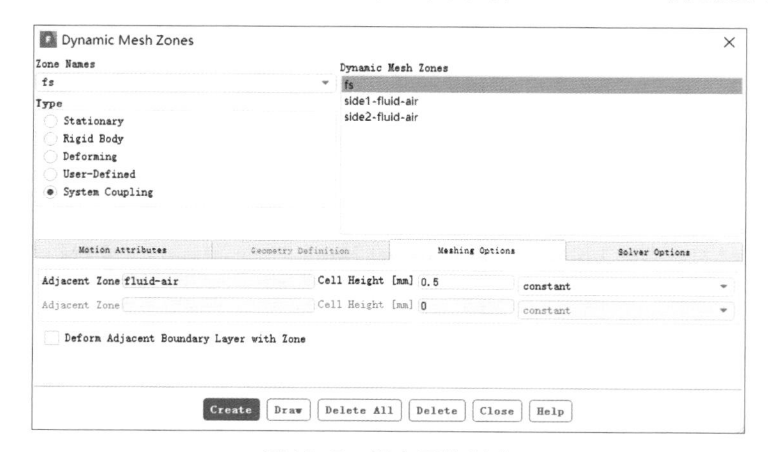

图11-7 耦合面的创建

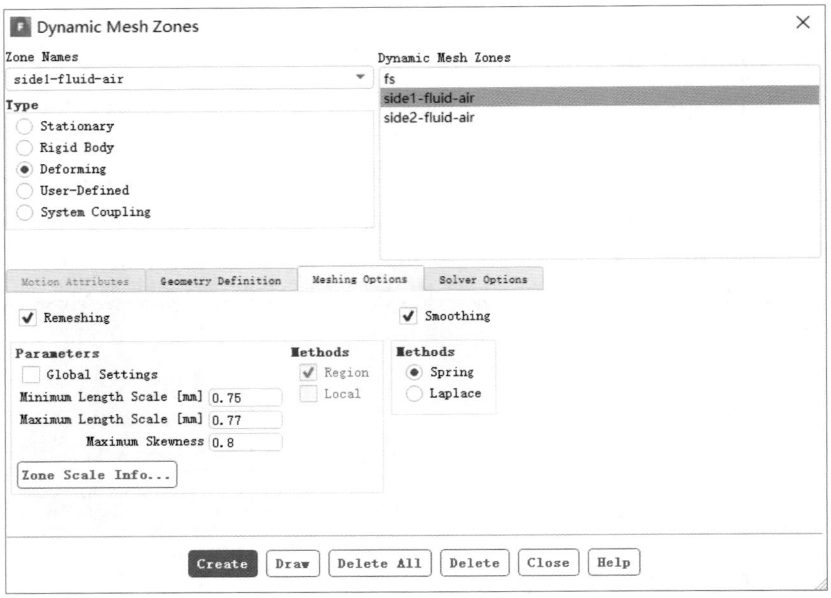

Dynamic Mesh Zones
Zone Names: side1-fluid-air
Type: Stationary / Rigid Body / Deforming / User-Defined / System Coupling
Dynamic Mesh Zones: fs, side1-fluid-air, side2-fluid-air
Motion Attributes | Geometry Definition | Meshing Options | Solver Options
Remeshing　Smoothing
Parameters: Global Settings; Minimum Length Scale [mm] 0.75; Maximum Length Scale [mm] 0.77; Maximum Skewness 0.8; Zone Scale Info...
Methods: Region, Local
Methods: Spring, Laplace
Create | Draw | Delete All | Delete | Close | Help

图11-8　变形域的创建

（13）求解设置

操作：选择Solution → Methods命令。

打开Solution Methods（求解方法）命令详细信息区，在Scheme栏中选择PISO，在Spatial Discretization栏中，将Volume Fraction设为CICSAM。

操作：选择Solution → Controls命令。

打开Solution Controls（求解控制）命令详细信息区，本例因为激活了体积分数模型，计算时最好降低松弛因子，具体设置如图11-9所示。

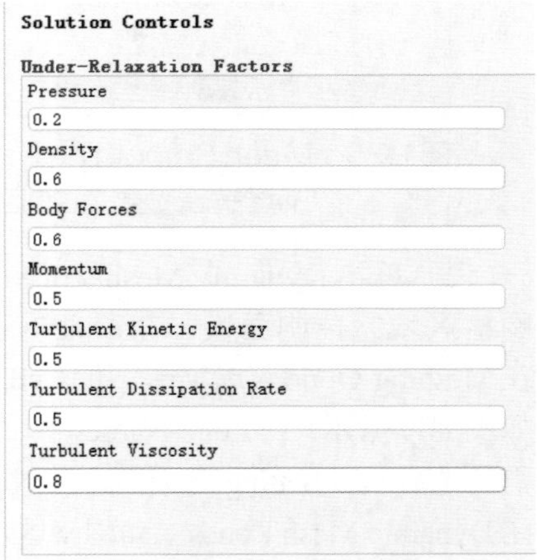

Solution Controls
Under-Relaxation Factors
Pressure 0.2
Density 0.6
Body Forces 0.6
Momentum 0.5
Turbulent Kinetic Energy 0.5
Turbulent Dissipation Rate 0.5
Turbulent Viscosity 0.8

图11-9　Solution Controls（求解控制）命令详细信息区参数设置

（14）流场初始化

操作：选择Solution → Initialization命令。

打开Solution Initialization（流场初始化）命令详细信息区，在Initialization Methods栏中选中Standard Initialization单选项，在Compute From栏中选择all-zones，单击Initialize按钮，对所有计算区域进行统一初始化。

操作：选择Solution → Initialization → Patch命令。

打开Patch（局部）控制面板，在Zones to Patch栏中选择fluid-water，在Phase栏中选择water，在Variable栏中选择Volume Fraction，在Value栏中输入1，单击Patch按钮，为该区域预充填水。

（15）运行计算

操作：选择Solution → Calculation Activities → Autosave命令。

打开Autosave（自动保存）控制面板，在Save Data File Every栏中输入10，表示每10步自动保存一次Case和Data文件，单击OK按钮关闭该控制面板。

操作：选择Solution → Calculation Activities → Run Calculation命令。

打开Run Calculation（运行计算）命令详细信息区，在Time Step Size栏中填入1，在Number of Time Steps栏中输入1，在Max Iterations/Time Step栏中输入80。（注：Fluent计算步数和时间步长通过后面System Coupling设置，这里需要保证这两个参数都不为0。）

（16）保存退出

操作：选择File → Close Fluent命令。

至此，流场分析部分设置完成，此时，Fluent的Setup单元（A4）呈现“需要更新”状态⚡，右击Setup单元，在弹出的快捷菜单栏中选择Update命令，更新完毕后，Setup单元呈现“设置完毕”状态✓。

3.Transient Structural设置

（1）创建材料

操作：双击Transient Structural模块中的Engineering Data单元。

1）打开Engineering Data（工程数据）控制面板，选择A3中的Structural Steel后右击，在弹出的快捷菜单中选择Delete命令删除原有的材料。在A3栏中输入rubber，创建名为rubber的材料。选择Physical Properties中的Density，将其拖至A3 rubber材料中，同样将Linear Elastic中的Isotropic Elasticity拖至A3 rubber材料中。

2）在下方Properties of Outline Row 3：rubber下的Density对应栏（B3）输入1000，在Young’s Modulus对应栏（B6）输入1E+06，在Poisson’s Ratio对应栏（B7）输入0.4，如图11-10所示。

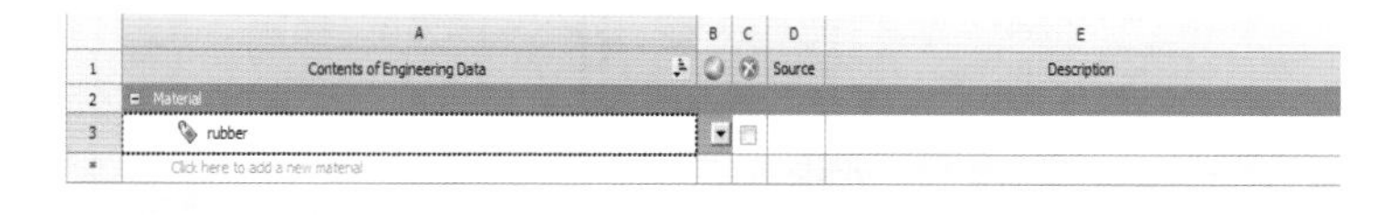

	A	B	C	D	E
1	Contents of Engineering Data			Source	Description
2	Material				
3	rubber				
*	Click here to add a new material				

Properties of Outline Row 3: rubber

	A	B	C	D	E
1	Property	Value	Unit		
2	Material Field Variables	Table			
3	Density	1000	kg m^-3		
4	Isotropic Elasticity				
5	Derive from	Young's Modulus and Poisson...			
6	Young's Modulus	1E+06	Pa		
7	Poisson's Ratio	0.4			
8	Bulk Modulus	1.6667E+06	Pa		
9	Shear Modulus	3.5714E+05	Pa		

图11-10 Engineering Data参数设置

（2）划分结构网格

操作：双击Transient Structural模块中的Model单元。

进入Transient Structural-Mechanical，选择Project Model → Geometry命令，可以看到名为fluid和rubber的模型。右击fluid，在弹出的快捷菜单中选择Suppress Body命令。

选择Mesh命令后右击，在弹出的快捷菜单中选择Insert → Sizing命令，在Element Size栏中输入0.5，Mesh模块根据几何形状自动生成六面体网格，生成的网格如图11-11所示。

（3）基本设置

操作：选择Project → Model → Transient → Analysis Settings命令。

打开Analysis Settings（分析设置）详细信息区，在Step End Time栏中输入0.18 s，在Auto Time Stepping栏中选择Off，在Denfine By栏中选择Substeps，在Number of Substeps栏中输入1，如图11-12所示。

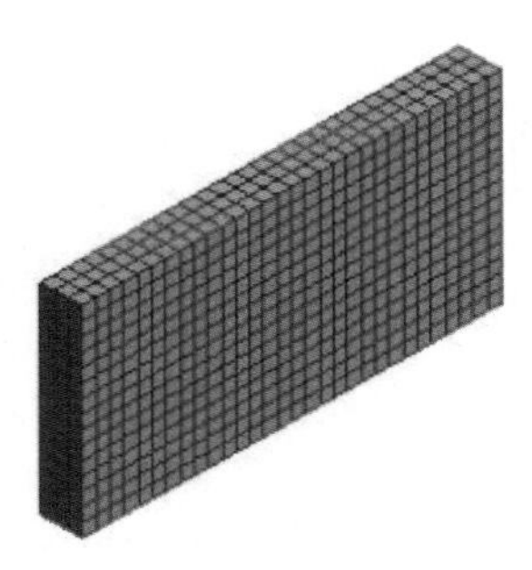

图11-11　闸板模型网格

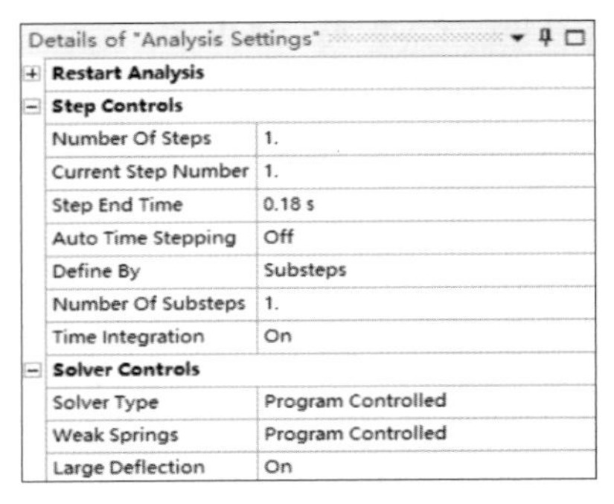

Details of "Analysis Settings"

Restart Analysis	
Step Controls	
Number Of Steps	1.
Current Step Number	1.
Step End Time	0.18 s
Auto Time Stepping	Off
Define By	Substeps
Number Of Substeps	1.
Time Integration	On
Solver Controls	
Solver Type	Program Controlled
Weak Springs	Program Controlled
Large Deflection	On

图11-12　时间设置

（4）设置流固耦合面

操作：选择Project → Model → Transient命令，右击，在弹出的快捷菜单中选择Insert → Fluid Solid Interface命令。

打开Fluid Solid Interface（流固耦合面）命令详细信息区，在Geometry中通过单击面选择工具，按住Ctrl键，依次选择与流场相接触的3个面，如图11-13所示。

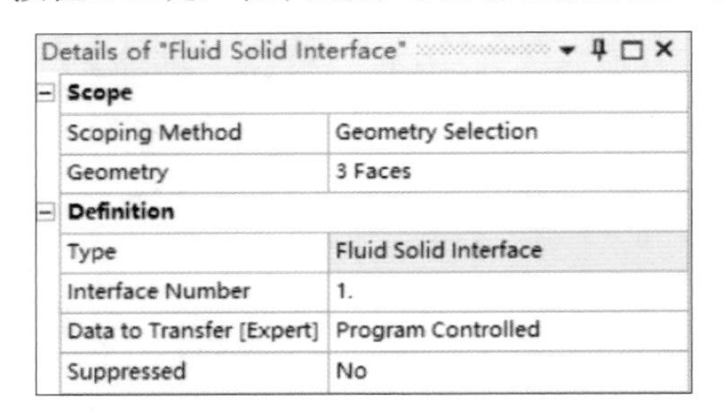

Details of "Fluid Solid Interface"

Scope	
Scoping Method	Geometry Selection
Geometry	3 Faces
Definition	
Type	Fluid Solid Interface
Interface Number	1.
Data to Transfer [Expert]	Program Controlled
Suppressed	No

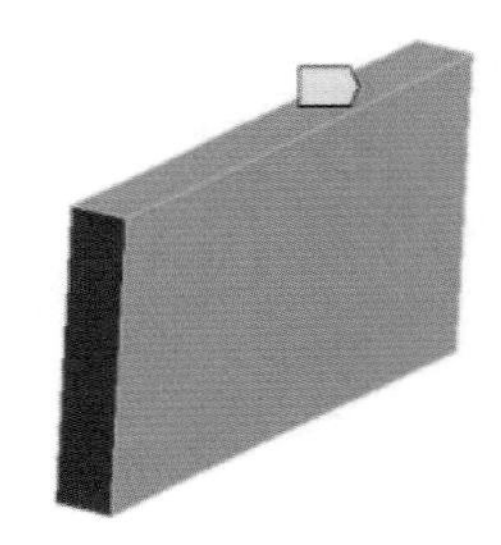

图11-13　流固耦合面设置

（5）设置约束

操作：选择Project → Model → Transient命令，右击，在弹出的快捷菜单中选择Insert → Fixed Support命令。

打开Fixed Support（固定支座）命令详细信息区，在Geometry中通过单击面选择工具，选择闸板与地面接触的面，如图11-14所示。

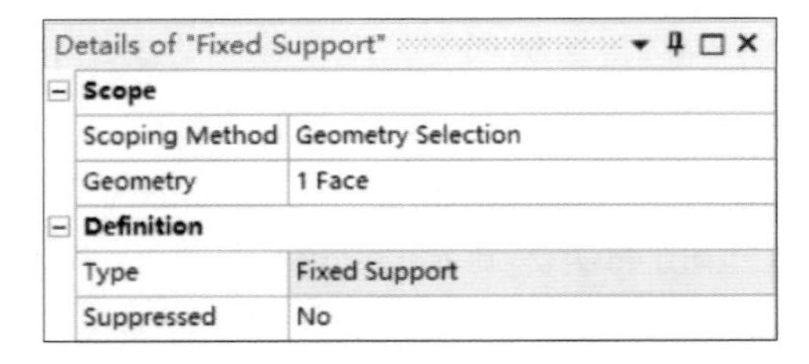

Details of "Fixed Support"

Scope	
Scoping Method	Geometry Selection
Geometry	1 Face
Definition	
Type	Fixed Support
Suppressed	No

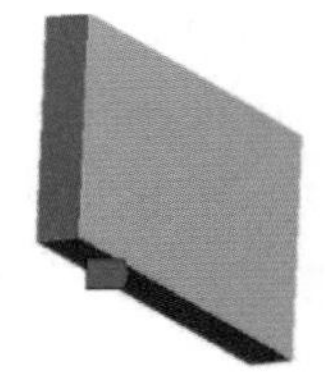

图11-14　约束设置

（6）设置求解参数

操作：选择Project → Model → Solution命令，如图11-15所示。

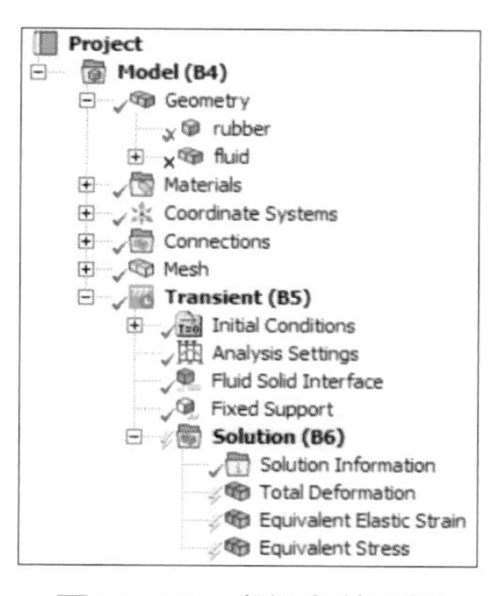

图11-15　求解参数设置

右击，在弹出的快捷菜单中选择Insert → Deformation → Total命令；右击，在弹出的快捷菜单中选择Insert → Strain → Equivalent（von-Mises）命令；右击，在弹出的快捷菜单中选择Insert → Stress → Equivalent（von-Mises）命令。

（7）保存退出

操作：选择File → Close Mechanical命令。

至此，结构分析的设置已经全部完成。此时，Transient Structural的Setup单元呈现“需要更新”状态⚡，右击Setup单元，在弹出的快捷菜单中选择Update命令，更新完毕后，结构分析模块呈现“设置完毕”状态。

4.System Coupling设置

（1）设置耦合时间

操作：双击System Coupling中的Setup，进入System Coupling模块，选择Setup → Analysis Settings命令。

打开Properties of Analysis Settings（分析属性设置）控制面板，在Duration Controls下的End Time栏中输入0.18，在Step Controls下的Step Size栏中输入0.0006，如图11-16所示。

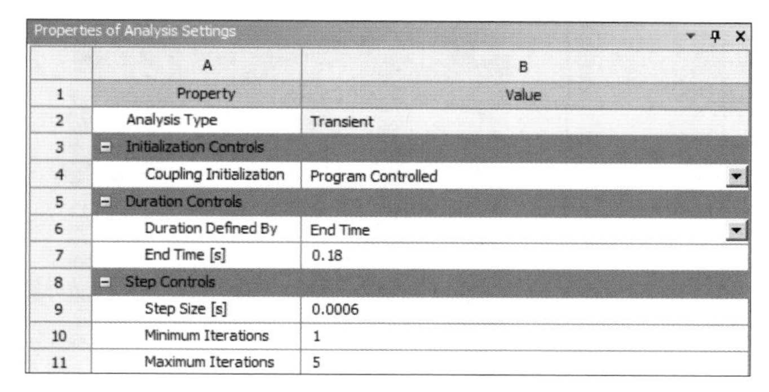

Properties of Analysis Settings

	A	B
1	Property	Value
2	Analysis Type	Transient
3	⊟ Initialization Controls	
4	Coupling Initialization	Program Controlled
5	⊟ Duration Controls	
6	Duration Defined By	End Time
7	End Time [s]	0.18
8	⊟ Step Controls	
9	Step Size [s]	0.0006
10	Minimum Iterations	1
11	Maximum Iterations	5

图11-16　耦合时间设置

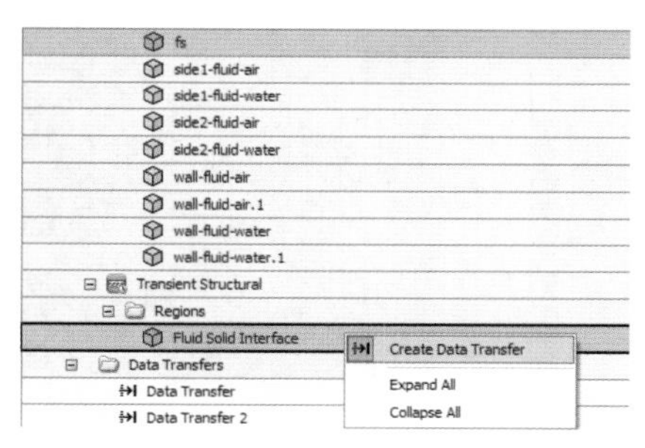

图11-17　耦合面设置

（2）设置耦合面

操作：按住Ctrl键，选择流体（fs）和固体（Fluid Solid Interface）的耦合面，右击，在弹出的快捷菜单中选择Create Data Transfer命令，创建流固耦合面，如图11-17所示。

（3）进行流固耦合计算

操作：单击工具栏中的Update工具进行耦合计算，计算迭代窗口中的耦合进度如图11-18所示。

5.结果后处理

（1）显示云图

操作：选择Fluid Flow（Fluent）模块下的Solution（A5），双击进入Fluent模块。

选择Domain → Surface → Create → Plane命令。

打开Plane Surface（平面面板）控制面板，在Method栏中选择XY Plane，在Z栏中输入7.5 mm，在Surfaces栏中输入1。单击Create按钮，创建名为plane-1（根据实际情况命名）的面。

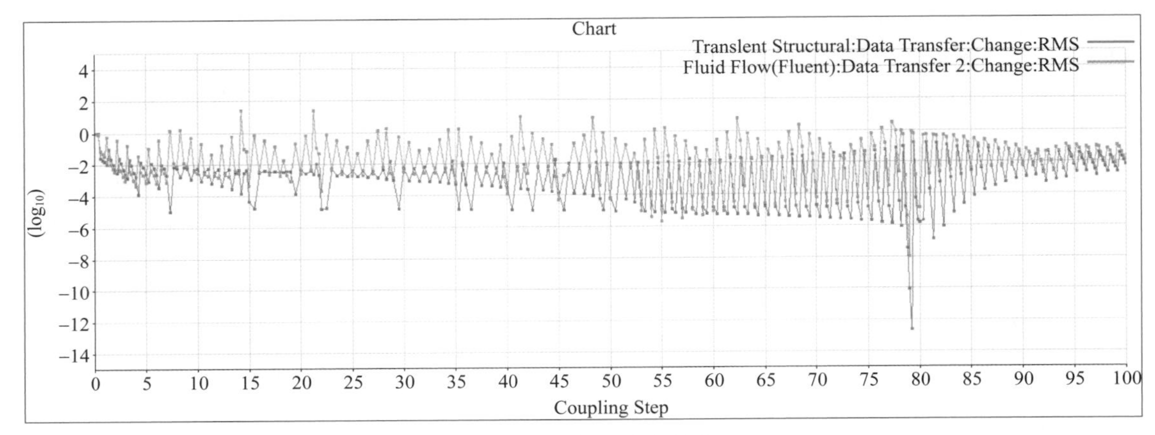

图11-18　耦合迭代进度

操作：选择Results → Graphics → Contours命令。

打开Contours（等值线）控制面板，在Contours of栏中选择Pressure和Static Pressure，在Phase栏中选择mixture，在Surfaces栏中选择plane-1，单击Save/Display按钮，显示图11-19所示的压力云图。

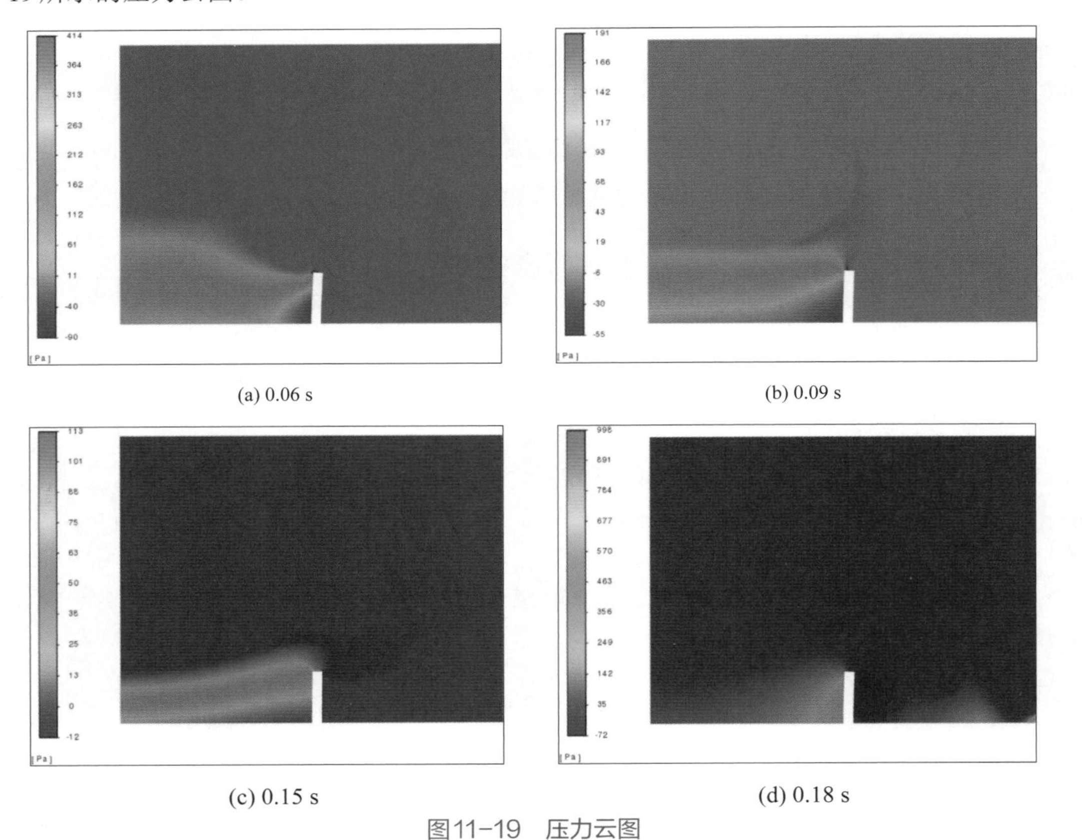

(a) 0.06 s　(b) 0.09 s

(c) 0.15 s　(d) 0.18 s

图11-19　压力云图

在Contours of栏中选择Phases，在Phase栏中选择air，在Surfaces栏中选择plane-1，单击Save/Display按钮，显示图11-20所示的相分布云图，实验结果如图11-21所示。

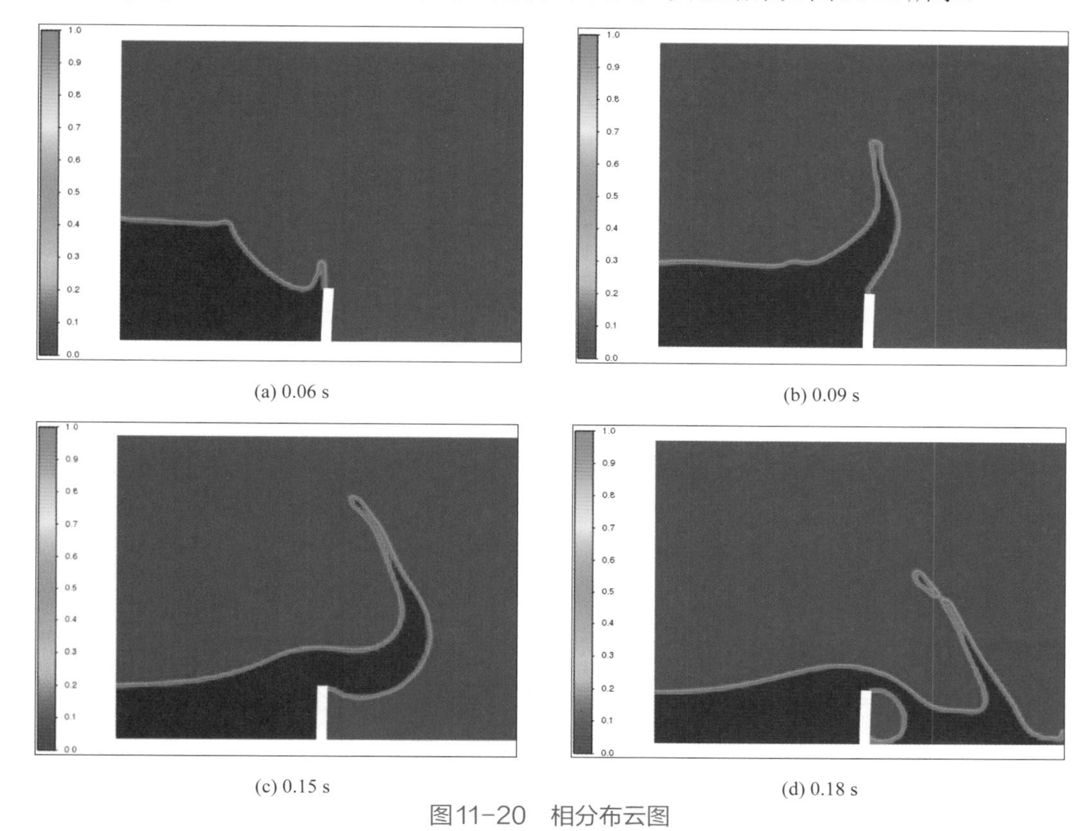

(a) 0.06 s (b) 0.09 s

(c) 0.15 s (d) 0.18 s

图11-20 相分布云图

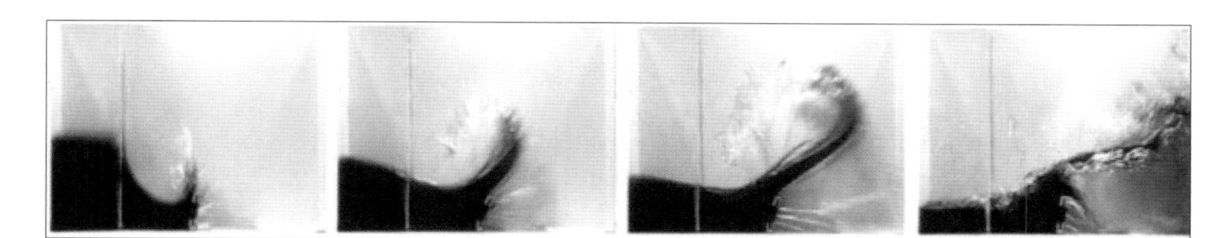

图11-21 实验结果

注：实验结果图来源于Baudille等的论文“Modelling FSI Problems in Fluent：A general purpose approach by means of UDF programming”。

（2）显示XY曲线图

操作：选择Domain → Surface → Create → Line/Rake命令。

打开Line/Rake Surface（直线/耙面）控制面板。输入x0=–29.2、x1=29.2、y0=y1=5、z0= z1=7，单击Create按钮，创建名为line-1（根据实际情况命名）的线段。

操作：选择Results → Plots → XY Plot命令。

打开Solution XY Plot（XY曲线设置）控制面板，在Y Axis Function栏中选择Pressure和Static Pressure，在Phase栏中选择mixture，在Surfaces栏中选择line-1，单击Save/Plot按钮，显示图11-22所示的计算区域直线line-1上的压力分布曲线图（图中横坐标代表位置，单位为mm；纵坐标代表静态压力，单位为Pa）。

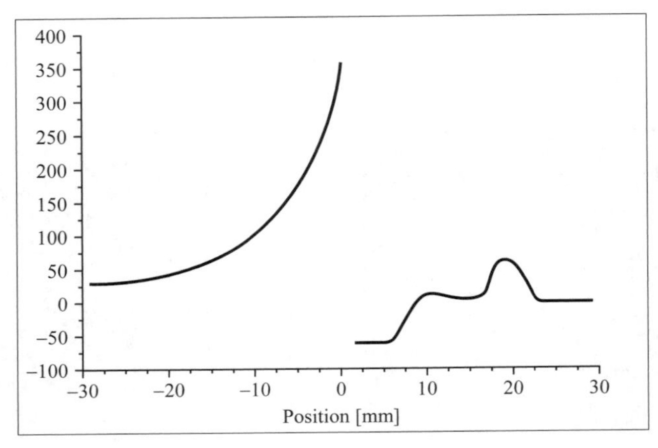

图11-22　计算区域直线line-1上的压力分布曲线

（3）闸板变形结果

操作：选择Transient Structural模块下的Solution（B6），双击进入Transient Structural模块。

选择Project → Model → Solution → Total Deformation命令，右击，在弹出的快捷菜单中选择Evaluate All Result命令，闸板总变形云图如图11-23所示。

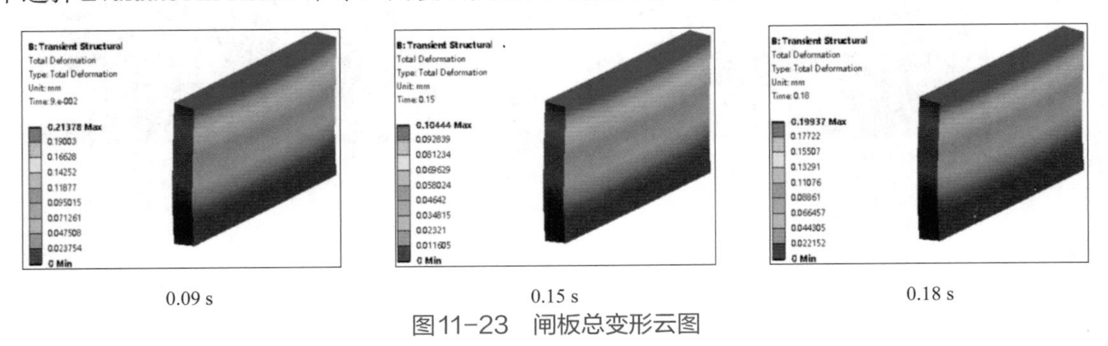

0.09 s　　0.15 s　　0.18 s

图11-23　闸板总变形云图

选择Project → Model → Solution → Equivalent Elastic Strain命令，右击，在弹出的快捷菜单中选择Evaluate All Result命令，闸板等效弹性应力云图如图11-24所示。

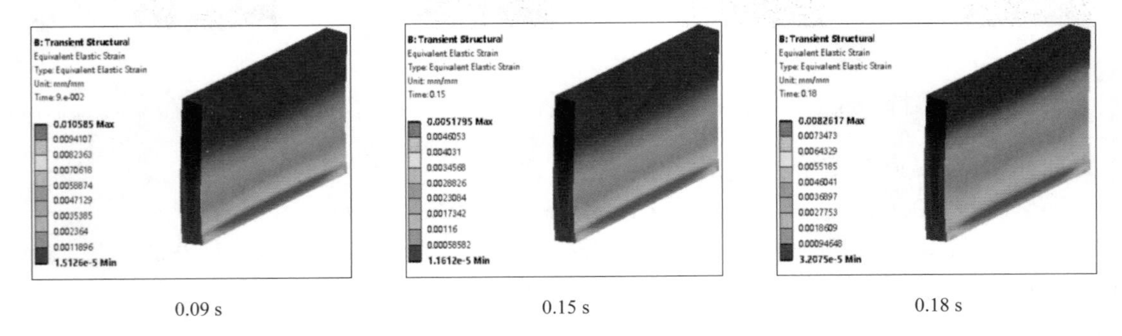

0.09 s　　0.15 s　　0.18 s

图11-24　闸板等效弹性应力云图

选择Project → Model → Solution → Equivalent Strain命令，右击，在弹出的快捷菜单中选择Evaluate All Result命令，闸板等效应力云图如图11-25所示。

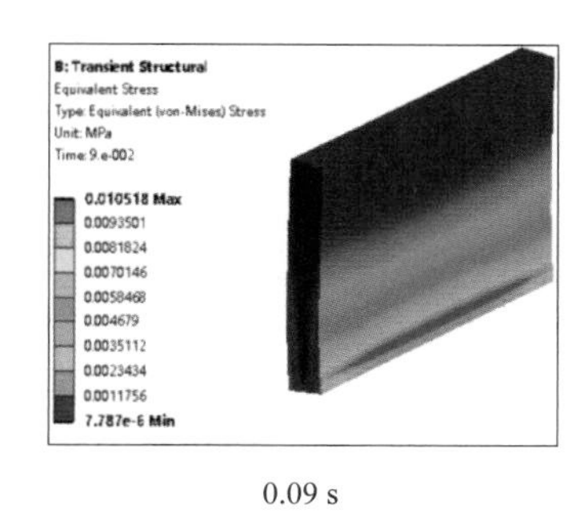

0.09 s

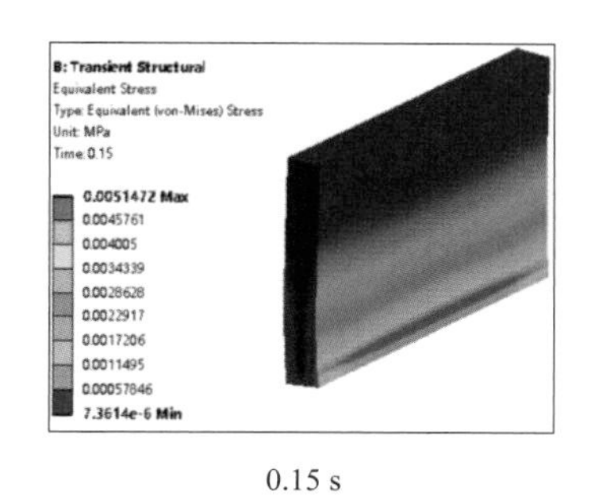

0.15 s

0.18 s

图11-25　闸板等效应力云图

11.2　主动脉血管瘤的分析

11.2.1　问题描述

主动脉病理性的扩张，超过正常血管直径的50%，称为主动脉瘤。大部分的主动脉瘤并不会破裂，且将伴随患者终身，然而其一旦破裂，就会严重危及生命。CFD技术用于对心血管系统的数值仿真分析，可以获得实验上难以测定的生理参数，例如在动脉弓中血流速度分布、壁面压力及壁面剪切力等。

在仿真过程中对主动脉建立相应模型，其几何尺寸如图11-26所示。

血液密度为1050 kg/m^3，动力黏度为0.0027 Pa·s，血管壁和主动脉瘤密度为1120 kg/m^3。血管壁杨氏模量为1.08 MPa，泊松比为0.49；主动脉瘤杨氏模量为4.5 MPa，泊松比为0.45。

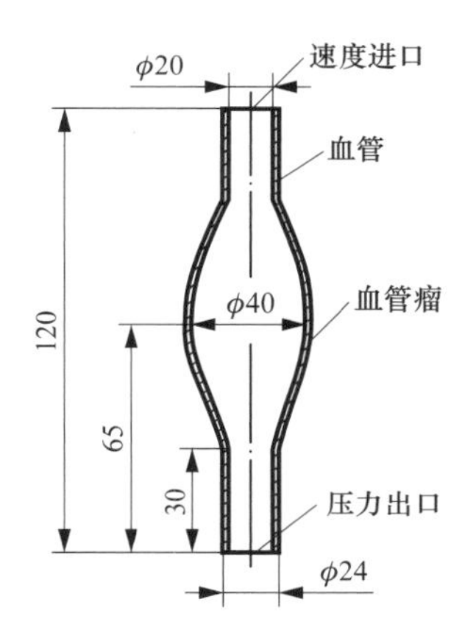

图11-26　计算区域截面尺寸（单位：mm）

11.2.2　具体计算

1.Workbench设置

1）操作：启动ANSYS Workbench 2021 R1，选择Toolbox → Analysis Systems → Fluid Flow（Fluent）命令，双击生成Fluid Flow（Fluent）模块；选择Toolbox → Analysis Systems → Transient Structural命令，双击生成Transient Structural模块；选择Toolbox → Component Systems → System Coupling命令，双击生成System Coupling模块。

2）操作：将Fluid Flow（Fluent）模块下的Geometry（A2）拖至Transient Structural模块下的Geometry（B3）上；将Fluid Flow（Fluent）模块下的Setup（A4）拖至System Coupling模块下的Setup（C2）上；将Transient Structural模块下的Setup（B5）拖至System Coupling模块下的Setup（C2）上，如图11-27所示。

2.Fluent设置

（1）读入几何文件

操作：选择Fluid Flow（Fluent）模块中的Geometry（A2），右击，在弹出的快捷菜单中选择Import Geometry → Browse → vessel.agdb命令（配套资源ch11文件夹 → dam文件夹

中的vessal.agdb文件）。

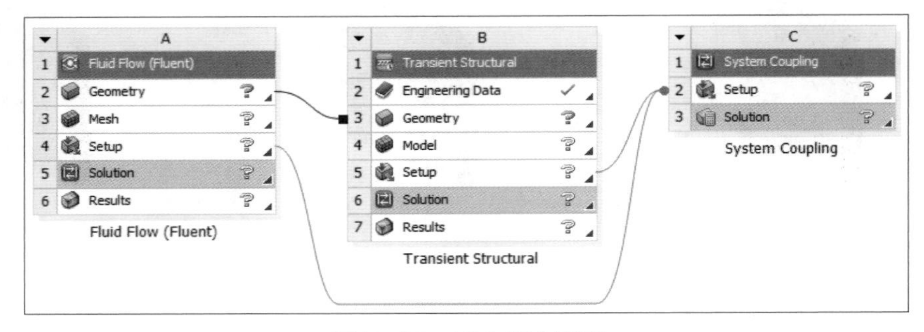

图11-27　双向耦合界面

（2）划分网格

操作：选择Fluid Flow（Fluent）模块中的Mesh（A3），双击进入Mesh模块。

选择Model → Geometry → Wall命令，右击，在弹出的快捷菜单中选择Suppress Body命令。（注：流场分析中不需要划分血管壁面网格。）选择Model → Mesh命令，右击，在弹出的快捷菜单中选择Insert → Sizing命令，设定网格大小为1 mm，单击Generate按钮生成网格。

在Mesh模块中单击面选择工具，选择上部入口，并命名为inlet；选择下部入口，并命名为outlet；选择流场外部面，并命名为fs。

选择Model → Mesh命令，右击，在弹出的快捷菜单中选择Update命令。

（3）进入Fluent

操作：选择Fluid Flow（Fluent）模块中的Setup（A4），双击进入Fluent模块。

（4）编写运动文件

血管入口处采用速度入口，总时间1 s，各时间点处速度见下面的Profile文件。

```
((velocity  transient 12 1)
(time 0 0.1 0.2 0.25 0.35 0.45 0.5 0.6 0.7 0.8 0.9 1.0)
(v 0 0 0 1 0.5 -0.15 -0.2 0 0.005 0.1 0 0)
)
```

（5）确定长度单位

操作：选择Setup → General → Mesh → Scale命令。

打开Scale Mesh（标定网格）控制面板。在View Length Unit In栏中选择mm，单击Close按钮，完成单位转换。

（6）显示网格

操作：选择Setup → General → Mesh → Display命令。

打开Mesh Display（网格显示）控制面板。在Options栏中勾选Edges复选框与Faces复选框，在Surfaces栏中选择所有的表面，单击Display按钮，显示模型网格，如图11-28所示。

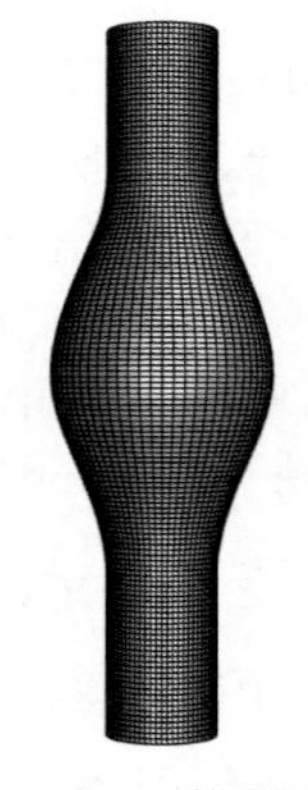

图11-28　模型网格

（7）设置求解器

操作：选择Setup → General → Solver命令。

打开Solver（求解器）命令详细信息区，因需观察不同时间血液流动的过程，故选中Time栏中的Transient单选项。

（8）设置材料

操作：选择Setup → Materials → Fluid → air命令。

打开Create/Edit Materials（创建/编辑材料）控制面板，在Name栏中输入blood，在Properties下的Density栏中输入1050，在Viscosity栏中输入0.0027，设置如图11-29所示，单击Change/Create按钮后，单击Yes按钮覆盖原有的材料。

图11-29　血液的创建

（9）设置湍流模型

操作：选择Setup → Models → Viscous命令。

打开Viscous Model（黏度模型）控制面板，选择k-epsilon模型。

（10）设置边界条件

操作：选择File → Read → Profile命令。

加载名为inlet的Profile文件。

操作：选择Setup → Boundary Conditions命令。

打开Boundary Conditions（边界条件）命令详细信息区，选择inlet，在Type栏中选择velocity inlet，打开Velocity Inlet（速度入口）控制面板，在Velocity Magnitude栏中选择velocity v；在Specification Method栏中选择Intensity and Hydraulic Diameter，在Backflow Turbulent Intensity栏中输入5，在Backflow Hydraulic Diameter栏中输入20，单击Apply按钮。

在Boundary Conditions（边界条件）命令详细信息区中选中outlet，在Type栏中选择pressure outlet，打开Pressure Outlet（压力出口）控制面板，在Gauge Pressure栏中输入13328.95；在Specification Method栏中选择Intensity and Hydraulic Diameter，在Backflow Turbulent Intensity栏中输入5，在Backflow Hydraulic Diameter栏中输入20，单击Apply按钮。

（11）设置动网格

操作：选择Setup → Dynamic Mesh命令。

1）打开Dynamic Mesh（动态网格）命令详细信息区，勾选Smoothing复选框和Remeshing复选框。单击Mesh Methods栏中的Settings按钮，打开Mesh Method Settings（网格方法设置）控制面板，在Smoothing选项卡下的Method栏中选中Spring/Laplace/Boundary Layer单选项，单击Advanced按钮，打开Mesh Smoothing Parameters（网格光滑参数）控制

面板，将Spring Constant Factors改为0.6，如图11-30所示，单击OK按钮关闭控制面板。单击Remeshing选项卡，勾选Sizing Function复选框，Parameters下方参数根据Mesh Scale Info（网格尺度信息）控制面板中的内容填写，如图11-31所示。

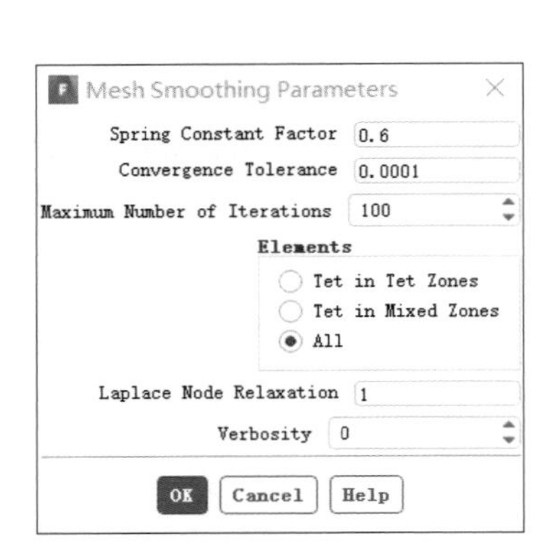

图11-30　Mesh Smoothing Parameters（网格光滑参数）控制面板

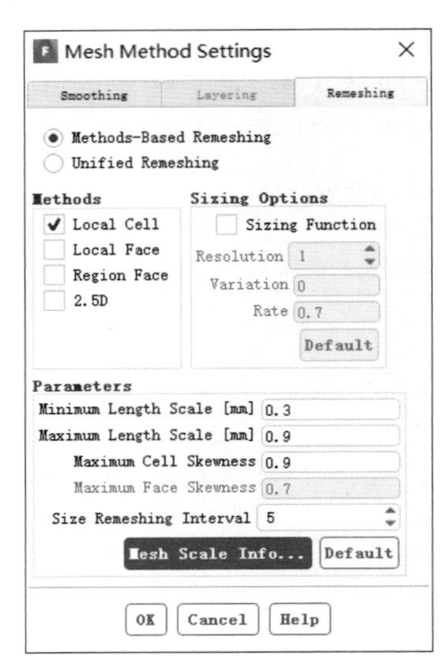

图11-31　Remeshing参数设置

2）单击Dynamic Mesh Zones栏下面的Create/Edit按钮，打开Dynamic Mesh Zones（动网格区域）控制面板，在Zone Names栏中选择fs，在Type栏中选中System Coupling单选项，选择Meshing Options选项卡，在Cell Height栏中输入0.5，如图11-32所示，单击Close按钮关闭Dynamic Mesh Zones（动网格区域）控制面板。

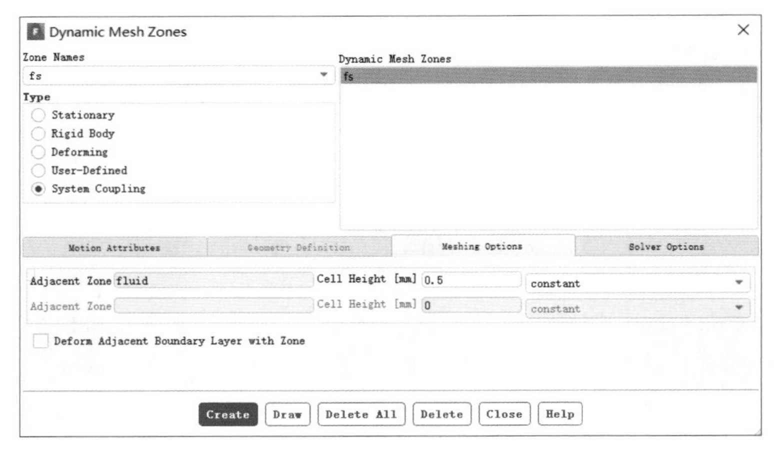

图11-32　耦合面的创建

（12）求解设置

操作：选择Solution → Methods命令。

打开Solution Methods（求解方法）命令详细信息区，在Scheme栏中选择SIMPLE。

（13）流场初始化

操作：选择Solution → Initialization命令。

打开Solution Initialization（流场初始化）命令详细信息区，在Initialization Methods栏中选中Standard Initialization单选项，在Compute From栏中选择inlet，在Turbulent Kinetic Energy和Turbulent Dissipation Rate栏中输入0.1，单击Initialize按钮，完成初始化。

（14）运行计算

操作：选择Solution → Calculation Activities → Autosave命令。

打开Autosave（自动保存）控制面板，在Save Data File Every栏中输入10，表示每10步自动保存一次Case和Data文件，单击OK按钮关闭该控制面板。

操作：选择Solution → Calculation Activities → Run Calculation命令。

打开Run Calculation（运行计算）命令详细信息区，在Time Step Size栏中填入1，在Number of Time Steps栏中输入1，在Max Iterations/Time Step栏中输入30。（注：Fluent计算步数和时间步长通过后面System Coupling模块设置，这里需要保证这两个参数都不为0。）

（15）保存退出

操作：选择File → Close Fluent命令。

至此，流场分析部分设置完成，此时，Fluent的Setup单元（A4）呈现“需要更新”状态⚡，右击Setup单元，在弹出的快捷菜单中选择Update命令，更新完毕后，Setup单元呈现“设置完毕”状态✓。

3.Transient Structural设置

（1）创建材料

操作：双击Transient Structural模块中的Engineering Data单元。

1）打开Engineering Data（工程数据）控制面板，选择A3中的Structural Steel，右击，在弹出的快捷菜单中选择Delete命令删除原有的材料。在A3栏中输入aneurysim，创建名为aneurysim的动脉瘤材料。选择Physical Properties下的Density，将其拖至A3 aneurysim材料中，同样将Linear Elastic下的Isotropic Elasticity拖至A3 aneurysim材料中；同样在A4中创建名为arterial的血管壁材料。

2）若材料选择aneurysim，在下方Properties of Outline Row 3：aneurysim下的Density对应栏中（B3）输入1120，在Young's Modulus对应栏中（B6）输入4.5E+06，在Poisson's Ratio对应栏中（B7）输入0.45；若材料选择arterial，则在下方Properties of Outline Row 4：arterial下的Density对应栏中（B3）输入1120，在Young's Modulus对应栏中（B6）输入1.08E+06，在Poisson's Ratio对应栏中（B7）输入0.49，如图11-33所示。

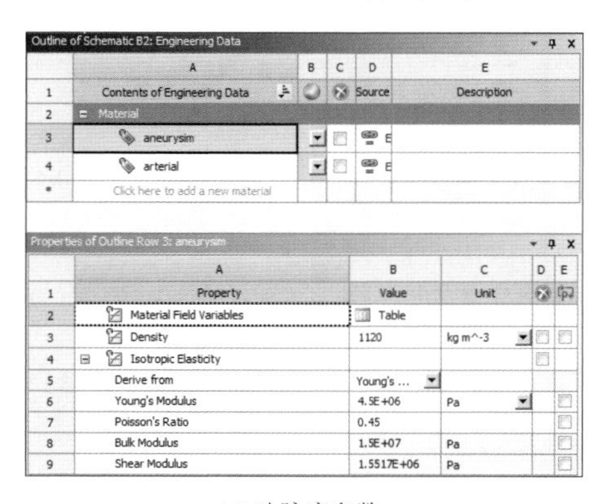

(a) 动脉瘤参数

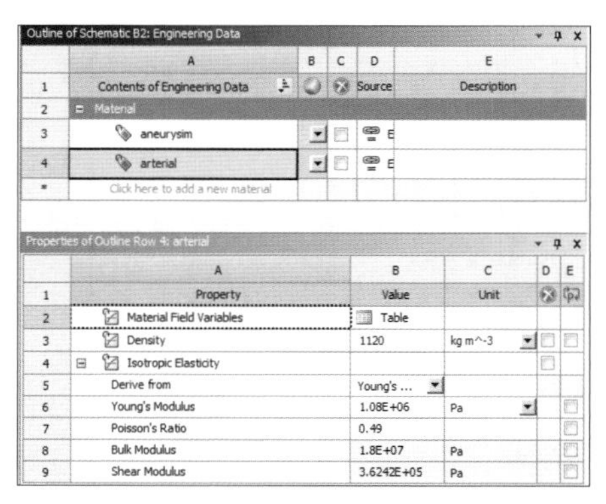

(b) 血管壁参数

图11-33 Engineering Data参数设置

（2）划分结构网格

操作：双击Transient Structural模块中的Model单元。

进入Transient Structural-Mechanical，选择Project Model → Geometry命令，可以看到名为wall和fluid的模型。右击fluid，在弹出的快捷菜单中选择Suppress Body命令。

选择Mesh命令，右击，在弹出的快捷菜单中选择Insert → Sizing命令，在Element Size栏中输入1，Mesh模块根据几何形状自动生成六面体网格，生成的网格如图11-34所示。

图11-34　血管壁网格模型

（3）指定材料

操作：选择Project → Model → Geometry → Wall → 2命令。

打开概述栏详细信息区，在Material下的Assignment栏中选择aneurysim；用同样的方法将1和3的材料设置为arterial。

（4）基本设置

操作：选择Project → Model → Transient → Analysis Settings命令。

打开Analysis Settings（分析设置）命令详细信息区，在Step End Time栏中输入2.5 s，在Auto Time Stepping栏中选择Off，在Denfine By栏中选择Substeps，在Time Step栏中输入1，如图11-35所示。

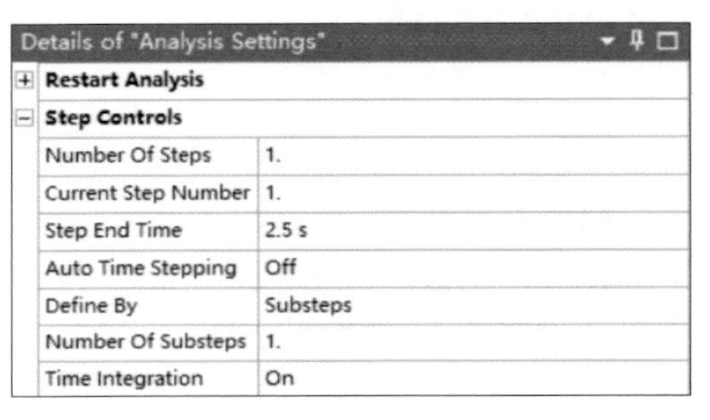

Details of "Analysis Settings"

Restart Analysis	
Step Controls	
Number Of Steps	1.
Current Step Number	1.
Step End Time	2.5 s
Auto Time Stepping	Off
Define By	Substeps
Number Of Substeps	1.
Time Integration	On

图11-35　时间设置

（5）设置流固耦合面

操作：选择Project → Model → Transient命令，右击，在弹出的快捷菜单中选择Insert → Fluid Solid Interface命令。

打开Fluid Solid Interface（流固耦合）命令详细信息区，在Geometry设置中单击面选择工具，按住Ctrl键，依次选择与流场相接触的3个面，如图11-36所示。

Details of "Fluid Solid Interface"

Scope	
Scoping Method	Geometry Selection
Geometry	14 Faces
Definition	
Type	Fluid Solid Interface
Interface Number	1.
Data to Transfer [Expert]	Program Controlled
Suppressed	No

图11-36　流固耦合面设置

（6）设置约束

操作：选择Project → Model → Transient命令，右击，在弹出的快捷菜单中选择Insert → Fixed Support命令。

打开Fixed Support（固定支座）命令详细信息区，在Geometry设置中单击面选择工具，选择闸板与地面接触的面，如图11-37所示。

（7）设置求解参数

操作：选择Project → Model → Solution命令。

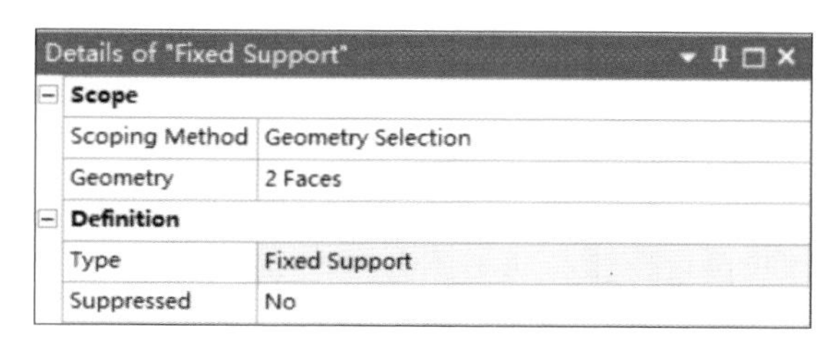

Details of "Fixed Support"	
Scope	
Scoping Method	Geometry Selection
Geometry	2 Faces
Definition	
Type	Fixed Support
Suppressed	No

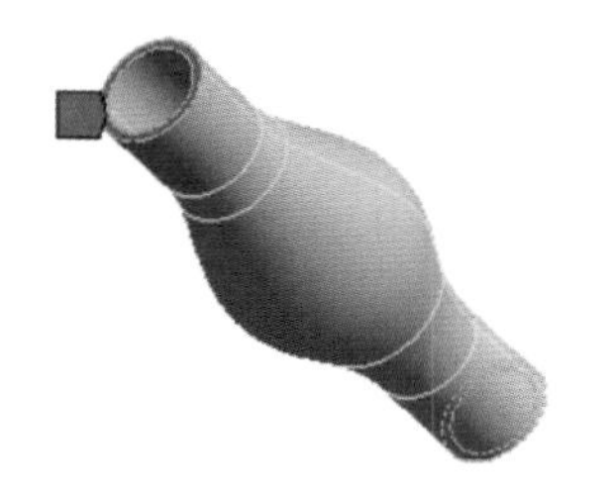

图11-37 约束设置

右击，在弹出的快捷菜单中选择Insert → Deformation → Total命令；右击，在弹出的快捷菜单中选择Insert → Strain → Equivalent（von-Mises）命令；右击，在弹出的快捷菜单中选择Insert → Stress → Equivalent（von-Mises）命令。

（8）保存退出

操作：选择File → Close Mechanical命令。

至此，结构分析的设置已经全部完成。此时，Transient Structural的Setup单元呈现“需要更新”状态，右击Setup单元，在弹出的快捷菜单中选择Update命令，更新完毕后，结构分析模块呈现“设置完毕”状态。

4.System Coupling设置

（1）设置耦合时间

操作：双击System Coupling中的Setup，进入System Coupling模块，选择Setup → Analysis Settings命令。

打开Properties of Analysis Settings（分析属性设置）控制面板，在Duration Controls下的End Time栏中输入2.5，在Step Controls下的Step Size栏中输入0.01，在Maximum Iterations栏中输入10，如图11-38所示。

（2）设置耦合面

操作：按住Ctrl键，选择fs和Fluid Solid Interface，右击，在弹出的快捷菜单中选择Create Data Transfer命令，创建流固耦合面，如图11-39所示。

Properties of Analysis Settings

	A	B
1	Property	Value
2	Analysis Type	Transient
3	Initialization Controls	
4	Coupling Initialization	Program Controlled
5	Duration Controls	
6	Duration Defined By	End Time
7	End Time [s]	2.5
8	Step Controls	
9	Step Size [s]	0.01
10	Minimum Iterations	1
11	Maximum Iterations	10

图11-38 耦合时间设置

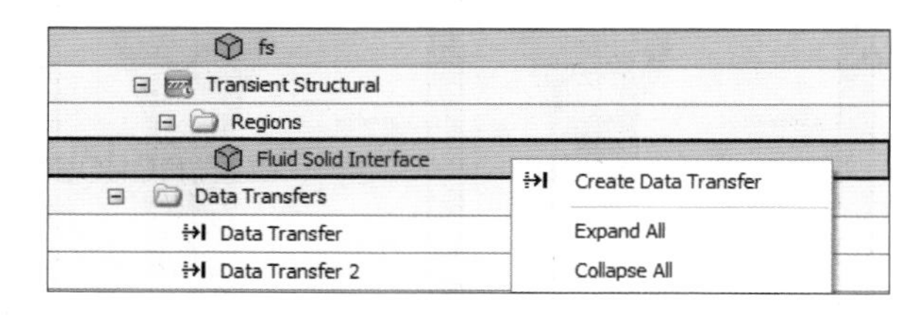

图11-39 耦合面设置

（3）进行流固耦合计算

操作：单击工具栏中的Update按钮进行耦合计算。

5.结果后处理

（1）显示云图

操作：选择Fluid Flow（Fluent）模块下的Solution（A5），双击进入Fluent模块。

选择Domain → Surface → Create → Plane命令。

打开Plane Surface（平面面板）控制面板，在Method栏中选择XY Plane，在Z栏中输入0，在Surfaces栏中输入1。单击Create按钮，创建名为plane-1（根据实际情况命名）的面。

操作：选择Results → Graphics → Contours命令。

打开Contours（等值线）控制面板，在Contours of栏中选择Pressure和Static Pressure，在Surfaces栏中选择plane-1，单击Save/Display按钮，显示图11-40所示的压力云图。

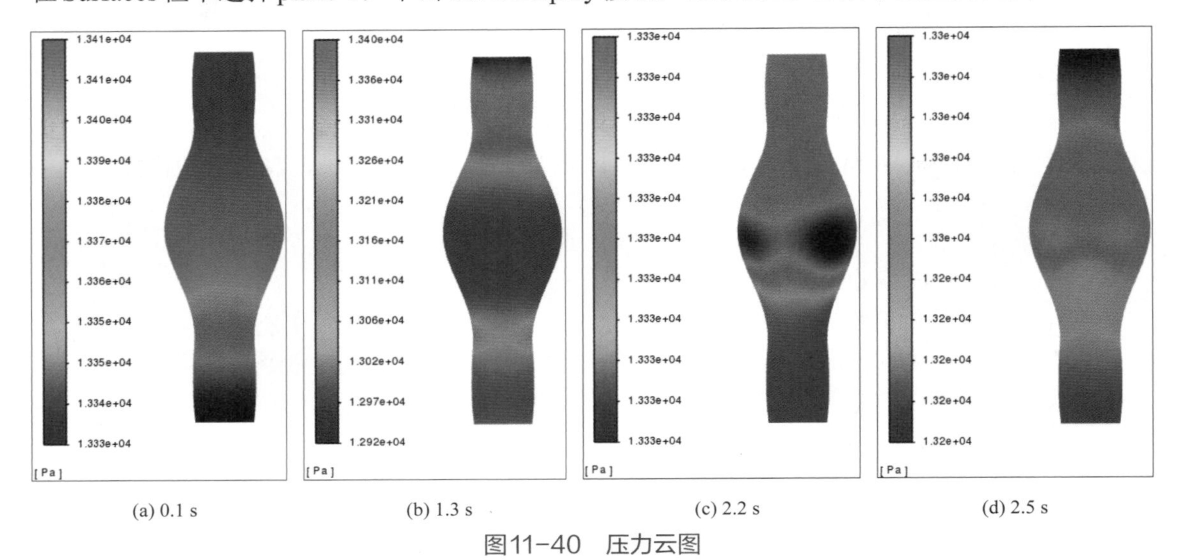

(a) 0.1 s　(b) 1.3 s　(c) 2.2 s　(d) 2.5 s

图11-40　压力云图

在Contours of栏中选择Velocity和Velocity Magnitude，在Surfaces栏中选择plane-1，单击Save/Display按钮，显示图11-41所示的速度云图。

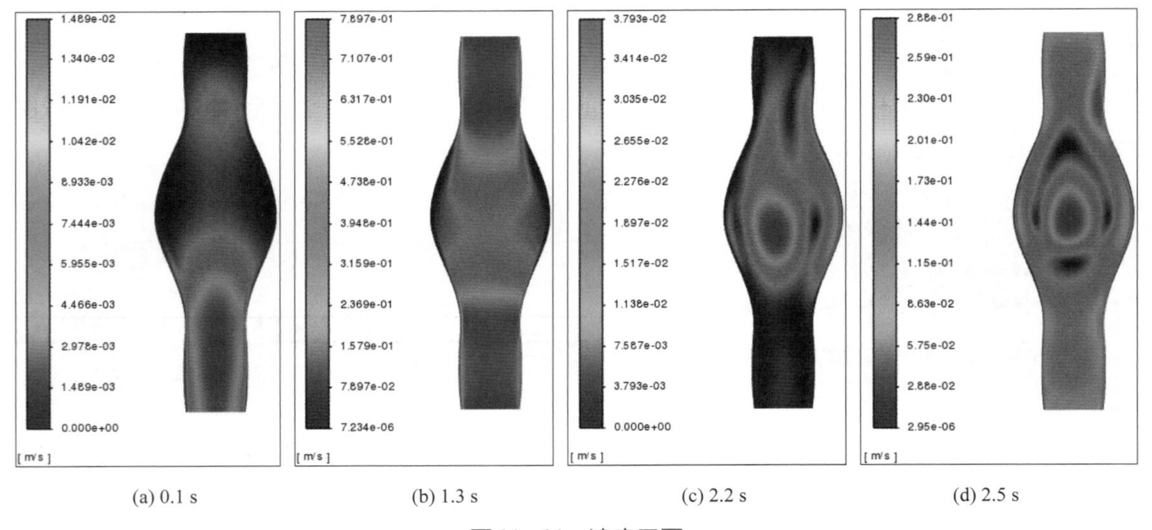

(a) 0.1 s　(b) 1.3 s　(c) 2.2 s　(d) 2.5 s

图11-41　速度云图

（2）显示矢量图

操作：选择Results → Graphics → Vectors命令。

打开Vectors（速度矢量）控制面板，在Style栏中选择arrow，在Scale栏中输入2，在Skip栏中输入1，单击Save/Display按钮，显示图11-42所示的速度矢量图。

（3）显示迹线图

操作：选择Results → Graphics → Pathlines命令。

打开Pathlines（迹线）控制面板，在Step栏中输入100，在Skip栏中输入4，在Release From Surfaces栏中选择plane-1，单击Save/Display按钮，显示图11-43所示的迹线图。

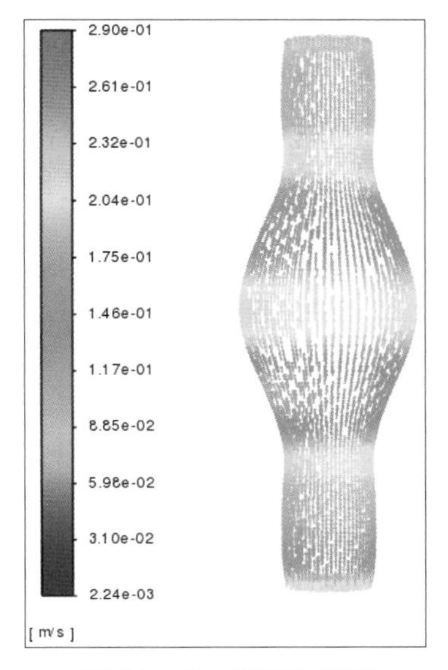

图11-42　速度矢量图

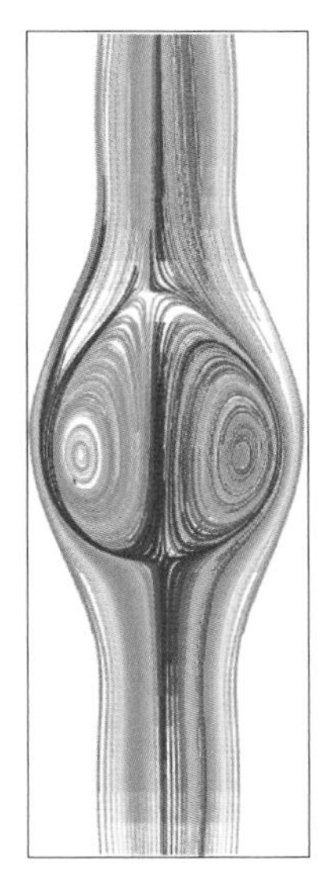

图11-43　迹线图

（4）显示XY曲线图

操作：选择Domain → Surface → Create → Line/Rake命令。

打开Line/Rake Surfaces（直线/耙面）控制面板。输入x0=–20、x1=20、y0=y1=65、z0=z1=0，单击Create按钮，创建名为line-1（根据实际情况命名）的线段。

操作：选择Results → Plots → XY Plot命令。

打开Solution XY Plot（XY曲线设置）控制面板，在Y Axis Function栏中选择Velocity，在Surfaces栏中选择line-1，单击Save/Plot按钮，显示图11-44所示的计算区域直线line-1上的速度分布曲线图（图中横坐标代表位置，单位为mm；纵坐标代表速度的大小，单位为m/s）。

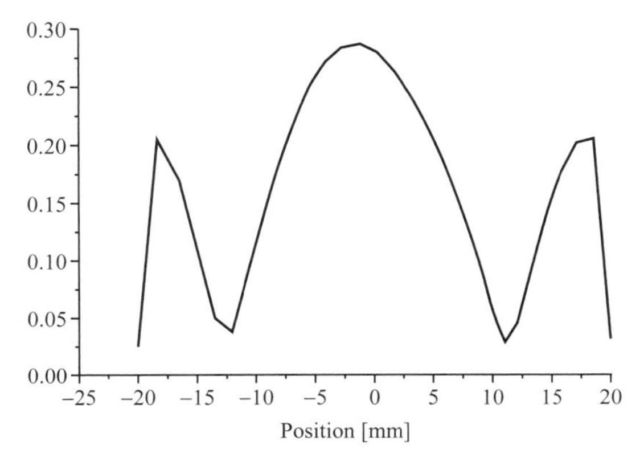

图11-44　计算区域直线line-1上的速度分布曲线

（5）主动脉血管壁变形结果

操作：选择Transient Structural模块下的Solution（B6），双击进入Transient Structural模块。

选择Project → Model → Solution → Total Deformation命令，右击，在弹出的快捷菜单中选择Evaluate All Result命令，血管总变形云图如图11-45所示。

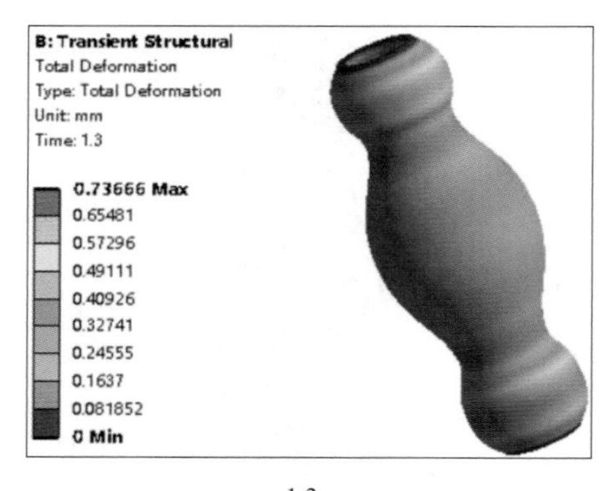

1.3 s

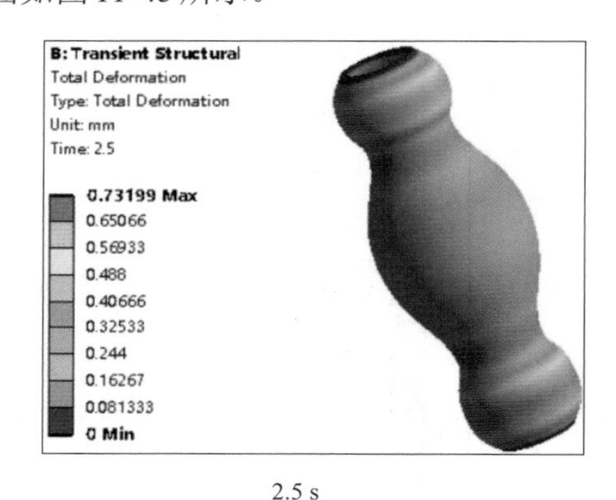

2.5 s

图11-45 血管总变形云图

选择Project → Model → Solution → Equivalent Elastic Strain命令，右击，在弹出的快捷菜单中选择Evaluate All Result命令，血管等效弹性应力云图如图11-46所示。

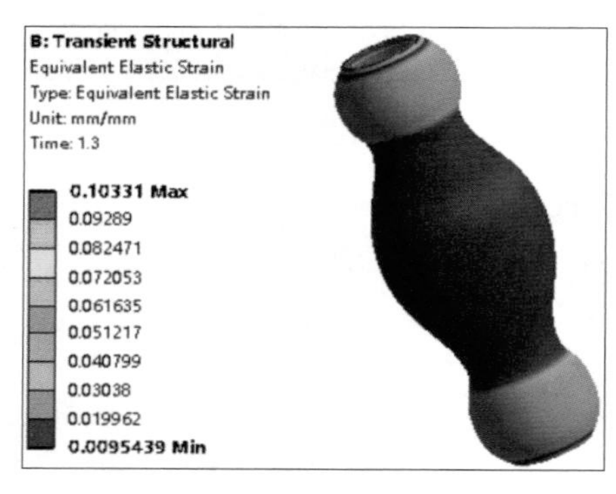

1.3 s

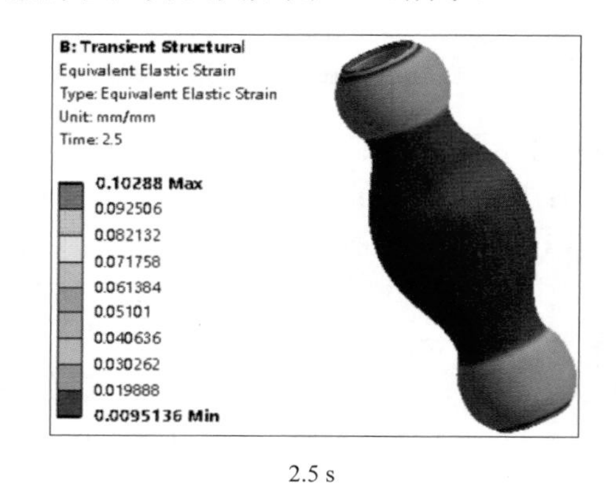

2.5 s

图11-46 血管等效弹性应力云图

选择Project → Model → Solution → Equivalent Strain命令，右击，在弹出的快捷菜单中选择Evaluate All Result命令，血管等效应力云图如图11-47所示。

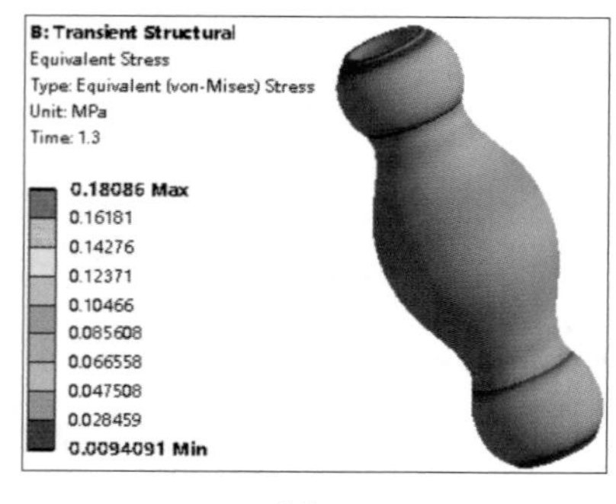

1.3 s

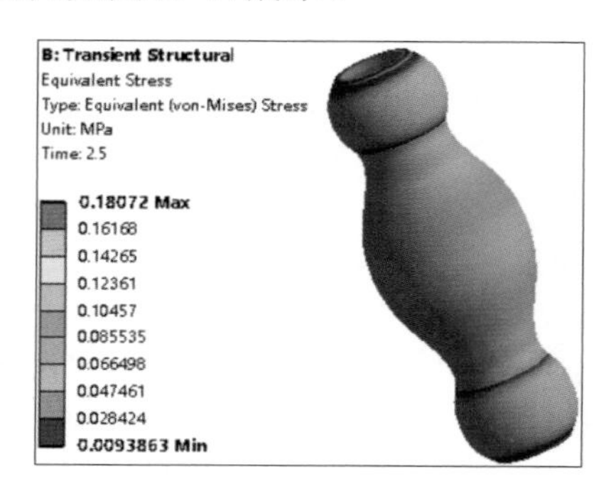

2.5 s

图11-47 血管等效应力云图

11.3 本章小结

本章主要内容如下。

1）通过河水冲击闸板的分析和主动脉血管瘤的分析这两个实例演示了流固耦合的基本操作流程。

2）分析了流固耦合计算的注意事项。

11.4 练习题

习题1. 橡胶弹性棒具有高弹性、高承载和减震缓冲等良好性能，橡胶弹性棒常制造为棒状和板状，用作冶金、矿山、重型机械、大型冲压设备的减震垫板、垫块等。某方块弹性棒的二维模型如图11-48所示，弹性棒在来流作用下发生变形，当来流停止后弹性棒逐渐恢复原状。流体模块中速度入口采用Profile文件输入，压力出口采用默认设置，动网格设置开启Smoothing与Remeshing，采用2.5D的方法，设置耦合面（fs），设置变形区域（symmetry-front与symmetry-back）。其他具体设置参考视频。试模拟弹性棒的变形运动（几何模型为配套资源ch11文件夹 → elastic-rod文件夹中的elastic-rod.agdb文件）。

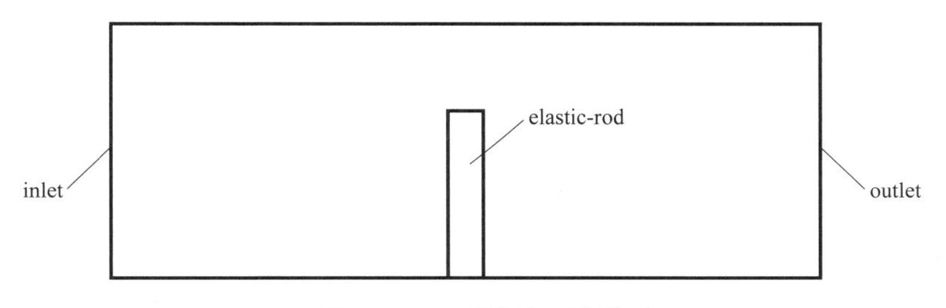

图11-48 弹性棒二维模型

习题2. 弹性薄板是一类厚度比长度和高度小很多的弹性体，是工程结构中常见的元件，它在流体中的耦合作用在不同的工程领域均有应用。某一圆形弹性薄板如图11-49所示，弹性薄板在来流作用下发生变形。Fluent中速度入口处的速度为5 m/s，压力出口采用默认设置，动网格设置开启Smoothing与Remeshing，设置耦合面（fs），设置变形区域（fluid）。其他具体设置参考视频。试模拟圆形弹性薄板的变形运动（几何模型为配套资源ch11文件夹 → Circular-elastic-sheet文件夹中的Circular.agdb文件）。

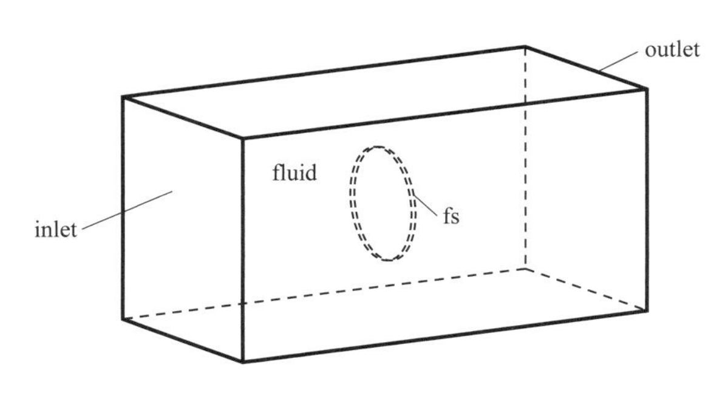

图11-49 圆形弹性薄板几何模型

第12章
化学反应、燃烧与微流动分析

化学反应（含燃烧）、微流动等是工程中常碰见的现象，本章从工程实际出发，对汽车碳罐中碳氢燃料的回收模拟、甲烷与空气预混燃烧模拟和微流体流动模拟3个实例进行分析，介绍Fluent在化学反应、燃烧和微流动等方面的应用。

12.1 汽车碳罐中碳氢燃料的回收模拟

12.1.1 问题描述

表面化学可以帮助人们了解不同的表面现象，如表面形成、表面组成结构、表面上的吸附、扩散及化学反应能力等，在污染治理、石油炼制等工业中应用广泛。

汽车行驶过程中，碳罐的主要作用是降低环境污染，同时通过捕获碳氢化合物蒸气来提高燃料利用效率。气体依次通过碳罐中3个填充有炭组分的多孔介质腔室，碳氢排放物被碳罐内的活性炭捕获，不会逸到空气中。

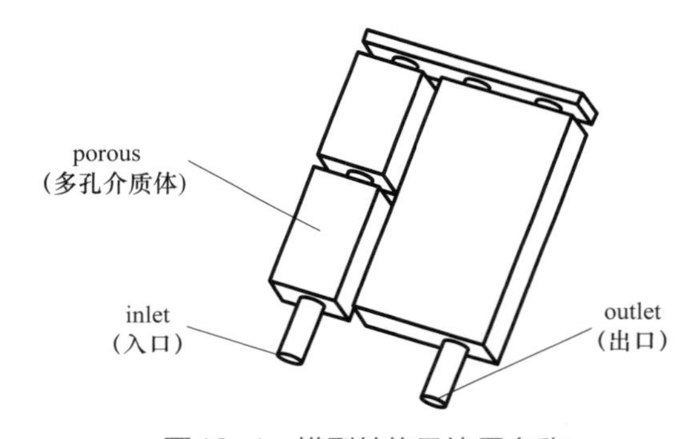

图12-1 模型结构及边界名称

为了简化计算模型，本实例模型中将填充有炭组分的多孔介质腔室改为一个；正丁烷及空气以0.2 m/s的速度从入口进入，正丁烷质量分数为0.675；在多孔介质区域中，正丁烷通过表面反应被捕获吸收。模型结构及边界名称如图12-1所示。

12.1.2 具体分析

1. 读入网格文件

操作：选择File → Read → Mesh命令。

读入canister.msh文件（配套资源ch12文件夹 → canister文件夹中的canister.msh文件），并检查网格（选择General → Mesh → Check命令），注意最小体积要大于零。

2. 确定长度单位

操作：选择Setup → General → Mesh → Scale命令。

打开Scale Mesh（标定网格）控制面板，在View Length Unit In栏中选择mm，单击Close按钮，完成单位转换。

3. 显示网格

操作：选择Setup → General → Mesh → Display命令。

打开Mesh Display（网格显示）控制面板，在Options栏中勾选Edges复选框，在Surfaces栏中选择所有的表面，单击Display按钮，显示模型网格，如图12-2所示。

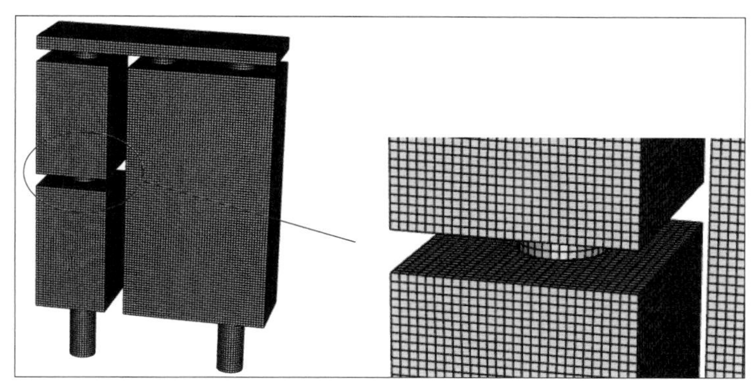

图12-2 模型网格

4. 设置求解器

操作：选择Setup → General → Solver命令。

打开Solver（求解器）命令详细信息区，本例需观察化学反应的过程，故属于瞬态计算，选中Time中的Transient单选项。

5. 选择能量方程

操作：选择Setup → Models → Energy命令。

打开Energy（能量）控制面板，勾选Energy Equation（能量方程）复选框，单击OK按钮关闭该控制面板。

6. 设置湍流模型

操作：选择Setup → Models → Viscous命令。

打开Viscous Model（黏度模型）控制面板，选择Laminar模型。

7. 定义多组分模型

操作：选择Setup → Models → Species命令。

打开Species Model（多组分模型）控制面板，在Model栏中选中Species Transport单选项，在Reactions栏中勾选Volumetric和Wall Surface复选框，在Aggressiveness Factor栏中输入0.25，设置如图12-3所示，单击OK按钮退出Species Model（多组分模型）控制面板。

8. 设置材料

操作：选择Setup → Materials → Fluid → air命令。

1）打开Create/Edit Materials（创建/编辑材料）控制面板，在Material Type栏中选择

fluid；修改Name为n-butane；修改Chemical Formula为c4h10；在Properties栏中Cp栏中输入2620，设置Thermal Conductivity为kinetic-theory，设置Viscosity为kinetic-theory，在Molecular Weight栏中输入58.1243，在Standard State Enthalpy栏中输入–1.33225e+08，在Standard State Entropy栏中输入300398.8，在Reference Temperature栏中输入298.15；单击Change/Create按钮；在弹出的图12-4所示的Question对话框中单击No按钮，表示创建新材料时不覆盖原有材料。

图12-3 Species Model（多组分模型）控制面板

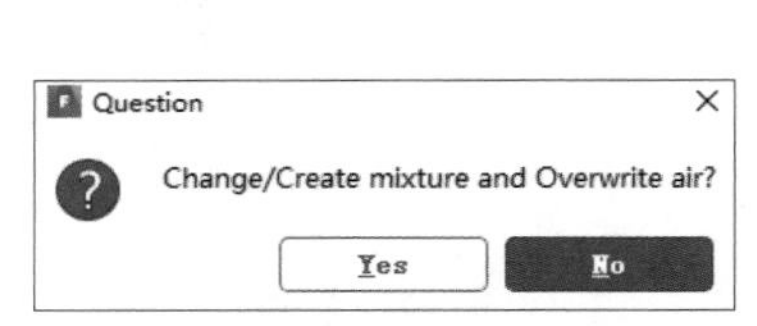

图12-4 Question对话框

在Create/Edit Materials（创建/编辑材料）控制面板中的Fluent Fluid Materials栏中选择n-butane (c4h10)，在L-J Characteristic Length栏中输入5，在L-J Energy Parameter栏中输入400，设置如图12-5所示，单击Change/Create按钮，创建材料n-butane。

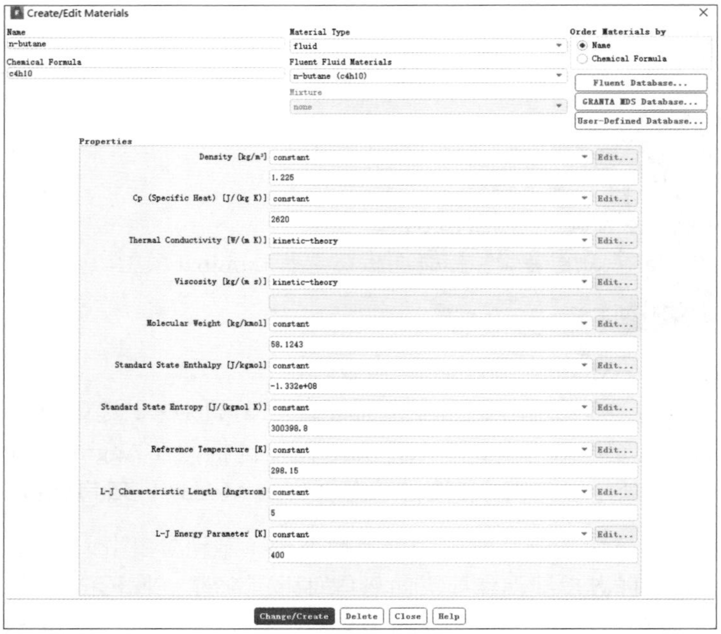

图12-5 创建材料n-butane

2）同理创建其他液体和固体组分材料，组分参数表如表12-1和表12-2所示。

注意：材料open-site为催化剂组分，设置其分子量为0以确保化学反应质量平衡；材料carbon-bax1500为多孔介质骨架材料，材料aluminum为默认的固体壁面材料。

表12-1　其他液体组分材料

Name	open-site	n-butane-site
Chemical Formula	open-site	c4h10-site
Cp	1	2620
Thermal Conductivity	0.0159	0.0159
Viscosity	7e–6	7e–6
Molecular Weight	0	58.1243
Standard State Enthalpy	0	–5e8
Standard State Entropy	0	300398.8
Reference Temperature	298.15	298.15

表12-2　其他固体组分材料

Name	aluminum	carbon-bax1500
Chemical Formula	al	c-bax1500
Density	2719	448
Cp	871	900
Thermal Conductivit	202.4	1

3）在Create/Edit Materials（创建/编辑材料）控制面板中的Material Type栏中选择mixture；在Fluent Mixture Materials栏中选择mixture-template；修改Name为hc-capture；单击Change/Create按钮；在弹出的Question对话框中单击Yes按钮，创建多组分混合材料。

4）在Create/Edit Materials（创建/编辑材料）控制面板中，单击Mixture Species栏旁边的Edit按钮，打开Species（组分）控制面板，在Selected Species栏中选择c4h10、air，在Selected Site Species栏中选择c4h10-site、open-site，设置如图12-6所示，单击OK按钮退出Species（组分）控制面板。

图12-6　Species（组分）控制面板

5）在Create/Edit Materials（创建/编辑材料）控制面板中，单击Reaction栏旁边的Edit按钮，打开Reactions（反应）控制面板，在Total Number of Reactions栏中输入2，两化学反应的输入数据如表12-3所示，建议读者输入数据时按照表格自上而下、自左而右的顺序进行。

表12-3　化学反应输入数据

参数	反应一	反应二
Reaction Name	reaction-1	reaction -2
Reaction ID	1	2
Reaction Type	Wall Surface	Wall Surface
Number of Reactants	2	1
Species	c4h10, open-site	c4h10-site
Stoich.Coefficient	c4h10=1, open-site =1	c4h10-site =1
Rate Exponent	c4h10=1, open-site =1	c4h10-site =1
Pre-Exponential Factor	1e+5	10
Activation Energy	0	0
Temperature Exponent	0	0
Number of Products	1	2
Species	c4h10-site	c4h10, open-site
Stoich.Coefficient	c4h10-site =1	c4h10=1, open-site =1
Rate Exponent	c4h10-site =0	c4h10=0, open-site =0

反应一的数据在Reactions（反应）控制面板中的具体输入如图12-7所示。

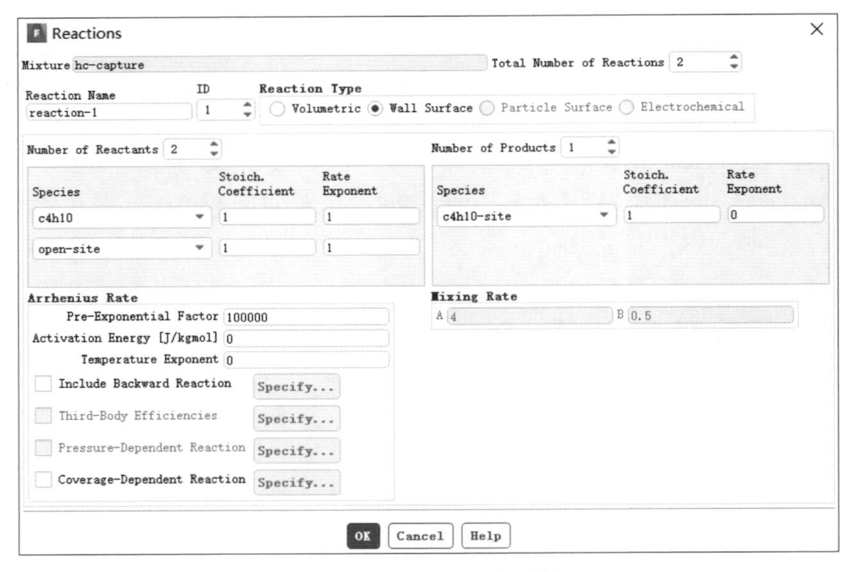

图12-7　反应一的数据输入

6）在Create/Edit Materials（创建/编辑材料）控制面板中，单击Mechanism栏旁边的Edit按钮，打开Reaction Mechanisms（反应机制）控制面板，在Number of Mechanisms栏中输入1；在Name栏中输入mechanism-1；在Reaction Type栏选中All单选项；在Reactions

栏中选择reaction-1和reaction-2；在Number of Sites栏中输入1；在Site Density栏中输入0.0006516；设置如图12-8所示。

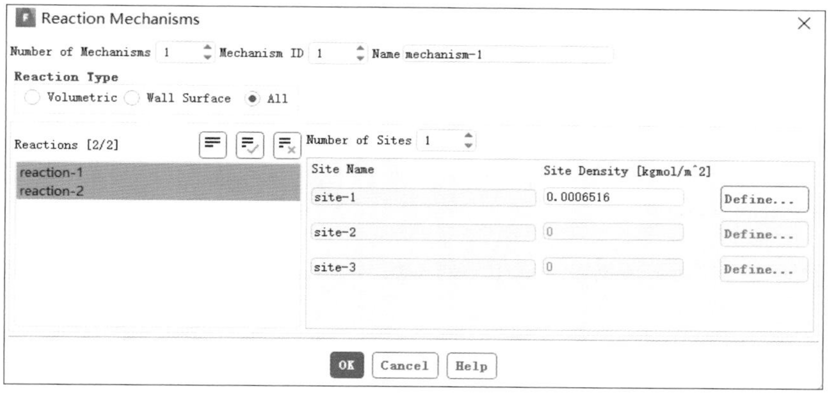

图12-8　Reaction Mechanisms（反应机制）控制面板

单击Site Density栏旁边的Define按钮，打开Site Parameters（场地参数）控制面板，在Total Number of Site Species栏中输入2，在Initial Site Coverage栏中设置c4h10-site=0、open-site=1，设置如图12-9所示，单击Apply按钮，单击Close按钮关闭Site Parameters（场地参数）控制面板；在Reaction Mechanisms（反应机制）控制面板中单击OK按钮关闭该控制面板。

图12-9　Site Parameters（场地参数）控制面板

7）在Create/Edit Materials（创建/编辑材料）控制面板中的Thermal Conductivity栏中选择mass-weighted-mixing-law；在Viscosity栏中选择mass-weighted-mixing-law；在Mass Diffusivity栏中选择kinetic-theory；单击Change/Create按钮完成设置。

9. 设置流体域

操作：选择Setup → Cell Zone Conditions命令。

打开Cell Zone Conditions（区域条件）命令详细信息区，双击porous（注：流场中的区域类型均为fluid。），在打开的Fluid（流体）控制面板中勾选Porous Zone复选框打开多孔介质模型，选择Porous Zone选项卡，选中Non-Equilibrium单选项；设置Viscous Resistance（Inverse Absolute Permeability）下的Direction均为1.4×10^9；设置Inertial Resistance下的Direction的值均为51000；在Porosity栏中输入0.362；在Interfacial Area Density栏中输入1500；在Heat

Transfer Coefficient栏中输入5。如图12-10所示。

在Fluid（流体）控制面板中，选择Reaction选项卡，在Surface-to-Volume Ratio栏中输入1500。单击Apply按钮。

在打开的Cell Zone Conditions（区域条件）命令详细信息区中选择porous，选中Physical Velocity单选项以设置多孔介质的速度，设置如图12-11所示。

图12-10 Fluid（流体）控制面板

图12-11 Cell Zone Conditions（区域条件）命令详细信息区

当多孔介质区域选择了Non-Equilibrium热模型后，Fluent会自动生成一个固体区域porous:023，选择Setup → Cell Zone Conditions → Solid → porous:023命令，设置Material Name为carbon-bax1500，设置如图12-12所示。

10. 设置边界条件

操作：选择Setup → Boundary Conditions命令。

打开Boundary Conditions（边界条件）命令详细信息区，双击inlet，打开Velocity Inlet（速度入口）控制面板，在Velocity Inlet（速度入口）控制面板中的Velocity Magnitude栏输入0.2；单击Species选项卡，在c4h10栏中输入0.675。

11. 求解设置

操作：选择Solution → Methods和Solution → Controls命令。

在打开的Solution Methods（求解方法）命令详细信息区中的Pressure-Velocity Coupling中的Scheme栏中选择SIMPLEC；在Transient Formulation栏中选择Bounded Second Order Implicit。

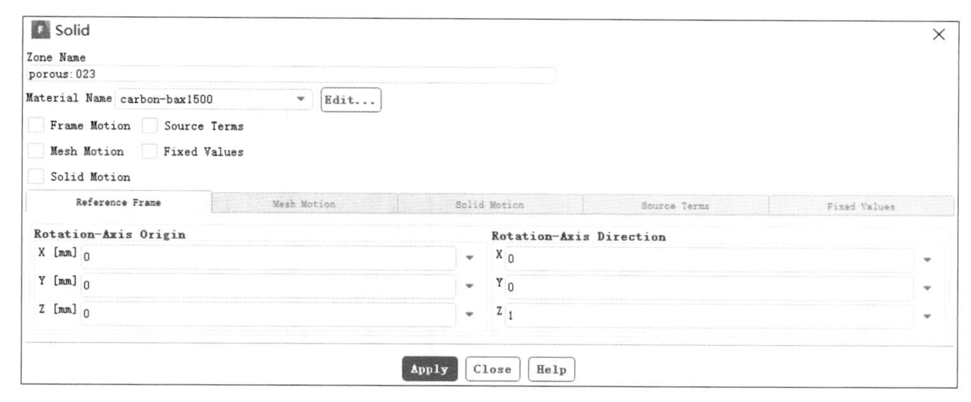

图12-12 Solid（固体）控制面板

在打开的Solution Controls（求解控制）命令详细信息区中设置松弛因子Pressure为0.3，设置如图12-13所示。

12.流场初始化

操作：选择Solution → Initialization命令。

打开Solution Initialization（流场初始化）命令详细信息区，在Initialization Methods栏中选中Standard Initialization单选项，单击Initialize按钮，完成初始化。

13.运行计算

操作：选择Solution → Run Calculation命令。

打开Run Calculation（运行计算）命令详细信息区，在Number of Time Steps栏中输入200；在Time Step Size栏中输入10；在Max Iterations/ Time Step栏中输入20；单击Calculate按钮，开始运行计算。

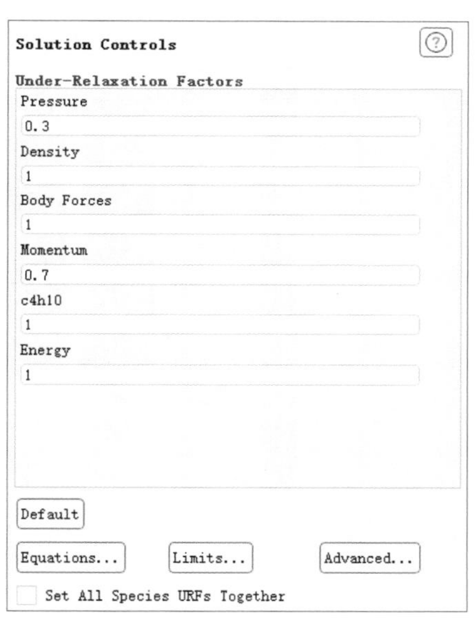

图12-13 Solution Controls（求解控制）命令详细信息区

14.结果后处理

（1）创建云图截面

操作：选择Surface → Create → Plane命令。

打开Plane Surface（平面面板）控制面板，在New Surface Name栏中将截面命名为plane-0，在Method 栏中选择XY Plane，在Z栏中输入0，创建一个与*XY*平面重合的平面，如图12-14所示。

（2）显示云图

操作：选择Results → Graphics → Contours命令。

打开Contour（等值线）控制面板，在Contours of栏中选择Pressure和Static Pressure，在Surfaces栏中选择plane-0，单击Save/Display按钮，显示图12-15所示的压力云图。

在Contours of栏中选择Velocity和Velocity Magnitude，在Surfaces栏中选择plane-0，单击Save/Display按钮，显示图12-16所示的速度云图。

在Contours of栏中选择Species和Mass fraction of c4h10，在Surfaces栏中选择plane-0，单击Save/Display按钮，显示图12-17所示的C_4H_{10}组分分布云图。

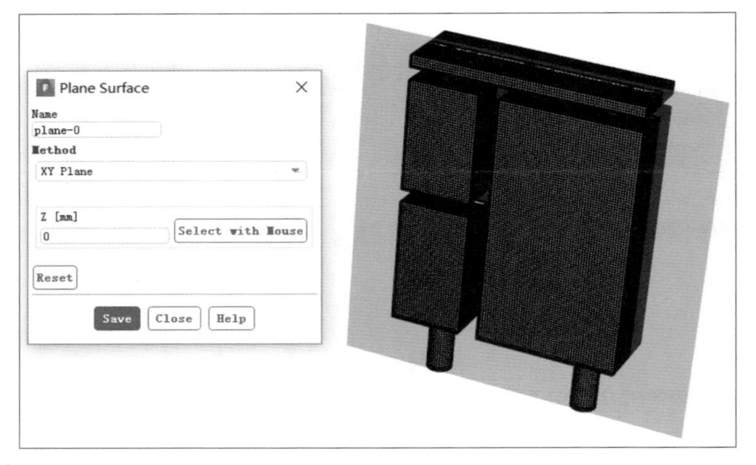

图12-14　创建截面

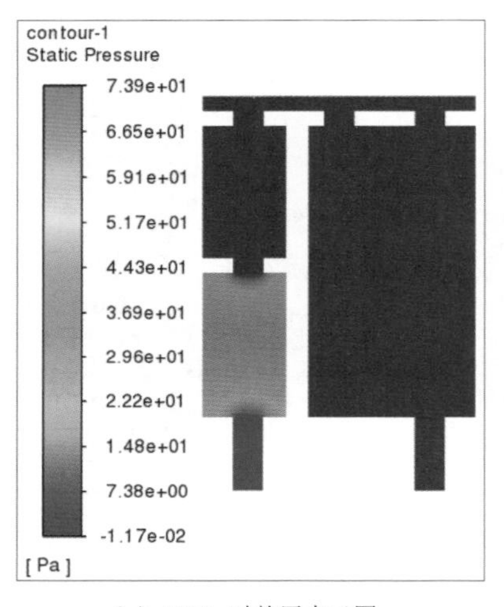

（a）1000 s时的压力云图

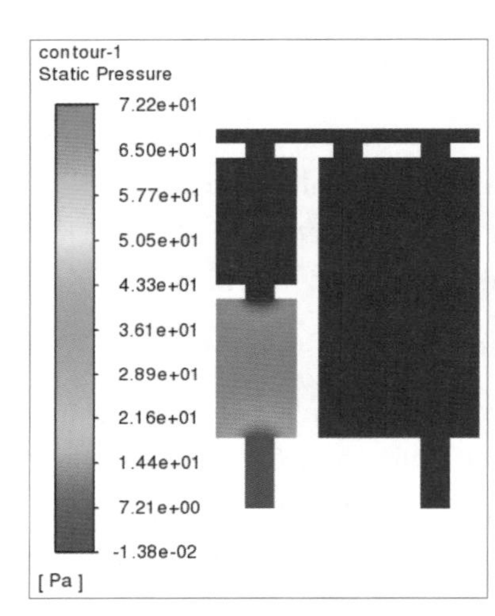

（b）2000 s时的压力云图

图12-15　压力云图

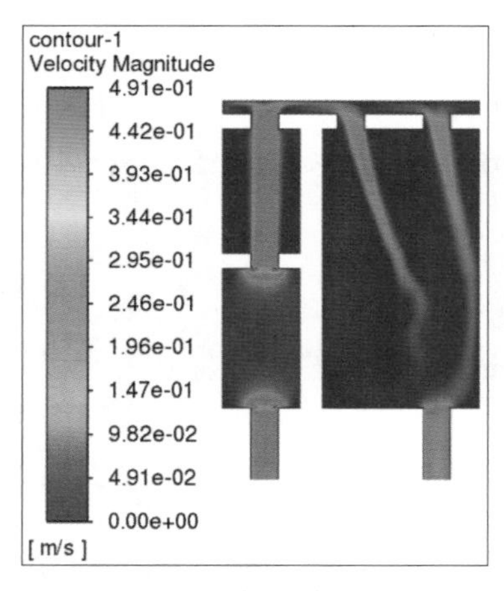

（a）1000 s时的速度云图

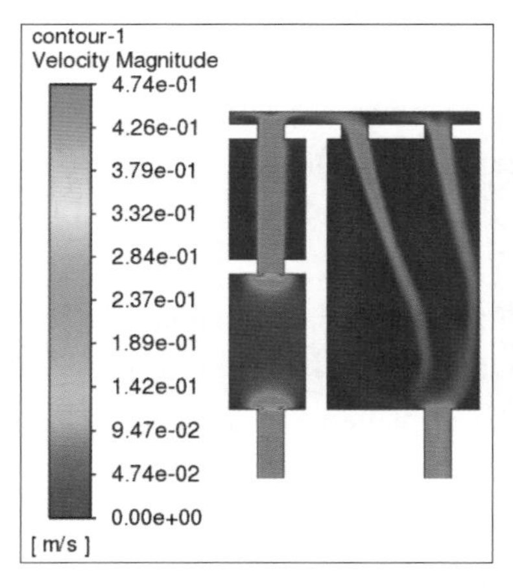

（b）2000 s时的速度云图

图12-16　速度云图

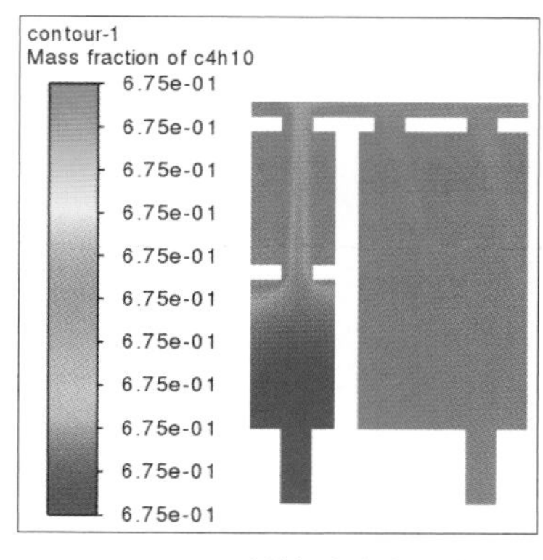

（a）1000 s时的组分分布云图

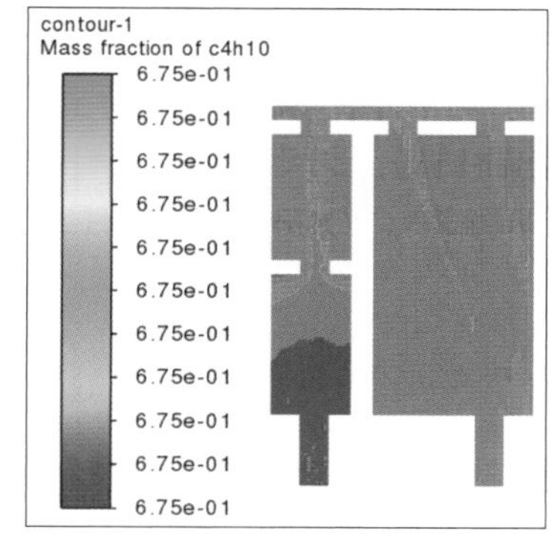

（b）2000 s时的组分分布云图

图12-17　C_4H_{10}组分分布云图

（3）显示矢量图

操作：选择Results → Graphics → Vectors命令。

打开Vectors（速度矢量）控制面板，在Scale栏中输入0.1，在Skip栏中输入0，在Release From Surfaces栏中选择Plane-0，单击Save/Display按钮，显示图12-18所示的速度矢量图。

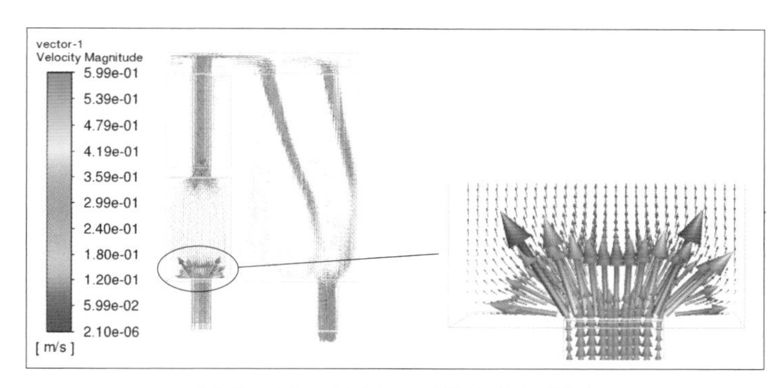

图12-18　2000 s时的速度矢量图

（4）显示迹线图

操作：选择Results → Graphics → Pathlines命令。

打开Pathlines（迹线）控制面板，在Scale栏中输入2，在Skip栏中输入2，在Release From Surfaces栏中选择Plane-0，单击Save/Display按钮，显示图12-19所示的迹线图。

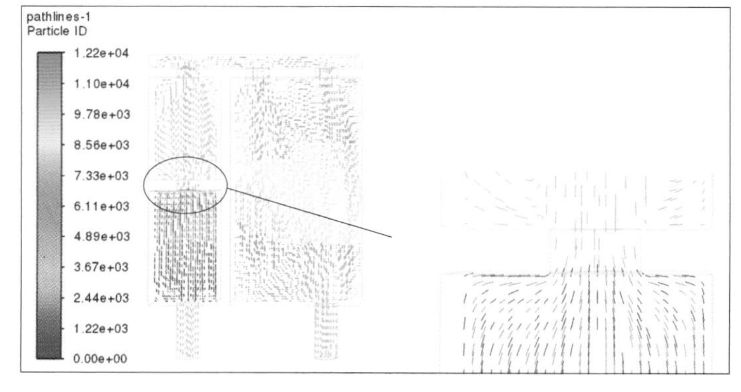

图12-19　2000 s时的迹线图

12.2 甲烷与空气预混燃烧模拟

12.2.1 问题描述

燃烧是一种放热发光的化学反应，其反应过程极其复杂，燃烧在人们的日常生活和工业生产中都非常常见。本例模拟分析甲烷与空气在某锥形反应器中预混燃烧的过程，温度为650 K且混合比为0.6的甲烷和空气混合气体以60 m/s的速度入射至锥形反应器中。模型结构及边界名称如图12-20所示。

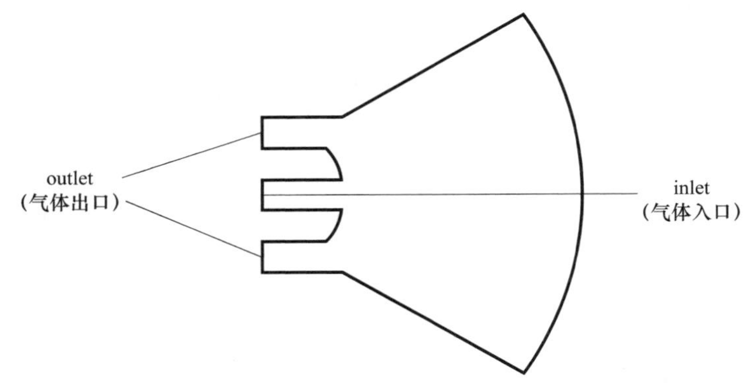

图12-20 模型结构及边界名称

12.2.2 具体分析

1. 读入网格文件

操作：选择File → Read → Mesh命令。

读入conreac.msh文件（配套资源ch12文件夹 → conreac文件夹中的conreac.msh文件），并检查网格（选择General → Mesh → Check命令），注意最小体积要大于零。

2. 确定长度单位

操作：选择Setup → General → Mesh → Scale命令。

打开Scale Mesh（标定网格）控制面板，在View Length Unit In栏中选择mm，单击Close按钮，完成单位转换。

3. 显示网格

操作：选择Setup → General → Mesh → Display命令。

打开Mesh Display（网格显示）控制面板，在Options栏中勾选Edges复选框，在Surfaces栏中选择所有的表面，单击Display按钮，显示模型网格，如图12-21所示。

4. 选择能量方程

操作：选择Setup → Models → Energy命令。

打开Energy（能量）控制面板，勾选Energy Equation复选框，单击OK按钮关闭该控制面板。

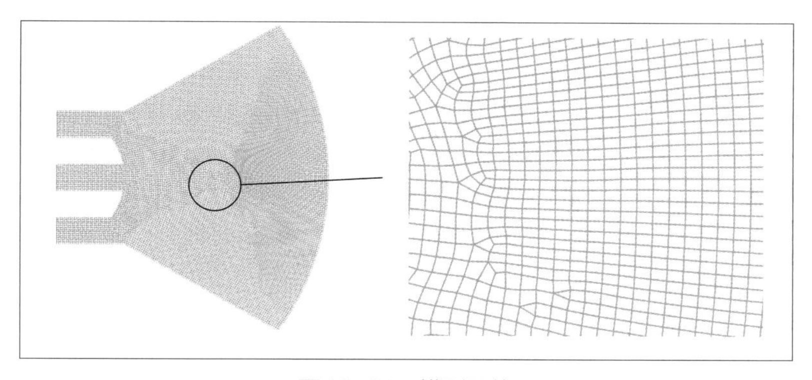

图12-21　模型网格

5. 设置湍流模型

操作：选择Setup → Models → Viscous命令。

打开Viscous Model（黏度模型）控制面板，选择k-epsilon模型。

6. 定义多组分模型

操作：选择Setup → Models → Species命令。

打开Species Model（多组分模型）控制面板，在Model栏中选中Species Transport单选项；在Reactions栏中勾选Volumetric复选框；在Options栏中勾选Inlet Diffusion和Diffusion Energy Source复选框；在Mixture Material栏中选择methane-air-2step；在Turbulence-Chemistry Interaction栏中选中Finite-Rate/Eddy-Dissipation单选项。设置如图12-22所示，单击OK按钮退出Species Model（多组分模型）控制面板。

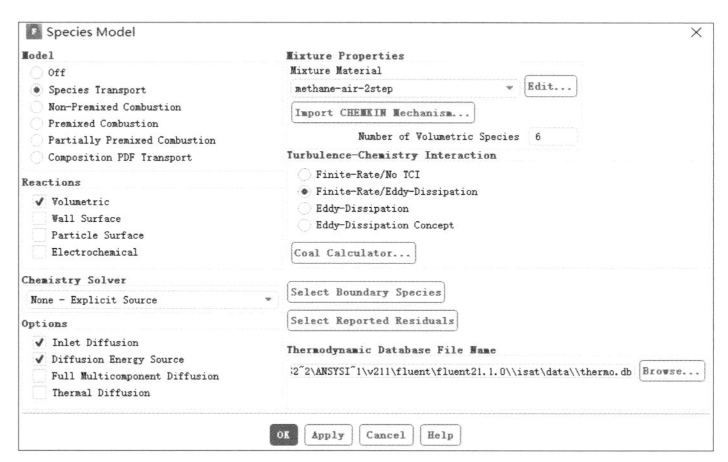

图12-22　Species Model（多组分模型）控制面板

7. 设置材料

操作：选择Setup → Materials → Fluid → air命令。

1）打开Create/Edit Materials（创建/编辑材料）控制面板，找到材料nitrogen-oxide(no)并添加至Fluent中。

2）在Create/Edit Materials（创建/编辑材料）控制面板中，在Material Type栏中选择

mixture；在Thermal Conductivity栏中输入0.0241。

3）在Create/Edit Materials（创建/编辑材料）控制面板中，单击Mixture Species栏旁边的Edit按钮，打开Species（组分）控制面板，在Selected Species栏选择ch4、o2、co2、co、h2o、no、n2。注意，如果氮气（n2）不是列表中的最后一个组分，需要先将其移出再重新添加。设置如图12-23所示，单击OK按钮退出Species（组分）控制面板。

图12-23 Species（组分）控制面板

4）在Create/Edit Materials（创建/编辑材料）控制面板中，单击Reaction栏旁边的Edit按钮，打开Reactions（反应）控制面板，在Total Number of Reactions栏中输入5，5个化学反应的输入数据如表12-4所示。

表12-4 化学反应输入数据

参数	反应一	反应二	反应三	反应四	反应五
Reaction Name	reaction-1	reaction-2	reaction-3	reaction-4	reaction-5
Reaction ID	1	2	3	4	5
Number of Reactants	2	2	1	3	2
Species	ch4, o2	co, o2	co2	n2, o2, co	n2, o2
Stoich.Coefficient	ch4=1, o2=1.5	co=1, o2=0.5	co2=1	n2=1, o2=1, co=0	n2=1, o2=1
Rate Exponent	ch4=1.46, o2=0.5217	co=1.6904, o2=1.57	co2=1	n2=0, o2=4.0111, co=0.7211	n2=1, o2=0.5
Pre-Exponential Factor	1.6596e+15	7.9799e+14	2.2336e+14	8.8308e+23	9.2683e+14
Activation Energy	1.72e+08	9.654e+07	5.1774e+08	4.4366e+08	5.7276e+08
Temperature Exponent	default values	default values	default values	default values	-0.5
Number of Products	2	1	2	2	1
Species	co, h2o	co2	co, o2	no,co	no
Stoich.Coefficient	co=1, h2o=2	co2=1	co=1, o2=0.5	no=2, co=0	no=2
Rate Exponent	co=0, h2o=0	co2=0	co=0, o2=0	no=0, co=0	no=0
Mixing Rate	default values	default values	default values	A=1e+11, B=1e+11	A=1e+11, B=1e+11

反应一的数据在Reactions（反应）控制面板中的具体输入如图12-24所示。

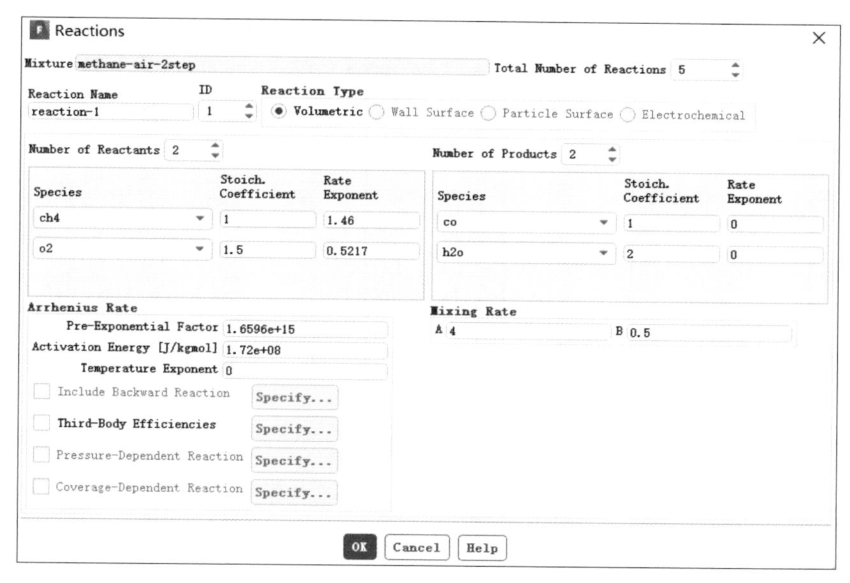

图12-24　反应一的数据输入

5）在Create/Edit Materials（创建/编辑材料）控制面板中，单击Mechanism栏旁边的Edit按钮，打开Reaction Mechanisms（反应机制）控制面板，在Reactions栏选择所有的化学反应；设置如图12-25所示。

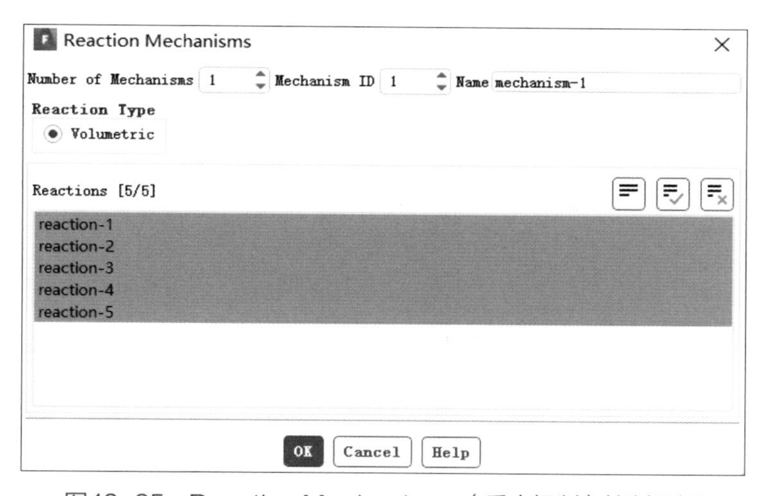

图12-25　Reaction Mechanisms（反应机制）控制面板

6）在Create/Edit Materials（创建/编辑材料）控制面板中，各组分的Cp栏都选择piecewise-polynomial；混合物的Cp栏选择mixing-law。

8.设置边界条件

操作：选择Setup → Boundary Conditions命令。

在打开的Boundary Conditions（边界条件）命令详细信息区中双击inlet，打开Velocity Inlet（速度入口）控制面板，在Velocity Magnitude栏中输入60；选择Thermal选项卡，在Temperature（温度）栏中输入650；选择Species选项卡，在ch4栏中输入0.034，在o2栏中输入0.225。

在Boundary Conditions（边界条件）命令详细信息区中双击outlet，打开Pressure Outlet（压力出口）控制面板，选择Thermal选项卡，在Backflow Total Temperature栏中输入2500；选择Species选项卡，在o2栏中输入0.05，在co2栏中输入0.1，在h2o栏中输入0.1。

9. 求解设置

操作：选择Solution → Methods命令。

打开Solution Methods（求解方法）命令详细信息区，在Pressure-Velocity Coupling中的Scheme栏中选择COUPLED。

10. 设置求解监视

操作：选择Solution → Monitors → Residual命令。

打开Residual Monitors（残差监视器）控制面板，Equations栏中可修改收敛判据，将Absolute Criteria栏的值均改为1e–06，如图12-26所示。

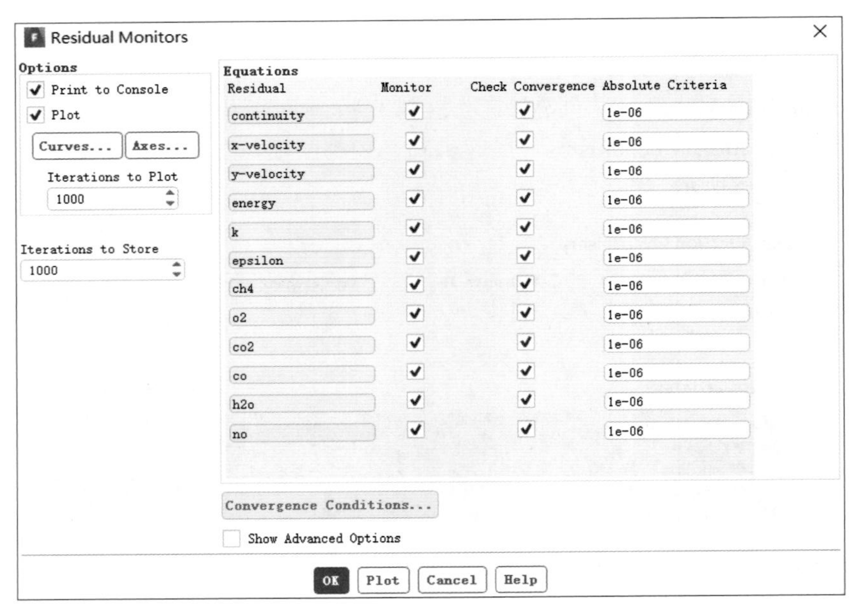

图12-26　Residual Monitors（残差监视器）控制面板

11. 流场初始化

操作：选择Solution → Initialization命令。

打开Solution Initialization（流场初始化）命令详细信息区，在Initialization Methods栏中选中Hybrid Initialization单选项，单击Initialize按钮，完成初始化。

12. 初始化一个温度区域来启动化学反应

操作：选择Solution → Initialization → Patch命令。

打开Patch（局部）控制面板，在Variable栏中选择Temperature，在Value栏中输入1000，在Zones to Patch栏中选择conreac-freeparts，单击Patch按钮，单击Close按钮关闭该控制面板。

13. 运行计算

操作：选择Solution → Run Calculation命令。

打开Run Calculation（运行计算）命令详细信息区，在Number of Iterations栏中输入500，单击Calculate按钮，开始运行计算。

14. 结果后处理

（1）显示质量流速率

操作：选择Solution → Report Definitions → New → Flux Report → Mass Flow Rate命令。

在Boundaries栏中选择inlet，在Options栏中选中Mass Flow Rate单选项，单击Compute按钮，在TUI命令区中显示图12-27所示的质量流速率。

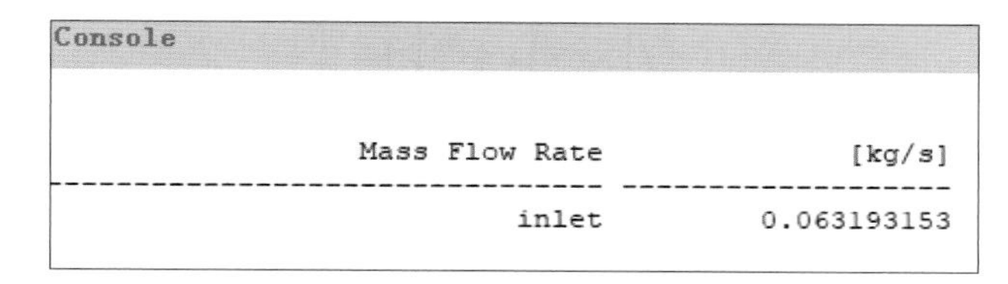

图12-27 质量流速率

（2）显示云图

操作：选择Results → Graphics → Contours命令。

打开Contours（等值线）控制面板，在Contours of栏中选择Species和Mass fraction of ch4，单击Save/Display按钮，显示图12-28所示的ch4组分分布云图。

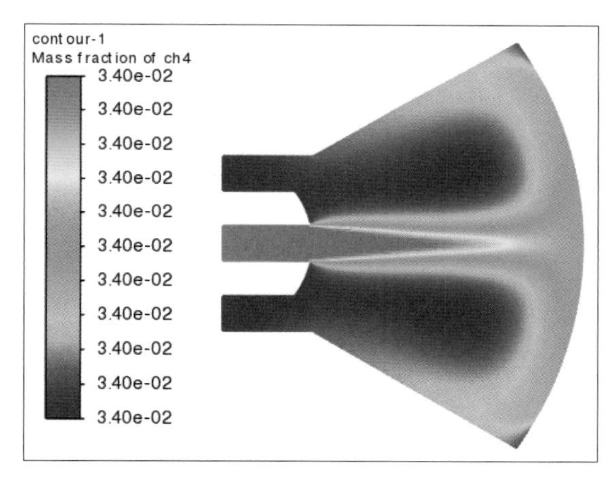

图12-28 ch4组分分布云图

12.3 微流体流动模拟

12.3.1 问题描述

基于微流体的液滴可应用在多种场合，如单个细胞的分析、药物传送、生物医学诊断、乳化和化学合成等。在微流体管道中控制液滴大小的技术在很多方面还存在着挑战。流体交汇点的几何参数和液体的流动参数都可以被用来控制液滴的大小，在实验过程中，也附加运用热场、磁场、声场和电场控制液滴的大小。本例运用CLSVOF模型模拟在电场中的微流体流动交汇设备切割液滴的过程，此例中的计算区域结构及尺寸如图12-29所示。（注：此例计算较为耗时。）

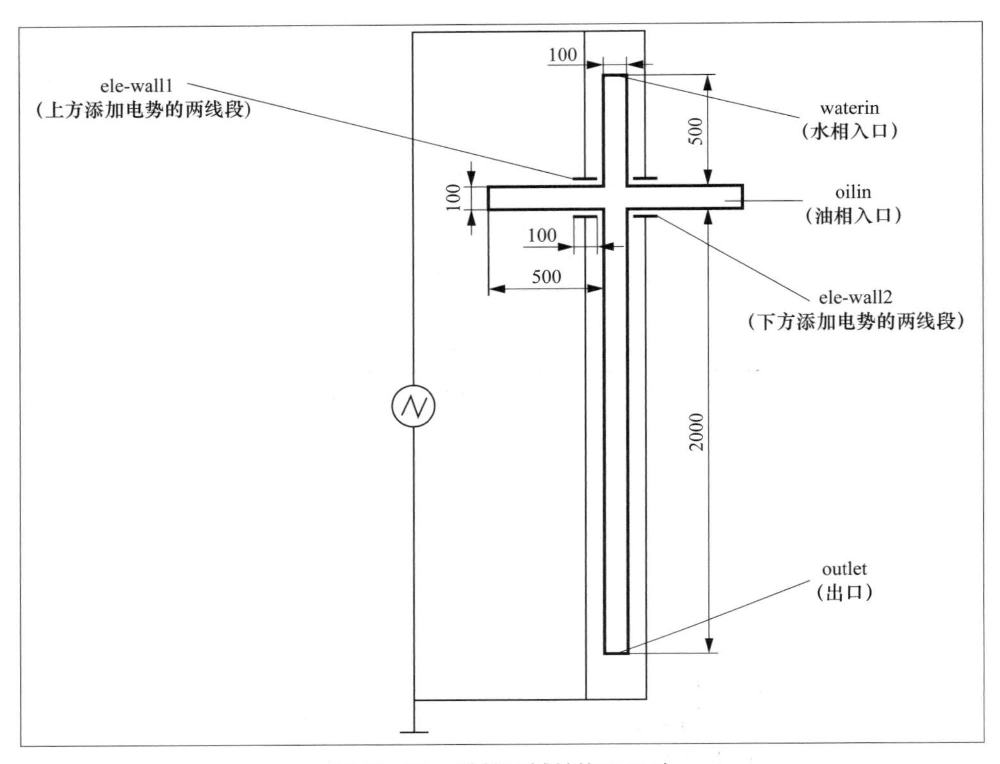

图12-29 计算区域结构及尺寸

12.3.2 具体分析

1. 读入网格文件

操作：选择File → Read → Mesh命令。

读入msflow.msh文件（配套资源ch12文件夹 → msflow文件夹中的msflow.msh文件），并检查网格（选择General → Mesh → Check命令），注意最小体积要大于零。

2. 确定长度单位

操作：选择Setup → General → Mesh → Scale命令。

打开Scale Mesh（标定网格）控制面板，在View Length Unit In栏中选择mm；单击Close按钮，完成单位转换。

3. 显示网格

操作：选择Setup → General → Mesh → Display命令。

打开Mesh Display（网格显示）控制面板，单击Display按钮，显示模型网格，如图12-30所示。

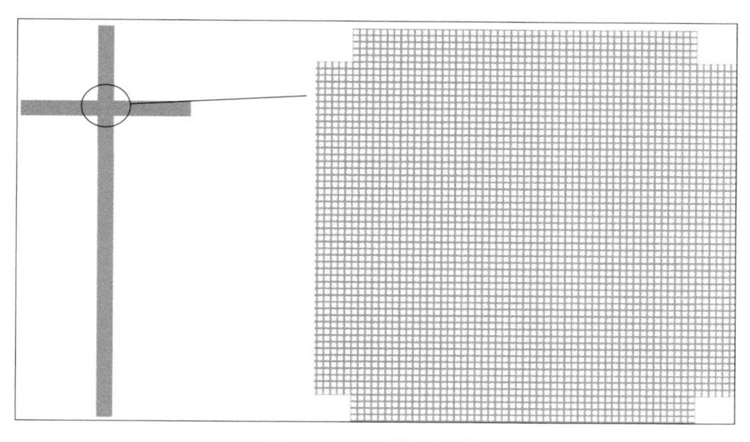

图12-30　模型网格

4.设置求解器

操作：选择Setup → General → Solver命令。

打开Solver（求解器）命令详细信息区，本例需观察水滴撞击液膜的过程，故属于瞬态计算，选中Time栏中的Transient单选项。

5.设置重力加速度

操作：选择Setup → General → Gravity命令。

打开Gravity（重力）命令详细信息区，设置重力加速度为–9.81 m/s^2。勾选Gravity复选框，在Y文本框中输入–9.81。

6.设置材料

操作：选择Setup → Materials → Fluid → air命令。

打开Create/Edit Materials（创建/编辑材料）控制面板，如图12-31所示，修改Name为oil，设置Density为998.2，设置Viscosity为0.04，创建材料油。

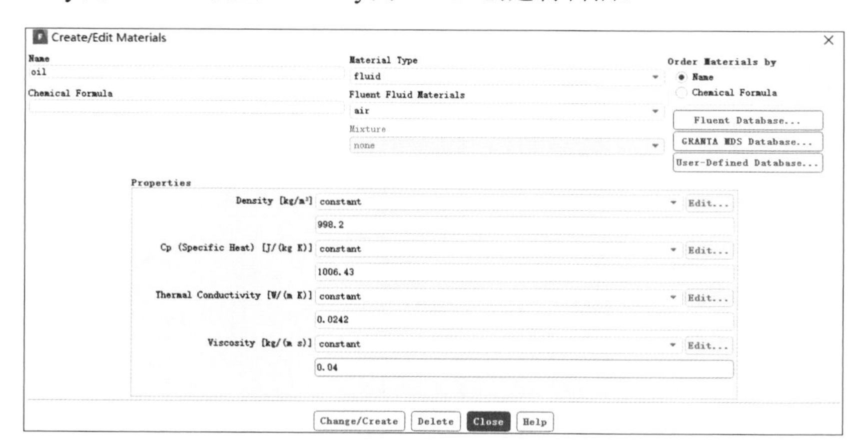

图12-31　创建材料油

在Create/Edit Materials（创建/编辑材料）控制面板中，单击Fluent Database按钮打开Fluent Database Materials（Fluent数据库材料）控制面板，创建water-liquid材料。

7.设置多相流

操作：选择Setup → Models → Multiphase命令。

1）打开Multiphase Model（多相流模型）控制面板，选中Volume of Fluid单选项，设置Number of Eulerian Phases为2，勾选Coupled Level Set + VOF下的Level Set复选框，如图12-32所示，单击Apply按钮。

图12-32　Multiphase Model（多相流模型）控制面板

2）选择Phases选项卡，将phases-1的Name改为oil，在Phase Material栏中选择oil，如图12-33所示，将phases-2的Name改为water，在Phase Material栏中选择water-liquid，单击Apply按钮。

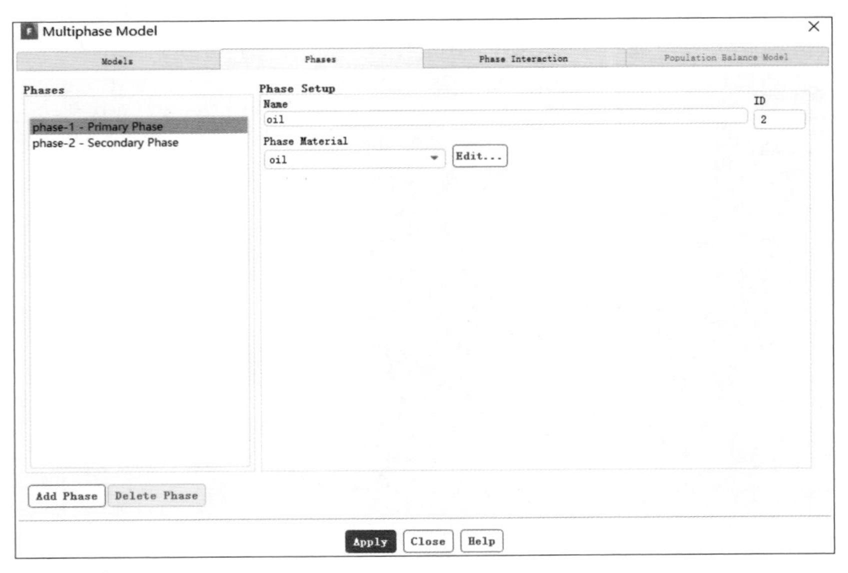

图12-33　Phases选项卡

3）选择Phase Interaction选项卡下的Forces选项卡，将Surface Tension Coefficient下的Surface Tension Coefficient设置为constant，数值设置为0.004，勾选Surface Tension Force Modeling复选框。设置如图12-34所示。单击Apply按钮，单击Close按钮关闭Multiphase Model（多相流模型）控制面板。

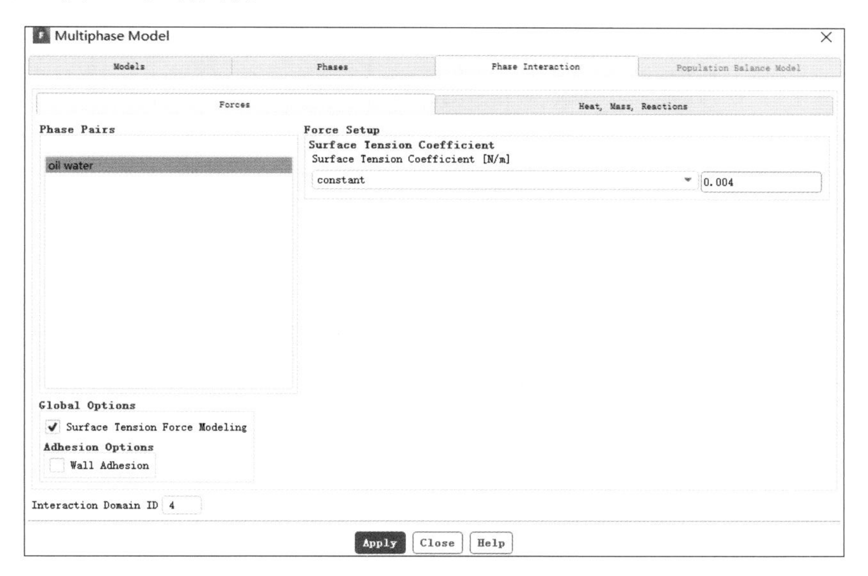

图12-34　Forces选项卡

8.选择能量方程

操作：选择Setup → Models → Energy命令。

打开Energy（能量）控制面板，勾选Energy Equation复选框，单击OK按钮关闭该控制面板。

9.打开电磁流体模型MHD

操作：在TUI命令区中依次输入de/mo/add命令后按回车键，TUI命令区显示的信息如图12-35所示，输入1，按回车键，Fluent树形框中显示激活的MHD Model。

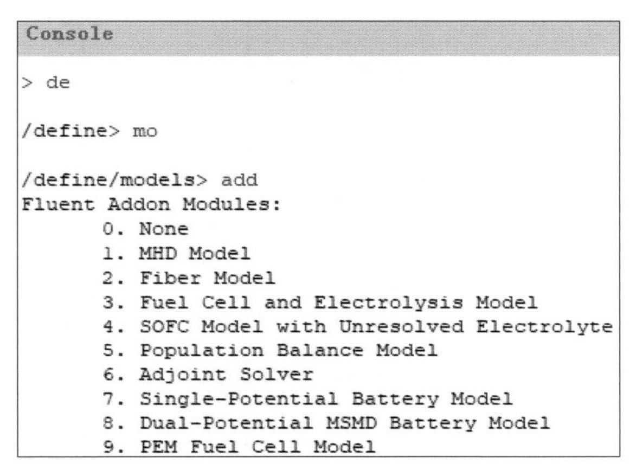

图12-35　激活MHD Model

选择Setup → Models → MHD Model（Electric Potential）命令，打开MHD Model（打开电磁流体模型MHD）控制面板，选中Electrical Potential单选项，在Solution Control选项卡下只勾选Solve MHD Equation复选框，其他设置保持默认，设置如图12-36所示。

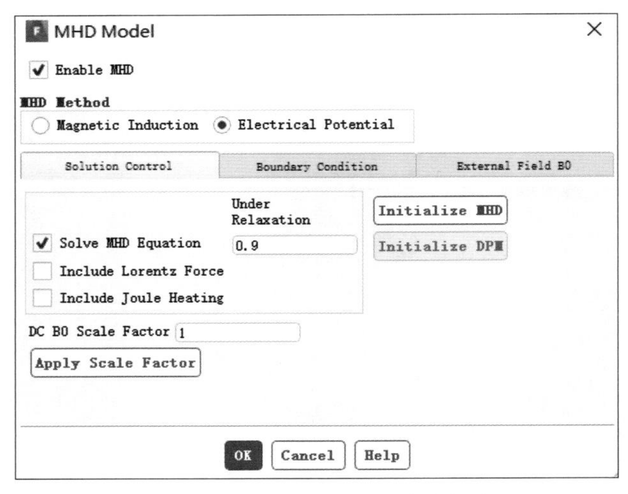

图12-36　MHD Model控制面板

10. 设置边界条件

操作：选择Setup → Boundary Conditions命令。

在打开的Boundary Conditions（边界条件）命令详细信息区中修改oilin的Type为velocity-inlet，在Velocity Inlet（速度入口）控制面板中的Velocity Magnitude栏中输入0.0159。

修改waterlin的Type为velocity-inlet，在Velocity Inlet（速度入口）控制面板中的Velocity Magnitude栏中输入0.00397。

在waterin（velocity-inlet）下选择water相，在Multiphase选项卡下的Volume Fraction栏中输入1。

在打开的Boundary Conditions（边界条件）命令详细信息区中双击ele-wall1，打开Wall（壁面）控制面板，修改UDS选项卡下的Electrical Potential为1040，如图12-37所示，ele-wall2（wall）的参数保持默认设置。

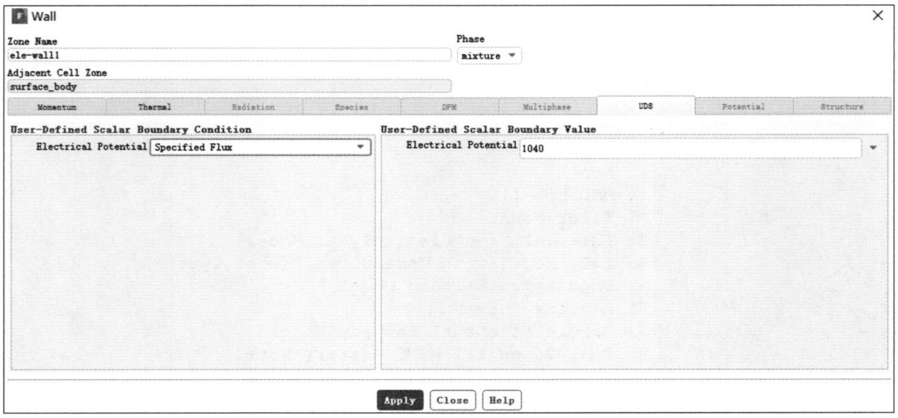

图12-37　Wall（壁面）控制面板

11. 求解设置

操作：选择Solution → Methods命令。

打开Solution Methods（求解方法）命令详细信息区，在Pressure-Velocity Coupling下的Scheme栏中选择SIMPLE，在Volume Fraction栏中选择CICSAM。

12. 流场初始化

操作：选择Solution → Initialization命令。

打开Solution Initialization（流场初始化）命令详细信息区。在Initialization Methods栏中选中Standard Initialization单选项，在Compute From栏中选择all- zones，将water Volume Fraction设置为0，单击Initialize按钮，完成初始化。

13. 运行计算

操作：选择Solution → Run Calculation命令。

打开Run Calculation（运行计算）命令详细信息区，在Number of Time Steps栏中输入14500，在Time Step Size栏中输入1e–5，在Max Iteration/Time Step 栏中输入120，单击Calculate按钮，开始运行计算。

14. 结果后处理

（1）显示云图

操作：选择Results → Graphics → Contours命令。

打开Contours（等值线）控制面板，在Contours of栏中选择Pressure和Static Pressure，在Phase栏中选择mixture，单击Save/Display按钮，显示图12-38所示的压力云图。

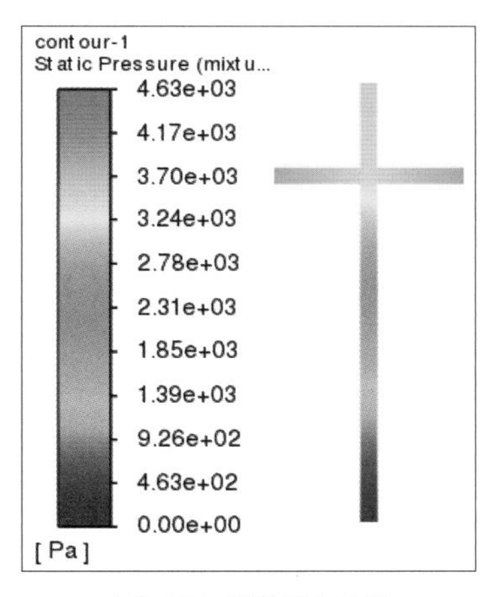

（a）0.05 s时的压力云图

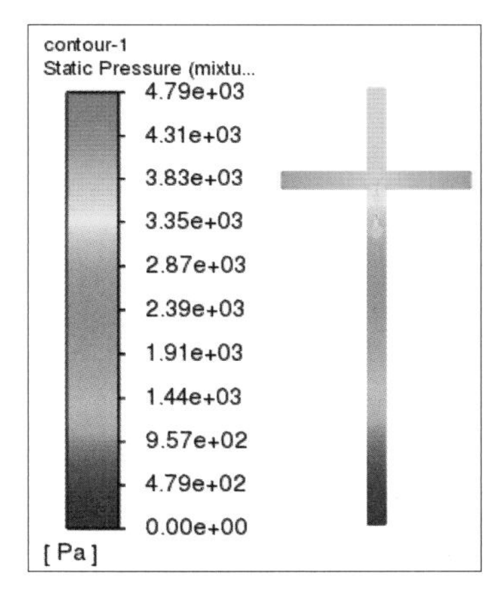

（b）0.145 s时的压力云图

图12-38　压力云图

在Contours of栏中选择Velocity和Velocity Magnitude，在Phase栏中选择mixture，单击Save/Display按钮，显示图12-39所示的速度云图。

在Contours of栏中选择Phases，在Phase栏中选择water，单击Save/Display按钮，显示图12-40所示的water相分布云图，可以看到顶部流入的液体被左右的液流分割成微小液滴。

（2）显示矢量图

操作：选择Results → Graphics → Vectors命令。

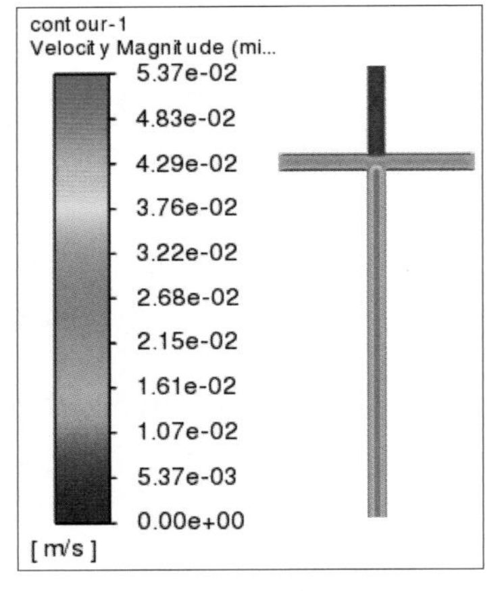

（a）0.05 s时的速度云图

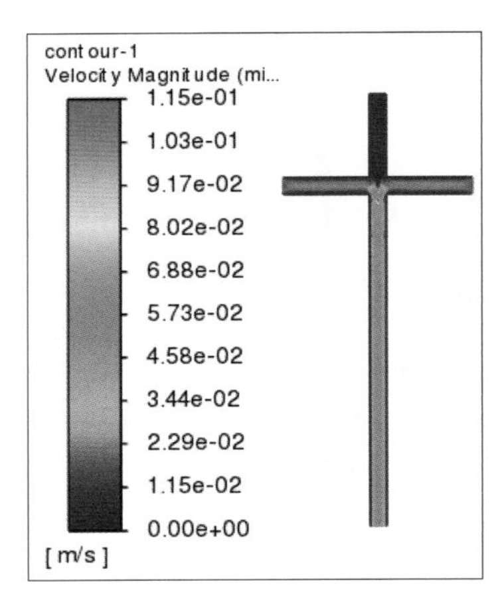

（b）0.145 s时的速度云图

图12-39　速度云图

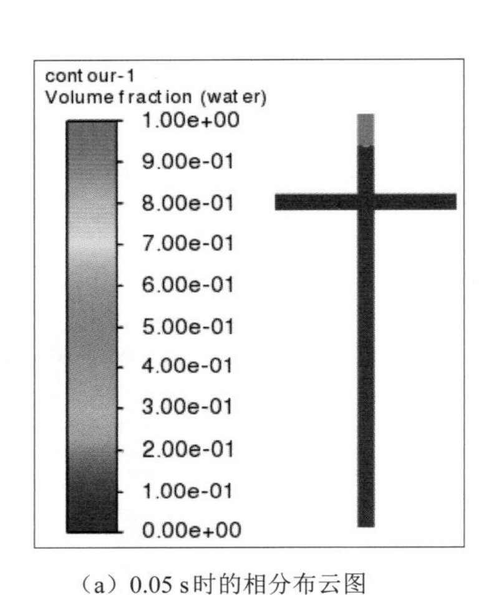

（a）0.05 s时的相分布云图

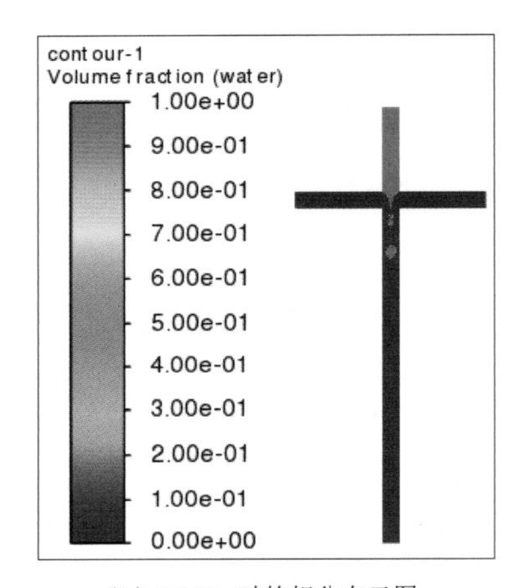

（b）0.145 s时的相分布云图

图12-40　water相分布云图

打开Vectors（速度矢量）控制面板，在Scale栏中输入1，在Skip栏中输入0，单击Save/Display按钮，显示图12-41所示的速度矢量图。

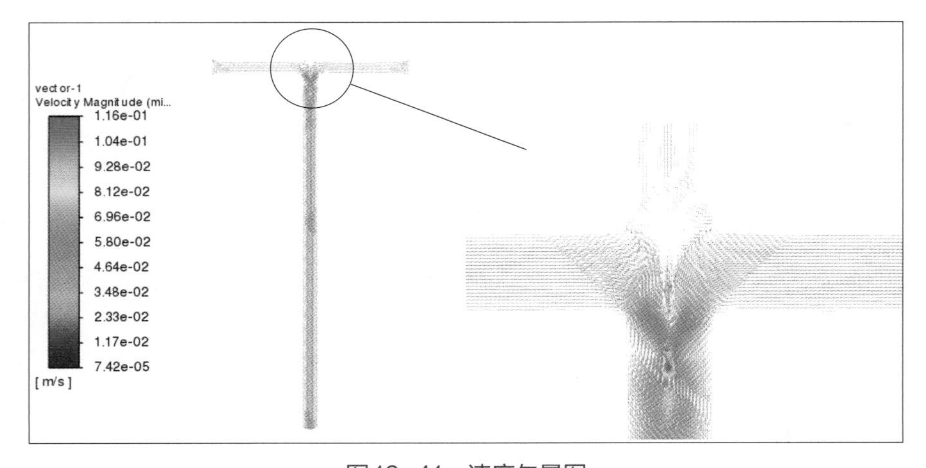

图12-41　速度矢量图

（3）显示迹线图

操作：选择Results → Graphics → Pathlines命令。

打开Pathlines（迹线）控制面板，在Scale栏中输入4，在Skip栏中输入20，在Release From Surfaces栏中选择所有面，单击Save/Display按钮，显示图12-42所示的迹线图。

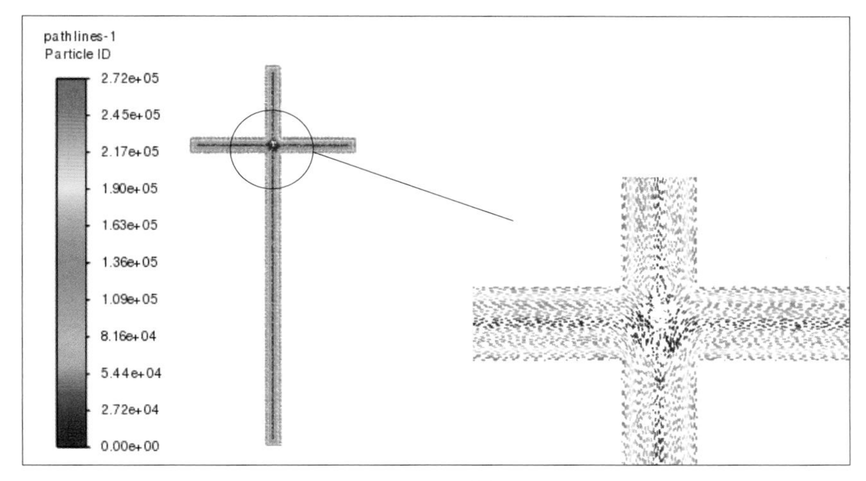

图12-42　迹线图

（4）显示XY曲线图

在模型图对称面上创建一条线段。选择Surface → Create → Line/Rake命令，打开Line/Rake Surface（直线/耙面）控制面板，在Name栏中输入line-0，在End Point栏中输入x0=0、x1=0、y0=–2、y1=0.5，单击Create按钮，创建名为line-0的线段。

选择Results → Plots → XY Plot命令打开Solution XY Plot（XY曲线设置）控制面板。在Plot Direction栏中改X=0、Y=1，在Y Axis Function栏中选择Pressure和Static Pressure，在Phase栏中选择mixture，在Surfaces栏中选择line-0，单击Plot按钮，显示图12-43所示的模型中心线上的压力分布曲线图。

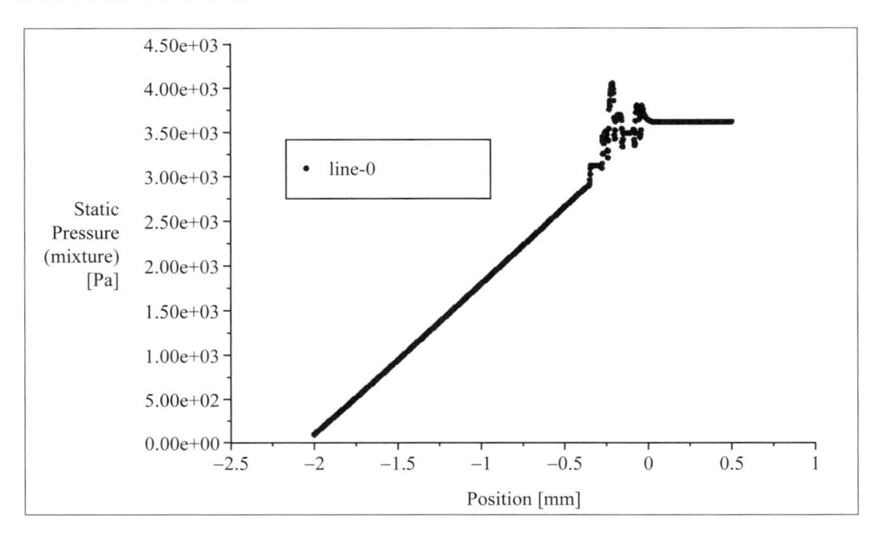

图12-43　模型中心线上压力分布曲线

12.4 本章小结

本章主要内容如下。

1）通过汽车碳罐中碳氢燃料的回收模拟、甲烷与空气预混燃烧模拟和微流体流动模拟3个实例演示了Fluent在化学反应、燃烧和微流动模拟中的基本操作流程。

2）介绍了Fluent在化学反应、燃烧和微流动模拟中需要注意的问题。

12.5 练习题

习题1. 在建筑装修等领域，甲醛泄漏是一个不可忽视的问题，甲醛泄漏量超标会对人的身体健康产生严重影响，通过开启空调和打开窗户可降低室内甲醛浓度。某教室结构如图12-44所示，假设空调空气入射速度为1 m/s；甲醛从教室前方底板泄漏的速度为0.3 m/s。试模拟教室内的甲醛泄漏，并绘制教室内甲醛的分布云图（网格模型为配套资源ch12文件夹→formaldehyde-leakage文件夹中的formaldehyde-leakage.msh文件）。

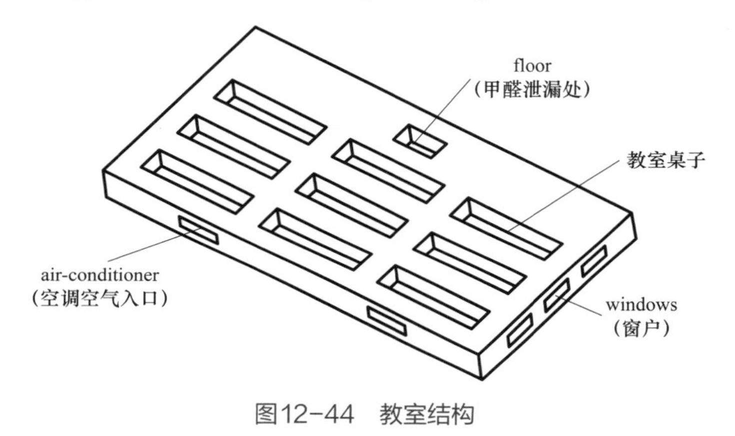

图12-44 教室结构

习题2. 包裹液滴是由两种大小的液滴构成的，其中外液滴包裹着内液滴。在药物检测、核工、日化产品、食物安全及药物研发微球与微胶囊的合成等方面的应用前景很广阔。某液滴包裹发生器的模型结构及主要尺寸如图12-45所示。发生器中的流体包含三相，包裹液滴的最里层为内相，中间层为中间相，最外层为外相。内相密度为1000 kg/m^3，黏度为0.01 kg/(m·s)，两个内相入口的入射速度为0.003 m/s；中间相密度为1000 kg/m^3，黏度为0.01 kg/(m·s)，两个中间相入口的入射速度为0.012 m/s；外相密度为1000 kg/m^3，黏度为0.05 kg/(m·s)，两个外相入口的入射速度为0.03 m/s。试模拟包裹液滴的生成，并绘制流场的压力、速度和相云图（网格模型为配套资源ch12文件夹→droplet-wrapping文件夹中的droplet-wrapping.msh文件）。

习题3. 热管是一种具有极高导热性能的传热元件，在散热器制造等行业被广泛应用。热管一端为蒸发端，另外一端为冷凝端，蒸发端与冷凝端之间为绝热端。某热管模型结构及主要尺寸如图12-46所示。饱和温度为308 K，工作压力为4000 Pa，热管管径为2 mm，冷凝端温度为298 K，蒸发端温度为353 K，含有液态水。试模拟热管相变过程，并绘制流场的压力、速度和相云图（网格模型为配套资源ch12文件夹→heat-pipe文件夹中的heat-pipe.msh文件）。

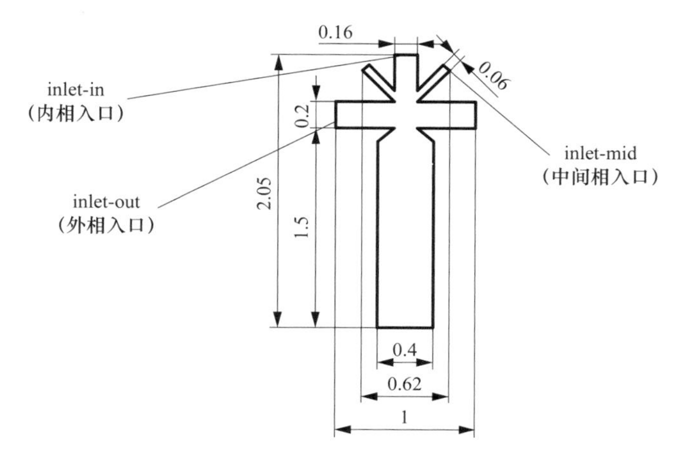

图12-45 液滴包裹发生器模型结构及主要尺寸（单位：mm）

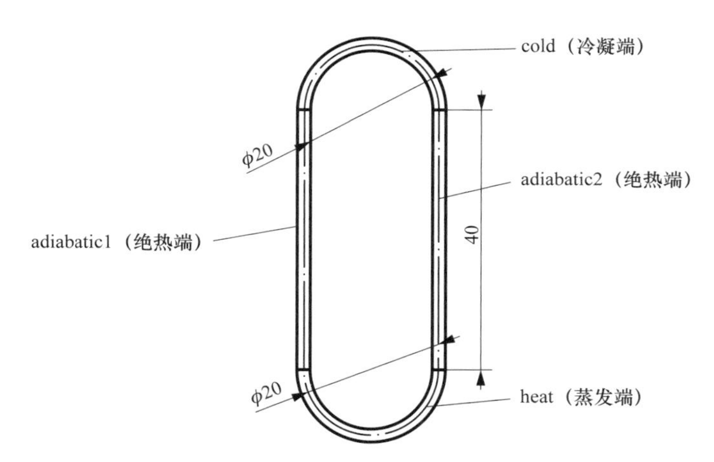

图12-46 热管模型结构及主要尺寸（单位：mm）

参考资料

[1] 江帆，徐勇程，黄鹏．Fluent高级应用与实例分析[M]. 2版．北京：清华大学出版社，2018.

[2] 周光垌，严宗毅，许世雄，等．流体力学[M]. 2版．北京：高等教育出版社，2000.

[3] 黄卫星，陈文梅．工程流体力学[M]. 北京：化学工业出版社，2002.

[4] 陶文铨．数值传热学[M]. 2版．西安：西安交通大学出版社，2004.

[5] 江帆．悬浮载体材质-结构的生物特性及新型转笼生物反应器[D]. 广州：华南理工大学，2006.

[6] 王福军．计算流体动力学分析：CFD软件原理与应用[M]. 北京：清华大学出版社，2004.

[7] 韩占忠，王敬，兰小平．FLUENT流体工程仿真计算实例与应用[M]. 北京：北京理工大学出版社，2008.

[8] 郭烈锦．两相与多相流动力学[M]. 西安：西安交通大学出版社，2002.

[9] 江帆，陈维平，李元元，等．润滑用齿轮泵内部流场的动态模拟[J]. 现代制造工程，2007(6): 116-118.

[10] 江帆，庾在海，王一军，等．转笼生物反应器流场的滑移网格与动网格计算比较[J]. 广州大学学报(自然科学版)，2007(03): 37-41.

[11] Jiang F, Chen W P, Li Y Y, et al. Numerical simulation on dam safety based on multiphase-progress in safety science and technology[C]. Beijing: China Science Press, 2005.

[12] 张志伟，刘建军．各种湍流模型在FLUENT中的应用[J]. 河北水利，2008(10): 25-26.

[13] 任志安，郝点，谢红杰．几种湍流模型及其在FLUENT中的应用[J]. 化工装备技术，2009，30(02): 38-40.

[14] Jiang F, Wang H, Wang Y J, et al. Simulation of flow and heat transfer of mist/air impinging jet on grinding work-piece[J]. Journal of Applied Fluid Mechanics, 2016, 9(3): 1339-1348.

[15] Jiang F, Long Y, Wang Y J, et al. Numerical simulation of non-Newtonian core annular flow through rectangle return bends[J]. Journal of Applied Fluid Mechanics, 2016, 9(1): 431-441.

[16] Jiang F, Wang Y J, Xiang J H, et al. A comprehensive computational fluid dynamics study of droplet-film impact and heat transfer[J]. Chemical Engineering & Technology, 2015, 38(9): 1565-1573.

[17] Jiang F, Wang Y J, Ou J J, et al. Numerical simulation of oil-water core annular flow in a U-bend based on the eulerian model[J]. Chemical Engineering and Technology, 2014, 37(4): 659-666.

[18] Jiang F, Wang Y J, Ou J J, et al. Numerical simulation on oil-water annular flow through the Π bend[J]. Industrial & Engineering Chemistry Research, 2014, 53(19): 8235-8244.

[19] 江帆，黄春燕，王一军，等．血管结构对血管机器人外流场的影响研究[J]. 科学技术与工程，2014, 12(2): 8-13.

[20] 江帆，黄春燕，区嘉洁，等．基于双向流固耦合的血管机器人外流场数值模拟[J]. 宁夏大学学报(自然科学版)，2014, 35(01): 39-42.

[21] 江帆，冯均明，王一军，等．基于振动铸造的铸件结构参数优化[J]. 铸造技术，2014, 35(01): 90-93.

[22] 江帆，冯均明，王一军．振动铸造充型过程液体流动的数值模拟[J]. 特种铸造及有色合金，2013, 33(11): 1010-1012.

[23] 江帆，何华．双螺旋驱动的血管机器人绿色设计[J]. 广州大学学报(自然科学版)，2012, 11(01): 87-95.

[24] 江帆，岳鹏飞，黎斯杰，等．水环稠油运输中的球阀内流动结构数值模拟[J]. 石油机械，2017, 45(04):107-112.

[25] 江帆，肖纳，岳鹏飞，等．粉末冶金“十”字形零件装粉流动数值模拟[J]. 特种铸造及有色合金，2016, 36(11): 1139-1142.

[26] 江帆．阀门开度对环状流结构的影响研究[J]. 流体机械，2016，44 (11): 25-29.

[27] 江帆，岳鹏飞，黎斯杰，等．高黏石油管道球阀内油水环状流数值模拟[J]. 油气储运，2017, 36(07): 800-804.

[28] 江帆，肖纳，黄春曼．粉末冶金装粉过程的充型均匀性研究[J]. 特种铸造及有色合金，2017, 37(08): 820-823.

[29] 江帆，岳鹏飞，黎斯杰，等．油水环状流在转动阀门内的流动状况研究[J]. 流体机械，2017, 45(11): 30-34.

[30] Jiang F, Wang C, Wang Y J, et al. Structure optimization of rotating-cage bioreactor based on sliding mesh coupled two-phase flow[J]. Journal of Guangzhou University, 2009, 8(5): 28-32.

[31] 顾明洲．乏燃料干式贮存热工分析平台开发[D]. 济南：山东大学，2017.

[32] 钟勇．多墙体结构纤维预成型体中树脂浸渍与流动行为研究[D]. 长沙：湖南师范大学，2014.

[33] Wei Z.Y, Hu C H. An experimental study on water entry of horizontal cylinders[J]. Journal of Marine Science and Technology, 2014, 19(3): 338-350.

[34] Sharma M, Ravi P, Ghosh S, et al. Hydrodynamics of lube oil–water flow through 180° return bends[J]. Chemical

Engineering Science, 2011, 66(20): 4468-4476.
[35] 宋学官，蔡林，张华. ANSYS流固耦合分析与工程实例[M]. 北京：中国水利水电出版社，2012.
[36] Wang X, Li X. Computational simulation of aortic aneurysm using FSI method[J]. Pergamon Press, Inc., 2011, 41(9):812-821.
[37] Meng M, Zhen Y. Boiling flow of R141b in vertical and inclined Serpentine Tubes[J]. International Journal of Heat & Mass Transfer, 2013, 57(1): 312-320.
[38] Wu H L, Peng X F, YE P, et al. Simulation of refrigerant flow boiling in serpentine tubes[J]. International Journal of Heat & Mass Transfer, 2007, 50(5): 1186-1195.
[39] Tan S H, Semin B, Baret J C. Microfluidic flow-focusing in ac electric fields[J]. Lab on a chip, 2014, 14(6): 1099.
[40] Jiang F, Wang K, Martin S, et al. The effects of oil property and inclination angle on oil-water core annular flow through U-bends[J]. Heat Transfer Engineering, 2018, 39(6): 536-548.
[41] Jiang F, Li H Y, Mathieu P, et al. Simulation of the hydrodynamics in the onset of fouling for oil-water core-annular flow in a horizontal pipe[J]. Journal of Petroleum Science and Engineering, 2021, 207: 109084.
[42] Jiang F, Xu Y C, Song J, et al. Numerical study on the effect of temperature on droplet formation inside the microfluidic chip[J]. Journal of Applied Fluid Mechanics, 2019, 12(3): 831-843.
[43] 丁伟，等. ANSYS Fluent流体计算从入门到精通[M]. 北京：机械工业出版社，2020.
[44] 刘斌. ANSYS Fluent 2020综合应用案例详解[M]. 北京：清华大学出版社，2021.
[45] 刘斌. Fluent 2020流体仿真从入门到精通[M]. 北京：清华大学出版社，2021.
[46] 潘丽萍，王强，贺铸. 实用多相流数值模拟：ANSYS Fluent多相流模型及其工程应用[M]. 北京：科学出版社，2020.
[47] 孙立军. ANSYS Fluent 2020工程案例详解[M]. 北京：北京大学出版社，2021.